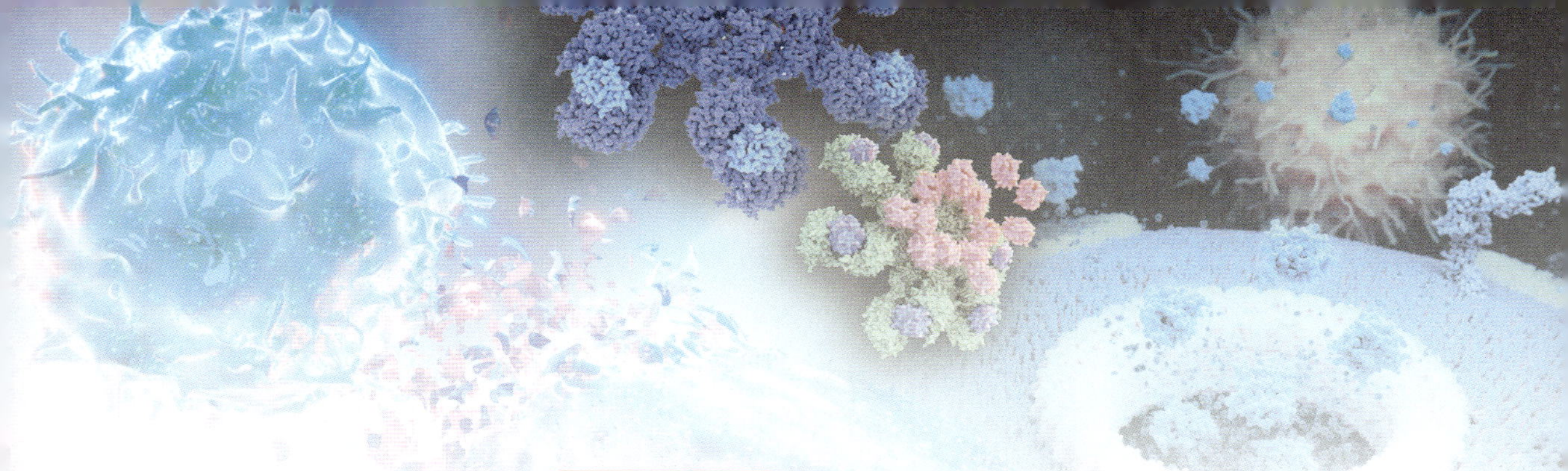

実験医学別冊

もっとよくわかる!

細胞死

多様な「制御された細胞死」の
メカニズムを理解し
疾患への関与を紐解く

中野裕康 編

羊土社
YODOSHA

はじめに

細胞死研究は日本の研究者が多大の貢献をしてきた研究領域です．例えばアポトーシス研究の黎明期には，米原らによる「アポトーシスを誘導する受容体Fasの発見」，長田らによる「FasやそのリガンドであるFasリガンドの遺伝子クローニング」，三浦らによる「哺乳類でのアポトーシス実行因子（ICE, caspase-1）の機能的な同定」，辻本らによる「Bcl-2のクローニング」など数多くの例があげられます．これらの貢献もありアポトーシスの実行因子の同定やその制御機構の解明，さらにアポトーシス細胞の貪食（エフェロサイトーシス）のメカニズムの解明が飛躍的に進みました．その後，アポトーシス以外の「制御された細胞死」が次々と同定されはじめ，現在ではそれらの細胞死の実行因子も大部分が同定されつつあります．

細胞死のメカニズムの解明に多大な貢献をしてきた日本ですが，国内における細胞死の研究コミュニティの発足は遅く，2010年にようやく日本Cell Death学会が正式に立ち上がりました．その後は2014年から2018年までの5年間にわたりダイイングコードと命名された細胞死に特化した新学術領域も立ち上がり，2015年，2018年，2023年と日豪細胞死会議〔Japan-Australia meeting（JAM）on Cell Death〕も開催されました．私も含めて今回のこの本の執筆者の方々は，これらの学会や研究組織の運営に積極的に携わり，日本の細胞死研究を牽引してきた人たちです．

本書を編集しようと考えたきっかけをここで紹介したいと思います．数年前，日本癌学会総会にてポスターセッションの座長を依頼され参加した際，ある発表者が，caspase活性が認められない細胞死を「アポトーシス」として発表しているのを聞き，非常に驚いたことを覚えています．このような状況に至っている理由はいくつか考えられます．まず，①「細胞死」そのものをテーマとしたシンポジウムやワークショップが，癌学会や分子生物学会，生化学会などで開催される機会が減少していること，②開催された場合でも，最先端の細胞死研究に焦点が絞られており，アポトーシスの基本的な内容の発表がほとんどないこと，さらに，③細胞死に関する標準的な日本語の教科書が存在しないことがあげられます．ここで言う「標準的」とは，基礎的な知識が記載され，標準的な細胞死に関する実験手法がきちんと記載されているという意味です．このような状況を改善するには，前述のコミュニティで活躍してきた日本人の細胞死研究者が，しっかりとした教科書を作成する必要があると漠然と考えていましたが，日々の忙しさに追われ，数年が経過してしまいました．そんななか，2023年12月に日本分子生物学会で，細胞死のワークショップを大阪公立大学の徳永先生と共同で企画・発表する機会を得ました．そのセッションに参加されていた羊土社の山口様から，細胞死に関する基本的な解説書の執筆を依頼されたことがきっかけで，本書の企画がスタートしました．

昨今の研究者の細胞死に対する興味の中心は，特に欧米と比べて日本では細胞死そのもののメカニズムよりも，複数の細胞死がさまざまな疾患にどのように関与しているか，あるいはそれらの細胞死を制御することで疾患の治療法の開発につながるか，という点に移ってきているように感じます．そのため本書の読者対象は，細胞死自体の研究を行う方に限りません．さまざまな研究の過程で「細胞死」の知識が必要になった学部学生，大学院生，研究者を対象としており，各章の執筆者には，とにかく基本的な内容を記載していただくようお願いしました．これまで，和文の生命科学・医学系雑誌でも細胞死に関する特集は数年おきに企画されてきましたが，それらはあくまで各研究者が行っている最先端の研究を紹介することに主眼を置いた総説であり，「アポトーシスの定義はcaspase依存性の細胞死である」などの基本的な記述はほとんどありませんでした．そのため，初心者にとって細胞死の全体像を把握することが難しいと感じていました．この観点からも，貴重な時間を割いて教育的な内容の文章を作成していただいた各章の執筆者の皆様には，改めて感謝の意を表したいと思います．特に，東京大学大学院薬学系研究科 遺伝学教室の三浦正幸教授と，東邦大学医学部医学科 生化学講座准教授（2024年12月より広島大学大学院医系科学研究科 医化学教授）の森脇健太博士には，執筆者の原稿に対して貴重なコメントをいただき，大変感謝しております．

今後，この教科書が多くの研究者の目に触れることで，細胞死研究に興味をもつ方が増え，日本の細胞死研究と，細胞死が関連する疾患研究がさらに発展することを祈願して，この文章を締めくくりたいと思います．

2024年11月

東邦大学医学部医学科 生化学講座
中野裕康

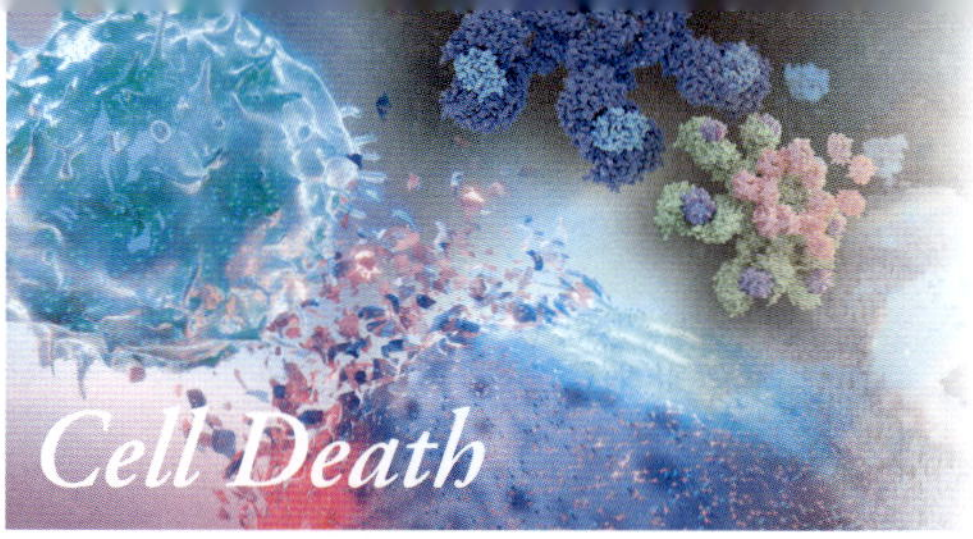

Contents

実験医学別冊

もっとよくわかる!

細胞死

Column

Color Graphics (巻頭カラー)

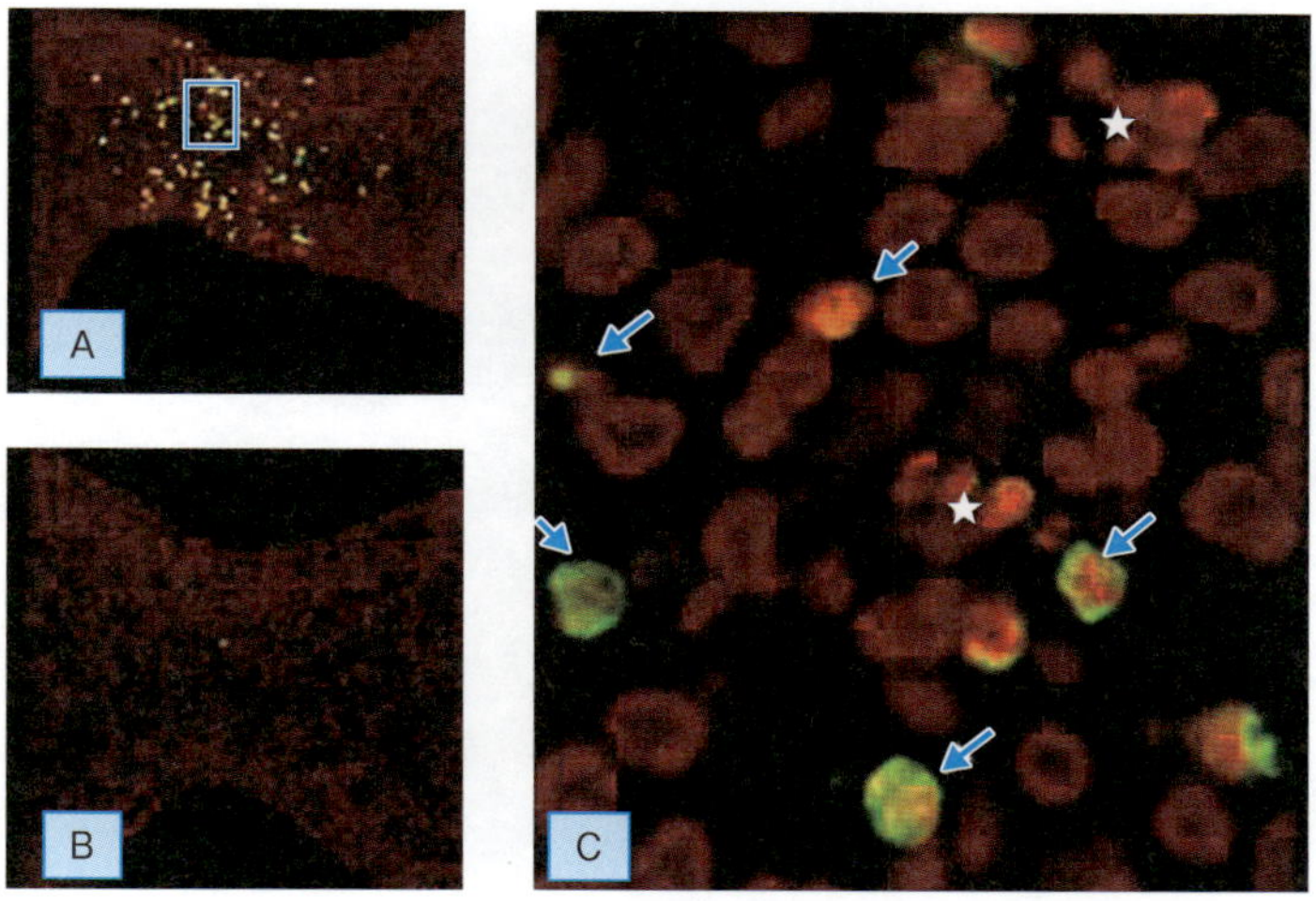

図1　ニワトリ胚（7.5日）後肢芽指間プログラム細胞死（パラフィン切片のTUNEL染色像）

A）コントロール胚，B）BrdU処理胚，C）拡大図（Aの□）．
黄色：TUNELシグナル，赤色：DNA染色，←：貪食前の死細胞核，☆印：貪食後の死細胞核．（34ページ，文献7より転載）（24ページ，図2参照）

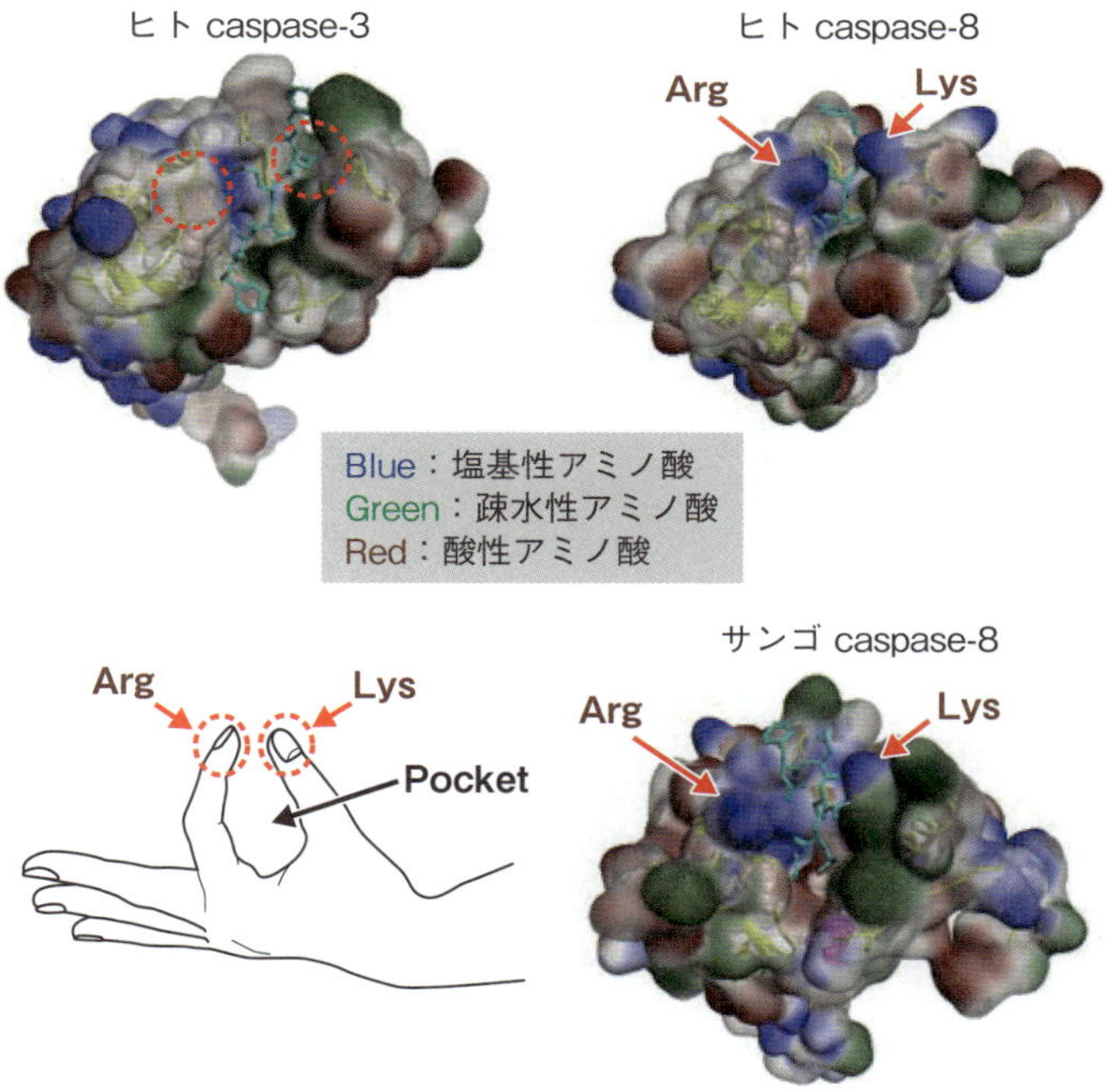

図2　活性型caspaseの立体構造

結晶構造解析に基づくヒトのcapase-3（左上）とcaspase-8（右上），ならびにアミノ酸配列を基にしたバイオインフォマティクス解析によって構築されたサンゴのcaspase-8の立体構造モデル（右下）を示す．ヒトとサンゴのcaspase-8にはポケット上部に塩基性アミノ酸のArgとLysが存在し狭くなっているが（左下），ヒトcapase-3の場合同じ位置に両アミノ酸は認められず（◌），ポケットの間口が拡がった状態である．青は塩基性アミノ酸，緑は疎水性アミノ酸，そして赤は酸性アミノ酸を示す．（49ページ，図2参照）

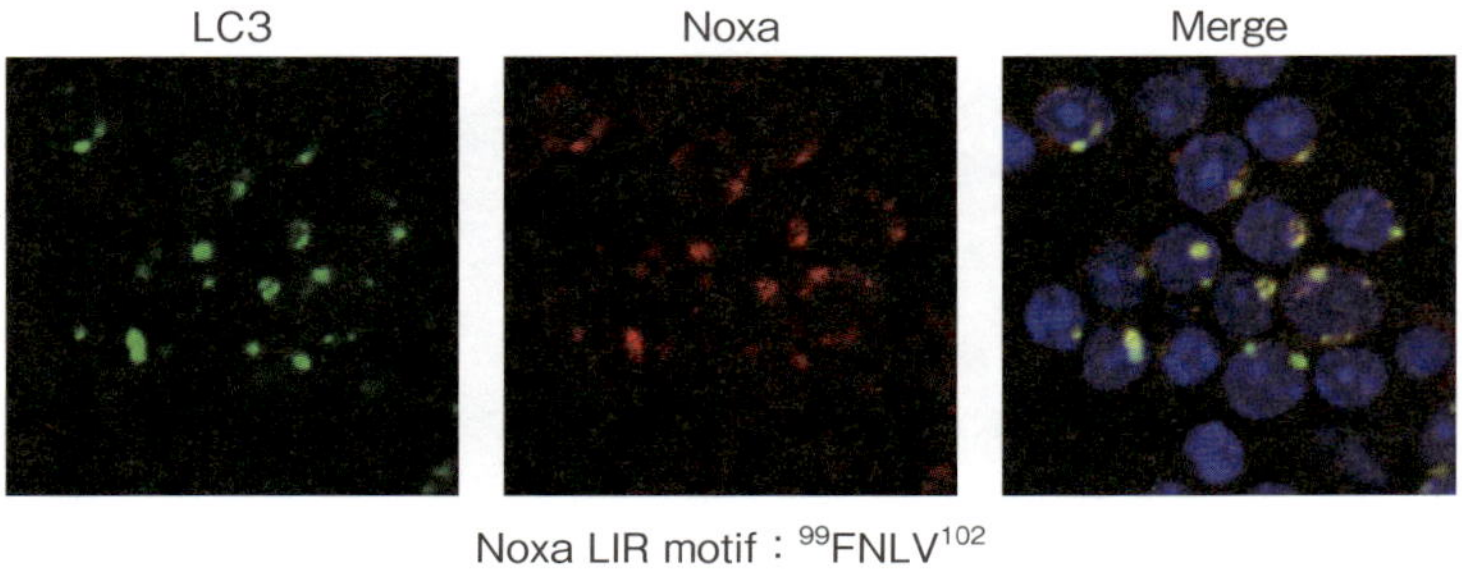

図3　アポトーシスシグナルとオートファジーシグナルのクロストーク

細胞に抗がん剤エトポシド（20 μ M）を投与し，9時間後の免疫染色像．NoxaとLC3が共局在する．LC3は，オートファジーの基質と結合してその分解に寄与する分子である．また，Noxaには，LC3との結合モチーフ（オートファジー分解の目印）であるLIR（FNLV）が存在する．（113ページの文献4より改変して転載）
（104ページ図2B参照）

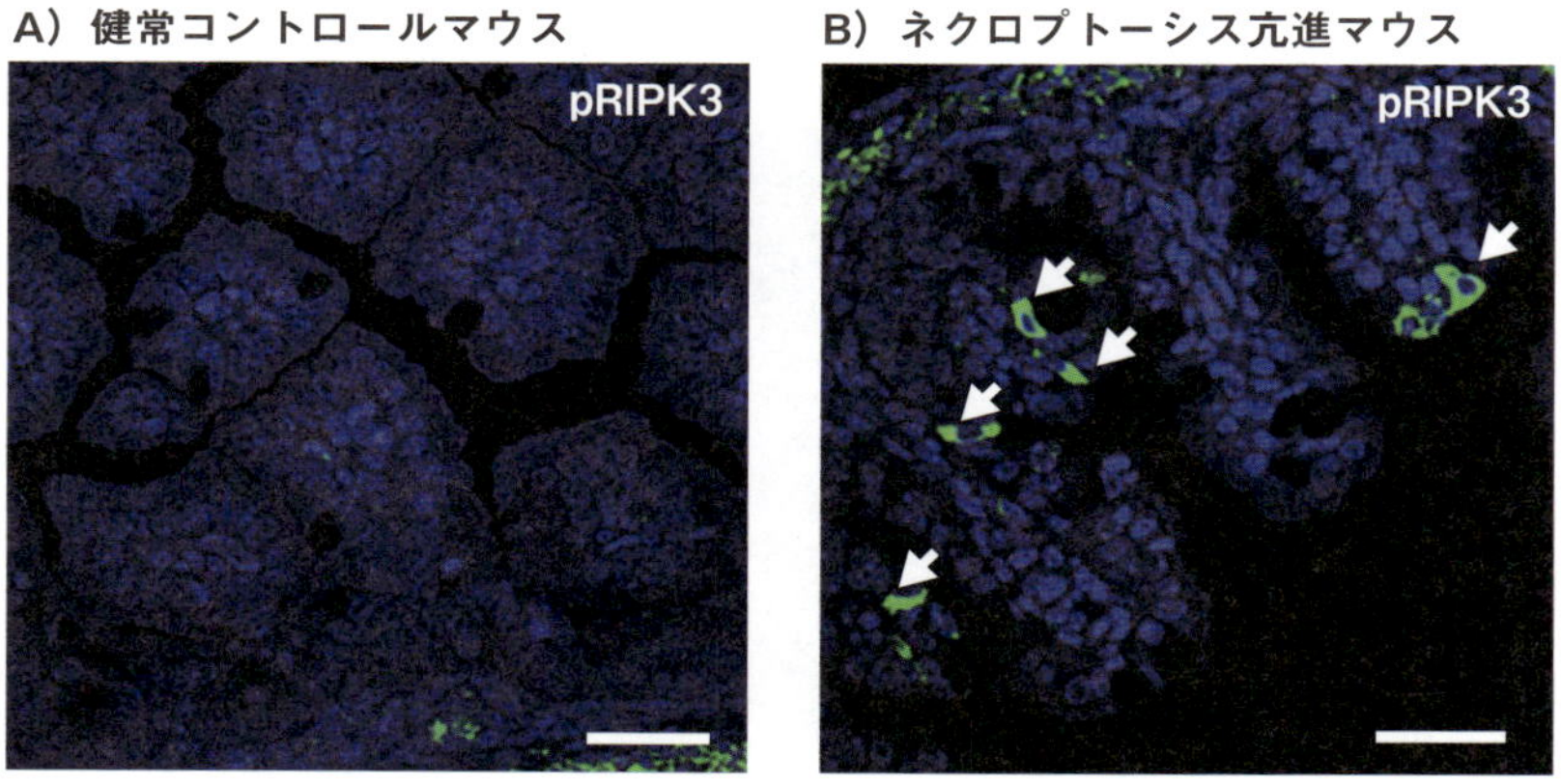

図4　抗リン酸化RIPK3抗体を用いたネクロプトーシス細胞の検出

胎生18.5日のネクロプトーシス亢進マウス（cFLIPsトランスジェニックマウス）の小腸を抗pRIPK3（リン酸化RIPK3）抗体で染色した．pRIPK3のシグナルは弱いために，この免疫染色ではtyramid signal amplification（TSA）という増感試薬を使用している［228ページのWebsite12］．

（224ページ図3参照）

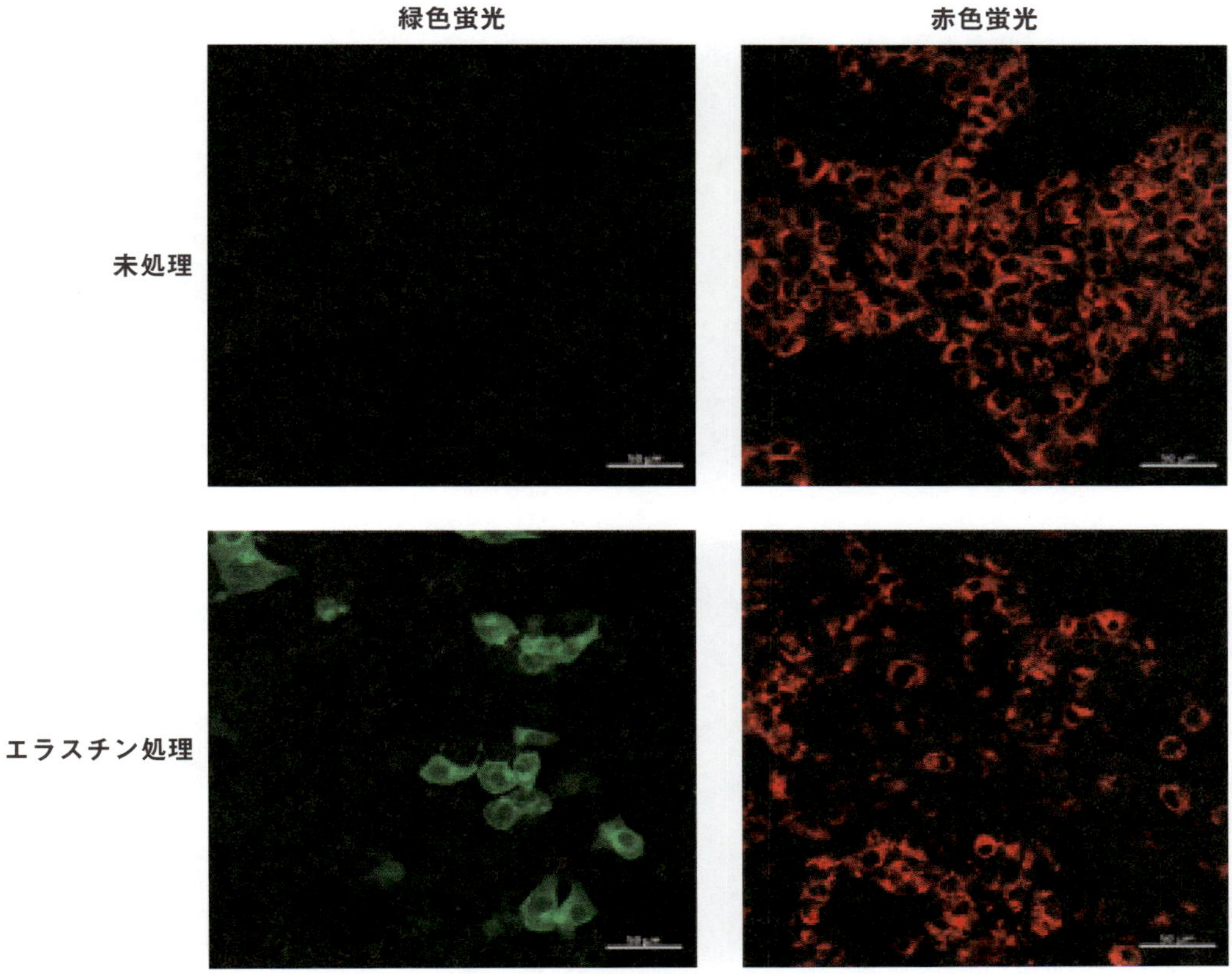

図5　過酸化脂質検出試薬を用いたフェロトーシスの検出

エラスチン（10 μM）でフェロトーシスを誘導したHepG2細胞を検出試薬で染色した（228ページの［Website14］より改変して転載）．この検出試薬（Lipid Peroxidation Probe BDP 581/591 C11-）は，脂質が過酸化される際に生じる脂質ラジカルと反応すると，蛍光特性が赤色から緑色へと変化する．

（226ページ，図4参照）

執筆者一覧

編集

中野裕康　東邦大学医学部医学科 生化学講座

執筆（執筆順）

中野裕康
東邦大学医学部医学科 生化学講座

刀祢重信
東京電機大学理工学部 生命科学

酒巻和弘
京都大学大学院生命科学研究科 多系統萎縮症治療学講座

森脇健太
東邦大学医学部医学科 生化学講座

中山勝文
立命館大学薬学部 免疫微生物学研究室

榧垣伸彦
米国ジェネンテック社 生理化学部門

今井浩孝
北里大学薬学部 衛生化学

清水重臣
東京科学大学総合研究院 病態細胞生物

四元聡志
東京薬科大学生命科学部 免疫制御学研究室

田中正人
東京薬科大学生命科学部 免疫制御学研究室

松沢　厚
東北大学大学院薬学研究科 衛生化学分野

大和勇輝
京都大学高等研究院 物質-細胞統合システム拠点（iCeMS）
/京都大学大学院生命科学研究科 細胞動態生化学

鈴木　淳
京都大学高等研究院 物質-細胞統合システム拠点（iCeMS）
/京都大学大学院生命科学研究科 細胞動態生化学

鹿子木拓海
東邦大学医学部医学科 生化学講座
/東邦大学大学院医学研究科 呼吸器内科学講座（大森）

三浦正幸
東京大学大学院薬学系研究科 遺伝学教室

田中絵梨
東京科学大学 難治疾患研究所 神経炎症修復学分野
/慶應義塾大学薬学部 薬学科

七田　崇
東京科学大学 難治疾患研究所 神経炎症修復学分野

山岸良多
大阪公立大学大学院医学研究科 病態生理学

大谷直子
大阪公立大学大学院医学研究科 病態生理学

大塚邦紘
徳島大学大学院医歯薬学研究部 生体防御医学分野

安友康二
徳島大学大学院医歯薬学研究部 生体防御医学分野

伊東祐美
順天堂大学大学院医学研究科 微生物学講座

鈴木達也
順天堂大学大学院医学研究科 微生物学講座

岡本　徹
順天堂大学大学院医学研究科 微生物学講座

鈴木宏昌
東京医科大学 薬理学分野

金蔵孝介
東京医科大学 薬理学分野

関　崇生
東邦大学医学部医学科 生化学講座

山﨑　創
東邦大学医学部医学科 生化学講座

村井　晋
東邦大学医学部医学科 生化学講座

仁科隆史
東邦大学医学部医学科 生化学講座

駒澤幸子
東邦大学医学部医学科 生化学講座

動画視聴ページのご案内

movie マークのある箇所では，動画を視聴することができます．

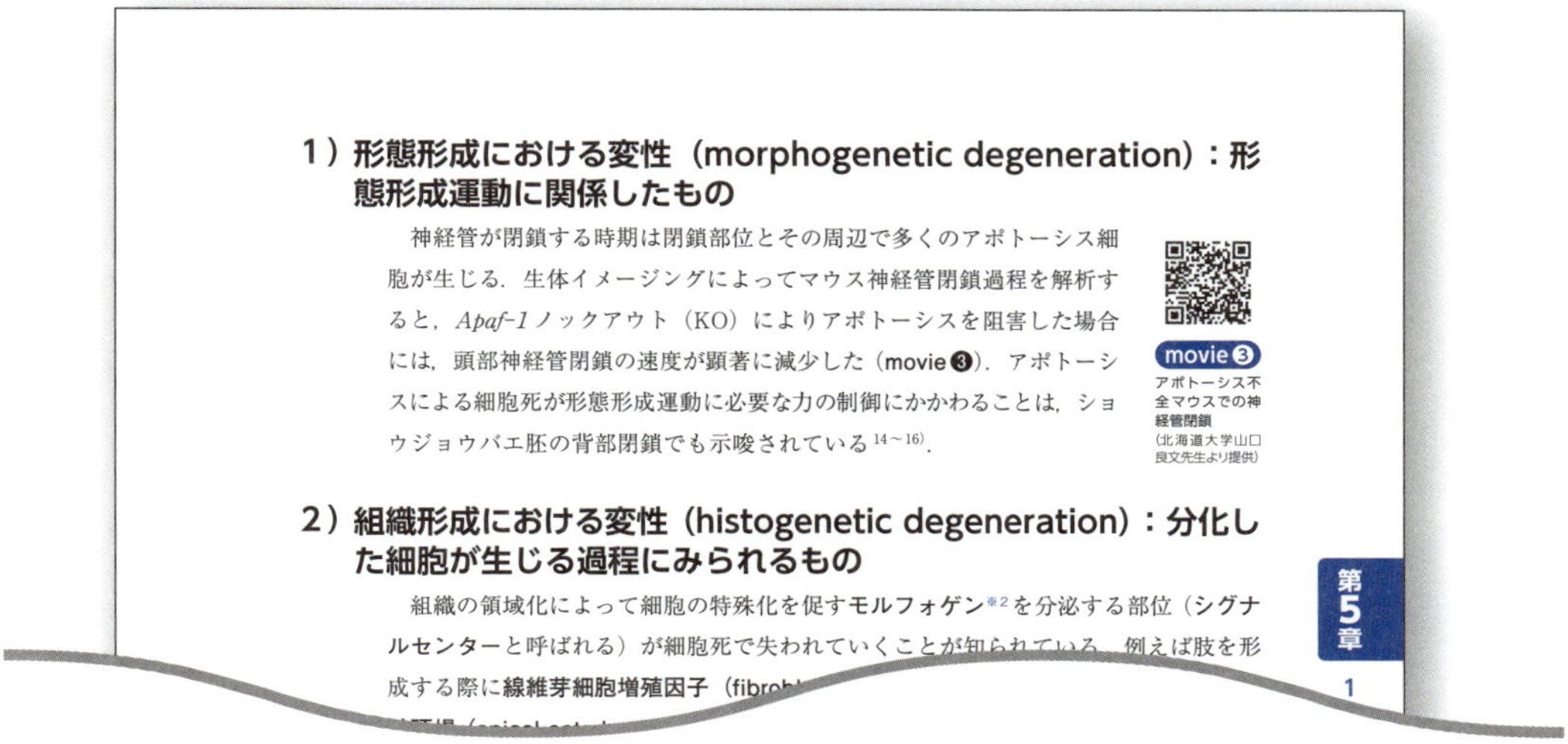

1）形態形成における変性（morphogenetic degeneration）：形態形成運動に関係したもの

神経管が閉鎖する時期は閉鎖部位とその周辺で多くのアポトーシス細胞が生じる．生体イメージングによってマウス神経管閉鎖過程を解析すると，*Apaf-1* ノックアウト（KO）によりアポトーシスを阻害した場合には，頭部神経管閉鎖の速度が顕著に減少した（movie❸）．アポトーシスによる細胞死が形態形成運動に必要な力の制御にかかわることは，ショウジョウバエ胚の背部閉鎖でも示唆されている[14〜16]．

movie❸
アポトーシス不全マウスでの神経管閉鎖
（北海道大学山口良文先生より提供）

2）組織形成における変性（histogenetic degeneration）：分化した細胞が生じる過程にみられるもの

組織の領域化によって細胞の特殊化を促す**モルフォゲン**※2を分泌する部位（**シグナルセンター**と呼ばれる）が細胞死で失われていくことが知られている．例えば肢を形成する際に**線維芽細胞増殖因子**（fibro

第5章

1

方法 1

本文中，movie マークの併記されている二次元バーコードから直接閲覧できます．

方法 2

羊土社ホームページの**書籍特典ページ**から動画をご覧いただけます
（本書特典ページへのアクセス方法は以下をご参照ください）．

1 右の二次元バーコードを読み取ってください
羊土社ホームページ内
［書籍特典］ページに移動します

（下記URL入力または「羊土社」で検索して
羊土社ホームページのトップページからもアクセスいただけます
https://www.yodosha.co.jp/）

2
・羊土社会員の方　→ログインしてください
・羊土社会員でない方　→新規登録ページよりお手続きのうえログインください

3 **特典・付録利用コード入力欄**に下記をご入力ください

コード：jcv - wuol - ffhl　※すべて半角アルファベット小文字

4 本書特典ページへのリンクが表示されます

※ 動画の視聴には標準的なインターネット接続環境が必要です．
※ 羊土社会員の登録が必要です．２回目以降のご利用の際はログインすればコード入力は不要です
※ 羊土社会員の詳細につきましては，羊土社HPをご覧ください
※ 付録特典サービスは，予告なく休止または中止することがございます．本サービスの提供情報は羊土社 HP をご参照ください．

第1章

細胞死とは

1 本書のねらいと構成

中野裕康

この章ではこの本の章立てについて簡単に記載していきたい．序文でも述べているようにこの本の目的は，最新の細胞死研究の内容の紹介に主眼をおいているのではなく，あくまで細胞死研究者の初心者に細胞死研究の概略を理解してもらうことを目的としている（図1）．最新の細胞死研究については，それぞれの論文を参照されたい．

KEYWORD ◆制御された細胞死◆死細胞貪食◆DAMPs◆細胞死検出技術◆細胞死関連薬剤

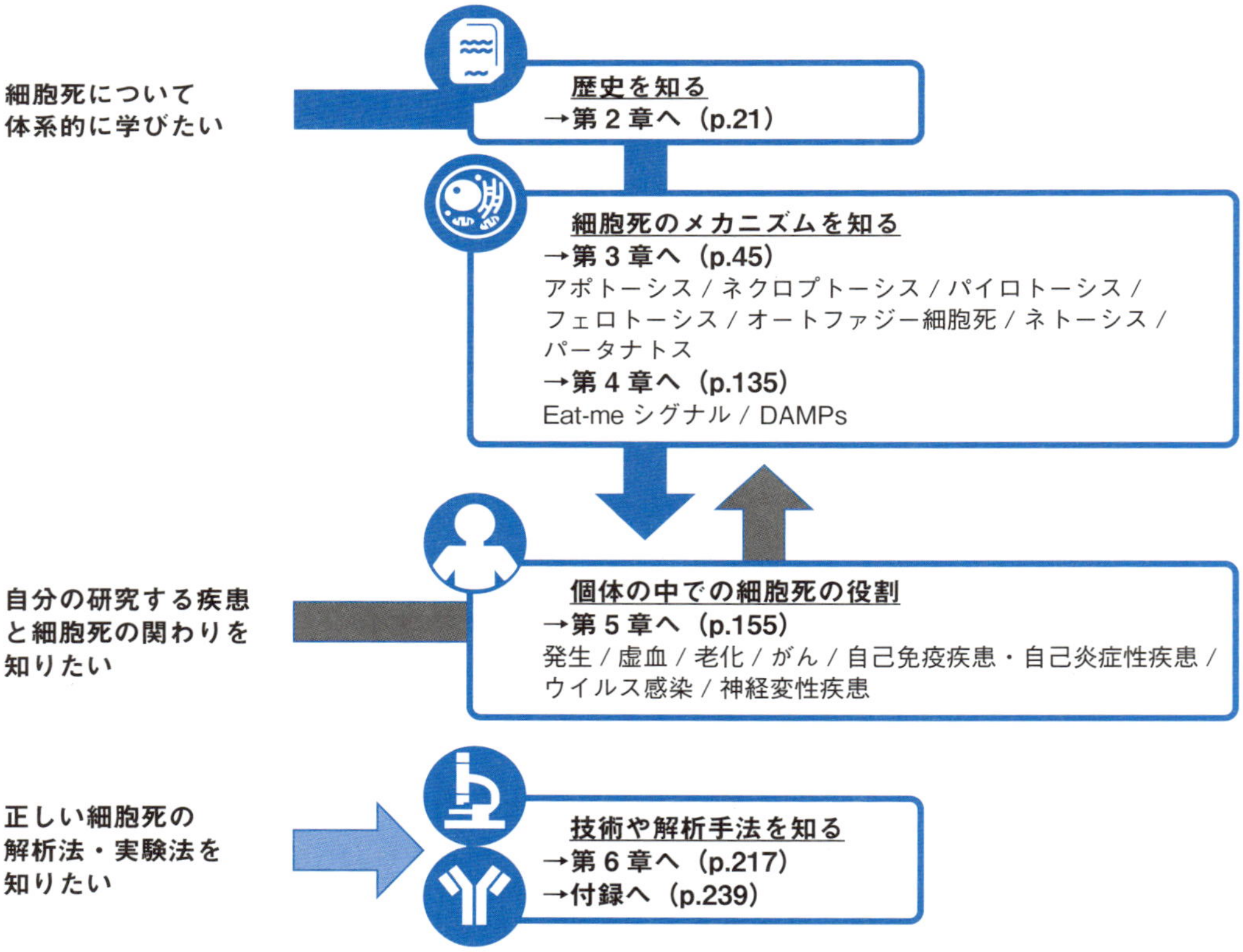

図1 本書のねらいと構成

1 細胞死研究の歴史〔第2章（p.21～）〕

第2章では，**アポトーシス**と**非アポトーシス細胞死**の歴史について紹介している．アポトーシスは現在ではその分子メカニズムおよび形態学的な特徴から厳密に定義されているが，一方でアポトーシス以外の細胞死は，長い間**ネクローシス**として総称され，かつ偶発的な（つまりわれわれの細胞のなかにある遺伝子により制御されていない）細胞死として記述されてきたという歴史がある．しかし，最新の研究から偶発的細胞死以外のネクローシスの存在が明らかとなり，それらは**制御されたネクローシス**（regulated necrosis）と呼ばれようになってきた．

アポトーシス研究の歴史は，1972年にKerrらが形態学的特徴をもとに「アポトーシス（*apo*：枯葉，*ptosis*：落ちる）」と命名したことにはじまる．その後，Horvitzらは線虫の変異体を用いた研究で，アポトーシスにかかわる遺伝子（cell death gene：*ced*）を次々とクローニングした．続いて，染色体転座によるリンパ腫の原因遺伝子の探索や，古典的なタンパク質精製法，expressed sequence tagデータベースのホモロジー検索，yeast two hybrid法，遺伝子発現ライブラリーを使った機能的発現スクリーニングなどのさまざまな手法を駆使して，各研究グループがアポトーシスのコアマシナリーに関与する遺伝子を次々と特定していった．

一方で非アポトーシス細胞死については，その存在は以前から知られていたものの，その分子メカニズムは不明であった．近年それらの実行に関与する遺伝子が次々と同定され，かつさまざまな疾患の病態に関与していること示された．このような背景から非アポトーシス細胞死研究は現在の細胞死研究の花形となっており，これらの細胞死に関与する実行因子が治療の標的となることが指摘されている．

2 制御された細胞死の分子機構〔第3章（p.45～）〕

第3章では，アポトーシスも含めたさまざまな制御された細胞死（regulated cell death）について，基本的な実行のメカニズムや，生体における生理的・病理的意義について記載している．

アポトーシス以外の細胞死として**ネクロプトーシス**，**パイロトーシス**，**フェロトーシス**，**オートファジー細胞死**，**ネトーシス**，**パータナトス**について記載しているが，第2章の非アポトーシス細胞死の歴史の年表にあるように，この本に記載されていない細胞死，例えばlysosome-dependent cell death，entosis，alkaliptosis，oxeiptosis，cuproptosisなども知られている．これらについては，第2章-2の年表（p.37）に記載されているオリジナルの文献を参照していただきたい．

3 死細胞のゆくえ〔第4章 (p.135～)〕

第4章では，細胞死の排除とその後の影響について解説する．

まず，死細胞がどのように認識され，どのように貪食細胞により**貪食（エフェロサイトーシス）**されて効率的に排除されるかについて説明している．細胞死に伴いホスファチジルセリン（phosphatidylserine：PS）が細胞表面に現れることは知られていたものの，その分子メカニズムは不明だった．PSが細胞表面に出現するには，**スクランブラーゼ**がcaspase-3によって切断されて活性化し，**フリッパーゼ**がcaspase-3によって切断されて不活性化されるという2つのイベントが関与していることが明らかにされた．また，PSを認識する複数の細胞表面分子も同定され，細胞内に死細胞が取り込まれる過程も明らかになっている．

一方，死細胞は（特に早期に細胞膜破裂を伴う細胞死），細胞内容物を細胞外へと放出し，非常に強い炎症を惹起すると考えられている．死細胞から放出された内容物は**damage-associated molecular patterns（DAMPs）**と総称され，DAMPsの種類や死細胞から放出されるメカニズム，またDAMPsを認識して炎症などを誘導する受容体についても記載している．

4 細胞死の生理的・病理的な役割〔第5章 (p.155～)〕

第5章では，細胞死の観点からではなく，**発生**，**虚血再灌流**，**老化**，**がん**，**自己免疫疾患**，**ウイルス感染症**，**神経変性疾患**などにおける細胞死の役割について，それぞれの病態への関与という観点から説明している．最も重要な点は，これらの疾患の発症や進展に深くかかわる細胞死を特定してその細胞死に対する阻害剤などを用いることで，新たな治療法を開発することができる可能性が指摘されていることである．これまでの研究から，アポトーシス阻害剤をさまざまな病態モデルに投与しても，病態の改善はなかなか得られないことが知られている．ただし，例外としてはBcl-2阻害剤のVenetoclaxがB細胞白血病の治療薬として認可され，臨床で使用されている．

アポトーシス阻害剤がほかの疾患や疾患モデルであまり効果がない理由はいくつか考えられる．例えば，薬剤の半減期が短いという問題もあれば，アポトーシスが生体内で起こっている状況でcaspase阻害剤を投与すると，細胞死様式がアポトーシスからネクロプトーシスに変わる可能性もある．逆に，これを利用してIAP（inhibitor of apoptosis）阻害剤のBirinapantとアポトーシス阻害剤のEmericasanを同時に投与し，効果的にネクロプトーシスを誘導する戦略も行われている．

また，神経変性疾患のように，細胞死が数年から数十年にわたり進行する病態の場合，どのような細胞死が生じているかを明らかにすることは非常に困難である．神経変性疾患では細胞死そのものが問題ではなく，“神経細胞がまず機能不全に陥り最終的に細胞が死に至るという段階をたどる”と考える研究者も多く，細胞死そのものを阻害しても十分な効果が得られない可能性がある．

5 細胞死についての実験手法〔第6章（p.217～）〕

第6章では，細胞死の実験手法について解説する．また，細胞死を評価するための解析手法や，その手法の特異性，結果の解釈などについての注意点を記載している．古い論文を読む際に役立つよう，現在ではほとんど用いられていない解析手法であるDNA ladderやsubG1 populationについても触れている．

時々，細胞死に関与する分子〔例えばアポトーシスであれば**caspase-8や3**，ネクロプトーシスであれば**RIPK（receptor interacting protein kinase）3**や**MLKL（mixed lineage kinase domain-like）**〕の発現が上昇しているだけで，それらの分子が活性化しているという論旨を展開している論文を見かけることがある．

また，信頼できないMLKLやRIPK3に対するリン酸化抗体で組織を免疫染色し，陽性細胞が多数存在していることから，大量にネクロプトーシスが起こっていると言うような論旨を展開している論文もある．このようなことは，細胞死の基本原理を理解しておらず，かつどの抗体が信頼できる抗体なのかがわからずに販売会社のカタログだけを見て使用してしまった結果だと思われれる．そこで巻末には免疫染色やWestern blot法を用いて，さまざまな細胞死に関与する分子を検出するための**抗体**（少なくとも本書の執筆者が検証した）のリストを掲載しており，それらを購入して利用することで，特異性のない抗体を利用するミスを未然に防ぐことができる．また，どのような薬剤を用いることで目的とする細胞死を誘導または阻害できるのかを理解するために，**誘導剤**と**阻害剤**のリストも掲載している〔巻末付録-1，2（p.239，244）参照〕．

6 おわりに

本書を読んで基本的な細胞死のマシナリーや検出方法を理解することで，読者の細胞死に対する理解が深まり，日本の細胞死研究が今後さらに発展することを期待したい．

参考図書

・「Apoptotic and Non-apoptotic Cell Death」（Nagata S & Nakano H, eds），Springer, 2017
・「Cell Death 2nd edition」（Green DR），Cold Spring Harbor Laboratory Press, 2018
・「Live Cell Imaging」（Kim SB, ed），Humana, 2022
・「細胞死」（三浦正幸，清水重臣／編），化学同人，2019

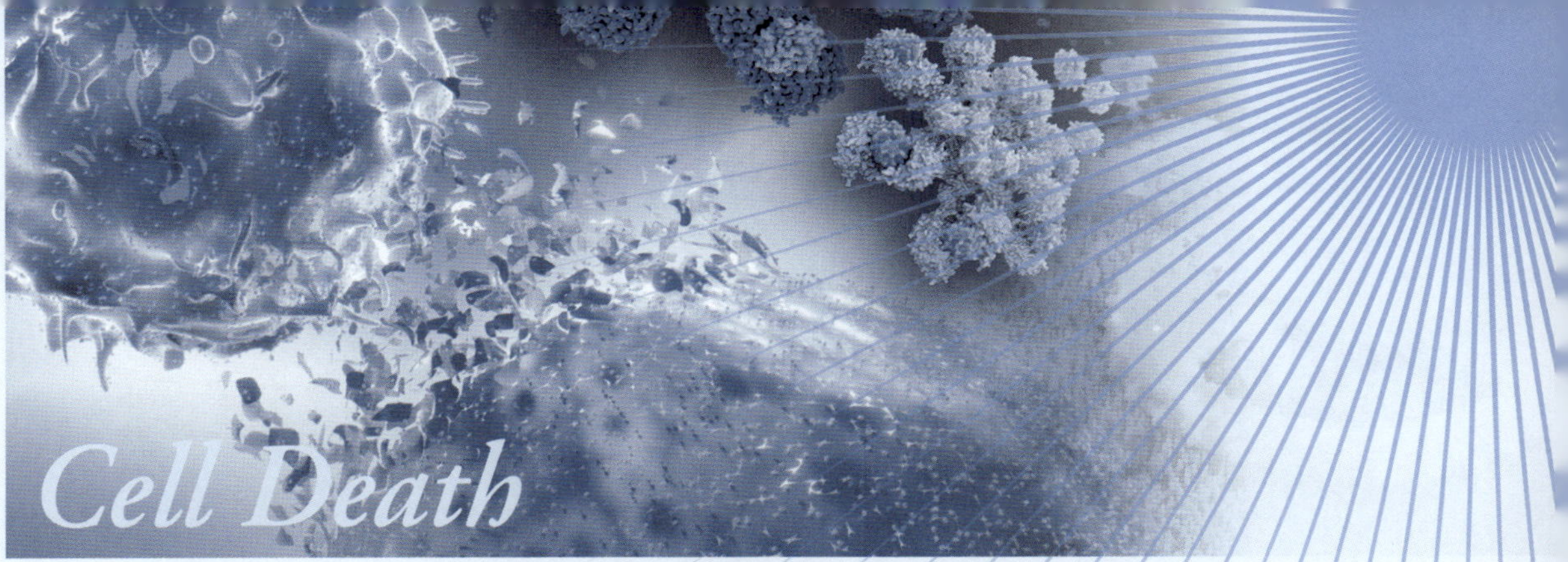

第2章

細胞死研究の歴史

1 アポトーシス研究の歴史

刀祢重信

20世紀後半に細胞死，とりわけアポトーシスと命名された細胞死についての研究の爆発的なブームが起きるまでは，生物学，医学においては，個体の死に比べて細胞の死は等閑視されてきた．確かに筆者らが受けた高校，大学の生物学では，ほとんど細胞の死については学んだ記憶がない．わずかに病理学，放射線医学，発生学の各分野において，研究され，教科書にも記載されてはいた程度である．

1972年Kerr，Wyllie，Currieは，細胞死のなかでも特殊な死に方をするタイプがあり，これをアポトーシスと呼ぼうと提案した．約20年近くかかって一般的に知られるようになり，とりわけ線虫の遺伝学的研究から死の遺伝子があることが明らかにされ，その死のための道具立てが次々と見つかって，その研究は爆発的な発展を遂げた．さらに，真核細胞においてエネルギー産生の中心的なオルガネラであるミトコンドリアがアポトーシスの陰の黒幕であるという衝撃的な事実が判明したのである．またこのアポトーシスは多くの疾患とも関連性が高く，臨床的にも非常に重要である．本稿では，このアポトーシス研究の歴史を簡単に紐解いていきたい．

KEYWORD ◆アポトーシス ◆ネクローシス ◆生理的な細胞死 ◆偶発的な細胞死

1 アポトーシス提案以前

1970年代までにも細胞がいろいろな過程で死滅することは周知の事実ではあったが，多くは環境側からの人為的な刺激（放射線や薬物，低酸素，低栄養，移植など）によって細胞が破壊されて受動的に死に至ると考えられてきた．

放射線照射によって哺乳類の細胞や個体，臓器が障害を受けるときの細胞の状態は，人類の放射線利用とともに研究されてきた[1]．また抗がん剤によるがん細胞への効果を検証，増進するためにも細胞死が研究されてきた．ほかにも虚血再灌流で脳組織に障害が起きる原因が細胞死であることも明らかにされてきた[2]．

しかし，外からのストレスではなく，自発的に細胞死が起きることも古くから多数報告されてきた．いわゆる生理的な細胞死である[3]．それは多くの発生過程で起き，ほかからの刺激ではなく，細胞自らに備わったプログラムに従って死滅することが知られていた．

昆虫の変態過程では，ホルモンの支配下で，特定の組織が決められたタイミングで大量に死滅することが報告され，「**プログラム細胞死**」と称されていた[4)]．また，ニワトリの発生過程，とりわけ肢芽の形態形成においては，特定の部域で必ず細胞死が高頻度に起きることが報告されており，細胞死の直前ではなく，1日以上前からその部域で細胞増殖，DNA複製，RNA合成，タンパク質合成が低下するというSaundersらのグループの報告があった[5)]．彼らは死ぬ予定の部域を切り出して培養すると胚発生と同じタイミングで細胞死が起きることから，細胞自身に備わったdeath clockを想定し，死ぬ予定の組織を胚の背中に移植するとこのdeath clockは停まってしまうことも観察した．しかし，これらの部域がposterior necrotic zone（PNZ）と呼ばれることからわかるように，当時はアポトーシスという言葉が市民権を得る前だったので，ネクローシスと区別されていなかった．これら発生過程での細胞死は，後に提案される形態によるアポトーシスとネクローシスの分類とは異なり，生理的に起きるものかどうかが本来の分類の基準であった．そして，このプログラム細胞死はむしろ細胞の最終分化の1つと考えられていた．

もっと詳しく

BrdUと細胞研究

個人的なことではあるが，1978年ごろ，学位論文のための研究テーマとして，ニワトリの肢芽の細胞死と細胞周期を選んだ筆者は，指導教官から猛反対を受けたことを想い出す．発生学においても当時は，細胞死はトリビアルなものであり，学問的に意味があるとは考えられていなかったと考えられる．

筆者らはその当時，多くの細胞分化を阻害することが知られる5-bromodeoxy-uridine（BrdU）を細胞死を起こす系に投与した結果，DNA複製に際してDNA中のthymidineがBrdUに置換されて，細胞死を効果的に抑制することを見出した[6)]（**図1，2**，Column❶参照）．

ニワトリ肢芽の指間細胞死の系では，死が起きる約20時間前に最後のDNA合成が起きるのであるが，そのときにBrdUを胚に投与すると細胞周期を回り続け，死を免れた細胞は皮膚分化を行うのである．これがSaundersらが言うdeath clockだと思われる．このBrdUの効果は十分な量のthymidineによって打ち消すことができるので，効かせるタイミングを操作できる．BrdUを投与するタイミングを細胞死が起きる20時間前にすると効果的に細胞死を抑制できるが，不思議なことにもう1周前のS期に投与しても効果がなかった．BrdUが死ぬ直前のS期においてゲノムDNAに取り込まれて，何らかの遺伝子の発現状態を変更し，細胞死が起きないようになったと考えられるが，どの遺伝子かはまだ明らかにできていない．その後，この細胞死には，BMPシグナル系が重要であることが示された[9, 10)]（Column❷参照）．

また，両生類のオタマジャクシの尾部を器官培養し，甲状腺ホルモン投与によって細胞死を誘導する系でも，多くの報告がなされている．この尾の縮退の場合はその引

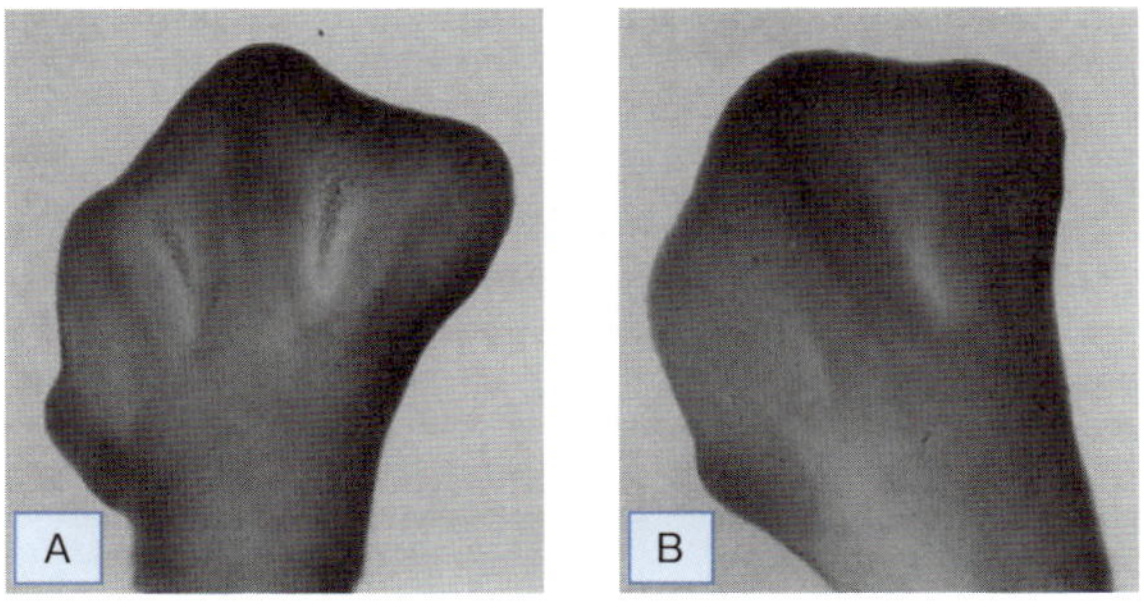

図1　ニワトリ胚（7.5日）後肢芽指間プログラム細胞死（ナイルブルー染色）

A）コントロール胚，B）BrdU処理胚．
Aの指間に小さな粒子が見える．これが死細胞を貪食した細胞である．BrdU処理するとその指間の粒子がほとんど見られなくなる．BrdU処理によって細胞死が抑制された．（文献6より転載）

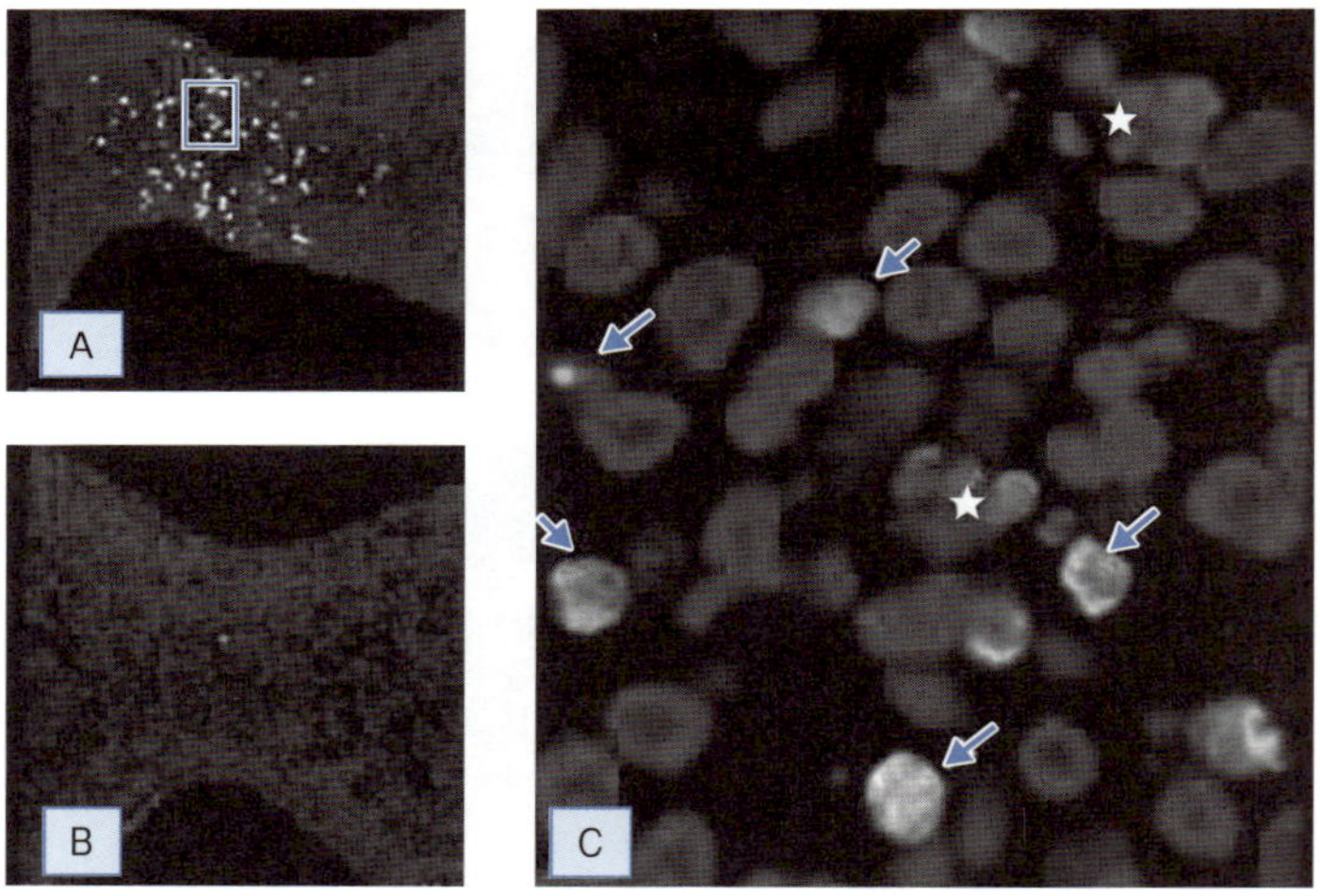

図2　ニワトリ胚（7.5日）後肢芽指間プログラム細胞死（パラフィン切片のTUNEL染色像）

A）コントロール胚，B）BrdU処理胚，C）拡大図（Aの□）．
黄色：TUNELシグナル，赤色：DNA染色，←：貪食前の死細胞核，☆印：貪食後の死細胞核．（文献7より転載）
（Color Graphics 図1参照）

Column

❶ BrdUが細胞分化を抑制する機構

二重らせんDNAの構造のなかで，thymidineがbromodeoxyuridineに置換されるとなぜ，分化を抑制するのかは，現在でも解明されていない．ただし，クロマチンループの基部に位置するS/MAR配列のDNAの塩基のTをBrdUに置換すると，DNAのベント構造（折れ曲がり）が変化し，核マトリクスとの結合が強まることが明らかになっている[8]．

き金が甲状腺ホルモンであり，ホルモンの有無によって器官培養下での縮退の有無が決まることがわかっていた．この培養において，転写阻害剤や翻訳阻害剤を入れると尾の縮退が阻害されることから，ホルモンによって何らかの遺伝子の転写が誘導され，つくられたRNAから細胞死を起こすタンパク質ができると考えられた[12]（Column❸参照）．そこで転写が差次的に誘導・抑制される遺伝子が徹底的に探索され，マトリクスメタロプロテアーゼなどの遺伝子が誘導されていたことがわかっていった．

このほか，多くの器官形成過程においてプログラム細胞死が起きることが報告されている．しかし，例えば腎臓が造られるときには約3％の細胞が死ぬが，1〜2時間以内に隣接する細胞に貪食されてしまう[14]ように，あっという間に消失してしまうため，注目されてこなかったのである．

2 アポトーシスという提案（表1）

1972年になって，スコットランドのアバディーン大学の病理学教授のCurrieのもとにオーストラリアから留学していたKerrと院生のWyllieらが細胞の死ぬ過程を観察

Column

❷ 指間細胞死研究のその後

最近では，東工大の田中幹子らによって，この細胞死プログラムの発動には，酸素分圧が重要であり，活性酸素種（reactive oxygen species：ROS）による早期のDNA切断がトリガーになることが報告されている[11]．アフリカツメガエルなどの両生類で指間の細胞死がほとんど起きないのは，水中のため酸素分圧が低いためであり，培養条件でオタマジャクシから高酸素分圧にしてやれば，羊膜類（トリ・哺乳類）と同じように指間の細胞死が起きる．また受精卵から陸上でオタマジャクシを経ずに成体になるコキコヤスガエルでは，両生類ではあるが指間の細胞死が起きる．逆にトリで低酸素条件にしてやると指間の細胞死が起きなくなることを見出した．このことは，羊膜類において細胞死が指間の固有の分化形質として起きるのではなく，高酸素環境によって生じるROSを利用してBMPシグナルが発現することで指間に細胞死を誘導することを示していると考えられる．

Column

❸ オタマジャクシの尾の細胞死と免疫システム

この両生類のオタマジャクシの変態における細胞死について，新潟大の井筒らの興味深い研究があるので紹介したい[13]．

オタマジャクシの尾の細胞死は，単に甲状腺ホルモンによって起きるだけではなく，オタマジャクシの細胞は，成体の免疫系細胞から見ると異物であり，変態中の尾の細胞を免疫学的に攻撃するというものである．そして変態中の皮膚の細胞で産生される2種の特殊なケラチンタンパク質（ouro1とouro2）の両方が成体のT細胞に認識され細胞死を起こすことが明らかになった．体を守る免疫システムが，体を作り，リモデリングに働いているということが示されたのである

表1　アポトーシス研究と関連研究の年表

年	代表的な発見や概念の提唱	筆頭著者	最終筆者	文献
1972	アポトーシスという名称の提唱	Kerr JF	Currie AR	Br J Cancer, 26：239-257
1977	線虫細胞系譜でのPCD記載	Sulston JE	Horvitz HR	Dev Biol, 56：110-156
1986	Bcl-2のクローニング	Tsujimoto Y	Croce CM	Proc Natl Acad Sci U S A, 83：5214-5218
1986	線虫ced-3，ced-4変異体の同定	Ellis HM	Horvitz HR	Cell, 44：817-829
1988	Bcl-2の抗アポトーシス活性の発見	Vaux DL	Adams JM	Nature, 335：440-442
1989	アポトーシス誘導抗体（抗Fas抗体/抗APO-1抗体）の樹立	Yonehara S	Yonehara M	J Exp Med, 169：1747-1756
		Trauth BC	Krammer PH	Science, 245：301-305
1991 (1992)	Fas/APO-1のクローニング	Itoh N	Nagata S	Cell, 66：233-243
		Oehm A	Krammer PH	J Biol Chem, 267：10709-10715
1992	線虫ced-9変異体の同定	Hengartner MO	Horvitz HR	Nature, 356：494-499
1993	Baxのクローニング	Oltvai ZN	Korsmeyer SJ	Cell, 74：609-619
1993	Fasリガンドのクローニング	Suda T	Nagata S	Cell, 75：1169-1178
1993	*in vitro* アポトーシス系の確立	Lazebnik YA	Earnshaw WC	J Cell Biol, 123：7-22
1993	線虫ced-3のクローニング	Yuan J	Horvitz HR	Cell, 75：641-652
1993	ICEによる哺乳類細胞でのアポトーシス誘導	Miura M	Yuan J	Cell, 75：653-660
1994	線虫ced-9のクローニング	Hengartner MO	Horvitz HR	Cell, 76：665-676
1994 (1995)	caspase-3のクローニング；CPP32, Yama	Fernandes-Alnemri T	Alnemri ES	J Biol Chem, 269：30761-30764
		Tewari M	Dixit VM	Cell, 81：801-809
1995	TRADDのクローニング	Hsu H	Goeddel DV	Cell, 81：495-504
1995	FADDの同定；MORT1	Boldin MP	Wallach D	J Biol Chem, 270：7795-7798
		Chinnaiyan AM	Dixit VM	Cell, 81：505-512
1996	caspaseという統一名称の提唱	Alnemri ES	Yuan J	Cell, 87：171
1996	caspase-8のクローニング；MCH4, MCH5，FLICE，MACH	Fernandes-Alnemri T	Alnemri ES	Proc Natl Acad Sci U S A, 93：7464-7469
		Muzio M	Dixit VM	Cell, 85：817-827
		Boldin MP	Wallach D	Cell, 85：803-815
1996 (1997)	caspase-9のクローニング；Apaf-3, ICE-LAP6	Duan H	Dixit VM	J Biol Chem, 271：16720-16724
		Li P	Wang X	Cell, 91：479-489
1996	シトクロムcのアポトーシスへの関与	Liu X	Wang X	Cell, 86：147-157
1997	Apaf-1（哺乳類ced-4ホモログ）のクローニング	Zou H	Wang X	Cell, 90：405-413
1997 (1998)	CAD/DFF40，ICAD/DFF45のクローニング	Liu X	Wang X	Cell, 89：175-184
		Enari M	Nagata S	Nature, 391：43-50
2013	アポトーシス依存性スクランブラーゼのクローニング	Suzuki J	Nagata S	Science, 341：403-406
2014	アポトーシス依存性フリッパーゼのクローニング	Segawa K	Nagata S	Science, 344：1164-1168

上記にはアクセプトが早かったものだけでなく，high impactの雑誌に掲載されたものも併記している．

して，形態学的にこれまでのいわゆるネクローシスとは異なる細胞死が存在することに気づき，アポトーシスと名づけたのである[15]（**図3**）．主に**第3章**（p.45～134）で述べられているように多くの臓器や細胞種や外から与えられる異なる刺激などのシチュエーションの違いによって，さまざまな細胞死のタイプがあることが後にわかってくるが，この時点で彼らが大胆に細胞死をアポトーシスとネクローシスの2つに分け，また，分子生物学，細胞生物学的なテクニックが未発達な時代において，アポトーシスが細胞自らが起こす能動的な死であることを見抜いたのは，まことに天才的と言って過言ではない（Column❹参照）．

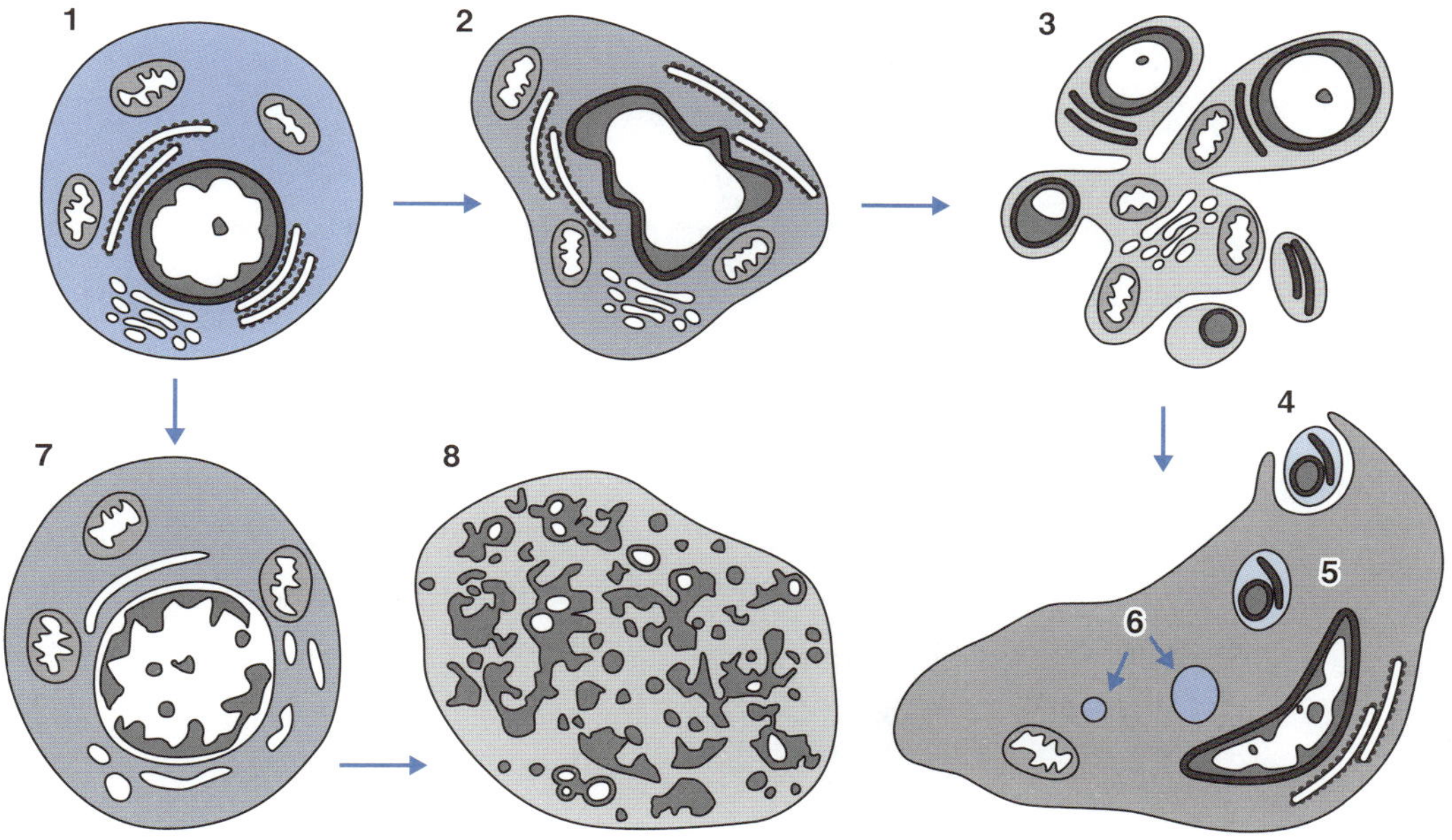

図3　アポトーシスとネクローシス

1は正常細胞．2～6はアポトーシスにおける形態変化．7～8はネクローシスにおける形態変化．

2で細胞縮小，核の凝縮が始まり，3でアポトーシス小体の形成，4，5，6，でアポトーシスした細胞が近隣細胞に貪食される．

7は細胞とミトコンドリアが膨潤し，8で細胞膜が破裂し，内容物が周りに飛び散る．

（文献16より引用）

Column

❹ 国際的に知られなかった「立ち枯れ死」の発見

じつはこの論文の約10年前，つまり1960年代初頭には慈恵医大・病理の高木文一は，がん組織の電子顕微鏡による観察によって，後にアポトーシスと名づけられる細胞死を見出し，「立ち枯れ死」と名づけていたが，国際的に知られるには至らなかった[17]．

一方で，形態学的には2つに分けるのが正しいか否かはともかく，この単純化が後の細胞死研究の大爆発の導火線になったのである．このアポトーシスとネクローシスという形態学的な二分法と，生理的（あるいはプログラムされた）細胞死と病理的（あるいは偶発的）細胞死という二分法は，必ずしも1対1に対応するわけではない．しかし，あたかもアポトーシス＝プログラム細胞死，ネクローシス＝病理的細胞死であるかのような，行き過ぎた単純化が特に欧米で広がっていった．事実はそうは単純ではなく，例えば肢芽のプログラム細胞死の約半分はアポトーシスであるが，残る半分は，非アポトーシスであることが後に明らかとなった[18]．

3 線虫遺伝学　死の遺伝子の発見

セントラルドグマがおおむね正しいことがわかってきた時代，酵母やショウジョウバエを代表とする真核生物を対象とする遺伝学が進んでいた．そのなかで**線虫*C. elegans***が新しいモデル動物としてBrennerやSulstonらによって提案され，発生過程を遺伝学的に解明する材料として精力的に研究され，受精卵から成体にいたる**細胞系図**が詳細に記載された[19]．どの細胞がいつ分裂して，どういう細胞に分化するか，また細胞死するかが，まるで機械のように細胞単位で決められていることが明らかになった．そして多くの発生過程が異常になる線虫の変異体が単離された．

発生異常の変異体のなかにはさまざまな細胞死の異常が検出され，これらの変異体をクラス分けすることから，細胞死に関与する遺伝子が存在することがHorvitzらによって明らかにされた[20]（**図4**）．そのうちの1つ，***ced-3***は塩基配列からヒトの**IL-1β変換酵素（IL-1β converting enzyme：*ICE*）**とホモロジーが高く，タンパク質を切断するプロテアーゼであることがわかった．重要な点は，この線虫の遺伝子を哺乳

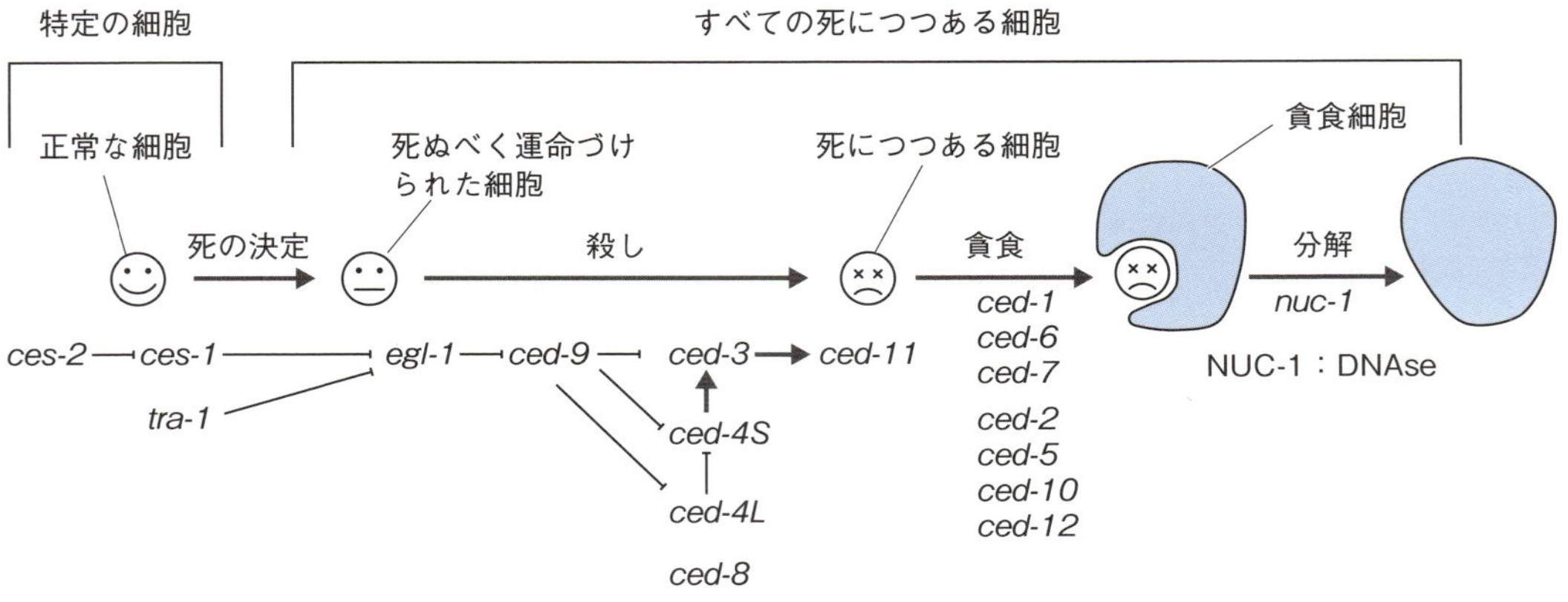

図4　細胞死に異常をきたした線虫ミュータントの分類
（文献21より抜粋）

類の培養細胞Rat-1に導入，発現させると細胞死を起こすことがわかった点である[22].

その当時，放射線生物学分野などで，細胞死においてさまざまなプロテアーゼの活性が上昇することが報告され，またそれらの阻害剤が細胞死を抑制することから，すでにプロテアーゼが細胞死に関与するらしいとは考えられていた．しかし，使われた阻害剤の特異性がそれほど高くないことから，プロテアーゼがアポトーシスに必須であるという証拠は得られていなかった．またプロテアーゼがどのタンパク質を切断することがアポトーシスに重要であるという知見はまだ得られていなかった．

4 caspaseの発見

線虫の*ced-3*やヒトの*ICE*の配列とホモロジーが高いプロテアーゼが真核生物で広く保存されていて，次々とクローニングされた．遺伝子を同定した研究者が勝手に命名したため同じプロテアーゼに別々の名称がつけられたりして，混乱をきたしはじめた．これらの酵素は，活性中心にシステインをもつプロテアーゼであり，DXXD（Dはアスパラギン酸，Xは任意のアミノ酸）配列を認識して，タンパク質中のアスパラギン酸のC末端側を切断することから，caspase（Cはcysteine protease，aspaseはaspartic acidの後で切断する活性をもつ意味）と総称され[23]，報告された順番に番号をつけることが決められた．現在では10数種類報告されている．ちなみに線虫では，細胞死に関与するプロテアーゼはCED-3の1種類のみである．

そして最も重要なことは，これらcaspaseファミリーに対して特異性の高い阻害ペプチドが作製され，これをアポトーシスを起こす前の細胞にあらかじめ投与しておくと，アポトーシスが抑制されることが報告され，caspaseがアポトーシスの実行に必須であることが明らかとなった[24]．そしてアポトーシスの働くステップを考慮して，**イニシエーターカスパーゼ（initiator caspase）**，**炎症カスパーゼ（inflammatory caspase）**，**エフェクターカスパーゼ（effector caspase）**の3種類に分類され，それぞれで働くcaspaseが発見されていった．

5 Fasの発見

これらcaspaseの研究とはまったく別の方向から新しい発見が報じられた．それは，一種のセレンディピティな発見である．東京都臨床医学総合研究所の米原伸らは，インターフェロン受容体を研究していて，この受容体をクローニングするためにそれに対するモノクローナル抗体をとる過程で，あるクローンが分泌する抗体がヒトの白血病細胞を効果的に殺すことを見つけたのである[25].

凡人ならば，本来の目的と異なる現象に遭遇しても無視するところであるが，米原らは，この抗体が本来の細胞表面に存在する何らかのタンパク質に結合して，アポトーシスを誘導するのではないかと考えた．このタンパク質をFasと名づけ，Fasのクローニングを大阪バイオサイエンス研究所の長田重一らと行い，Fasの遺伝子を同定することに成功したのである[26]．ほぼ同じころに，ドイツでもKrammerらによって同様の抗体**Apo-1**が得られたが[27]，Fasのほうがクローニングが早かった．その後，長田らはFasに結合してアポトーシスを誘導するFasリガンドをもクローニングすることに成功した[28]．

臨床との関係で言うと，自己免疫疾患のなかには，これらFasおよびそのリガンドの遺伝子が変異し，胸腺でのアポトーシスが起こりにくくなっている症例があることもわかっている．

6 Bcl-2の発見

Fas/Fasリガンドの同定は，細胞外からの刺激によりアポトーシス（外因性経路）が誘導されることを明らかにしたが，逆にアポトーシスを抑制するタンパク質があることもわかってきた．

当時米国で研究していた辻本賀英らは，白血病（濾胞性B細胞腫）の原因遺伝子を調べ，B細胞で強く発現する免疫グロブリン（Ig）重鎖遺伝子の近傍に転座した遺伝子が，Ig重鎖遺伝子のエンハンサーの影響でB細胞で強く発現していることを見出した[29]．この遺伝子*Bcl-2*をマウスやヒトの細胞で強制発現させると多くのアポトーシスが抑制されることが明らかになった[30]．またこのBcl-2にはホモロジーが高いファミリーがあり，アポトーシスを抑制する機能があるグループと，逆に促進するグループがあることがわかってきた．細胞が死ぬかどうかは，この2つのグループの存在比によって決まると考えられる．死を促進するグループの1つ**Bax**タンパク質は，ダイマー化してアポトーシスを引き起こすが，このBaxモノマーにBcl-2が結合してダイマー化を抑制してアポトーシスを阻害することが分かっている[31]．

そして再び線虫の登場である．線虫のCED-9タンパク質（**図3**参照）の遺伝子が変異したミュータントは，細胞死が亢進することがわかった[32]．そしておもしろいことに，このCED-9タンパク質は，Bcl-2と相同性が高いことがわかり，更にこのミュータントにヒトの*Bcl-2*遺伝子を導入，発現させると異常な細胞死が起きなくなることが明らかになり，ここでも線虫と哺乳類で共通の細胞死マシナリーが働いていることが示された[33]．

7 陰で糸を引く黒幕

しかし，最も驚いたのは，caspaseを活性化する分子を捜していたWangたちの発見であった．彼らは生化学的手法を駆使してcaspaseを活性化するタンパク質を探索し，その引き金になるものとして，**シトクロムc**を同定した[34]．

この小さなタンパク質は，それまで**ミトコンドリア**の膜間腔に存在しATP産生するための電子伝達に関与する分子として知られていたが，なんとこの分子がアポトーシス時にミトコンドリアの外膜から細胞質へと漏れ出て，それがcaspaseの活性化を引き起こすことが判明したのである．この時に活性化されるイニシエーターカスパーゼは，caspase-9と呼ばれ，ゲノム損傷などの細胞内の原因によって内因性アポトーシスを起こすことが明らかになった．つまり，ミトコンドリアは，ATP産生の中心オルガネラとして働いているのみならず，陰で細胞の死を操っていることがわかったのである．

ミトコンドリアは進化的に，原始的な真核細胞にある種のバクテリアが寄生した後に共生状態になることで生じたと考えられ，シトクロムcだけではなく，ほかにもアポトーシスの引き金を引いている分子を隠しもっていると言われ，細胞のなかの毒薬庫とも言える存在でもある．Fas-Fasリガンドによって細胞の外からアポトーシスが起きる，いわゆる外因性アポトーシスでは，Fasレセプターにリガンドが結合することで，イニシエーターカスパーゼのcaspase-8が活性化される．これらイニシエーターカスパーゼが活性化されると，シグナル伝達により共通のcaspase-3が活性化される．つまり，内因性アポトーシス経路と外因性経路は，両方ともエフェクターカスパーゼのcaspase-3を活性化することで収斂することがわかり，また両者のクロストークも報告されている．そして最終段階として，アポトーシスが実行され死刑執行が起こる．

8 実行過程　DNA切断と核の凝縮機構の解明

生化学的および形態的にアポトーシスの最終段階として起きるのが，実行過程，そのなかでも顕著なものが，ゲノムDNAの切断と核の凝縮である．

1）DNAの切断

DNAがヌクレオソームコアに巻き付いているので，アポトーシスが起きている最終段階として，核DNAはヌクレオソーム単位で切断を受けてヌクレオソームの整数倍の長さのDNA断片が生じ，それを**ヌクレオソームラダー**あるいは**天国への階段**とも言う．研究の初期には，簡便なアポトーシスマーカーとされていた[35)]が，後にネクローシスでもラダーが観察されるケースも報告されたり，逆にアポトーシスでもみられないことも多く報告された．このラダーを担うDNaseとして最も多くの細胞でみられるのが，長田らの見出した**CAD（caspase-activated DNase）**である[36)]．

おもしろいことに，CADはタンパク質合成されるときには，この活性を抑制する**ICAD（inhibitor of CAD）**がシャペロン的に結合しているため核移行できないが，細胞内でcaspase-3が活性化されると，ICADが分解されて解放されることにより核に移行し，核DNAを切断する[37)]．CAD以外にも，DNase-γやDNase IIなどの多くのDNaseの働きが報告されている[38)]．

また，アポトーシスにはこのヌクレオソームラダーが起きる前に，20～40 kbという巨大なDNA断片ができることが多い．ヌクレオソームラダーが観察できないアポトーシスも多いが，巨大DNA断片のほうはよく観察される[39]．CADがこの断片化にも関与している可能性はあるが，このCADの遺伝子をノックアウトした細胞でも，この断片化が起きている[40]ことから，別の酵素が働いている可能性もある．またこの巨大DNA断片をクローン化したところ，そのDNAはクロマチンループの根元の部分に局在している可能性が示された．まだその意義は明らかではないが，例えば発生過程の指間細胞死において，ごく初期にまずTUNEL法で検出されるDNA断片化がROSによって起きることが報告されており[11]，巨大DNA断片化とのかかわりにおいて興味深い．

2）核の凝縮

さて，次にもう1つの大きい実行過程のイベントとして核の凝縮があげられよう．アポトーシスにおいて核が小さくなり，いわゆる三日月形になるのがよく知られていた．おそらくこの核凝縮というイベントは，アポトーシスの中でもDNA切断と同じ最終的な実行過程の出来事である．この過程は*in vivo*では同調的には起きないので，ある瞬間を切りとって観察するとさまざまな形態がみられるために実際にどういう順番に起きるのかはわかっていなかった．

Earnshawらのグループは，細胞から核を取り出し，*in vitro*で別のアポトーシスを起こした細胞の抽出物を単離核にかけると，生体内と同じように核が凝縮し，かつ同調して凝縮することを発見した[41]．このシステムを用いて，筆者らは，個々の細胞核の凝縮を微速度映画で記録し，3つのステージをたどって進行すること（**図5**），またDNA切断を抑制したり，caspase活性を止めてやると，それぞれ特有のステップで停止することを明らかにした[42]．まさに「マイトーシス」になぞらえて命名された「アポトーシス」にふさわしい細胞内の顕著なプログラムであることが示された．

最後に核が真ん中に凝縮するステージ3に進むには，核laminaを構成するラミンのcaspase-6による不可逆的な切断が必要で，そのほかにATPや核内アクチンの重合が必要であることも判明しているが，まだその詳細な分子機構の解明は完成していない．

9 死細胞の貪食機構の解明

細胞としてのアポトーシスの最終段階は，前述の実行過程であるが，見方を変えるならばもう1つ，その死んだ細胞がほかの細胞，マクロファージなどによって**貪食（エフェロサイトーシス）**されるのも，アポトーシスの特徴である．細胞膜の破綻なしに迅速に貪食されて，細胞の内容物が細胞外に漏れないので，炎症などがほとんど起きないのである．細胞膜の破綻によって細胞内の物質が細胞外に漏出され炎症を起こす

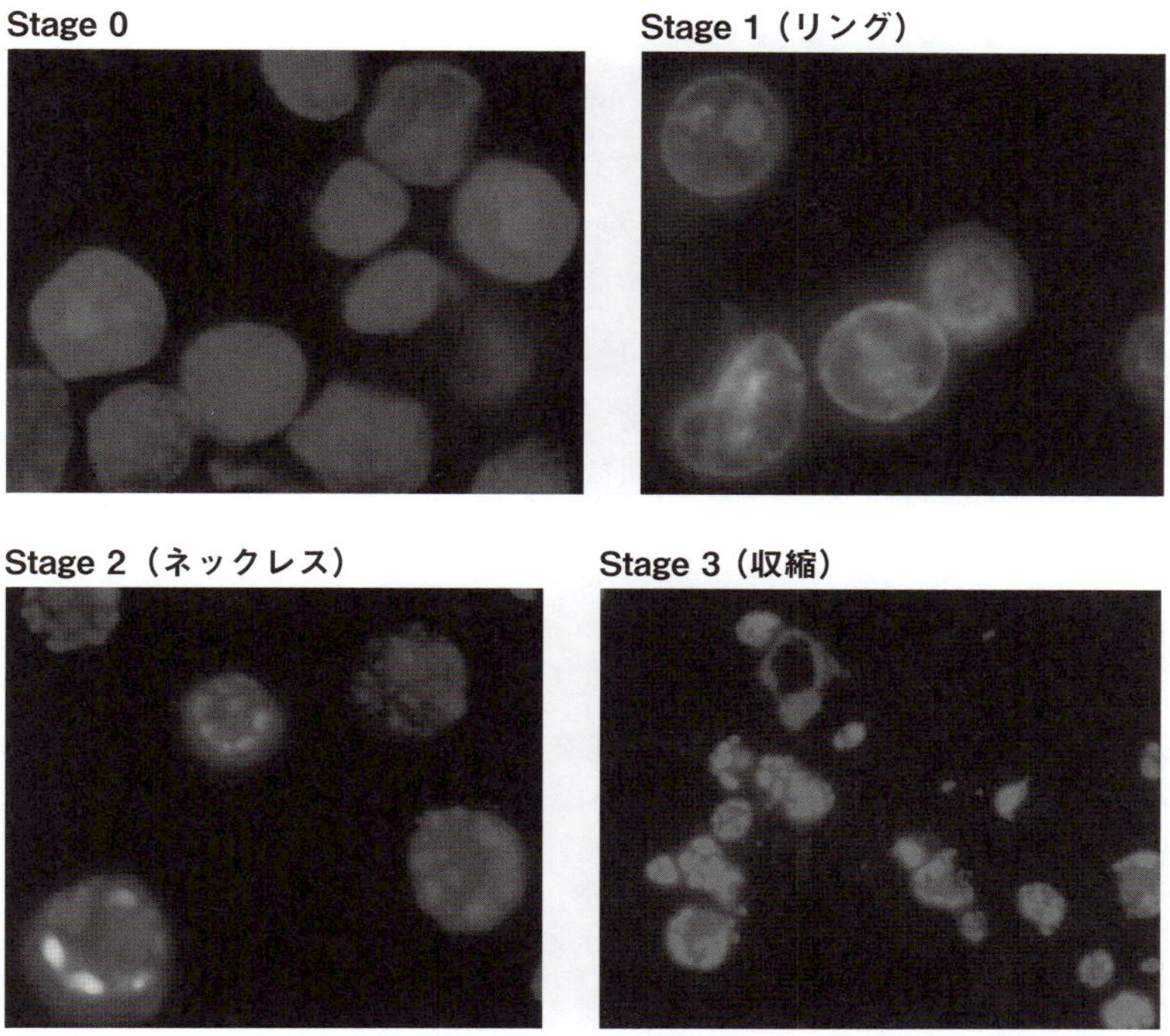

図5　アポトーシスでの核凝縮過程

アポトーシスの実行過程の1つ，核凝縮過程もプログラムされている．

ために「ダーティーな死」と呼ばれるネクローシスに対して，アポトーシスが「クリーンな死」と言われるゆえんである．

さてこの貪食の機構，とりわけ，死んだ細胞だけが貪食される機構は長い間不明であった．生きている細胞は食われず，死んだ細胞の表面にのみ何らかの**Eat-meシグナル**が記されていると考えられた〔第4章-1（p.136）参照〕．そしてこのシグナルの実体として，アポトーシスすると，ホスファチジルセリン（PS）がアポトーシス細胞の表面に露出されてくると考えられた（Column❺参照）．

しかし，PSがどのようにして細胞表面に露出されるのかは長い間，謎であった．長田らのグループは，アポトーシス特異的にPSを細胞表面に露出させる**スクランブラーゼ**を突き止めて，10回膜貫通タンパク質の**Xkr8**をついに同定した．またこのXkr8は，

Column

❺ 最も信頼できるアポトーシスマーカーとして

このPSに特異的に結合する分子としてAnnexin Vが見出され，これにFITCなどの蛍光色素を結合させ，アポトーシスの細胞膜を特異的に蛍光標識できるということを利用して，アポトーシスマーカーに使われてきた．このAnnexin VとPIの二重染色した細胞をFACSで測定する方法がアポトーシスとネクローシスを識別する方法として確立されている[43]〔第6章-1（p.218）参照〕．

アポトーシス時にはC末端の細胞内領域がcaspase-3によって切断され，スクランブラーゼとして活性化されることがわかった[44].

またこれとは別に，健康な細胞では，**フリッパーゼ**と呼ばれる酵素が常に働いていて細胞膜のPSが表面に露出されないようになっているが，アポトーシスにおいてはこのフリッパーゼがcaspaseによって切断，不活性化されることによって，PSが細胞表面に露出することが明らかになっている[45].

10 おわりに

アポトーシス研究の歴史を振り返ってみると，じつに多くのセレンディピティによって，言わばゲームチェンジングな発見によって進んできたことがわかる．例えば，それまでプロテアーゼの関与が多くの研究によって示唆されてきたが，それは示唆であって，どうアポトーシスを実行していくのかという決定的な理解には至っていなかった．ところが線虫の遺伝学的研究によって，細胞死が特定の遺伝子によって制御されていることが明らかにされ，その遺伝子の配列がヒトの特定のプロテアーゼとホモロジーが高く，そのプロテアーゼの基質の探索や，特異的阻害剤の開発から一挙に，caspaseの役割解明が進んだ．またまったく予期せぬFasの発見からdeath receptorにつながっていったのである．

人間が予測できない方法で生命は進化してきたから，人智を越えた事実に驚かされるから，研究はおもしろいのである．研究というものは，「先行研究という巨人の肩に立って順々に次の発見につなげていく」という側面と，「1つのことにだけ偏重せず異なった視点から研究を進めることの重要性」という側面の両方がある．「選択と集中」だけでは，これからの生命科学研究は沈滞するであろう．若い読者諸君も，いま流行りの分野だけに集中するのではなく，自分がおもしろいと思う分野を自ら拓く気概をもってほしいものである．

文献

1）「Apoptosis its roles and mechanism」(Ohyama H & Yamada T, eds) , pp141-186, Business Center for Academic Societies, 1998
2）Kirino T：Brain research, 239：57-69, 1982
3）Glücksmann A：Biol Rev Camb Philos Soc, 26：59-86, 1951
4）Lockshin RA & Williams CM：J Insect Physiol, 10：643-649, 1964
5）Saunders JW Jr：Science, 154：604-612, 1966 必読
6）Toné S, et al：Dev Growth Differ, 25：381-391, 1983
7）Toné S, et al：Exp Cell Res, 215：234-236, 1994
8）Suzuki T, et al：Exp Cell Res, 276：174-184, 2002
9）Yokouchi Y, et al：Development, 122：3725-3734, 1996
10）Zou H & Niswander L：Science, 272：738-741, 1996
11）Cordeiro IR, et al：Dev Cell, 50：155-166.e4, 2019 必読

12） Tata JR：Dev Biol, 13：77-94, 1966
13） Mukaigasa K, et al：Proc Natl Acad Sci U S A, 106：18309-18314, 2009
14） Coles HS, et al：Development, 118：777-784, 1993
15） Kerr JF, et al：Br J Cancer, 26：239-257, 1972 必読
16）「Bioscience用語ライブラリーアポトーシス」（三浦正幸，山田武／編），羊土社，1996
17） 高木文一：細胞障害の超微形態学．日本病理学会誌，53：17-52，1964
18） Chautan M, et al：Curr Biol, 9：967-970, 1999
19） Sulston JE, et al：Dev Biol, 100：64-119, 1983
20） Hengartner MO & Horvitz HR：Curr Opin Genet Dev, 4：581-586, 1994
21） Liu QA & Hengartner MO：Ann N Y Acad Sci, 887：92-104, 1999
22） Miura M, et al : Cell, 75 : 653-660, 1993
23） Alnemri ES, et al：Cell, 87：171, 1996
24） Milligan CE, et al：Neuron, 15：385-393, 1995 必読
25） Yonehara S, et al：J Exp Med, 169：1747-1756, 1989
26） Itoh N, et al：Cell, 66：233-243, 1991
27） Trauth BC, et al：Science, 245：301-305, 1989
28） Suda T, et al：Cell, 75：1169-1178, 1993
29） Tsujimoto Y, et al：Science, 228：1440-1443, 1985
30） Vaux DL, et al：Nature, 335：440-442, 1988
31） Oltvai ZN, et al：Cell, 74：609-619, 1993
32） Hengartner MO, et al：Nature, 356：494-499, 1992
33） Hengartner MO & Horvitz HR：Cell, 76：665-676, 1994
34) Liu X, et al Cell, 86: 147-157, 1996 必読
35） Wyllie AH：Nature, 284：555-556, 1980
36） Enari M, et al：Nature, 391：43-50, 1998 必読
37） Sakahira H, et al：Nature, 391：96-99, 1998
38） Shiokawa D, et al：Eur J Biochem, 226：23-30, 1994
39） Nakano H & Shinohara K：Radiat Res, 140：1-9, 1994
40） Samejima K, et al：J Biol Chem, 276：45427-45432, 2001
41） Lazebnik YA, et al：J Cell Biol, 123：7-22, 1993 必読
42） Toné S, et al：Exp Cell Res, 313：3635-3644, 2007 必読
43） 山村真弘，西村泰光：細胞膜の抗原性．「実験医学別冊 現象を見抜き検出できる！ 細胞死実験プロトコール」（刀祢重信，小路武彦／編），pp132-136，羊土社，2011
44） Suzuki J, et al：Science, 341：403-406, 2013
45） Segawa K, et al：Science, 344：1164-1168, 2014

方法論は「実験医学別冊 現象を見抜き検出できる！ 細胞死実験プロトコール」（刀祢重信，小路武彦／編），羊土社，2011

2 非アポトーシス細胞死研究の歴史

中野裕康

最新の研究からアポトーシス以外のさまざまな種類の制御された細胞死が報告され，それらの細胞死がヒトの疾患の病態形成に密接に関与していることがわかりつつある．本稿では，非アポトーシス細胞死のなかで最も注目されている3種類の細胞死，ネクロプトーシス，パイロトーシス，フェロトーシスについて，それらの歴史を紹介したい．オートファジー細胞死，ネトーシス，パータナトスについては第3章-5，6，7（p.101，115，124）を参照されたい．

KEYWORD ◆制御された細胞死 ◆非アポトーシス細胞死 ◆細胞膜破裂 ◆DAMPs

1 アポトーシス以外の制御された細胞死

1972年にKerrらにより形態学的な特徴をもとに，正常の発生過程や正常組織のターンオーバー，腫瘍細胞でみられる細胞死としてアポトーシスという名称が提唱された[1)]．その後アポトーシスは計画的細胞死あるいはプログラム細胞死と同義語として扱われ，アポトーシスの対極にある細胞死としては偶発的細胞死（ネクローシス）の存在が知られていた．しかし近年の研究により次々とアポトーシス・ネクローシス以外の細胞死が同定されてきた[2)]（**表1**）．重要な点は，これらの細胞死の実行因子が，われわれの細胞のなかに存在する遺伝子により制御されているという点にある．またこれらの細胞死は必ずしも発生過程で生じるわけではないことから，計画的な細胞死と呼ぶのは不適切であると考えられ，現在ではアポトーシスも含めて**制御された細胞死（regulated cell death：RCD）**と総称されている．なかでもネクロプトーシス，パイロトーシス，フェロトーシスなどの細胞膜破裂をきたす細胞死は，ネクローシス様の形態を示すことから制御されたネクローシス[※1]と総称されている[3, 4)]．**表1**にあるように，多数の制御された細胞死が報告されており，細胞死の専門家でもこれらの細胞死をすべて実際に観察することは不可能に近くなっている（Column❻参照）．

※1 **制御されたネクローシス**：制御されたネクローシス（regulated necrosis）[3, 4)]は，制御された細胞死のなかでも早期に細胞膜破裂をきたすネクロプトーシス，パイロトーシス，フェロトーシスなどを含む細胞死の総称である．細胞膜破裂の結果，大量のDAMPs（danger-associated molecular patterns：損傷関連分子パターン）が放出されることから周囲に強い炎症を誘導すると考えられる．

表1　制御された細胞死の同定されてきた歴史

提唱年	細胞死名	筆頭著者	最終筆者	雑誌名	号，ページ
1972	Apoptosis	Kerr JF	Currie AR	Br J Cancer	26, 239-257
1990	Autophagic cell death＊	Clarke PG		Anat Embryol	181, 195-213
2000	Lysosome-dependent cell death	Franko J	Prosbová T	Acta Medica	43, 63-68
2000	Pyroptosis	Brennan MA	Cookson BT	Mol Microbiol	38, 31-40
2004	Netosis	Brinkmann V	Zychlinsky A	Science	303, 1532-1535
2005	Necroptosis	Degterev A	Yuan J	Nat Chem Biol	1, 112-119
2005	Immunogenic Cell death	Casares N	Kroemer G	J Exp Med	202, 1691-1701
2007	Entosis	Overholtzer M	Brugge JS	Cell	131, 966-979
2008	Parthanatosis	Andrabi SA	Dawson VL	Ann N Y Acad Sci	1147, 233-241
2012	Ferroptosis	Dixon SJ	Stockwell BR	Cell	149, 1060-1072
2018	Alkaliptosis	Song X	Tang D	Gastroenterology	154, 1480-1493
2018	Oxeiptosis	Holze C	Pichlmair A	Nat Immunol	19, 130-140
2019	Cuproptosis	Tsvetkov P	Golub TR	Nat Chem Biol	15, 681-689

＊この論文ではautophagyを伴う細胞死の形態を述べているに過ぎず，厳密に言うとautophagy-dependent cell deathとcell death with autophagyの両者を区別してはいない．詳細は第3章-5（p.101）参照．

2　ネクロプトーシス〔第3章-2（p.63）参照〕

1998年にVandenabeeleらはL929細胞と呼ばれるマウス線維肉腫でTNFにより誘導されるネクローシス様細胞死は，caspase阻害剤である**zVAD**により逆に促進され，**ブチルヒドロキシアニソール（BHA）**と呼ばれる脂溶性の抗酸化剤（Column ⑦参照）で完全に抑制されることを報告した[8]．また同じ年に長田らはcaspase-8の欠損したJurkat細胞で，**FADD**を強制的に二量体化することでネクローシス様の細胞死が誘導

Column

❻ 細胞死研究の落とし穴

ある特定の細胞死が，自分の現在観察している細胞死に関与しているかを調べることは比較的容易である．例えばアポトーシスであれば活性化型caspase-3，ネクロプトーシスであればリン酸化RIPK3やリン酸化MLKL，パイロトーシスであればASCの免疫染色，培養上清を用いて成熟型IL-1βやGSDMD，GSDMEなどの切断，フェロトーシスであればBODYP-C11により染色などをすれば，評価することが可能である．一方でそのほかの細胞死の関与を否定するためには，単純にその細胞死の阻害剤を加えればいいと考えがちだが，阻害剤の実験は状況によってその結果の解釈が非常に難しい場合がある．なぜなら細胞死の1つの経路を遮断すると，別の経路が動き出すことがあるからである．

例えば，RIPK3を発現している細胞の場合には，アポトーシスを誘導する条件で，zVADなどのcaspase阻害剤加えると細胞死がアポトーシスからネクロプトーシスにシフトしてしまう．逆にRIPK3阻害剤を加えると，ネクロプトーシスが阻害されて，アポトーシスが誘導される場合もある．

されることを報告した[9]．2000年にTschoppらは，Jurkat細胞をzVAD存在下でFas抗体で刺激するとcaspase非依存性のネクローシス様細胞死が誘導され，さらにその細胞死はRIPK1（**receptorinteracting protein kinase**，別名：**RIP1**※2）と呼ばれるキナーゼのキナーゼ活性依存性であることを報告した[13]．

このように複数の研究者がTNFやFas受容体からの刺激によりネクローシス様細胞死が誘導されることを見出していたものの，その当時の多くの研究者は，caspase非依存性の細胞死が細胞死受容体からの刺激により誘導されるという現象については，あくまで特殊な細胞でみられる現象だろうと考えていた．おそらくその理由の1つは，ネクロプトーシス研究が遅れた原因でもあるが，多くの細胞死研究者が使用していたヒト腫瘍細胞株の多く（例えばHeLa，U2OS，MCF7，HEK293T細胞など）でRIPK3の発現が消失しており[14]，そのためにこれらの細胞ではネクロプトーシスを誘導できなかったためと考えられる．

その後に2005年にYuanらはzVAD存在下でTNF刺激することにより誘導されるネクローシス様細胞死を阻害する薬剤としてNecrostatin-1を同定し[15]，2008年にNecrostatin-1の標的がRIPK1であることを明らかにした[16]．この研究がきっかけとなりネクロプトーシスは，細胞死研究のなかで中心的なテーマの1つに躍り出た．その後2009年にWangとChanらはそれぞれ独立して，RIPK3がRIPK1のネクロプトーシス誘導時に下流で働くキナーゼであることを同定した[14, 17]．さらに2011年には独

Column

❼ BHAは抗酸化剤か，それともRIPK1阻害剤か？

BHAという薬剤は，食品などにも添加される抗酸化作用を有する防腐剤である．L929細胞をTNF＋zVADで刺激して誘導されるネクローシス様細胞死（まだネクロプトーシスの実態が解明される前の1990年代の後半）は，BHAにより完全にブロックされることから，長らくこの細胞死は酸化ストレス依存性の細胞死と考えれらてきた[5]．TNFにより誘導されるネクローシス様細胞死は，RelA欠損やcIAP1/2欠損MEFsでも認められ，同様にBHAで阻害される[6]．しかしその後の解析から，BHA以外のほかの抗酸化剤（同じ脂溶性の抗酸化剤であるTroloxなど）はネクロプトーシスを抑制しないことから，活性酸素種（reactive oxygenspecies：ROS）のネクロプトーシスへの関与には限局的だと考えられるようになった．最近になりVandenabeeleらのグループからBHAはRIPK1の阻害剤だという報告がなされた[7]．しかし，BHAによってHT29細胞でみられるネクロプトーシスが阻害されないことから，依然としてこの問題は完全には解決されていない．

※2　**RIP**：RIP（receptor-interacting protein）はFas受容体のdeath domainに会合する分子として1995年にSeed Bのラボが同定したセリンスレオニンキナーゼである[10]．当初はdeath domainをもっていることからアポトーシスに関与していると考えられていた．その後RIPに構造的に類似したキナーゼが同定され，RIP1～RIP4までのファミリーを形成していることがわかっている．最初の命名ではkinaseという名前がついておらず，RIP1 kinaseと呼ばれていた時代もあったが[11]，現在ではRIP kinase 1（RIPK1）と呼ぶことが多い．その後の解析からRIPK1はアポトーシスだけでなく，NF-κBの活性化やネクロプトーシスを実行するための足場として重要な役割を果たしていることが示されている[12]．

立した3つのグループにより長い間不明であった*Casp8*ノックアウト（KO）や*Fadd* KOマウスの胎生致死の表現型が，*Ripk1*や*Ripk3*のKOマウスと交配することで，レスキューされることが明らかにされた[18～20]．これらの研究は外因性アポトーシス経路が阻害されると，ネクロプトーシス経路が亢進し，胎生致死となることをはじめて示した研究であった．その後2012年にWangらによりネクロプトーシス実行時に細胞膜傷害に関与する実行分子としてMLKL（mixed lineage kinase domain-like）が同定された[21]．MLKLの同定によりネクロプトーシス誘導に関与する中心的なプレーヤーは出揃いネクロプトーシスの大まかなフレームは解明された．

3 パイロトーシス 〔第3章-3（p.73）参照〕

赤痢菌の感染により，マクロファージがcaspase-1依存性に細胞死が誘導されることはすでに1990年代に報告されていた[22]．2001年にCooksonはその細胞死をアポトーシスとは形態的に異なる細胞死であり，かつIL-1βやIL-18の放出を伴うことから，パイロトーシス（*Pyro*：熱）と命名した[23]．

caspase-1は直接細菌の菌体成分を認識して活性化するわけではなく，NOD-like receptor（NLR）ファミリーと呼ばれる多数のファミリーから構成されるアダプター分子が，細菌の菌体成分を認識して**インフラマソーム**と呼ばれる大きな複合体を形成し，その複合体のなかでcaspase-1の活性化が引き起こされる．長らくパイロトーシスに関与するcaspaseはcaspase-1と思われてきたが，2011年に榧垣らにより特定の菌体成分や毒素により誘導されるパイロトーシスにcaspase-11が関与することが明らかにされ（非古典的インフラマソーム経路と提唱），かつ*Casp1* KOマウスでは先天的にcaspase-11の機能が欠損していることが明らかとなった[24]．このことはこれまで考えられてきた*Casp1* KOマウスの表現型は，*Casp1* KOとcaspase-11機能欠損の両者の表現型の総和であり，それぞれの遺伝子の機能をこれまで報告されてきたさまざまなマウスモデルを使って再検証する必要があるという大きなインパクトを残した（Column ❽参照）．

その後のShaoらの研究も含めて，現在ではcaspase-1がNLRファミリーにより活性化される古典的インフラマソーム経路と，直接細胞内に取り込まれたLPSを認識してcaspase-4/5/11が活性化する非古典的インフラマソーム経路の2種類が存在し，エンドトキシンショックに関与する経路は当初考えられていたcaspase-1の経路ではなく，caspase-4/5/11経路であることが明らかにされた[25, 26]．さらに2015年に榧垣およびShaoらの解析からcaspase-4/5/11あるいはcaspase-1により切断されて活性化し，細胞膜にIL-1βやIL-18の放出に関わる分子として**gasdermin（GSDM）D**が同定され，さらにGSDMDは大きなファミリーを形成していることが明らかとなった[27, 28]．その後高速原子力間顕微鏡やクライオ電顕の解析からGSDMAやGSDMDが細胞膜上で27～28 mersの多量体を形成し，直径約20 nmの孔が形成されることが示された[29,30]．

実際にパイロトーシスが起こっている細胞をライブセルでイメージングすると，細胞が膨張し，最終的に細胞膜が破裂して収縮する像が観察される．これはおそらくGSDMD孔からイオンや水分子などが流入し，ちょうど風船が膨らみすぎて破裂するように細胞膜が膨張して破裂しているのだろうと多くの研究者が考えていた．一方で榧垣らはそれに疑問を抱き，ENU（エチルニトロソウレア）のmutagenesisスクリーニングを行い（Column ❾参照），最終的に細胞膜破裂の実行因子として**NINJ1**を2021年に同定することに成功した[32]．NINJ1は細胞膜タンパク質であり，細胞膜のtensionなどを感知して多量体を形成して細胞膜破裂を誘導すると考えられている．このことはパイロトーシスの場合の細胞膜破裂には2段階のステップがあり，GSDMD孔からIL-1

Column

❽ マウスの遺伝的背景とcaspase-11

遺伝子改変マウスの作成に利用されてるES細胞は現在ではC57BL/6マウス由来のものが中心だが，以前は129と呼ばれる系統のマウス由来のものが用いられていた．榧垣らのcaspase-11の発見は，129系統のマウスでは突然変異により機能的なcaspase-11を発現してないことを見出したことがはじまりである．衝撃的だった点は，*Casp11*と*Casp1*の遺伝子が染色体上で非常に近接して存在しているために，129系統で作成された*Casp1* KOマウスをいくらC57/BL6マウスに戻し交配しても，*Casp1*と*Casp11*の間で相同組換えが起こらない．そのため，*Casp1* KOマウスは，じつは*Casp1/11*二重欠損マウスだったことに，このときはじめて全世界の研究者が気がついたのであった．つまりこれまでcaspase-1の機能と考えられていた表現型は，caspase-1/11の両者の機能の総和であり，厳密に言えば，再度*Casp1* KOマウスをC57/BL6マウス由来のES細胞で作成し，すべての実験をやり直す必要が出てきた．

Column

❾ ENUによる責任遺伝子の同定

ENUは発がん物質であり，高率にマウスの生殖細胞のDNAに点突然変異を誘導するため，ENUを用いて目的とした表現型のみられたマウスの責任遺伝子を同定する研究が盛んに行われていた[31]．変異を導入して生まれてきたマウス（G1）は片方の染色体に変異が導入されていることから，G1マウスを野生型マウスと交配して生まれたマウス（G2，このなかの約半数は変異遺伝子をもっている）同士を交配する．その結果生まれたG3マウスのなかに遺伝子変異をホモにもつ個体が1/8程度の頻度でいると考えられ，目的とする表現型があるかを解析することができる．

目的とする表現型を呈するマウスが得られた場合には，表現型のない同腹のマウスも含めてマウスの全エクソーム解析を行い，表現型と遺伝子変異の相関を解析して，責任遺伝子を同定することになる．しかし表現型のみられた変異マウスで生じている遺伝子変異は，表現型に直接関係する責任遺伝子だけではなく，そのほかの遺伝子にも変異が導入されている（パッセンジャー変異）ことから，その後の絞り込みにも時間がかかり，研究全体でみると莫大な時間と，研究費がかかる研究手法と言える．そのためShaoらの用いたCRISPR/Cas9のライブラリーを用いたスクリーニングのほうが，現在では目的遺伝子を同定するための一般的な手法となっている．

βなどを含む比較的分子量の小さなDAMPsが放出され，その後にNINJ1による細胞膜破裂に伴いHMGB1やLDHなどの大きなDAMPsが放出されることを示している．

ネクロプトーシスやフェロトーシスの場合には，このような2段階のステップを踏まずにいきなり細胞膜破裂がやってくることを考えると，この2段階のステップには何か生理学的あるいは病理学的意味があるように思える．さらに興味深いことにその後の解析からNINJ1はパイロトーシスだけではなく，フェロトーシス[33]，その他の細胞死に伴う細胞膜破裂にも関与している可能性が示唆されている[34]．

4 フェロトーシス 〔第3章-4（p.84）参照〕

古くから酸化ストレスが細胞死誘導に関与することは言われていたが，酸化ストレス自体が細胞死の実行因子ではなく（つまり必須ではなく），細胞死実行因子の働きを促進することがその作用だと考えられてきた．一方でフェロトーシスはまさに酸化ストレスそのものにより誘導される細胞死（そのほかにはネトーシスも）という観点から興味深い細胞死である．

GPX4※3（glutathione peroxidase 4）の機能を解析していた今井らは，2003年に*Gpx4*をマウスで全身性に欠損させると過酸化脂質が蓄積して胎生致死となることを明らかにした[35]．その後2008年にConradらのグループが，*Gpx4*を欠損させたMEFsでは12/15-lipoxygenase依存性に過酸化脂質が蓄積し，未知の非アポトーシス細胞死が誘導されること，その細胞死はα-トコフェロールにより抑制されることを報告した[36]．

一方で2003年にStockwellらはRAS^{V12}などのoncogeneで不死化したヒト線維芽細胞に選択的に細胞死を誘導する低分子化合物を同定するために，2万3千個の化合物ライブラリーをスクリーニングして**エラスチン**（Eradicator of Ras and ST-expressing cells）という化合物を同定し，この化合物がcaspase非依存性の細胞死を誘導することを見出した[37]．その後2012年にStockwellらは，エラスチンや**RSL3**により誘導される細胞死は鉄のキレート剤で阻害され，**ビタミンE**，Trolox，Ferrostain-1などの抗酸化剤で細胞死が抑制されることを報告し，この細胞死を鉄（Ferrous）依存性細胞死フェロトーシスと命名した[38]．

興味深いことにフェロトーシスは腫瘍細胞だけでみられる現象だけではなく，グルタミン酸による神経細胞死や虚血再還流障害にも関与していることが報告された[38]．ブレイクスルーをもたらしたのは，Stockwellらのフェロトーシスの誘導剤の1つであるRSL3がGPX4の阻害剤であることを明らかにした研究であり[39]，この結果GPX4欠損細胞でみられていた非アポトーシス細胞死がフェロトーシスと同一の細胞死であると考えられるようになった．現在ではさまざまなFerroptosis-inducer（FIN）と総称

※3 **GPX4**：脂質過酸化物を還元する酵素であり，以前はPHGPx（phospholipid hydroperoxide glutathione peroxidase）と呼ばれていた．

されたフェロトーシス誘導剤が開発されており，またフェロトーシス阻害剤も開発されている[40]〔詳細は第3章-4（p.84）参照〕.

2019年にはapoptosis-inducing factor（**AIF**）※4をコードする遺伝子（*Apoptosis-inducing factor mitochondria-associated 1*）と類似性があることから*Apoptosis-inducing factor mitochondria-associated 2*（***AIFM2***）と命名されていた遺伝子が，じつはユビキノン（CoQ）を還元する酵素活性を有しており，フェロトーシスを阻害することが明らかにされ，*Ferroptosis-suppressor protein-1*（***FSP-1***）と改名された[44]．さらに2022年に三島らはビタミンKにフェロトーシス阻害活性があることを見出し，驚いたことにFSP-1がビタミンKを還元する活性を有することを明らかにした[45]．**ワルファリン**非感受性のビタミンKサイクル回路が存在することは知られていたが，長らくその正体は不明であった．フェロトーシスの解析の過程で，ワルファリン非感受性のビタミンKサイクル経路がはじめて同定されたことになり，細胞死研究と血液凝固研究が予想外のところでクロストークしていることが判明した[46]．

5 おわりに

非アポトーシス細胞死の研究は，単に形態学によって分類していた時代を越え，現在ではその誘導メカニズムを中心に分類されるようになり，次々と新規の非アポトーシス細胞死が同定されてきた．しかしながら，それらのすべての細胞死が個体レベルで生じているのか，またどの程度ヒトの疾患に関与しているかについては，まだ今後の検討課題であると考えられる．特定の細胞死を標的とした治療法が開発される可能性もあり，期待がもたれる．

なお，日本Cell Death学会のホームページでは学会の理事が中心になり，細胞死研究の歴史などのエピソードを記載したエッセイ[47]を掲載している．本書の執筆者も寄稿しており，日本人研究者が細胞死研究を支えてきた歴史を感じ取れる．是非本書の第2章と合わせてご一読いただきたい．

文献

1） Kerr JF, et al：Br J Cancer, 26：239-257, 1972
2） Galluzzi L, et al：Cell Death Differ, 25：486-541, 2018
3） Conrad M, et al：Nat Rev Drug Discov, 15：348-366, 2016

※4 **AIF〔遺伝子名は*Apoptosis-inducing factor mitochondria-associated 1*（*AIFM1*）〕**：この遺伝子はKroemerやPenningerらにより1999年に同定された遺伝子であり[41]，この遺伝子を細胞質にmicroinjectionするとzVADで抑制されない細胞死を誘導するにもかかわらずapoptosis-inducing factor（AIF）という矛盾した名前がつけられた．AIFはフラボタンパク質であり，バクテリアのオキシドレダクターゼにホモロジーをもっている．同じ年に別の論文でKroemerはこの遺伝子はcaspase非依存性の細胞死を誘導することを報告している[42]．細胞死の門外漢にとっては，非常に混乱する遺伝子名であり，もしかしたら現在でもAIFがアポトーシスに関与していると考えている人もいるかもしれない．現在ではこの遺伝子はパータナトスの誘導に関与することが明らかにされている〔第3章-7（p.124）参照〕[43]．

4） Zhang G, et al：Cell Death Dis, 13：637, 2022
5） De Vos K, et al：J Biol Chem, 273：9673-9680, 1998
6） Sakon S, et al：EMBO J, 22：3898-3909, 2003
7） Delanghe T, et al：Cell Death Dis, 12：699, 2021
8） Vercammen D, et al：J Exp Med, 187：1477-1485, 1998
9） Kawahara A, et al：J Cell Biol, 143：1353-1360, 1998
10） Stanger BZ, et al：Cell, 81：513-523, 1995
11） Ofengeim D & Yuan J：Nat Rev Mol Cell Biol, 14：727-736, 2013
12） Degterev A, et al：Proc Natl Acad Sci U S A, 116：9714-9722, 2019
13） Holler N, et al：Nat Immunol, 1：489-495, 2000
14） He S, et al：Cell, 137：1100-1111, 2009 必読
15） Degterev A, et al：Nat Chem Biol, 1：112-119, 2005 必読
16） Degterev A, et al：Nat Chem Biol, 4：313-321, 2008
17） Cho YS, et al：Cell, 137：1112-1123, 2009 必読
18） Welz PS, et al：Nature, 477：330-334, 2011
19） Kaiser WJ, et al：Nature, 471：368-372, 2011 必読
20） Zhang H, et al：Nature, 471：373-376, 2011
21） Sun L, et al：Cell, 148：213-227, 2012 必読
22） Zychlinsky A, et al：Nature, 358：167-169, 1992
23） Cookson BT & Brennan MA：Trends Microbiol, 9：113-114, 2001
24） Kayagaki N, et al：Nature, 479：117-121, 2011 必読
25） Shi J, et al：Nature, 514：187-192, 2014
26） Kayagaki N, et al：Science, 341：1246-1249, 2013
27） Shi J, et al：Nature, 526：660-665, 2015 必読
28） Kayagaki N, et al：Nature, 526：666-671, 2015 必読
29） Sborgi L, et al：EMBO J, 35：1766-1778, 2016
30） Ruan J, et al：Nature, 557：62-67, 2018
31） Nelms KA & Goodnow CC：Immunity, 15：409-418, 2001
32） Kayagaki N, et al：Nature, 591：131-136, 2021 必読
33） Ramos S, et al：EMBO J, 43：1164-1186, 2024
34） Kayagaki N, et al：Annu Rev Pathol, 19：157-180, 2024
35） Imai H, et al：Biochem Biophys Res Commun, 305：278-286, 2003
36） Seiler A, et al：Cell Metab, 8：237-248, 2008
37） Dolma S, et al：Cancer Cell, 3：285-296, 2003
38） Dixon SJ, et al：Cell, 149：1060-1072, 2012
39） Yang WS, et al：Cell, 156：317-331, 2014 必読
40） Yin L, et al：Eur J Med Chem, 244：114861, 2022
41） Susin SA, et al：Nature, 397：441-446, 1999
42） Lorenzo HK, et al：Cell Death Differ, 6：516-524, 1999
43） Joza N, et al：Ann N Y Acad Sci, 1171：2-11, 2009
44） Doll S, et al：Nature, 575：693-698, 2019
45） Mishima E, et al：Nature, 608：778-783, 2022 必読
46） Mishima E, et al：Nat Metab, 5：924-932, 2023
47） 日本Cell Death学会HP：エッセイ：https://jscd.org/essay.html

参考図書

・「Apoptotic and Non-apoptotic Cell Death」(Nagata S & Nakano H, eds), Springer, 2017
・「Cell Death 2nd edition」(Green DR), Cold Spring Harbor Laboratory Press, 2018
・「細胞死」(三浦正幸，清水重臣／編)，化学同人，2019

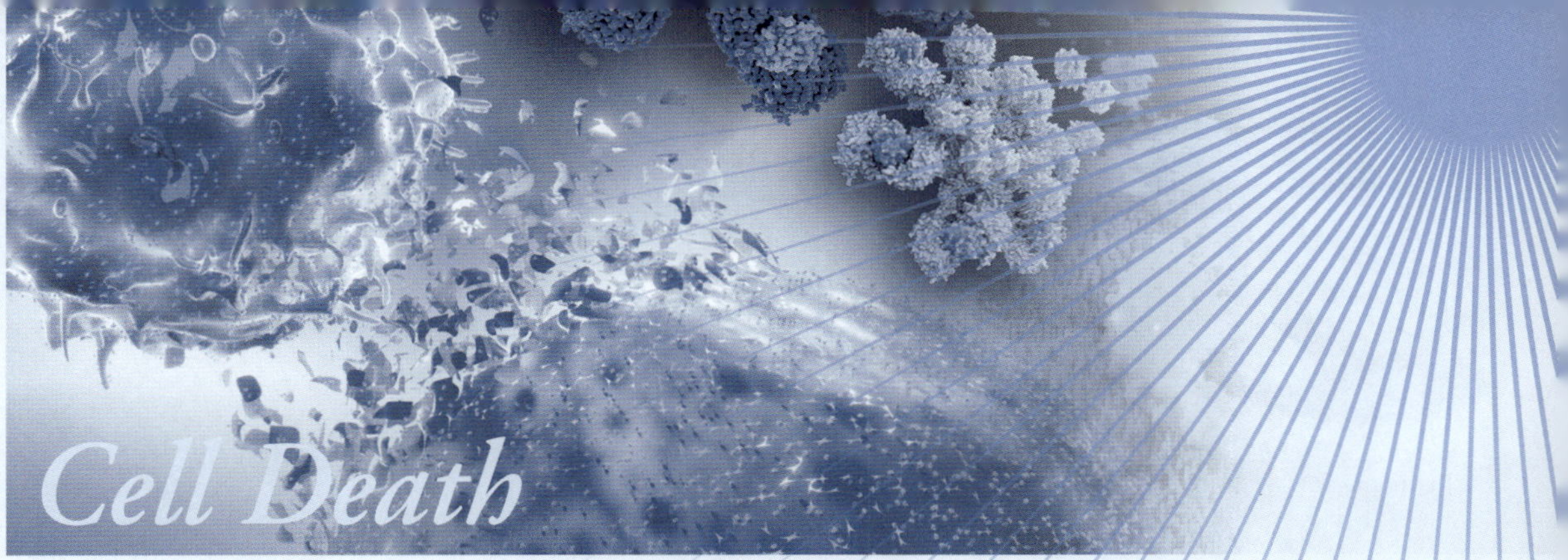

第3章

制御された細胞死の分子機構

1 アポトーシス

酒巻和弘，森脇健太

アポトーシスは細胞の縮小や断片化などの形態的特徴を示す細胞死で，caspaseやBcl-2ファミリータンパク質などが協調することで精緻につくり上げられたシグナル伝達機構を介して引き起こされる．個体の発生や形態形成，また組織・免疫恒常性の維持などにおいて重要な生理的役割を果たしているとともに，さまざまな病態の形成に深くかかわっている．本稿では，その分子機構と生理的意義について概説する．

KEYWORD ◆caspase ◆デスリガンド ◆外因性アポトーシス経路 ◆内因性アポトーシス経路 ◆Bcl-2ファミリー

1 アポトーシス実行因子（caspase）

線虫を用いた遺伝学的解析からはじまったアポトーシス誘導機構に関する研究は，さまざまな生物において積極的に細胞死を誘導する分子システムが存在することを示し，さらにアポトーシスの生理的・病理的意義の理解へとつながってきた．まずはじめに，アポトーシスの誘導と実行に必須の分子群であるcaspaseについて紹介したい．

1）アポトーシス実行因子caspase

アポトーシスの過程において中心的な役割を果たす分子はcaspase（cysteine-dependent aspartate-specific protease：カスパーゼ）である[1]．caspaseはその名の通り，システイン残基を活性中心にもつプロテアーゼであり，特定の4個のアミノ酸配列（厳密には4個の周囲のアミノ酸配列も）を認識し，アスパラギン酸（D）の直後で基質を切断するエンドペプチダーゼである．この切断によって基質の活性化や不活性化をもたらし，アポトーシスや炎症などのさまざまな生命現象にかかわっている．

ヒトでは12種類のcaspase（caspase-1～10，12，14）が存在し，そのなかでアポトーシスにかかわるのはcaspase-3，6，7，8，9，10の6種類である．これらのcaspaseは，**イニシエーターカスパーゼ**（caspase-8，9，10）と**エフェクターカスパーゼ**（caspase-3，6，7）とに大別される（**表1**）．

表1　哺乳類において同定されたcaspase

	別名	機能	役割	プロドメインに存在するモチーフ	好む認識配列
caspase-1	ICE	炎症	IL-1β，IL-18，GSDMDの切断	CARD	WEHD，YVAD，FLTD，LLSD
caspase-2	Nedd-2，ICH-1	アポトーシス	イニシエーター	CARD	YDVAD
caspase-3	CPP32，Yama，Apopain	アポトーシス	エフェクター	—	DEVD
caspase-4	ICH-2，ICErel-Ⅱ，Protease TX	炎症	GSDMDとIL-18の切断	CARD	FLTD
caspase-5	ICH-3，ICErel-Ⅲ，Protease TY	炎症	GSDMDとIL-18の切断	CARD	FLTD
caspase-6	MCH2	アポトーシス	エフェクター	—	VEHD
caspase-7	MCH3，ICE-LAP3，CMH-1	アポトーシス	エフェクター	—	DEVD
caspase-8	FLICE，MCH5，MACH	アポトーシス	イニシエーター	DED	I/LETD
caspase-9	ICE-LAP6，MCH6，Apaf-3	アポトーシス	イニシエーター	CARD	LEHD
caspase-10	MCH4，FLICE2	アポトーシス	イニシエーター	DED	IEAD
caspase-11	ICH-3	炎症	ヒトcaspase-4，5のマウスホモログ GSDMDの切断	CARD	LLSD
caspase-12	—	炎症	ヒトでは炎症反応の抑制因子として働く	CARD	LEHD
caspase-13	—	—	ヒトcaspase-4，5やマウスcaspase-11のウシホモログ	CARD	
caspase-14	—	皮膚バリア形成	Filaggrin切断	—	WEHD

GSDMD：gasderminD

イニシエーターカスパーゼとエフェクターカスパーゼは，アポトーシスの実行において上流と下流の位置関係にあり，またタンパク質構造においても明確な違いがある．エフェクターカスパーゼの場合はN末端側のプロドメイン部分が短いのに対し，イニシエーターカスパーゼはタンパク質結合ドメインがプロドメイン領域に存在している．caspase-9は**CARD（caspase activation and recruitment domain）**，そしてcaspase-8および10は**デスエフェクタードメイン（death effector domain：DED）**をもち，これらのドメインを介してアダプタータンパク質と複合体を形成する．caspase-8と10はデス受容体やFADD（Fas-associated protein with death domain）とともにComplex ⅡまたはDISC（death-inducing signaling complex）を，そしてcaspase-9はApaf-1（apoptotic protease activating factor-1）とシトクロムcとともにapoptosomeを形成する．これらの複合体のなかでそれぞれのイニシエーターカスパーゼは近接することで自己切断を起こし，活性化する．そして活性化したイニシエーターカスパーゼは，エフェクターカスパーゼを切断することで活性化させ，最終的に活性化したエフェクターカスパーゼがさまざまな基質を切断することでアポトーシスを実行する．

2）caspaseによる基質の切断

イニシエーター，エフェクターカスパーゼのどちらの場合でも，大サブユニットと小サブユニットが切断によって切り離され，2つの大サブユニットと2つの小サブユニットから成るヘテロ4量体を形成する[2]（**図1**）．4量体を形成した**活性型caspase**には基質を切断する活性部位が2カ所存在するが，不思議なことにそれぞれは近接しているのではなく立体構造上正反対の位置に離れて存在する．その理由はいまだ定かではないが，基質の切断効率を上げるために最適化された構造であるのかもしれない．

caspase-3は**DEVD配列**（アスパラギン酸－グルタミン酸－バリン－アスパラギン酸）の2つ目のアスパラギン酸の後を好んで切断するが，その基質特異性にはある程度のゆるみがあり，いくらかのアミノ酸の違いは許容される．同じくエフェクターカスパーゼであるcaspase-7も同様にDEVD配列を好んで切断することから，caspase-3と7は部分的に代償的に機能する．

なお，129/SvJ背景の*Casp3*ノックアウト（KO）マウスは神経管閉鎖異常とそれに

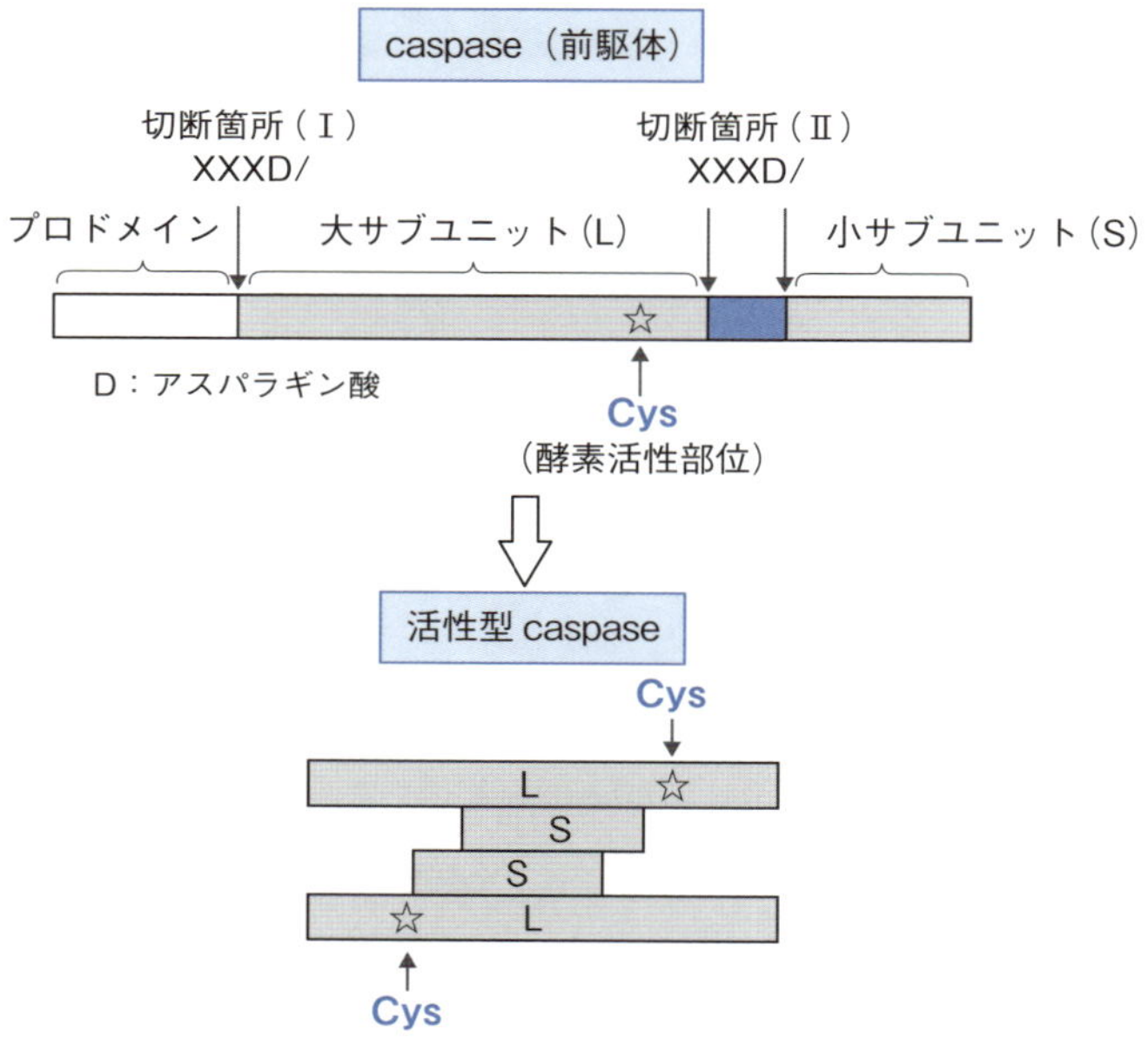

図1　caspaseの活性化の様式

caspaseは，プロドメインがつながった状態の未活性型で産生される．この前駆体はpro-caspase，あるいはザイモゲン（zymogen）とも呼ばれる．自己切断あるいはほかのcaspaseによって切断されると，2つの大サブユニットと2つの小サブユニットが合わさって活性型に変換する．基質タンパク質の切断に関与する活性部位のシステイン（Cys）は2カ所存在するが，位置関係は正反対のところにある．

よる外脳症などの発生・形態形成不全を呈し，胎生期および生後1～3週までに死亡するが[3]，C57BL/6J背景では成獣にまで成長する[4]．C57BL/6J背景の*Casp7* KOマウスも目立った表現型を示さず成長するが，C57BL/6J背景の*Casp3*と*Casp7*のDKOマウスは生後すぐに致死となる[5]．このことからもcaspase-3とcaspase-7の機能的代償性を垣間見ることができる．しかし一方で，caspase-3とcaspase-7がそれぞれ特有の基質を切断することもわかっている[6]．

イニシエーターカスパーゼであるcaspase-8は**I/LETD配列**（イソロイシンまたはロイシン-グルタミン酸-トレオニン-アスパラギン酸）を認識して切断するが，その基質タンパク質の数はcaspase-3に比べて格段に少ない．この理由として，両者の基質認識部位の構造の違いがあげられる．基質認識部位はポケットと呼ばれる窪んだ形になっており，そこに基質タンパク質の切断部位（アスパラギン酸）と直前の3アミノ酸が取り込まれる．**図2**に示すように，caspase-8のポケットの間口部分は，塩基性アミノ酸のアルギニンとリジンが存在するためにcaspase-3に比べて狭くなっている．こ

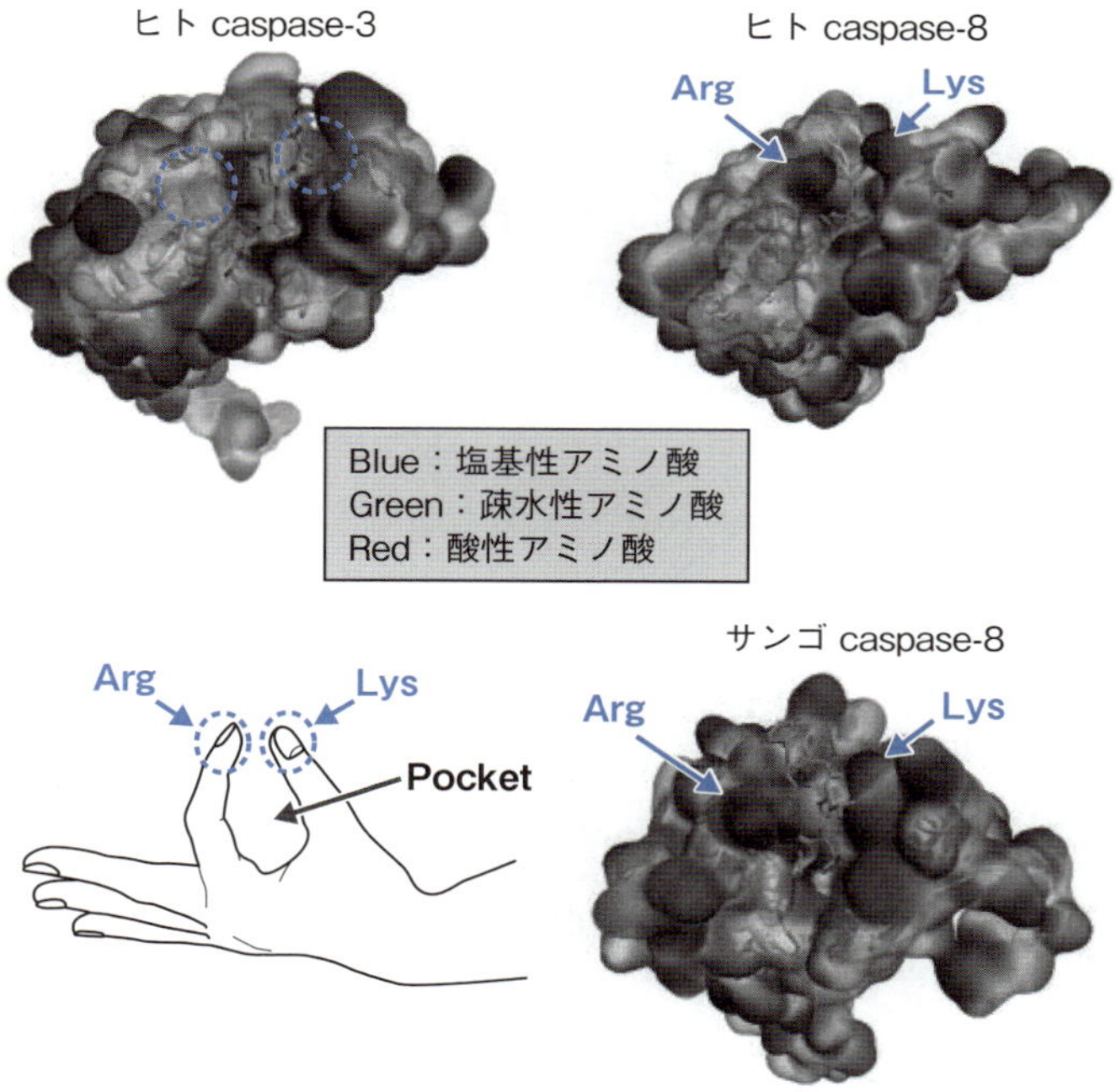

図2　活性型caspaseの立体構造

結晶構造解析に基づくヒトのcapase-3（左上）とcaspase-8（右上），ならびにアミノ酸配列を基にしたバイオインフォマティクス解析によって構築されたサンゴのcaspase-8の立体構造モデル（右下）を示す．ヒトとサンゴのcaspase-8にはポケット上部に塩基性アミノ酸のArgとLysが存在し狭くなっているが（左下），ヒトcapase-3の場合同じ位置に両アミノ酸は認められず（◌），ポケットの間口が拡がった状態である．青は塩基性アミノ酸，緑は疎水性アミノ酸，そして赤は酸性アミノ酸を示す．（Color Graphics 図2参照）

れがcaspase-8の基質が限定される1つの理由である．

ヒトではcaspase-8から遺伝子重複によって生まれたパラログとしてcaspase-10が存在するが，マウスにはない．caspase-10はcaspase-8と部分的に代償的に機能するが，caspase-8が優位に働いていると考えられている（Column⑩参照）．

2 シグナル伝達経路

ここではcaspaseにそれ以外のアポトーシス制御分子を交えることで，ヒトやマウスにおけるアポトーシス誘導機構について紹介したい．

1）内因性アポトーシスのシグナル伝達経路

内因性アポトーシス経路は，抗がん剤や紫外線照射によるDNA損傷，生存因子の除去などによって活性化される[7]．この経路はミトコンドリアから放出されたシトクロムcにより**caspase-9**が活性化され，最終的に**caspase-3**が活性化されるアポトーシス経路である．内因性アポトーシス経路は，**Bcl-2（B-cell lymphoma-2）ファミリー**分子群により制御されている（**図3A**）．Bcl-2ファミリーはアポトーシス抑制性ファミリーとアポトーシス促進性ファミリーに大別され，アポトーシス促進性ファミリーはさらにBH1～BH3の3つのドメインを持つファミリーとBH3ドメインだけをもつファミリーに分類される（**図3B**）．

BH1～BH3ドメインをもつBaxとBakはミトコンドリア外膜上で多量体化することでポア（pore）を形成し，**ミトコンドリア外膜透過性亢進（mitochondrial outer membrane permeabilization：MOMP）**を引き起こす．これにより膜間腔に存在するシトクロムcやSMAC（second mitochondria-derived activator of caspase）などのアポトーシス促進因子が細胞質へ流出する．流出したシトクロムcは，アダプタータンパ

Column

⑩ caspase-8の基質選択性と進化的保存

caspase-8が認識するIETD配列はcaspase-3の大サブユニットと小サブユニットの間に存在しており，caspase-3はcaspase-8の基質となる．この配列は，ヒトやマウスに限らずニワトリ，トカゲ，アフリカツメガエルのcaspase-3にも保存されていることから，検証されていないものの同じ生物種のcaspase-8によって切断されうることが想定される．

caspase-8は刺胞動物であるサンゴでも見出され，やはりその基質認識部位の間口部分にアルギニンとリジンが配置されている（**図2**）．この構造予測から，caspase-8の基質選択性は無脊椎動物の刺胞動物から脊椎動物の哺乳類に至るまで不変であることが推察できる．

ちなみに，サンゴでcaspase-8の存在を特定できたのは，プロドメイン部分にデスエフェクタードメインが2つ並んでいるというcaspase-8の構造上の特徴による．この特徴は，祖先型caspase-8から遺伝子重複で派生した3つの遺伝子（*Casp8*，*10*，*cFLIP*）を除けばほかには見当たらない．そのユニークなドメインがサンゴのcaspase-8にみられるのである．

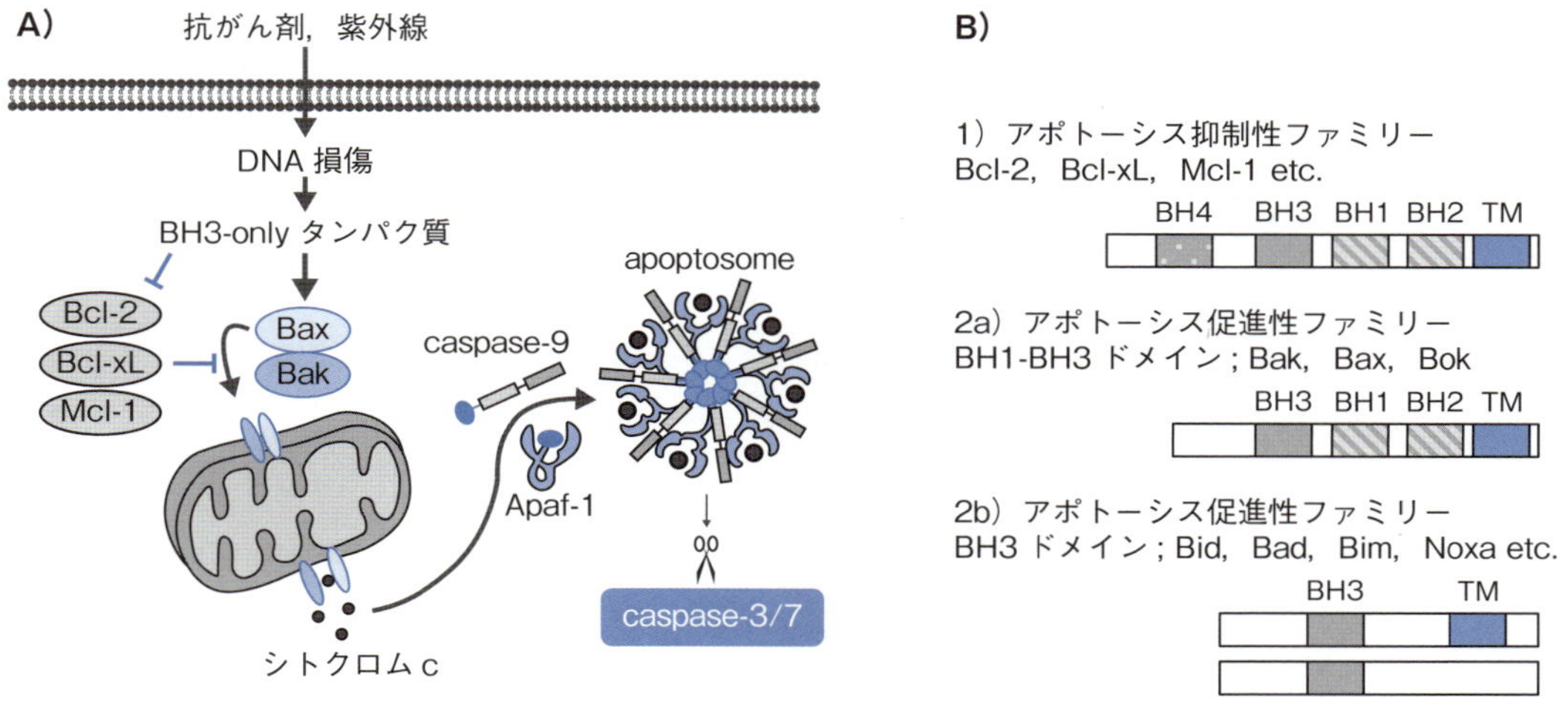

図3　内因性アポトーシスシグナル伝達経路（A）とBcl-2ファミリー分子群（B）

A）内因性シグナル伝達経路は，抗がん剤や紫外線照射によるDNA損傷，生存因子の除去などによって活性化される．この経路はミトコンドリアから放出されたシトクロムcによりcaspase-9が活性化され，最終的にcaspase-3が活性化される．

B）Bcl-2ファミリーはアポトーシス抑制性ファミリーとアポトーシス促進性ファミリーに大別され，アポトーシス促進性ファミリーはさらにBH1-BH3ドメインをもつファミリーとBH3ドメインだけをもつファミリーに分類される．TM：膜貫通ドメイン

ク質Apaf-1，caspase-9，dATPとともに**apoptosome**を形成する．この複合体の中でcaspase-9が自己切断によって活性化し，活性化caspase-9はcaspase-3を切断・活性化してアポトーシスを引き起こす．

アポトーシス抑制性ファミリーに属する分子としては，Bcl-2，Bcl-xL，Bcl-W，Mcl-1などがあり，BH1～BH4のドメインを有している．これらの分子はBaxやBakに結合して，ミトコンドリア外膜でのポア形成およびMOMPを阻害する．

BH3ドメインのみを有するアポトーシス促進性ファミリーには，**Bid**，**Bim**，**PUMA**，**Bad**，**Noxa**などが含まれる．BidやBimは，BaxやBakに直接結合することでポア形成の促進に寄与している．一方，BadやNoxaは，アポトーシス抑制性Bcl-2ファミリー分子に結合することで，そのアポトーシス抑制活性を阻害してBaxやBakによるアポトーシス誘導を引き起こす．

これまでに作製されたさまざまな遺伝子改変マウスの解析から，これらのBcl-2ファミリー分子群は上流からのさまざまなアポトーシス誘導刺激に応答し，特異的にあるいは相補的に働いていることが示されている[7]．なかでも*Bak/Bax*のDKOマウスでは，内因性アポトーシスシグナルがほとんど阻害されて個体発生の過程でみられる指間細胞死（指間膜の消失）の遅延も認められ，内因性アポトーシスの誘導にこの2つの分子が必須であることが明らかとなっている[8]．

2）外因性アポトーシスのシグナル伝達経路

外因性アポトーシス経路とは，**1型TNF受容体（TNFR1）**，**Fas**，**TRAIL受容体**といったデス受容体に対応するリガンド（デスリガンド）が結合し，**caspase-8**（ヒトの場合にはcaspase-8と10）が活性化してアポトーシスを引き起こす経路である[9].（**図4**）．デス受容体はいずれも細胞内領域にデスドメインと呼ばれるタンパク質結合ドメインを有しているが，受容体の下流でのシグナル伝達経路は，TNFR1とFasまたTRAIL受容体とで異なっている．

TNFがTNFR1に結合すると，受容体のデスドメインに同じくデスドメインをもつアダプタータンパク質である**TRADD（TNFR1-associated via death domain）**および**RIPK1**（receptor-interacting protein kinase）が集積する．さらにこの細胞膜受容体直下にはTRAF2，cIAP（cellular inhibitor of apoptosis）1，LUBAC（linear ubiquitin chain assembly complex）など諸タンパク質が集積し，Complex Ⅰと呼ばれる受

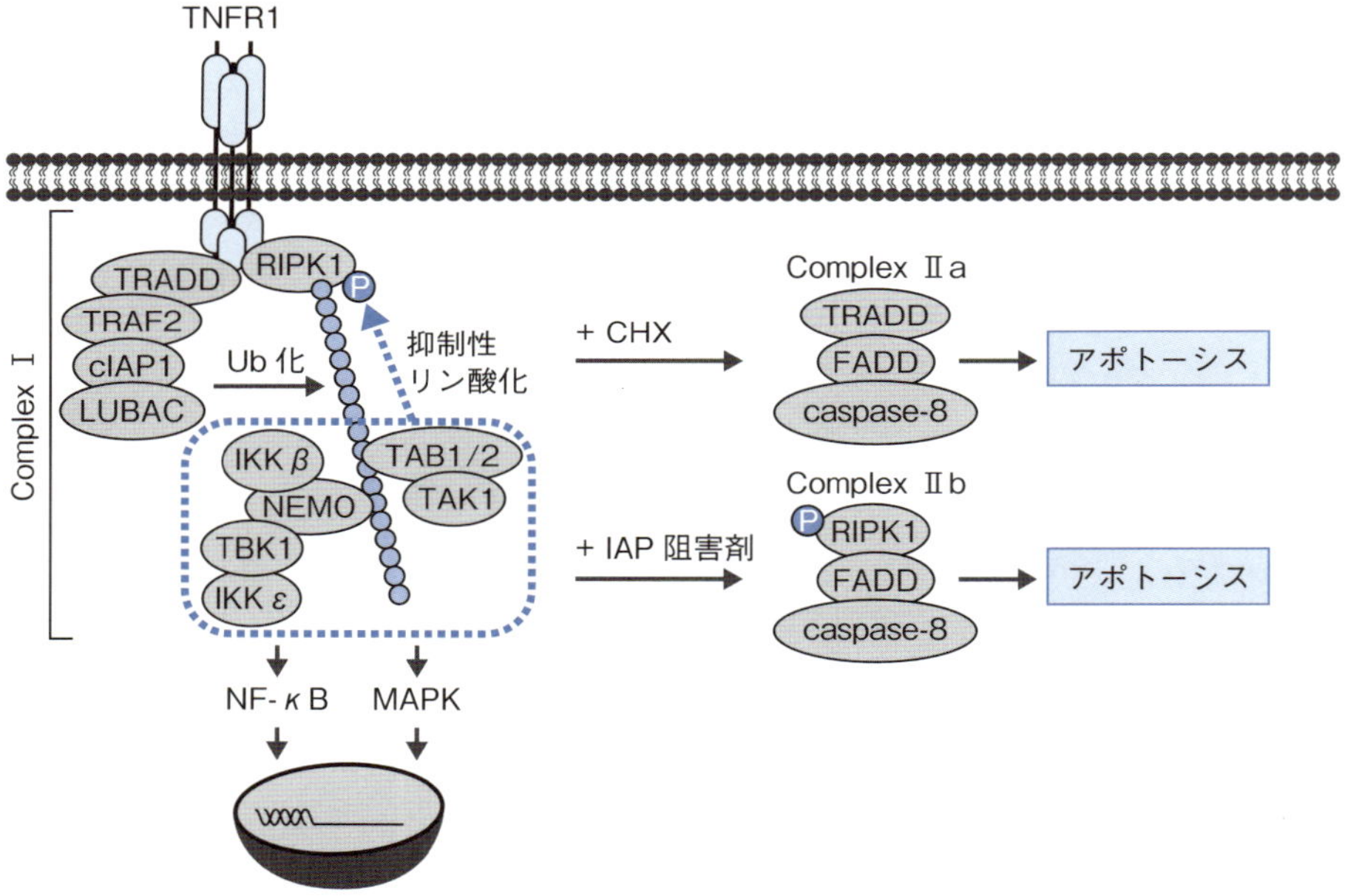

図4　TNFR1を介する外因性アポトーシスシグナル伝達経路

TNFがTNFR1に結合すると，TRADDおよびRIPK1が集積する．さらにこの細胞膜受容体直下にはTRAF2, cIAP1, LUBACなどが集積し，Complex Ⅰと呼ばれる受容体複合体を形成する．Complex Ⅰは転写因子NF-κBやMAPキナーゼを活性化し，細胞生存や炎症性サイトカインの発現を誘導する．このComplex Ⅰを介した細胞生存や炎症反応が，TNFがもたらす第一の細胞応答であるが，状況に応じてTRADDとRIPK1はComplex Ⅰから乖離して細胞質でFADDとcaspase-8とともにComplex Ⅱを形成してアポトーシスを誘導する．

Complex Ⅱは，TRADDを含むComplex ⅡaとRIPK1を含むComplex Ⅱbに分けられる．タンパク質合成阻害剤であるシクロヘキシミド（CHX）存在下でTNFで刺激すると，TRADDがComplex Ⅱaを形成する．一方でIAP阻害剤などによってRIPK1の活性抑制が解除された状況においてTNFで刺激すると，RIPK1は自己リン酸化を起こしてTNFR1から乖離してComplex Ⅱbを形成する．詳細は本文参照．

容体複合体を形成する．

Complex Ⅰは転写因子NF-κBやMAPキナーゼを活性化し，細胞生存や炎症性サイトカインの発現を誘導する．このComplex Ⅰを介した細胞生存や炎症反応が，TNFがもたらす第一の細胞応答であるが，状況に応じてTRADDとRIPK1は**Complex Ⅰ**から乖離して細胞質でFADDとcaspase-8とともに**Complex Ⅱ**を形成してアポトーシスを誘導する．FADDはアミノ基末端側にデスエフェクタードメイン，そしてカルボキシ基末端側にデスドメインをもつアダプター分子であり，デスエフェクタードメインを介して，同じくデスエフェクタードメインをもつcaspase-8と結合する．

Complex Ⅱは，TRADDを含むComplex Ⅱaと RIPK1を含むComplex Ⅱbに分けられる．TNFを用いてアポトーシスを誘導する古典的な手法にタンパク質合成阻害剤である**シクロヘキシミド（cycloheximide：CHX）**を用いる手法があり，このときはTRADDによるComplex Ⅱaが形成される．Complex Ⅱbが形成されない理由は，RIPK1がComplex Ⅰのなかで cIAP1やLUBACによってユビキチン化され，そしてそのユビキチン鎖に集積するIKKβ，TAK1，TBK1などによる抑制性リン酸化によってその活性が抑制されているためである．一方でIAP（inhibitor of apoptosis）阻害剤などによってRIPK1の活性抑制が解除された状況においてTNFで刺激すると，RIPK1は自己リン酸化を起こしてTNFR1から乖離してComplex Ⅱbを形成する〔第3章-2（p.63）参照〕．このようにComplex Ⅱbによるアポトーシスは RIPK1のキナーゼ活性依存的であり，ネクロスタチンなどのRIPK1のキナーゼ活性阻害剤によって阻害される．Complex ⅡaによりRIPK1のキナーゼ活性阻害剤で阻害されない．

TNFR1に対して，FasとTRAIL受容体の場合はリガンド刺激に応答してFADDとcaspase-8が受容体のデスドメインに集積する．このFasおよびTRAIL受容体とFADD，caspase-8が主体となって形成する受容体複合体は，**DISC**と呼ばれる．

Complex Ⅱa，Ⅱb，DISCにおいて，FADDとcaspase-8はデスエフェクタードメインを介して統制のとれた重合体を形成することがわかっており，これによりcaspase-8が近接することで効率よく自己切断を起こして活性化し，アポトーシスが誘導される．

3）内因性・外因性のクロストーク

内因性アポトーシス経路と外因性アポトーシス経路はそれぞれ完全に独立して存在するわけではなく，細胞内でクロストークしていることもわかっている．多くの血球系の細胞では，活性化したcaspase-8は直接caspase-3を切断してアポトーシスを誘導することができる．一方で肝細胞などの細胞では，caspase-8がアポトーシスを誘導するにはミトコンドリア経路を介したシグナルの増幅が必要である．これらの細胞では，caspase-8はBH3 onlyタンパク質であるBidを切断して活性化型へと変換し，BaxとBak依存的なMOMPとそれによるcaspase-9の活性化を誘導する．

Bid依存性のアポトーシス経路の*in vivo*における重要性は，*Bid* KOマウスで抗Fas抗体投与による劇症肝炎が減弱することからも明らかになっている[10]．前者の細胞はタイプ1細胞と呼ばれ，ミトコンドリア経路の関与が必要な後者の細胞はタイプ2細胞と呼ばれる．

4）アポトーシスを抑制する分子

◆IAPファミリー

IAPファミリーは，BIR（baculoviral IAP repeat）ドメインをもつ分子によって形成され，**cIAP1**，**cIAP2**，**XIAP**などが含まれる[11]．cIAP1とcIAP2はTNFR1が形成するComplex Ⅰにリクルートされ，ユビキチンリガーゼ活性を通じてさまざまな分子をユビキチン化することで，NF-κBの活性化に関与するシグナル分子やRIPK1の抑制性リン酸化を担うキナーゼ群をリクルートする足場を形成して，アポトーシスを抑制する〔第3章-2（p.63），第5章-4（p.180）を参照〕．

当初の報告では，XIAP，cIAP1，cIAP2はcaspase-3，7，9に直接結合してそれらの活性を抑制するとされていた．しかしその後のドメイン構造の解析から，エフェクターカスパーゼとの会合に必要なアミノ酸配列は，XIAPには存在するもののcIAP1/2には存在しないことが明らかにされ，cIAP1/2がcaspaseを直接抑制することは否定された（Column⓫参照）．また，その後XIAPがcaspaseへの結合とは無関係にIL-1βやそのほかの炎症性サイトカインの産生を抑制していることが明らかとされている[14]．

Column

⓫ cIAPはcaspase阻害分子か？

ショウジョウバエにおけるIAPであるDiap1は，イニシエーターカスパーゼDroncをユビキチン化して分解することで，アポトーシス抑制において中心的な役割を果たしている．一方で哺乳類細胞におけるIAPファミリーであるcIAP1とcIAP2はGoeddel DVらによりTNF刺激依存性にTNFR2にリクルートされてくる分子として同定されたが[12]，その機能は当初不明であった．その後*cIAP1/2* DKOマウスが胎生致死になること，また*cIAP1/2*欠損細胞ではTNF誘導性のNF-κB活性化が障害されることやアポトーシスが亢進することなどが報告された[13]．

現在ではcIAP1/2は大きく2つの機能をもっていることが示されている．1つめは，RIPK1などのComplex Ⅰに集積する分子にK63型のユビキチン鎖を導入して，NF-κBや細胞死抑制に関与するさまざまな分子をComplex Ⅰへとリクルートさせるための足場を形成すること，2つめはNF-κB-inducing kinase（NIK）と呼ばれるNF-κBの非古典的経路を活性化するキナーゼを恒常的にユビキチン化して分解し，NF-κB非古典的経路を介した遺伝子発現を抑制することである．

このようにショウジョウバエにおけるDiap1と哺乳類におけるcIAP1/2とでは，最終的にアポトーシスを阻害するという点では同じものの，その作用メカニズムはまったく異なっている．

さらに，*XIAP*遺伝子変異は**X連鎖リンパ増殖症候群（X-linked lymphoproliferative syndrome：XLP2）**を引き起こし，この患者は血球貪食性リンパ組織球症，炎症性腸疾患，易感染性，脾腫などを呈する．そのため，この抗炎症機能がXIAPの生理的意義として抗アポトーシス機能よりも重要であると考えられる．

◆ cFLIP

cFLIPは，脊椎動物へと進化する過程で祖先型caspase-8の遺伝子重複によって派生したパラログである．ドメイン構造はcaspase-8に酷似しているが，プロテアーゼ活性に必須のシステイン残基とヒスチジン残基がほかのアミノ酸に置換されているため酵素活性をもたず，代わりにcaspase-8に結合してその活性を阻害する[15]．cFLIPは非常に半減期の短いタンパク質であり，CHXなどによってタンパク質合成を止めると，cFLIPの発現は短時間のうちに減少する．タンパク質合成を遮断した状態でTNFで刺激をするとアポトーシスが誘導されるが，その1つの大きな理由はcFLIPの発現の低下である．

もっと詳しく

● cFLIPアイソフォーム

ヒトのcFLIPには，全長型のlong form（$cFLIP_L$）とデスエフェクタードメインのみをもつshort form（$cFLIP_S$）の2つのスプライシングバリアントが存在する．マウスcFLIPにはヒト$cFLIP_S$に相当するアイソフォームは存在しない．ただしcFLIPsに類似した$cFLIP_R$というアイソフォームが存在すると報告している論文もある．

ヒト$cFLIP_L$と$cFLIP_S$はどちらもcaspase-8の活性を阻害するが，$cFLIP_L$によるその阻害は部分的であると考えられている．caspase-8は外因性アポトーシスに必須の分子であるが，そのほかの重要な機能として酵素活性依存的にネクロプトーシスを阻害する機能がある〔第3章-2（p.63）を参照〕．$cFLIP_L$と結合しているcaspase-8は部分的に活性を維持しており，自身の完全活性化（つまりアポトーシスの誘導）には不十分であるが，ネクロプトーシスを阻害することは可能である[16]．一方で，$cFLIP_S$と結合するcaspase-8は，アポトーシス活性を発揮することも，ネクロプトーシスを阻害することもできない[17]．

3 アポトーシスで死にゆく細胞の特徴

1）形態的変化

アポトーシスは元来形態学的に定義されたものであり，細胞の縮小，クロマチンの凝集，核や細胞の断片化，アポトーシス小体の形成といった特徴を示す．

movie❶
小胞形成（bleb-bing）をくり返しながら死にゆく細胞

アポトーシス誘導時，caspaseによるイオンチャネルの切断などによって細胞内外のイオンバランスの崩壊や細胞体積の減少がもたらされる．blebbingと呼ばれる連続した小胞形成は，アクチン細胞骨格の裏打ちが消失し，細胞内圧によって細胞膜が突き出ることで起こる（movie❶）．

アポトーシス誘導時，初期には小型の小胞が形成され，そして後期につれて小胞は大きくなる．caspaseによって切断・活性化されるROCK-1や，そのほかの細胞骨格制御分子が小胞の形成に関与している[18, 19]．アポトーシス誘導時に小胞が形成される生理的意義の1つとして，アポトーシスを起こした上皮細胞が上皮組織層からすみやかに離脱するのに重要であることが示されている[20]．

2）分子変化：PSの露出

これらの形態的変化のほかに，アポトーシスを起こした細胞では特徴的な分子変化がみられる．その1つが細胞表面へのホスファチジルセリン（phosphatidylserine：PS）の露出である．

PSは通常細胞膜内層に局在するが，アポトーシス誘導時に活性化したcaspase-3が脂質スクランブラーゼを切断・活性化し，同時に脂質フリッパーゼを切断・不活化することで細胞膜外層へと移行する〔詳細は第4章-1（p.136）参照〕[21]．細胞膜表面にPSを露出したアポトーシス細胞は，マクロファージのような貪食細胞によって貪食される．そのためPSは**Eat-meシグナル**として機能している．アポトーシス細胞を実験的に同定する手法の1つに，Ca^{2+}依存的にPSに結合するAnnexin Vを用いるものがある〔第6章-1（p.218）参照〕．ただし，PSの細胞表面への露出はアポトーシス特異的な現象でなく，Ca^{2+}刺激で露出されることから，Annexin V染色単独による結果の解釈には注意が必要である．

3）分子変化：DNAの切断

もう1つの典型的な分子変化に，ヌクレオソーム単位でのDNAの切断がある．アポトーシスを起こした細胞から染色体DNAを回収しゲル電気泳動を行うと，約180塩基の単位で長さの異なるDNA断片がラダー状に検出される．このDNAの切断は，**CAD（caspase-activated DNase）**と呼ばれるDNaseによって行われる[22]．定常状態においてCADのDNase活性は，**ICAD（inhibitor of CAD）**と複合体を形成することで抑制されている．しかしアポトーシス誘導時において，活性化したcaspase-3がICADを切断することでICADからCADが乖離し，CADは核内に移行してDNAを切断する．

このように1細胞レベルでのアポトーシス誘導時のDNA切断はCADによって担われているが，個体レベルではどうであろうか．個体内においてはCAD欠損死細胞はマクロファージなどの貪食細胞によって貪食され，貪食された後にそのDNAは貪食細胞のリソソームに存在するDNase Ⅱによって切断・分解される．DNase Ⅱを欠損するマウスでは，赤芽球や死細胞由来のDNAを適切に分解することができず，細胞内DNAセンサーとして働くcGAS（cyclic GMP-AMP synthase）-STING（stimulator of interferon genes）経路を介したインターフェロン（IFN）の過剰産生を引き起こして胎生致死となる[22]．

なお，CADやDNase Ⅱによって切断されたDNA断片は3'OH基をもち，このDNA断片を検出する手法が**TUNEL（terminal deoxynucleotidyl transferase-mediated dUTP-x nick end labeling）法**である〔第6章-1（p.218）参照〕．Annexin V染色と同様に，TUNEL法も当初はアポトーシス細胞を特異的に検出する手法と考えられていたが，アポトーシス以外の細胞死でもTUNEL染色陽性となる．そのためTUNEL染色は，あくまでDNA切断の有無を判定するものであることに注意する必要がある．

4 生物種間におけるアポトーシス誘導機構の違い

これまでアポトーシスの研究ではヒトやマウスだけでなく，遺伝学的解析手法が確立されたモデル動物であるショウジョウバエ（*Drosophila melanogaster*）や線虫（*C. elegans*）も重用されてきた．特に線虫を用いた研究はこの分野では先駆的であり，Horvitz HRらは線虫を用いた遺伝学的解析によってced-3をはじめとするアポトーシス制御分子を世界ではじめて同定し，アポトーシス研究の礎を築いた[23]．この先駆的な研究によってHorvitzは2002年にノーベル生理学・医学賞を受賞している．

1）シグナル伝達経路の比較

ヒト/マウス，ショウジョウバエ，線虫の3者間で比較したアポトーシスのシグナル伝達経路を**図5**[24]に示す．

線虫においては，アポトーシス抑制性Bcl-2タンパク質であるCED-9はミトコンドリアに局在し，Apaf-1ホモログであるCED-4に結合してアポトーシスを抑制している．アポトーシス誘導時にはBH3 onlyタンパク質であるEGL-1が発現してCED-9に結合し，その機能を阻害する．CED-9から乖離したCED-4は，apoptosomeを形成してcaspaseであるCED-3を活性化させ，アポトーシスを誘導する[21]．

一方でショウジョウバエでは，Apaf-1ホモログであるDarkがapoptosomeを形成し，イニシエーターカスパーゼであるDroncの活性化をもたらす足場となる[25]．Dronc

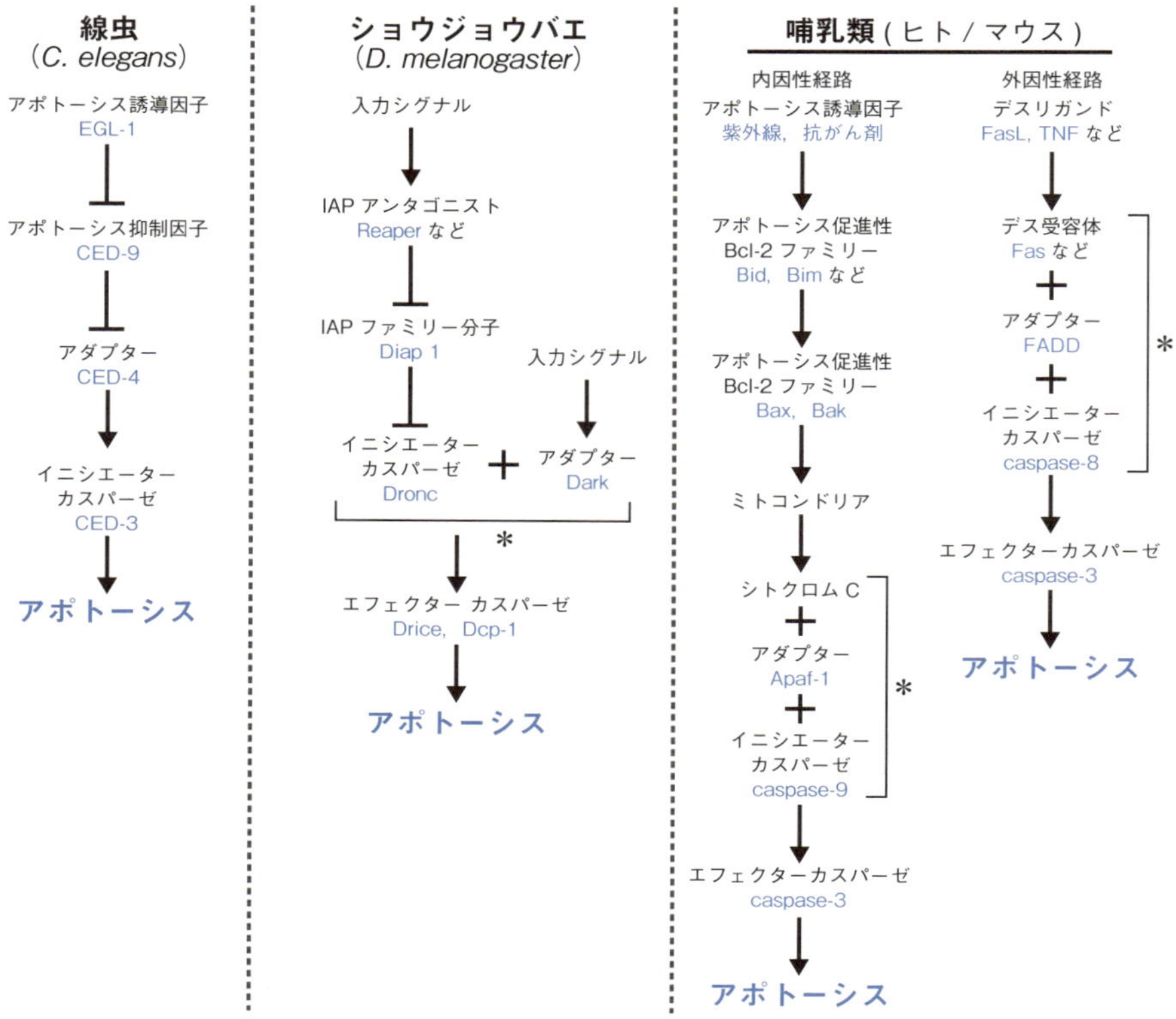

図5　アポトーシスのシグナル伝達経路の生物種間の比較

線虫，ショウジョウバエ，哺乳類（ヒト／マウス）の三者におけるアポトーシスのシグナル伝達経路を示す．線虫とショウジョウバエには外因性シグナル伝達経路が存在しない．内因性シグナル伝達経路についても，両動物ではシトクロムCの関与がみられない．＊は複合体を形成する分子群を示す．FasL：Fasリガンド
（文献24より作成）

の活性化はIAPホモログであるDiap1によって抑制されているが，Reaper，Hid，GrimがDiap1に結合して，Diap1の自己ユビキチン化と分解を促す．Diap1による抑制が解除されたDroncは，エフェクターカスパーゼであるDriceやDcp1を活性化して，アポトーシスを引き起こす．

このように線虫やショウジョウバエでは，ヒト／マウスで示された内因性アポトーシス経路に類似した経路が存在する．ヒトやマウスの内因性経路と異なる1つの点として，CED-4およびDarkはapoptosome形成にあたってシトクロムcを必要としないことがあげられる．もう1つのアポトーシス誘導経路である外因性経路は，線虫には存在しない．ショウジョウバエではTNFのホモログであるEigerとその受容体Wengenが存在するが，TNFR1下流でのcaspase活性化経路は保存されておらず，Jnkを介してアポトーシスを誘導する[26]．

2）アポトーシスの進化的起源

アポトーシスの進化的起源を探るべく，非常に原始的な多細胞動物であるカイメンのゲノムを調べてみると，外因性アポトーシス経路で必要なFADDやcaspase-8，内因性アポトーシス経路で必要なApaf-1とcaspase-9，またcaspase-3に類似したタンパク質をコードする遺伝子が見出されている[24]．多細胞動物に最も近縁な単細胞生物である立襟鞭毛虫にはcaspaseをコードする遺伝子は見つかっていないことから，アポトーシスはおよそ5～6億年前の多細胞動物出現の頃に確立した現象である可能性が高い．一方，植物でも細胞死は観察されるが，caspaseは存在しないことからcaspase非依存的な細胞死であると言える．

5 アポトーシスの生理的意義

アポトーシスは，個体の発生や形態形成，また組織・免疫恒常性の維持などにおいて重要な生理的役割を果たしている．さらに，多岐にわたる病態の形成に深くかかわっていることもわかっている[27]．ここでは誌面の都合上，アポトーシスがもつ生理的役割についていくつかの例にしぼって紹介したい．

1）発生過程におけるアポトーシス

発生過程は細胞の分裂と分化をくり返して1つの個体をつくり出す創造的なプロセスであるが，生み出した細胞をアポトーシスによって除去するという一見無駄にも見える現象が正常な発生過程を支えている〔第5章-1（p.156）参照〕．アポトーシスは一時期，プログラム細胞死と同義に扱われていたが，それはまさに発生過程の決められた時期に決められた場所でアポトーシスが起こるという現象に起因しているのであろう．例えば線虫では発生過程において1,090個の細胞が生まれ，特定の時期と場所で131個の細胞がアポトーシスによって除去される．

また，マウスにおいても個体発生の間にアポトーシスが起こること，またアポトーシス不全によって形態形成に異常をきたすことがわかっている．例えば，*Bax/Bak/Bok* TKOマウスでは，中枢神経系の組織構築に重要な神経管の閉鎖不全，大動脈弓の形成不全，指間細胞の残存による四肢形態異常などが引き起こされる[28]（Column⑫参照）．

2）T細胞分化におけるアポトーシス

胸腺におけるT細胞の分化・成熟過程も，アポトーシスが重要な役割を果たすプロセスである．ランダムな遺伝子再編成によって合成されたT細胞受容体（TCR）をもつ未熟T細胞のなかには，自己のMHC分子を認識できないTCRをもつものや，自己抗原に強く反応するTCRをもつものが含まれる．そこで胸腺には，前者を除去する「正の選択」と後者を除去する「負の選択」という機構が存在する．

負の選択においては，自己由来ペプチド：MHC複合体に強く結合したTCRから積極的にアポトーシスを誘導するシグナルが発信される．このアポトーシス誘導において重要な分子の1つがBimである．BimはBH3 onlyタンパク質で，負の選択の過程でTCR刺激に応答してその発現が誘導されてアポトーシスを誘導する[31]．Bim以外にもさまざまな分子が負の選択を制御していることがわかっている[32]．

正しく教育を受けて末梢へと出てきたナイーブT細胞は，抗原刺激に応答して活性化し，免疫応答を司る．一度活性化した免疫反応を収束させる1つの機構に**activation-induced cell death（AICD）**と呼ばれるものがある．これは，T細胞が活性化に伴ってFasおよびFasリガンドを発現し，Fas依存的なアポトーシスを起こすことで活性化T細胞を除去するというものである[33]．

Fas依存的なアポトーシスは，外来抗原に感作される以前においてもT細胞の恒常性維持に重要な役割を果たしている．FasおよびFasリガンドをコードする遺伝子に自然発生的に変異をもつマウスが存在し，それぞれ*lpr*マウスおよび*gld*マウスと呼ばれている[34]．これらのマウスでは$CD3^{+}B220^{+}CD4^{-}CD8^{-}$T細胞という異常なT細胞が蓄積し，脾腫およびリンパ節の腫脹，さらに，自己免疫疾患である全身性エリテマトーデス（systemic lupus erythematosus：SLE）に似た症状がみられる．ヒトでもFas，Fasリガンド，さらにFasの下流で働くcaspase-8やcaspase-10の遺伝子変異によって**自己免疫性リンパ増殖症候群（autoimmune lymphoproliferative syndrome：ALPS）**が引き起こされることがわかっている[35]．

Fas-Fasリガンドの機能不全によって自己免疫が引き起こされる原因として，定常状態で末梢に存在する自己反応性T細胞がAICDで排除されないことが1つ考えられるが，それだけでなくB細胞や抗原提示細胞といったT細胞以外の細胞種におけるFas依存的なシグナルの欠如や[36, 37]，Fasが有するアポトーシス誘導とは異なる機能が失われることも自己免疫の発症に寄与していることが示されている[38, 39]．

Column

⓬ マウス発生・形態形成における内因性アポトーシスの意義

従来，KOマウスの作成は129/Sv系統のES細胞を用いて行われていた．この系統で作成された*Casp3*，*Apaf-1*，*Casp9*のKOマウスは，それぞれ重度の発生・形態形成異常をきたし，その多くが生後早期に死亡する．このことから当初，個体の正常な発生・形態形成にアポトーシスが必須であると考えられた．

しかし，これらのマウスのなかでまれではあるが成獣にまで成長するものがおり，さらに，C57BL/6J系統の遺伝的背景では129/Sv系統でみられていた症状が著しく軽度になることがわかった．また，*Bax/Bak/Bok* TKOマウス[29]や*Bax/Bak/Bok/Bid* QKOマウス[30]でもそのほとんどが生後早期に死亡するが，1～2％のマウスは成獣にまで成長する．

このことから，内因性アポトーシス経路がマウスの発生・形態形成に重要な役割を果たすことは間違いないが，必須であるかどうかについては議論の余地があると考えられている．

3）細胞傷害性リンパ球によるアポトーシス誘導

キラーT細胞やNK細胞などの細胞傷害性リンパ球は，病原体に感染した細胞やがん細胞などの生体にとって危険な細胞を排除する役割を担っている．これらの細胞は2つの経路を使って標的細胞にアポトーシスを誘導する．その1つが**パーフォリン（perforin）－グランザイム（granzyme）**の系である．

パーフォリンとgranzymeはともに細胞傷害性リンパ球内の分泌顆粒に貯留されており，標的細胞に向けて放出される．パーフォリンは標的細胞の細胞膜でポアを形成し[40]，そのポアを通過してgranzymeが細胞内に侵入する．granzymeは複数のファミリー分子からなるプロテアーゼであり，標的細胞内のさまざまなタンパク質を切断して細胞死を誘導する[41]．それぞれのgranzyme分子は異なる基質特異性をもっており，特にgranzyme Bはcaspase-3やcaspaseの基質を切断することでアポトーシスを誘導する〔近年granzyme AとBが，それぞれGSDM（gasdermin）BとGSDMEを切断・活性化して，パイロトーシスを誘導することも報告されている：第5章-4（p.180）参照〕.

細胞傷害性リンパ球が標的細胞を殺傷するために用いるもう1つの武器がデスリガンドであるFasリガンドとTRAILである．両者ともに2型膜タンパク質として細胞傷害性リンパ球の表面に局在し，標的細胞表面上のFasおよびTRAIL受容体に結合してアポトーシスを誘導する[42]．

6 おわりに

1990年代頃は，細胞死と言えば能動的な細胞死としてのアポトーシス，受動的な細胞死としてのネクローシスの2様式のみが知られていた．それが現在ではネクロプトーシスやパイロトーシスといった新たな細胞死の様式が続々と見出され，われわれの細胞には多様な死に方があること分かってきた．さらに，それぞれの細胞死を引き起こす分子システムが複雑にクロストークしていることも明らかとなってきた．そのような状況においても，やはりアポトーシスが発生，形態形成，組織・免疫恒常性の維持，ひいては個体の生存に最も重要な細胞死であることに変わりはないであろう．

詳細な分子機構を明らかにしてきたアポトーシスの基礎研究は，多細胞生物の構築と生存の基本原理の理解をもたらしたにとどまらず，アポトーシスがかかわる疾患の治療への応用をめざす臨床研究へと進み，近年になって白血病治療薬であるベネトクラクス（Venetoclax）の開発にみられるような成果が得られてきている．今後もがん細胞の除去や，さらに老化細胞の除去など，さまざまな病態に対する治療へアポトーシス研究が応用されていくことを期待したい．

文献

1) Van Opdenbosch N & Lamkanfi M：Immunity, 50：1352-1364, 2019
2) Green DR：Cold Spring Harb Perspect Biol, 14：a041020, 2022
3) Kuida K, et al：Nature, 384：368-372, 1996
4) Leonard JR, et al：J Neuropathol Exp Neurol, 61：673-677, 2002
5) Lakhani SA, et al：Science, 311：847-851, 2006 必読
6) Walsh JG, et al：Proc Natl Acad Sci U S A, 105：12815-12819, 2008
7) Newton K, et al：Cell, 187：235-256, 2024 必読
8) Lindsten T, et al：Mol Cell, 6：1389-1399, 2000
9) Annibaldi A & Walczak H：Cold Spring Harb Perspect Biol, 12：a036384, 2020 必読
10) Yin XM, et al：Nature, 400：886-891, 1999
11) Lalaoui N & Vaux DL：F1000Res, 7：doi：10.12688/f1000research.16439.1, 2018
12) Rothe M, et al：Cell, 83：1243-1252, 1995
13) Moulin M, et al：EMBO J, 31：1679-1691, 2012
14) Jost PJ & Vucic D：Cold Spring Harb Perspect Biol, 12：a036426, 2020
15) Ivanisenko NV, et al：Trends Cancer, 8：190-209, 2022
16) Oberst A, et al：Nature, 471：363-367, 2011
17) Feoktistova M, et al：Mol Cell, 43：449-463, 2011
18) Tixeira R, et al：Cell Death Differ, 27：102-116, 2020
19) Aoki K, et al：Mol Biol Cell, 31：833-844, 2020
20) Kira A, et al：Dev Cell, 58：1282-1298.e7, 2023
21) Sakuragi T & Nagata S：Nat Rev Mol Cell Biol, 24：576-596, 2023 必読
22) Kawane K, et al：Cold Spring Harb Perspect Biol, 6：a016394, 2014 必読
23) Metzstein MM, et al：Trends Genet, 14：410-416, 1998 必読
24) Sakamaki K, et al：Bioessays, 37：767-776, 2015
25) Umargamwala R, et al：Cells, 13：347, 2024
26) Igaki T & Miura M：Semin Immunol, 26：267-274, 2014
27) Vitale I, et al：Cell Death Differ, 30：1097-1154, 2023
28) Voss AK & Strasser A：F1000Res, 9：doi：10.12688/f1000research.21571.1, 2020
29) Ke FFS, et al：Cell, 173：1217-1230.e17, 2018 必読
30) Ke FS, et al：EMBO J, 41：e110300, 2022
31) Bouillet P, et al：Nature, 415：922-926, 2002 必読
32) Sohn SJ, et al：Curr Opin Immunol, 19：510-515, 2007
33) Green DR, et al：Immunol Rev, 193：70-81, 2003
34) Nagata S：J Hum Genet, 43：2-8, 1998 必読
35) Rieux-Laucat F, et al：J Clin Immunol, 38：558-568, 2018
36) Stranges PB, et al：Immunity, 26：629-641, 2007
37) Hao Z, et al：Immunity, 29：615-627, 2008
38) Yi F, et al：Trends Mol Med, 24：642-653, 2018
39) Cruz AC, et al：Nat Commun, 7：13895, 2016
40) Ivanova ME, et al：Sci Adv, 8：eabk3147, 2022
41) Chowdhury D & Lieberman J：Annu Rev Immunol, 26：389-420, 2008 必読
42) Green DR：Cold Spring Harb Perspect Biol, 14：a041053, 2022 必読

2 ネクロプトーシス

森脇健太

ネクロプトーシスは，RIPK3とMLKLによって制御されるネクローシスと定義される．その発見は，制御されたネクローシスという新たな概念の確立と細胞死研究の新たな潮流を生み出す契機となった．ネクロプトーシスという新たな側面から生体・病態を捉えることで，それらの理解が進み，今でも精力的に研究が進められている．本稿では，その分子機構と生体における意義について概説する．

KEYWORD ◆ RIPK3 ◆ MLKL ◆ TNF

1 ネクロプトーシスを誘導する分子

ネクロプトーシスの発見は，その最も代表的な誘導分子であるTNF（tumor necrosis factor）の発見と切り離すことができない．TNFは炎症性分子の発現を誘導するサイトカインであるが，当初その名のとおり腫瘍に壊死を引き起こす分子としてCarswellらによってその存在が示された[1]．TNFタンパク質と遺伝子の同定後，改めてTNFが特定の細胞でネクローシスを誘導することが示されたが[2]，その分子機構は不明であった．そのような状況の中1998年にVercammenらが，**TNF誘導性ネクローシス**がcaspaseの阻害によって著しく亢進することを示し，その分子機構の理解が進みはじめた[3]．その後，TNFとともにデスリガンドファミリーを形成する**Fasリガンド**と**TRAIL（TNF-related apoptosis-inducing ligand）**もcaspase非依存的にネクローシスを誘導することが報告された[4,5]．このようにTNFの発見に端を発して見出されたデスリガンド誘導性のcaspase非依存的なネクローシスは，2005年にネクロプトーシスと命名されるに至った[6]．その後，分子機構の理解に伴って，今ではRIPK3（receptor interacting protein kinase 3）[7,8]とMLKL（mixed lineage kinase domain like）[9]に依存するネクローシスをネクロプトーシスと定義している．

前述のデスリガンドは，それぞれ対応するデス受容体に結合することでネクロプトーシスを誘導する．そのほかのデス受容体であるDR（death receptor）3とDR6が，それぞれTL1A（TNF-like ligand 1A）とAPP（amyloid precursor protein）に応答してネクロプトーシスを誘導するという報告もあるが，今後の検証が必要であろう[10,11]．

デスリガンド以外では，TLR（toll-like receptor）4やTLR3のリガンドとなる病原体成分[12]，また，細胞内核酸受容体であるZBP1（Z-DNA binding protein 1）のリガンドとなるウイルス由来また内在性のZ型核酸がネクロプトーシスを誘導できる[13]．インターフェロン（interferon：IFN）はZBP1の発現を誘導することで，ZBP1依存的なネクロプトーシスの誘導を手助けする．

また，T細胞受容体（T cell receptor：TCR）の刺激によりT細胞でネクロプトーシスを誘導できることが知られているが[14, 15]，そのメカニズムはいまだ明確でない．TCR刺激により発現が増加するFas，Fasリガンド，TNFなどによるとも考えられるが，それを明確に示した例はなく，今後の検証が待たれる．

もっと詳しく

● HeLa細胞ではなぜネクロプトーシスが起こらない？

多くの研究者が利用するHeLa細胞をはじめとして，多くの上皮系がん細胞株ではRIPK3が発現していない．これがネクロプトーシスの発見が遅れた1つの理由であり，また過去にネクロプトーシスが特定の細胞だけで起こる稀な現象ではないかという誤った認識を抱かせてしまった理由でもある．現在，上皮系がん細胞株でのRIPK3の発現はエピジェネティックな要因などにより抑制されていることが示されている．一方で，多くの血球系がん細胞株ではRIPK3が発現しており，また正常細胞のなかでも血球系細胞でRIPK3の発現が高い．そのほかの組織では，RIPK3は腸や皮膚といった外界と接する上皮組織などで発現しているが，肝細胞や神経細胞などではその発現は著しく低い[16, 17]．ただし，炎症などの病的環境においてRIPK3の発現は増加してくる．

このようにRIPK3の発現は，細胞自律的また非自律的にダイナミックに制御されている．

2 マスター制御分子RIPK3へのシグナル伝達

ネクロプトーシス誘導において，リガンド刺激を受けた受容体からのシグナルはすべてセリン・スレオニンキナーゼRIPK3へと伝達される[18]（**図1**）．その伝達を担うアダプター分子が**RIPK1**と**TRIF**である．

RIPK1はデス受容体からのシグナルを，そしてTRIFはTLR3/4からのシグナルをRIPK3へと伝達する役割を担う．一方で，ZBP1はリガンドとなるZ型核酸を認識する受容体として働くとともに，直接RIPK3へと結合する．

RIPK3，RIPK1，TRIF，ZBP1はすべて**RHIM（RIP homotypic interaction motif）**と呼ばれるタンパク質結合モチーフをもつ（**図2**）．RHIMはRHIM同士で互いに結合する性質をもつモチーフであり，リガンド刺激に応答してRIPK1，TRIF，ZBP1の立

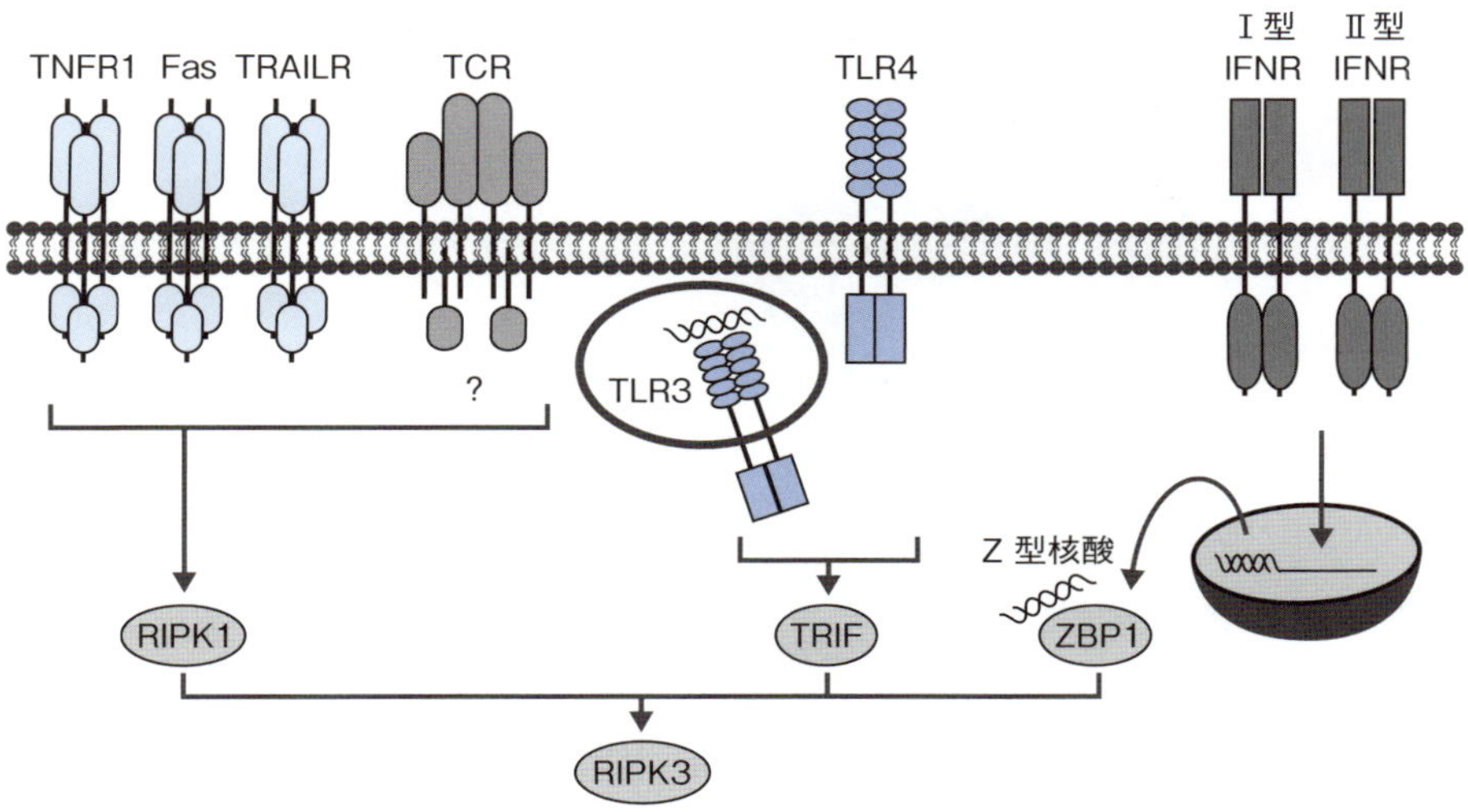

図1　ネクロプトーシス誘導にかかわる受容体

デス受容体とTLR3/4からのシグナルは，それぞれRIPK1とTRIFを介してRIPK3へと伝達される．IFN受容体（IFNR）はZBP1の発現を誘導し，ZBP1はZ型核酸を認識するとともに，RIPK3へと結合してシグナルを伝達する．T細胞受容体（TCR）からのシグナルは直接的または間接的にRIPK1を介してRIPK3へと伝達されると考えられる．
TRAILR：TRAIL受容体

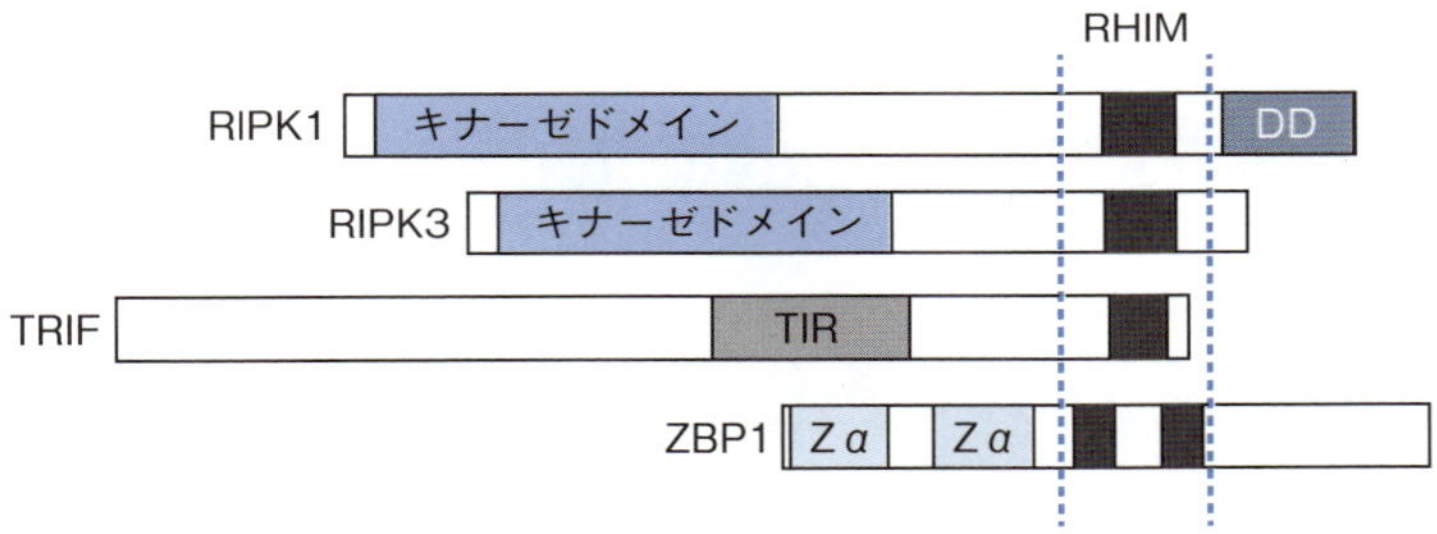

図2　ネクロプトーシス関連RHIM含有タンパク質のドメイン構造

哺乳類で同定されているRHIM含有タンパク質はこの4種類のみであり，RIPK3の活性化にかかわる．ZBP1は，Zαドメインで Z型核酸と結合する．
DD：デスドメイン，TIR：Toll/IL-1 receptor

体構造が変化し，これらの分子がもつRHIMが露出することで，RIPK3のRHIMと直接結合すると考えられる．

1）ジキルとハイド：RIPK1がもつ2面性

ここで，アダプター分子のなかで最も早くから研究が行われてきたRIPK1について，最もよく研究が進んでいるTNF受容体からのシグナルを例にしてより詳しく解説したい．

RIPK1は最初に同定されたネクロプトーシス制御分子であり[5]，ネクロプトーシス阻害剤として開発された**Necrostatin-1**の標的分子である[19]．TNF刺激に応答して**I型TNF受容体（TNFR1）**の細胞内領域にあるデスドメインに，同じくデスドメインをもつ**TRADD（TNFR1-associated via death domain）**とRIPK1が集積する[20]（**図3**）．このTRADDとRIPK1を核として，さらに**cIAP1（cellular inhibitor of apoptosis 1）**や**LUBAC（linear ubiquitin chain assembly complex）**といったユビキチンリガーゼが集積する．このTNFR1の直下で形成される複合体のことをComplex Ⅰと呼ぶ．

Complex ⅠのなかでRIPK1はユビキチン化を受け，そのユビキチン鎖を足場としてIKKβ（inhibitor of NF-κB kinase β）やTAK1（transforming growth factor-β-activated kinase 1）が集積し，NF-κB経路またMAPK経路の活性化を介して種々の細胞死抑制分子の発現を誘導する．一方で，IKKβとTAK1，そして同じくComplex Ⅰに集積するTBK1（TNFR associated factor family member-associated NF-κB activator binding kinase 1）とIKKεといったキナーゼは，RIPK1をリン酸化してその細胞死誘導機能を抑制している．RIPK1のユビキチン化やこれらのキナーゼの活性が阻害されると，RIPK1はComplex Ⅰから脱離するとともに自己リン酸化を起こして

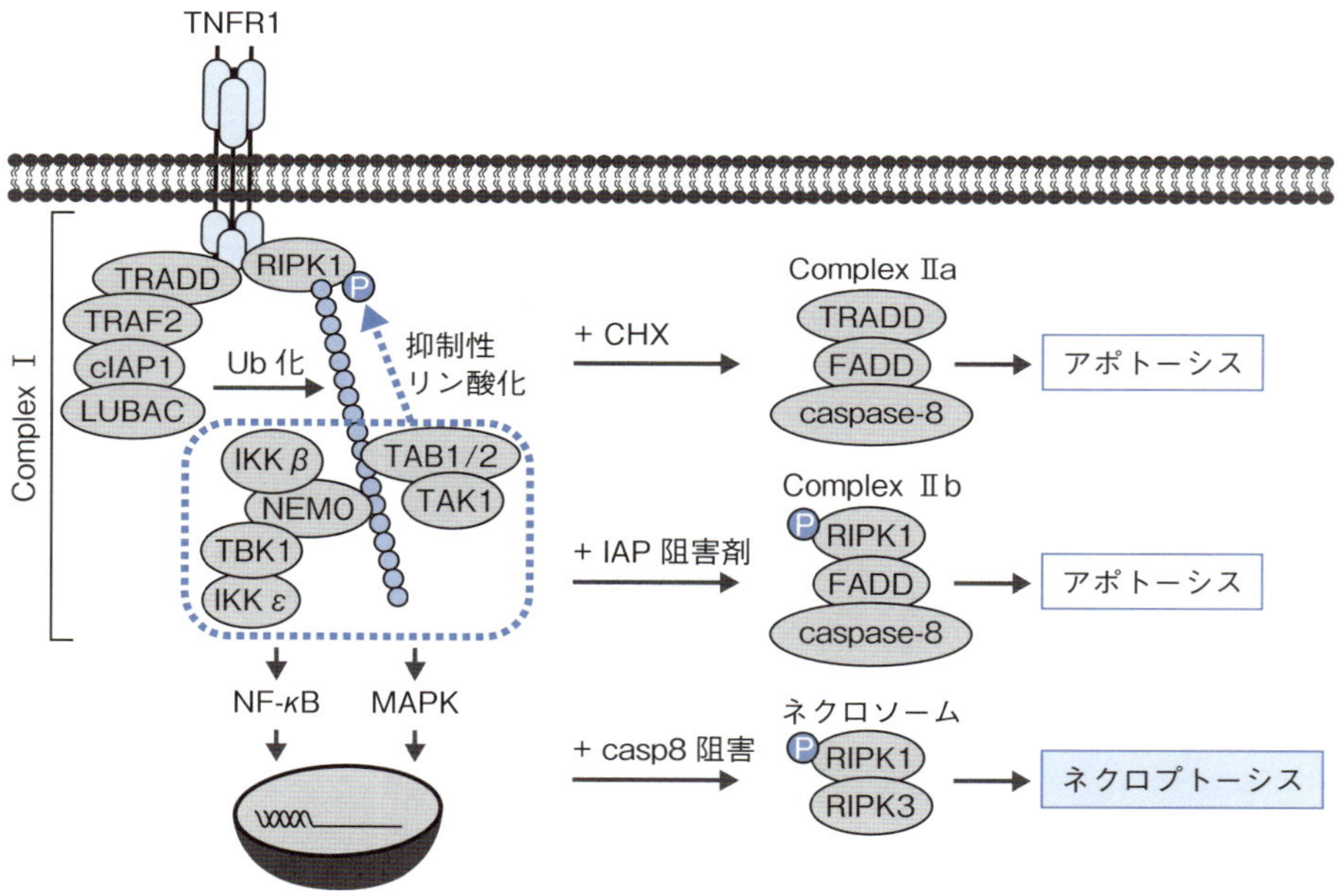

図3　TNFによる細胞死誘導

Ⅰ型TNF受容体の細胞内領域で形成されるComplex ⅠのなかでRIPK1はユビキチン化やリン酸化を受ける．TNF＋CHX（シクロヘキシミド）ではRIPK1非依存的，TNF＋cIAP阻害剤ではRIPK1のキナーゼ活性依存的にアポトーシスが起こる．caspase-8の活性が抑制されていると，ネクロプトーシスが起こる．
TRAF2：TNFR associated factor 2，NEMO：NF-κB essential modulator，TAB1/2：TAK1 binding protein 1/2

FADDやcaspase-8とComplex Ⅱbを形成する．その後，Compelx Ⅱb内でcaspase-8が活性化し，アポトーシスが引き起こされる．caspase-8の活性化が阻害されている状況においては，RIPK1はRIPK3と結合してネクロソーム〔2-3）参照〕を形成し，ネクロプトーシスを引き起こす．このことからNecrostatin-1は，あくまでRIPK1のキナーゼ活性阻害剤であり，ネクロプトーシス特異的な阻害剤ではなく，RIPK1のキナーゼ活性依存的なアポトーシスも阻害する．

前述したTNF受容体だけでなく，FasとTRAIL受容体の下流で誘導されるネクロプトーシスにおいても*Ripk1*は必須である．しかし，*Ripk1*ノックアウト（KO）マウスでは過度なアポトーシスが誘導されるだけでなく（p.64 もっと詳しく を参照），ネクロプトーシスも引き起こされ，生後すぐに死亡する[21, 22]．また，RIPK1のRHIMを働かなくさせた*Ripk1* RHIM変異マウスでは過度なネクロプトーシスが誘導され，その誘導はTRIFまたZBP1を欠損するマウスとの交配によって抑制されたことから，RIPK1が自身のRHIMを介してTRIFまたZBP1によるネクロプトーシスを阻害していることが明らかとなった[23, 24]（**図4**）．このようにRIPK1は，アポトーシスまたネクロプトーシスの誘導を正と負の両面で制御するという2面性を有している（Column ⓭参照）．

2）caspase-8によるネクロプトーシスの阻害

細胞膜の破裂を伴う細胞死であるネクロプトーシスは炎症性の細胞死であるため，不必要に誘導されると望まざる炎症を起こし，個体に悪影響を及ぼす．そのため定常状態においてネクロプトーシスが誘導されることはない．

この抑制を主として担っているのはcaspase-8であり，全身性，組織特異的，また後天的誘導性にcaspase-8やその活性化に必要なFADDを欠損させると，ネクロプトー

Column

⓭ TNF誘導性細胞死におけるRIPK1の必要性

TNF誘導性アポトーシスを誘導する古典的な手法としてタンパク質合成阻害剤シクロヘキシミド（cycloheximide：CHX）を利用する手法があるが，この手法によって誘導されるアポトーシスはRIPK1非依存的であり，むしろRIPK1欠損によって増強され，かつNecrostatin-1によっても抑制されない．これはRIPK1によるNF-κBなどを介した細胞死抑制分子の産生が行われなくなるためである．このときにはTRADDがFADDとcaspase-8とともにComplex Ⅱaを形成し，caspase-8の活性化を引き起こす（**図3**）．

TNF＋CHXとは異なり，近年よく利用されているTNFでのアポトーシス誘導法にIAP（inhibitor of apoptosis）阻害剤を利用するものがある．この手法で誘導されるアポトーシスは，前述の通りRIPK1のキナーゼ活性依存的であり，かつNecrostatin-1によって抑制される．同じTNF誘導性アポトーシスでも手法によってRIPK1の必要性に違いがあるということは，留意するべき点であろう．

一方で，CHX，またIAP阻害剤のどちらを使用しようしたとしても，caspase-8の活性化が阻害されている状況では，TNFはRIPK1のキナーゼ活性依存的にネクロプトーシスを誘導する．Complex Ⅰに集積する分子のなかでRHIMを有する分子はRIPK1のみであるため，TNFR1の下流でRIPK3を活性化するにはRIPK1が必要不可欠である．

シスが誘導され，多くの場合致死的な組織傷害を引き起こす[25]．RIPK1とRIPK3にはcaspase-8によって切断される配列があるが，caspase-8によるネクロプトーシスの抑制は主にRIPK1の切断によるものであることが，RIPK1とRIPK3の非切断型変異マウスの解析から明らかとなっている[26〜28]（Column ⑭参照）．

3）RIPK3活性化をもたらすアミロイド構造体

RIPK3はN末端側にキナーゼドメイン，C末端側にRHIMをもち，そのどちらもがネクロプトーシス誘導に必須である．RIPK3は自己リン酸化によって活性化されると考えられており，特にSer^{227}（ヒトRIPK3）のリン酸化はRIPK3の基質となるMLKLとの結合に重要である．

RHIMは単独では特定の構造をとらないモチーフであるが，RHIM同士で結合することでクロスβシート構造というアミロイド線維に認められる特徴的な構造をとる[30, 31]．また細胞内においても，ネクロプトーシス誘導過程においてRIPK3はRHIM依存的に凝集体を形成する．これらのことから，互いのRHIM同士を介してアダプター分子と結合したRIPK3は，RHIMを介して自己重合を開始することでアミロイド構造を形成し，そして自己リン酸化を起こし，活性化すると考えられる（**図4**）．このRIPK3が主体となってRHIM依存的に形成されるタンパク質複合体のことを**ネクロソーム**と呼ぶ．

誌面の都合上，本稿で詳述することは控えるが，RIPK3にはネクロプトーシス誘導以外にもアポトーシスや炎症性分子の発現を誘導する機能がある[32]．RHIMが形成するアミロイド構造体は，細胞質という分子混雑環境において効率よくRIPK3を活性化させ，またそのほかの制御分子を集積させる足場としての役割を果たしていると考えられる．

Column

⑭ *RIPK1*遺伝子変異による先天性疾患

RIPK1タンパク質を欠損するマウスは生後すぐに死亡するが，同様の*RIPK1* null遺伝子変異が原発性免疫不全症候群や若年性炎症性腸疾患の患者で見出された[29]．これらの患者は，免疫不全ならびに若年性の腸炎や関節炎といった末梢組織炎症を呈する．また，これらの患者由来の細胞はアポトーシスおよびネクロプトーシスを起こしやすく，このことからもRIPK1がもつ細胞死抑制機能が垣間見える．

一方で近年，原因不明の周期的な発熱やリンパ腺腫などの症状を呈する患者でRIPK1の非切断型変異が同定された[26, 27]．これらの患者では，caspase-8によるRIPK1の切断不全により過剰なネクロプトーシスが引き起こされる．また，RIPK1の切断不全によって，おそらくRIPK1-FADD-caspase-8複合体が安定化することでアポトーシスが過剰に起こることがわかった．このことからcaspase-8はRIPK1を切断することで，RIPK1-RIPK3複合体の形成を抑制するとともに，ネガティブフィードバック機構として自身の活性化を抑制していると考えられる．

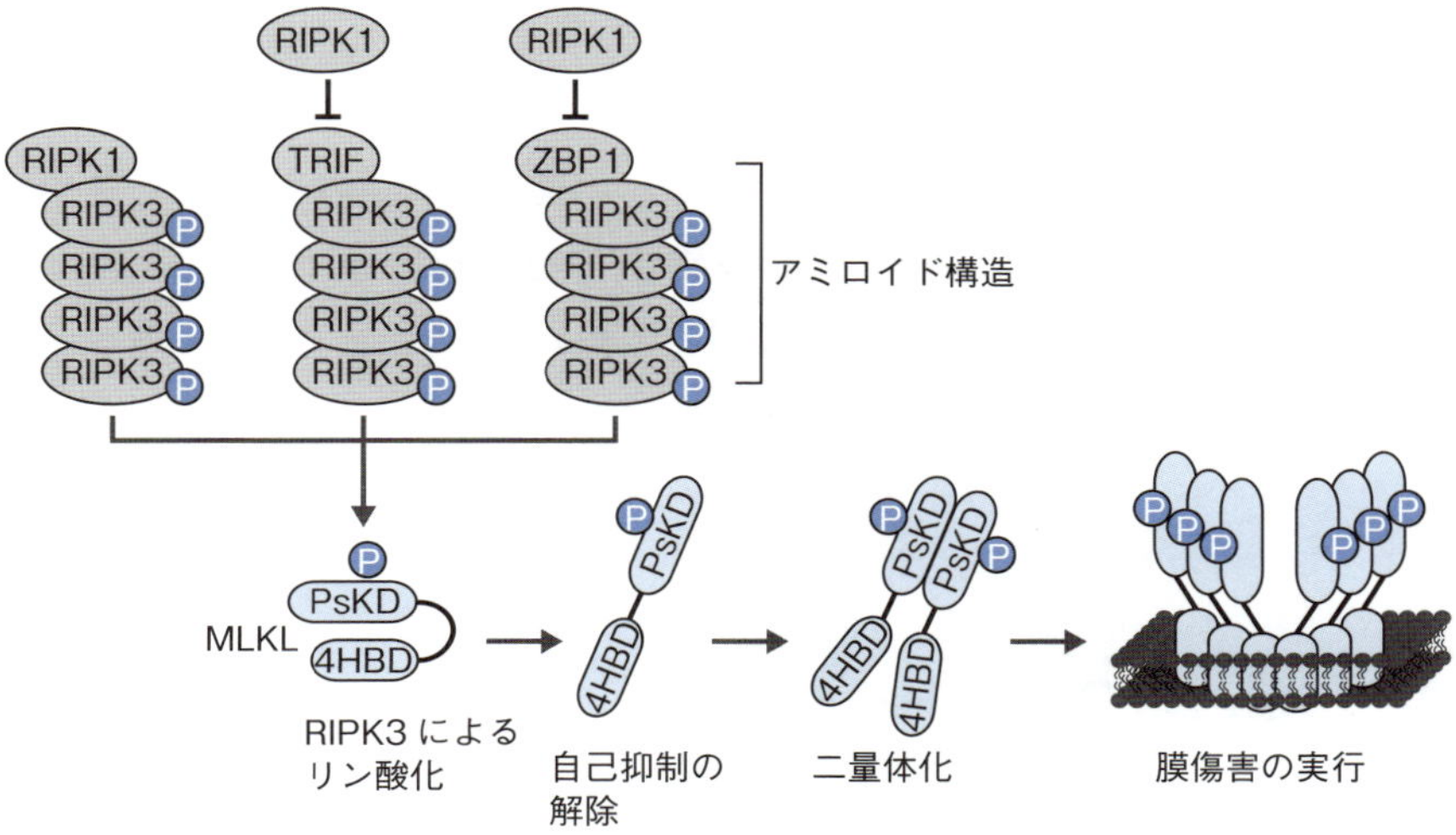

図4　RIPK3とMLKLの活性化機構

RHIMを介したアダプター分子との結合によりRIPK3は自己重合を起こし，アミロイド構造を形成するとともに，自己リン酸化を起こして活性化する．活性化したRIPK3によってリン酸化されたMLKLは，PsKDによる自己抑制を解除し，二量体化を起こし，最終的に生体膜に傷害を与える．
4HBD：4HBドメイン

3　細胞膜傷害をもたらす実行因子MLKL

MLKLは，細胞膜の傷害と破裂というネクロプトーシスの最終段階を実行する分子である．MLKLはN末端側に細胞膜傷害活性をもつ**4HB（4 helical bundle）ドメイン**をもつが，定常状態においてはC末端側の**偽キナーゼドメイン（pseudokinase domain：PsKD）**が立体構造的に4HBドメインの働きを阻害している[33]（**図4**）.

ひとたびPsKD内のThr^{357}とSer^{358}（ヒトMLKL）がRIPK3によってリン酸化されると，全体の構造が変化し，リン酸化を受けたPsKDが二量体を形成するとともに，4HBドメインが露出されるようになる[34]．この二量体形成をきっかけとしてMLKLはより高次な重合体を形成するようになる．4HBドメインは，ホスファチジルイノシトールリン酸やカルジオリピンといった脂質に親和性をもつ．

活性化したMLKLは，この脂質親和性に基づいて細胞膜をはじめとする生体膜に結合し，膜傷害を引き起こす．膜傷害が軽微な場合には，ESCRT（endosomal sorting complexes required for transport）タンパク質などによりその傷害は修復されるが，細胞の膜修復能を超えて傷害が蓄積すると，最終的に細胞膜の破裂を引き起こす．

4 生体における意義

前述の通り，定常状態でネクロプトーシスが起こることはなく，*Ripk3*や*Mlkl*のKOマウスは正常に生まれ，成長する．またRIPK3やMLKLは種によっては欠失しており，例えば鳥類ではRIPK3のオルソログは認められず，またイヌやネコが属する食肉目の動物ではMLKLオルソログが認められない[35]．このRIPK3-MLKLというコアマシーナリーは，われわれの祖先が進化の過程のどこかで獲得し，その後系統によって失っていったものと考えられる．

1）感染防御とネクロプトーシス

ではなぜ種の生存に必須ではないネクロプトーシスという細胞死が存在するのだろうか？ この問いに明確に答えることは困難であるが，病原体との攻防がその獲得の駆動力の1つとなってきたと考えられる．すなわち，さまざまなウイルスや細菌がcaspase阻害分子を保有している状況において，感染細胞ならびに病原体を排除するための新たな宿主感染防御機構としてcaspase阻害下で作動するRIPK3-MLKLという分子システムを獲得したと考えられる．実際，さまざまな病原体を用いたマウス感染モデルにおいて，RIPK3やMLKLを欠損させると感染病態が悪化することが報告されている[36]〔第5章-6（p.198）参照〕．また，ヒトにおいて最近はじめて同定された*RIPK3*の機能欠損型遺伝子変異は，単純ヘルペスウイルス（HSV）感染による脳炎患者で見出された[37]．このことからも，**宿主感染防御機構**の一翼を担うということが，生体におけるネクロプトーシスの本質的な意義の1つと考えられる．一方で，過剰にネクロプトーシスが起きてしまうと，細胞死による組織傷害と宿主免疫の暴走を引き起こすことで炎症病態を悪化させることがあり，ネクロプトーシスは感染防御機構として諸刃の剣となる面もある．

2）非感染性の病態とネクロプトーシス

このように病原体感染はネクロプトーシスの誘導と抑制のバランスを崩す最も代表的なケースであるが，非感染性のさまざまな病態においてもそのバランスが崩れ，ネクロプトーシスが起こることが報告されている．例えば，**筋萎縮性側索硬化症（amyotrophic lateral sclerosis：ALS）**や**多発性硬化症**などの神経変性疾患，**クローン病**，**新生児壊死性腸炎**，**特発性肺線維症**などの患者の病理組織において，リン酸化されたRIPK3やMLKLが観察されている．さらに，数多くのマウス炎症性疾患モデルで，RIPK3やMLKLを欠損したマウスにおいて炎症が抑制されることが報告されている[18]．

5 おわりに

RIPK3とMLKLの同定によってネクロプトーシスの分子機構の理解が大きく進んできたが，その詳細については多くの不明な点が残されている．さまざまな*in vitro*の解析からネクロソームが機能性アミロイドであることが示されているが，細胞内におけるその姿や動態はいまだ明らかにされておらず，RIPK3の活性制御機構はまだよくわかっていない．

また，MLKLによる細胞膜傷害の機構も不明である．MLKLと同様に細胞膜傷害を引き起こすgasdermin（GSDM）分子が脂質膜上で孔を形成することがクライオ電子顕微鏡などの解析によって明確に示されている一方で，MLKLにそのような性質があるかは不明である．生化学的解析によってMLKLが重合体を形成することが示されているが，その重合体が統制のとれた構造をしているのかは不明であり，脂質膜上でのMLKLの姿はいまだ明らかとなっていない．

なお，培養細胞にネクロプトーシスを誘導するためには必ずと言っていいほどcaspase-8の活性を阻害しなければならない．このことから，ネクロプトーシスは非常に稀な状況または人為的な状況でのみ誘導されるものではないかと考えられることもあった．しかし，培養細胞を用いた実験とは異なり，複数の刺激を同時に受け取り，さらに細胞自律的また非自律的に遺伝子発現やタンパク質の活性などが変化する*in vivo*という状況においては，caspase-8の活性は動的に変化すると考えられ，実際ヒトやマウスで人為的にcaspase-8活性を抑制しない状況においてもRIPK3やMLKLの活性化が観察されている．

生体内という複雑な環境において，RIPK3とMLKL，またこれらの分子の活性を調節する機構がどのようにして制御されているのかを明らかにしていくことが今後必要であり，それによってさまざまな生命現象や病態のより深い理解，また炎症性疾患の新たな治療薬の開発につながることを期待したい．

文献

1） Carswell EA, et al：Proc Natl Acad Sci U S A, 72：3666-3670, 1975
2） Laster SM, et al：J Immunol, 141：2629-2634, 1988
3） Vercammen D, et al：J Exp Med, 187：1477-1485, 1998
4） Vercammen D, et al：J Exp Med, 188：919-930, 1998
5） Holler N, et al：Nat Immunol, 1：489-495, 2000
6） Degterev A, et al：Nat Chem Biol, 1：112-119, 2005
7） Cho YS, et al：Cell, 137：1112-1123, 2009
8） He S, et al：Cell, 137：1100-1111, 2009
9） Sun L, et al：Cell, 148：213-227, 2012
10） Strilic B, et al：Nature, 536：215-218, 2016
11） Bittner S, et al：Cell Mol Life Sci, 74：543-554, 2017

12) He S, et al：Proc Natl Acad Sci U S A, 108：20054-20059, 2011
13) Maelfait J & Rehwinkel J：J Exp Med, 220：e20221156, 2023 必読
14) Osborn SL, et al：Proc Natl Acad Sci U S A, 107：13034-13039, 2010
15) Ch'en IL, et al：J Exp Med, 208：633-641, 2011
16) Chiou S, et al：EMBO Mol Med：s44321-024-00074-6, 2024
17) Solon M, et al：Cell Death Differ, 31：672-682, 2024
18) Galluzzi L, et al：Annu Rev Pathol, 12：103-130, 2017 必読
19) Degterev A, et al：Nat Chem Biol, 4：313-321, 2008
20) Clucas J & Meier P：Nat Rev Mol Cell Biol, 24：835-852, 2023 必読
21) Dillon CP, et al：Cell, 157：1189-1202, 2014
22) Rickard JA, et al：Cell, 157：1175-1188, 2014
23) Lin J, et al：Nature, 540：124-128, 2016
24) Newton K, et al：Nature, 540：129-133, 2016
25) Tummers B & Green DR：Immunol Rev, 277：76-89, 2017
26) Lalaoui N, et al：Nature, 577：103-108, 2020
27) Tao P, et al：Nature, 577：109-114, 2020
28) Tran HT, et al：Cell Death Differ, 31：662-671, 2024
29) Cuchet-Lourenço D, et al：Science, 361：810-813, 2018
30) Li J, et al：Cell, 150：339-350, 2012 必読
31) Wu X, et al：Proc Natl Acad Sci U S A, 118：e2022933118, 2021
32) Orozco S & Oberst A：Immunol Rev, 277：102-112, 2017
33) Lawlor KE, et al：Immunity, 57：429-445, 2024 必読
34) Meng Y, et al：Nat Commun, 14：6804, 2023
35) Dondelinger Y, et al：Trends Cell Biol, 26：721-732, 2016
36) Brault M & Oberst A：Immunol Cell Biol, 95：131-136, 2017 必読
37) Liu Z, et al：Sci Immunol, 8：eade2860, 2023

3 パイロトーシス

中山勝文，榧垣伸彦

パイロトーシス（pyroptosis）とは，炎や熱を意味するギリシア語の*pyro*から名付けられた細胞死である．これは細菌に乗っ取られたマクロファージが自爆して細胞内寄生菌の増殖の場を排除するという制御された細胞死であり，感染防御的役割を担っている．その後の研究により，パイロトーシスは微生物感染に限らずさまざまな刺激により血管内皮細胞，上皮細胞，がん細胞などでも起きることがわかり，自己免疫疾患やがんなど多くの炎症性疾患に関与する可能性が考えられている．

KEYWORD ◆インフラマソーム ◆IL-1 β ◆炎症性カスパーゼ ◆GSDM

1 はじめに

パイロトーシスは1990年代に赤痢菌やサルモネラ属菌といった細胞内寄生菌に感染したマクロファージにおいて，IL-1 βの放出を伴うcaspase[※1]-1依存的な細胞死として発見された[1,2]．当時，caspase依存性細胞死はアポトーシスと考えられていたため，この細胞死も当初はアポトーシスと呼ばれたが，形態的特徴がアポトーシスと異なる点から2001年にこの細胞死はパイロトーシスと命名された[3]．これは細菌によって宿主細胞が殺傷されるという受動的な細胞死でなく，細菌感染した細胞が自爆して細菌増殖の場を排除するという生体防御的な制御された細胞死であると考えられる[2,4]．

微生物感染を時系列で概説すると，感染初期にマクロファージはその細胞表面上とエンドソームに発現する**パターン認識受容体**（pattern-recognition receptors：PRRs）のTLRs（Toll-like receptors）[5]を介して**病原体関連分子パターン**（pathogen-associated molecular patterns：PAMPs）[※2]を感知して炎症を惹起するとともに，貪食・消

※1 **caspase**：システインプロテアーゼファミリーに属する酵素であり，その多くは細胞死誘導にかかわる．例えばcaspase-8/9/10は，アポトーシスシグナルをスタートさせるためイニシエーターカスパーゼ（initiator caspase）と呼ばれ，caspase-3/6/7は，さまざまなアポトーシス実行因子を活性化するためエフェクターカスパーゼ（effector caspase）と呼ばれる．一方，caspase-1/4/5/11は，パイロトーシス誘導にかかわるため炎症性カスパーゼ（inflammatory caspase）と呼ばれる．

※2 **PAMPs**：パンプスと呼ばれる．多くの微生物がもつPRRを刺激する分子群の総称である．例として細菌が遊泳するのに必要な鞭毛があげられ，これはPRRであるTLR5とNAIP（NLR family apoptosis inhibitory protein）に感知される．

化することによって微生物を排除する．多くの場合これで排除できるが，病原性の高い微生物に感染したときや感染曝露量が多い場合に，マクロファージは微生物に乗っ取られてしまう．そのとき細胞質に入ってきたPAMPsを細胞質PRRsであるnucleotide-binding oligomerization（NOD）-like receptor（NLR※3）群，AIM2，pyrin[6]が感知してインフラマソーム（炎症シグナルにかかわるタンパク質複合体）を形成し，その下流シグナルを経由してマクロファージがパイロトーシスで自爆する[2]（**図1A**）．同時に炎症性サイトカインのIL-1βとIL-18を遊離することによって殺菌能力の高い好中球を誘引し，微生物もろともに排除してもらう[7]．

一方で，過剰なパイロトーシスは敗血症で起きるショック応答や播種性血管内凝固症候群といった致死性病態の原因にもなりうる．また微生物感染だけでなく，**損傷関**

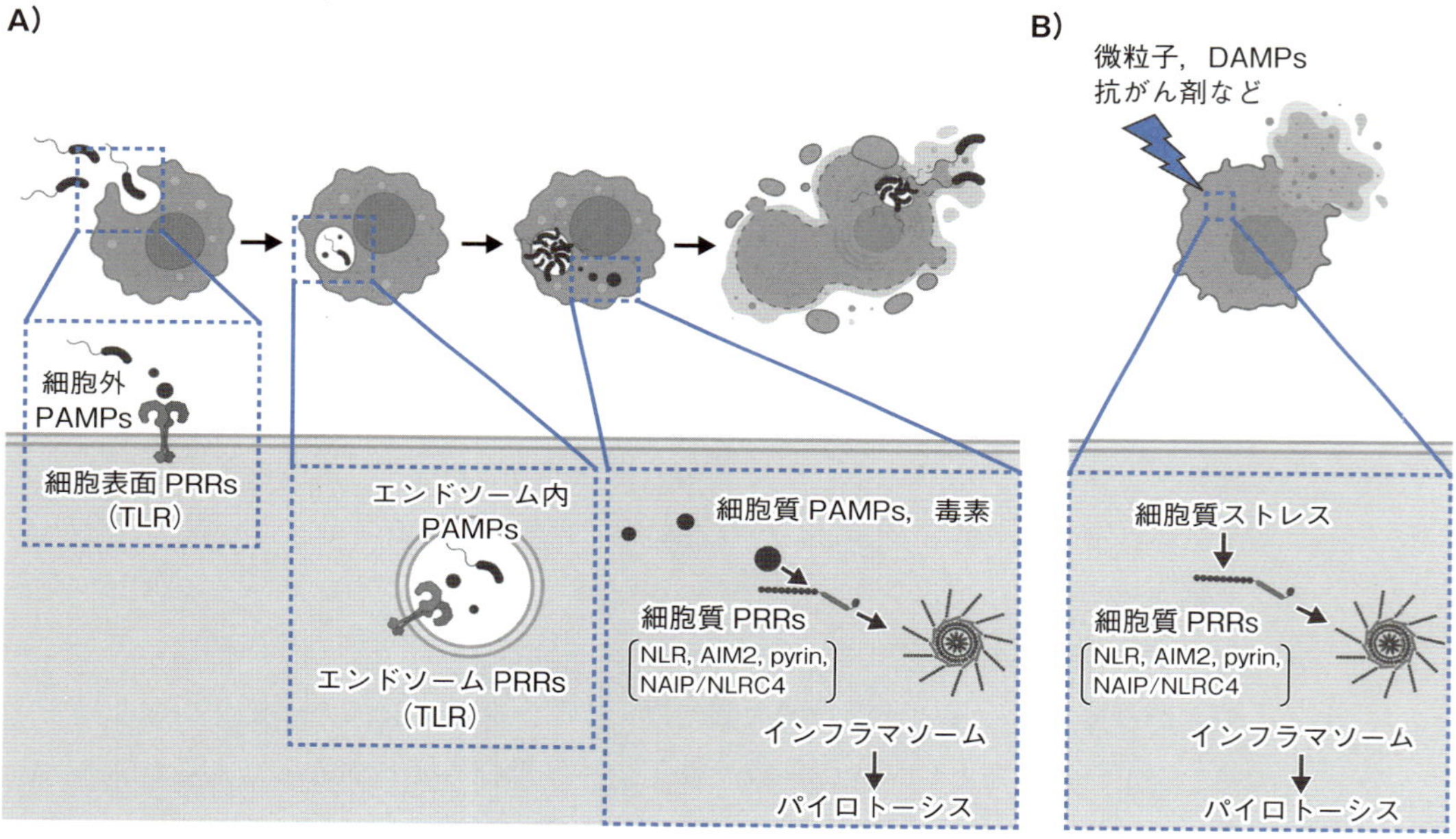

図1 パイロトーシスの誘導因子

A）生体内に微生物が侵入するとマクロファージは細胞表面とエンドソームに発現するPRRsのTLRを介して炎症応答を惹起すると同時に貪食・消化により微生物を排除する．しかしそれを乗り越えた微生物はマクロファージ細胞内で増殖する．その際にマクロファージ細胞質に入ったPAMPsはNLRなどの細胞質PRRsに感知される．そしてインフラマソームが活性化されパイロトーシスが誘導される．これは微生物に乗っとられたマクロファージが最終手段として細菌増殖の場を排除するための自爆装置だと考えられる．

B）マクロファージだけでなく，血管内皮細胞，上皮細胞，がん細胞といったさまざまな細胞において，また，感染以外の要因（微粒子，DAMPs，抗がん剤）によってもパイロトーシスは誘導される．

（元図はBioRenderにて作成）

※3　**NLR**：細胞質PRRsであり，そのファミリー分子の多くは細胞質のPAMPs，DAMPsなどさまざまな細胞質異常を感知する．活性化されるとASC，caspase-1と結合しインフラマソームを形成する．ただし活性化刺激やメカニズムについてまだ十分に理解されていないファミリー分子も多い．

連分子パターン（damage-associated molecular patterns：DAMPs）[8][※4]やコレステロール結晶などの微粒子[9]といったさまざまな刺激でパイロトーシスは誘導される（**図1B**）．パイロトーシスは主にマクロファージで顕著に起きるが，血管内皮細胞，上皮細胞，がん細胞などでも起こる．そのためパイロトーシスは，感染症だけでなく，自己免疫疾患，生活習慣病，がんといった多くの疾患に関与する可能性がある[10]．

パイロトーシス研究は，その上流に位置するcaspase-1活性化機構であるインフラマソームの研究から発展し，近年そのシグナル伝達や細胞死実行因子が次々と明らかにされている．パイロトーシスは従来caspase-1依存性細胞死と定義づけられていたが，2015年に細胞膜損傷実行因子のgasdermin（GSDM）Dが同定された[11, 12]ことを機に，2018年以降は細胞膜を損傷するGSDMを介した細胞死と再定義されている[13, 14]．

2 パイロトーシスの形態的特徴

1）形態的特徴

文献15の動画（**movie❷**）はパイロトーシスの形態的特徴がよく表れているため参照されたい．前述の分子メカニズムによるパイロトーシスの定義は，形態学的に定義されるアポトーシスやネクローシスとは異なるものである．

movie❷
野生型，*Ninj1* KOでのパイロトーシス
（文献15より転載）

GSDM特異的な阻害剤が普及していない現状では，パイロトーシスを同定するには遺伝学的手法が事実上不可欠である．形態学的にパイロトーシスは多くの場合ネクローシスとほぼ同じく，細胞膜の損傷により細胞の膨潤と破裂が観察される．初期のパイロトーシス（caspase-1依存性細胞死）研究においては，ネクローシスとアポトーシスの両方の形態変化を伴うことが報告されている[2]（**表1**）が，これには注意が必要である．それら報告では，細胞膜の損傷が起きるとともにアポトーシスと同様な**ブレビング**（水泡状突起形成），**クロマチン凝集**などが起き，TUNEL陽性となるが，これらのアポトーシス様現象は，GSDMD以外の基質がcaspase-1によって切断活性化されたことによるイベントを反映している可能性がある[16]．

2）形態的特徴の観察

フローサイトメトリーと蛍光顕微鏡での細胞死の観察には，その染色試薬として細胞膜を透過しない**核酸結合色素〔7-aminoactinomycin D（7-AAD）あるいはpropidium iodide（PI）〕**およびホスファチジルセリン（phosphatidylserine：PS）結合タンパク質の**Annexin V**の共染色法が用いられる．

生細胞では細胞膜損傷はなく，PSは細胞膜内側に局在しているため，Annexin V，

※4 **DAMPs**：ダンプスと呼ばれる．細胞損傷に伴って放出される細胞内分子の総称であり，炎症・免疫反応を引き起こす．例としてHMGB1，ATP，核酸などがあげられる．

表1　アポトーシス，ネクロプトーシス，パイロトーシスの特徴と比較

	アポトーシス	ネクロプトーシス	パイロトーシス
細胞の大きさ	縮小	膨張	膨張
細胞膜	維持しながらブレビング （二次的に崩壊）	崩壊	崩壊
核	クロマチン凝集・DNA断片化	膨張	膨張，クロマチン凝集？[注1]
TUNEL染色	陽性	陽性[注2]	陽性？[注1]
Annexin V	陽性（PS表出により）	陽性（細胞膜損傷により）	陽性（細胞膜損傷により）
7-AAD，PI染色	陰性 （二次的細胞膜崩壊により陽性になる）	陽性	陽性
シグナル伝達	caspase-3/7/8/9	RIPK1，RIPK3	インフラマソーム caspase-1/4/5/11
実行因子もしくは関連因子[注3]	・ROCK1（ブレビング） ・CAD（DNA断片化） ・スクランブラーゼ，フリッパーゼ（PS表出）	MLKL（細胞膜損傷因子）	GSDM A，B，C，D，E（細胞膜損傷因子）
切断型caspase-3の免疫組織染色	陽性[注4]	陰性	陰性
炎症	抑制 （TGF-βなどの分泌による）	誘導（DAMPsの遊離による）	誘導 （IL-1β，DAMPsの遊離による）

注1　caspase-1によって切断活性化された基質（GSDMD以外）によって誘導されると考えられている．
注2　ネクロプトーシスの実行過程で，ヌクレアーゼが活性化すると考えられている．
注3　アポトーシスは形態学的な定義を示す．ブレビング，DNA断片化，PS表出といった形態変化はアポトーシスの実行を示すものではなく，二次的なアウトプットである．
注4　免疫組織染色においてアポトーシスのマーカーとなる．
CAD：caspase-activated DNase，MLKL：mixed lineage kinase domain-like

7-AAD，PIすべて陰性となる．アポトーシス細胞では細胞膜損傷が起きずにPSが能動的に表出するため，7-AADとPIは陰性でAnnexin Vは陽性となる（培養実験ではやがて二次的に細胞膜損傷が起きて7-AADとPIも陽性となるが，生体内では細胞膜損傷が起きる前にマクロファージなどの貪食細胞によってすみやかに貪食される）．

一方，パイロトーシスとネクローシスでは細胞膜に孔が開くため，Annexin V，7-AAD，PIすべて陽性となる．生体内では，この細胞膜の孔からのDAMPsの漏出により炎症・免疫応答が引き起こされる．

3　パイロトーシスのシグナル伝達機構

1）インフラマソーム

インフラマソームは**細胞質PRRs**や**caspase-1**などを含む複数のタンパク質が結合して形成される分子の複合体でcaspase-1活性化の起点となる[10]（**図2**）．これはアポトーシス経路でのcaspase-9活性化の起点となるアポトソーム（シトクロムc-APAF1-caspase-9複合体）をヒントに発見された[17]．

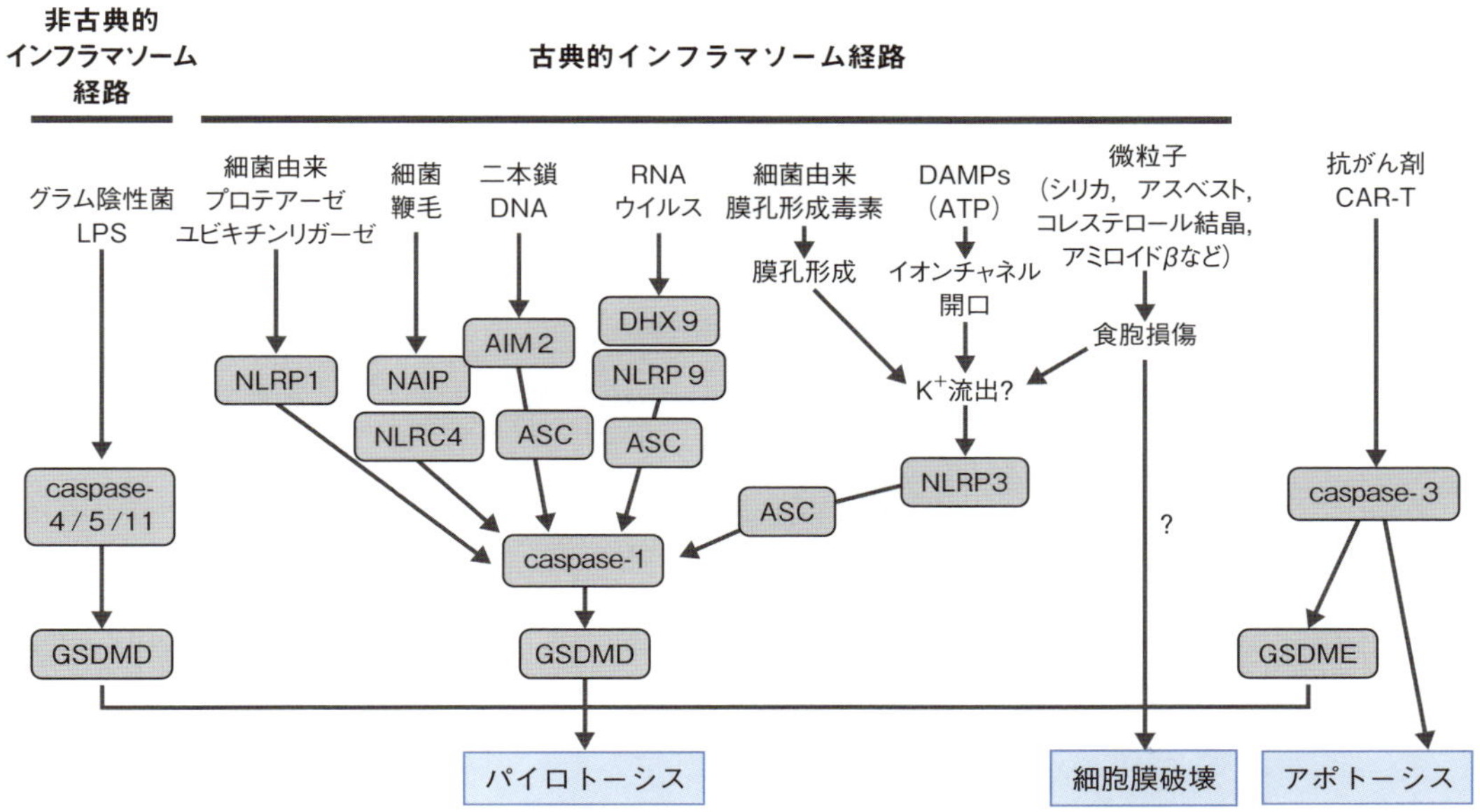

図2　インフラマソーム活性化因子

PAMPs，DAMPs，微粒子といったさまざまな刺激により細胞質恒常性が破綻すると，NLRファミリー分子などのPRRsがその異常を感知し，インフラマソーム経路が活性化される．caspase-1が活性化の起点となる古典的インフラマソーム経路と，caspase-4/5/11活性化が起点となる非古典的インフラマソーム経路に大別される．古典的インフラマソーム経路を活性化する微粒子はパイロトーシス以外の細胞膜破壊も起こす．また，抗がん剤あるいはCAR-T細胞で刺激されたがん細胞ではGSDMEを介したパイロトーシスのほか，caspase-3を介したアポトーシスも誘導される．

インフラマソーム形成の引き金は，細胞質PRRのNLRファミリー分子などがさまざまな細胞質異常（PAMPsの侵入，オルガネラ損傷，細胞質イオン濃度や酸化還元状態の変化など）や危険信号であるDAMPs〔第4章-2（p.146）参照〕．を感知することである[6]（**図2**）．とりわけ**NLRP3**は，細菌毒素，アデノシン5'-三リン酸（ATP），微粒子といった分子性状が大きく異なる幅広い刺激を感知する．その理由として，いずれの刺激も細胞質K^+イオンレベルの低下につながり，NLRP3はこの異常を感知している可能性が示唆されている．しかしその詳細なメカニズムはまだわかっていない．

細胞質PRRが細胞質異常を感知するとそのpyrin domain（PYD）を介してアダプター分子の**apoptosis-associated speck-like protein containing a CARD（ASC）**と結合する．ASCはPYDとcaspase activation and recruitment domain（CARD）[※5]の2つのドメインをもち，そのPYDで細胞質PRRsのPYDと，CARDでpro-caspase-1のCARDと，それぞれ結合することによって細胞質PRRsとpro-caspase-1をつなげる役割を担っている．一方，CARDをもつ細胞質PRRsもあり，その場合はASCを介さずに直接pro-caspase-1のCARDと結合することができる[6]．

※5　**CARD**：caspaseなどのアポトーシスシグナル伝達分子の多くがもつドメインである．各分子のCARDが結合することで複合体が形成され，caspaseの自己近接による活性化が生じ，これがシグナル伝達の起点になる．

このインフラマソーム形成によりpro-caspase-1の自己近接化が起き，さらに自己切断による活性化が生じる．活性化型caspase-1は，TLRシグナルで誘導された炎症性サイトカインの**IL-1β**の前駆体を切断活性化して成熟型に変換させる[10]（**図3**）．

また，IL-1βは成熟型になっても分泌シグナルペプチド配列をもっていないため，細胞膜損傷がないと細胞外へ遊離しないようになっている[4]．これはTNFなどのほかの炎症性サイトカインが，TLRシグナルで分泌機能型として発現誘導され，すみやかに分泌されることとは対照的である．IL-1βの機能発現はこうして厳重に制御されている．

なお，パイロトーシスは長らくcaspase-1依存性細胞死として考えられていた[2]．その理由は世界中で使用されていた*Casp1*ノックアウト（KO）マウスではパイロトーシスが誘導されなかったからである．しかし2011年にその*Casp1* KOマウスが*Casp11*遺伝子も欠損していることが判明し，さらに大腸菌やコレラ菌感染によるパイロトーシスは，caspase-1ではなくcaspase-11（ヒトオルソログcaspase-4/5）依存的に起きる細胞死であることが判明した[18]．大腸菌やコレラ菌といったグラム陰性菌のLPS（エンドトキシンとも呼ばれる）は主に細胞表面に存在するTLR4に感知されるが，細胞

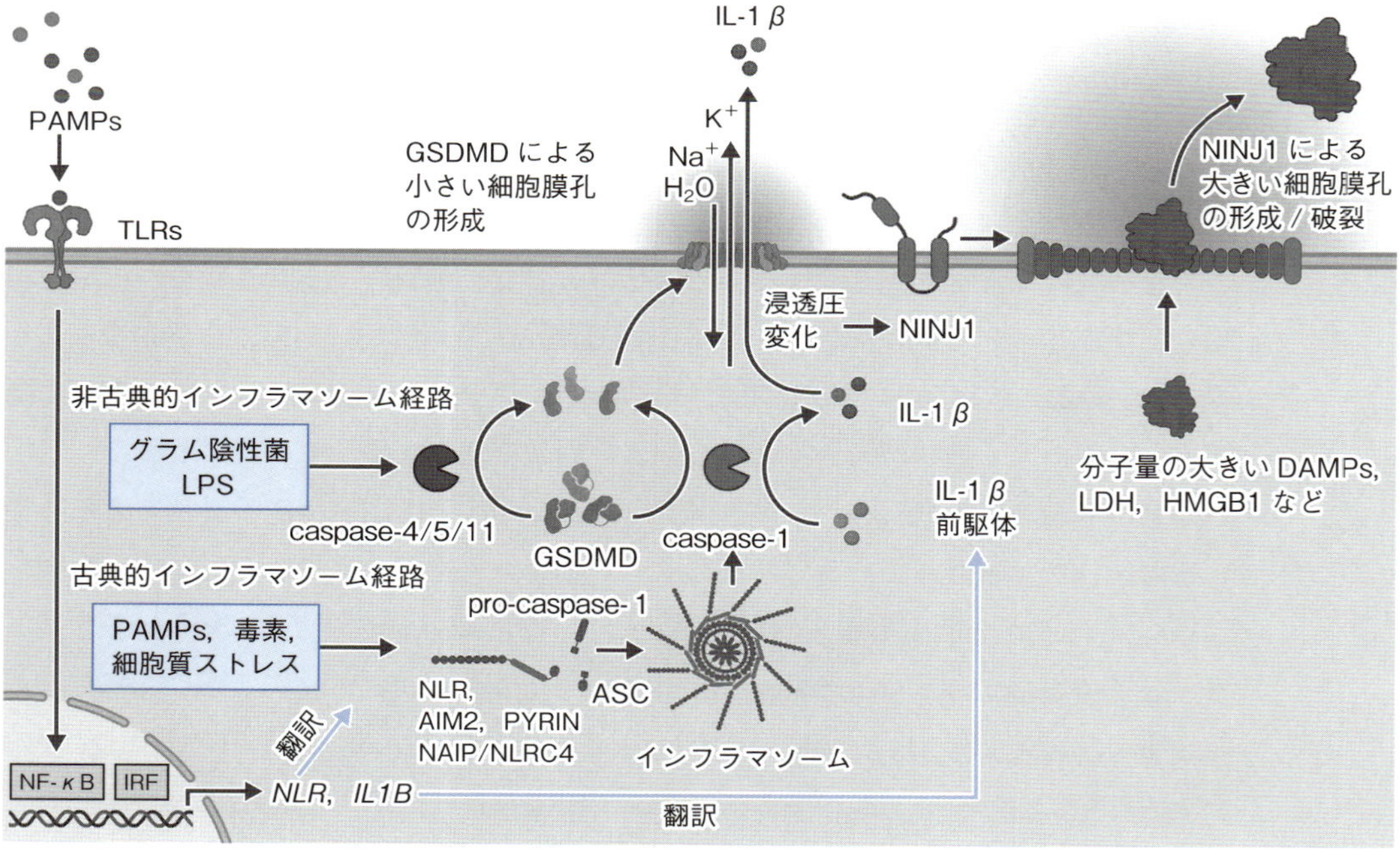

図3　パイロトーシスシグナル伝達経路

caspase-1/4/5/11によってGSDMDが切断されるとそのN末端が細胞膜を貫通して多量体化することで小さい孔を開ける．IL-1β，ATP，核酸など小さい分子はその孔を通過して細胞外へ漏出する．その後，細胞内浸透圧変化を感知したNINJ1が多量体化して細胞膜に大きな孔を開け，そこからLDHやHMGB1といった大きなDAMPsが漏出する．こうして強い炎症・免疫応答が誘導される．
（元図はBioRenderにて作成）

質ではcaspase-4/5/11によって感知されることも明らかとなった[18]．この発見を機にcaspase-1経路は**古典的インフラマソーム経路**と呼ばれ，caspase-4/5/11経路は**非古典的インフラマソーム経路**と呼ばれるようになった[10]（**図2**）．

2）GSDM

2015年にパイロトーシスの実行因子として**GSDMD**が同定された[11, 12]．GSDMDはcaspase-1/4/5/11の基質であり，切断されるとそのN末端断片が細胞膜を貫通して多量体化して孔を形成する（**図3**）．その孔内直径は約22 nmと小さく成熟型IL-1β（17 kDa，分子径約4.5 nm）など小さいタンパク質，ATP，イオンなどは通過するが，乳酸脱水素酵素（lactate dehydrogenase：LDH，140 kDa）やhigh mobility group box-1（HMGB1）といった大きな分子量のタンパク質やそれらの複合体は通過しない[10]．つまり意図的にはじめに小さい孔を開けるのである．その理由は次のニンジュリン1（NINJ1）の項で触れる．

GSDMはヒトで6つのファミリー分子が存在し，GSDMDはとりわけ免疫細胞に高発現しているが，ほかのファミリー分子含め多臓器に広く発現している[14]．GSDMA，GSDMB，GSDMC，GSDMEのN末端部分も孔形成領域が保存されており，パイロトーシス実行因子と考えられる[19]．

3）NINJ1

パイロトーシスではGSDM孔を介してIL-1βや細胞内イオンが細胞外へ流出すると同時に，細胞外から水が流入して細胞が膨張して破裂する．この破裂は受動的に起こると考えられていたが，2021年に能動的な分子メカニズムの存在が明らかとなった[15]（Column⑮）．細胞内浸透圧変化を感知したNINJ1という細胞表面膜タンパク質が集合して大きい細胞膜孔を形成するのである[15]（**図3**）．この発見から，パイロトーシスの下流にNINJ1による細胞破裂がプログラムされていると考えられる．

細菌に乗っ取られたマクロファージは，GSDMDによるパイロトーシスで小さい孔から先にIL-1βを遊離させると同時にNINJ1活性化を引き起こし，次にNINJ1による細胞破裂で残りのDAMPsを吐き出し，細菌感染をほかの細胞へ知らせるアラートとすることで，病原菌に対する強い免疫応答を誘導する．実際に*Ninj1* KOマウスでは腸管病原細菌感染の感受性が亢進する[10]．

またNINJ1はパイロトーシスだけでなく，アポトーシス細胞で起こる二次的細胞膜破裂や溶血毒素によるネクローシスでの細胞膜破裂にも関与している[10]．*Ninj1*欠損細胞では細胞死を誘導した際に，風船状に膨張するが破裂しないため（**movie❷**）HMGB1などのDAMPsが放出されず，これらの細胞死に伴う炎症が低下する[10, 15]．マウスモデルにおいて，虚血再灌流やTNFなどで誘導される肝障害をNINJ1欠損あるいは抗NINJ1阻害抗体が軽減することが明らかとなり，NINJ1阻害は炎症性疾患に対する新たな治療法として期待される[20]．ただしMLKL依存性のネクロプトーシスでは，*Ninj1*欠損細胞からDAMPsが放出されることから，MLKLによる細胞膜損傷が細胞膜破裂を直接誘導しているのかも知れない．

4 パイロトーシスの生理的および病理的な意義

1）感染症

パイロトーシスの感染防御的な役割は多くのモデルマウス実験で証明されている．例えば，*Casp1/11* DKOマウスやNLRファミリー分子のKOマウスにおいて**サルモネラ属菌**や**A型インフルエンザウイルス**などのさまざまな感染症に対する感受性が亢進している[10]．また*Gsdmd*，*Gsdma*，*Gsdme*の各KOマウスでは，**A群連鎖球菌**やサルモネラ属菌などの感染症に対して感受性が亢進する[10]．

それに対して，高用量のエンドトキシン投与や**腹膜炎**モデルにおいてはcaspase-11 KOマウスおよび*Gsdmd* KOマウスの方が野生型マウスよりも生存率が高い[10]．これらの実験結果は，**敗血症性ショック**などの急性致死性感染病態においてはパイロトーシスを阻害する方が延命できる可能性を示している．そのほかにも，**COVID-19**の患者において，IL-1阻害薬投与が標準治療単独よりも病態の進行を防ぎ，死亡リスクを低減することが示され，治療薬として認定されている[21]．

このようにパイロトーシスは本来，感染防御機構として働くが，過剰に起こると重症化をもたらす．

Column

⑮ パイロトーシス実行因子の発見

2015年に2つの独立する研究グループがそれぞれ異なる順遺伝学的手法により，GSDMDをパイロトーシス実行因子として同定することに成功した．その手法の1つはgRNAライブラリー/Cas9システムを用いたスクリーニングであり，もう1つはENU（エチルニトロソウレア）誘発突然変異マウスを用いた大規模スクリーニングである．

これらのスクリーニングは当初困難が予想されていた．というのも当時アポトーシスを誘導するcaspaseの基質には機能が重複する複数の細胞死実行因子があることがわかっており，1分子を同定する手法では当たりがとれないだろう，と周囲から思われていたためである．しかし，科学的根拠はなかったもののパイロトーシス誘導メカニズムはアポトーシス誘導メカニズムとはまったく異なるはずだという希望があり，それがGSDMDの発見に繋がった．

さらにその後の解析では，GSDMDで形成される細胞膜孔は小さく，成熟型IL-1βは通過するが，細胞膜破裂のバイオマーカーとしてよく使用されるLDHは大きすぎて通過できないことが予想された．また，GSDMD孔形成に続く細胞膜破裂は浸透圧変化による受動的な二次イベントだと考えられていたが，未知の能動的メカニズムが存在するという仮定のもと，LDH遊離を指標に細胞膜破裂にかかわる分子について再びENU誘発突然変異マウスライブラリースクリーニングを行うことによって2021年にNINJ1が発見された[15]．こうしてGSDMDによるパイロトーシスとNINJ1による細胞膜破裂といった二段階の細胞死プログラムが判明した．

2）自己免疫疾患・アレルギー

多発性硬化症モデルマウスや**アレルギー性気管支炎**モデルマウスにおいて*Gsdmd*あるいは*Nlrp3*遺伝子欠損によって病態が軽減することから，パイロトーシスがこれらの炎症病態を引き起こしていると考えられる[10]．またヒトにおいても遺伝性自己炎症性疾患の**クリオピリン関連周期熱症候群**（cryopyrin-associated periodic syndromes：CAPS）および**家族性地中海熱**（familial Mediterranean fever：FMF）は*NLRP3*あるいは関連遺伝子の生殖細胞系列機能獲得型変異による恒常的なインフラマソームの活性化とIL-1βの産生を介して発症することが知られる[10]．そのほかにもGSDMファミリー分子のヒト遺伝子多型あるいは変異が，**クローン病**や**喘息**などに関与していることも報告されている[10]．

3）がん

ある種の**がん**細胞ではGSDMEが発現しており，シスプラチンやエトポシドといった抗がん剤，ナチュラルキラー細胞，細胞傷害性T細胞やCAR-T細胞による標的細胞傷害によりcaspase-3が活性化され，その下流でGSDMEが活性化されてパイロトーシスが誘導される[19]（**図2**）．

しかし多くのがん細胞において*Gsdme*遺伝子はメチル化により発現抑制がかかっている[19]．担がんモデルマウスにおいてがん細胞にGSDMEを強制発現させるとパイロトーシスが誘導され，その炎症性細胞死が抗腫瘍免疫を活性化させてがんが退縮することが報告されている[19]．そのためがん細胞のGSDMEを発現誘導するDNAメチル化阻害剤は，抗がん剤として期待される[10, 19]．

また，がん細胞を取り囲む腫瘍微小環境における炎症は，免疫細胞の浸潤，血管新生，がん転移などに深く関与している．その環境を構成するさまざまな細胞でのインフラマソーム・パイロトーシスによる炎症は，がんの増殖に作用するという報告と反対に抑制するという報告がともに多数あり，がんの種類や何らかのほかの要因によって，作用が大きく異なると考えられる[22]．

4）微粒子関連疾患

微粒子が原因となる疾患は，肺疾患，代謝性疾患，神経変性疾患など多岐にわたる．例えばシリカ（二酸化珪素）およびアスベスト（石綿）の吸入曝露によりそれぞれ**珪肺症**および**中皮腫**が発症することが知られる[9]．また生体内で形成された尿酸塩結晶，ピロリン酸カルシウム結晶，およびコレステロール結晶は，それぞれ**高尿酸血症**，**偽痛風**，および**動脈硬化症**の一因と考えられている[9]．そのほか，アミロイドβ（Aβ）とタウの脳内蓄積は**アルツハイマー**および**前頭側頭型認知症**といった**神経変性疾患**の発症に深く関与していると考えられる[9]．

これらの疾患にはNLRP3インフラマソームが関与すると考えられている．つまり，これら微粒子はマクロファージやミクログリアといった貪食細胞によって取り込まれ，その細胞において食胞損傷が起き，その後何からの経路によって細胞質K^+イオンレベルが低下する．おそらくこのK^+イオンの低下をNLRP3が感知して古典的インフラマソーム経路を介して顕著にIL-1βが活性化される[9]．

この過程ではNLRP3インフラマソームの活性化に続きGSDMDの活性化も起きるが，GSDMD依存性細胞死（パイロトーシス）以外の経路でも細胞膜破壊が起き（**図2**），LDHとともにIL-1β前駆体と成熟型IL-1βが遊離される[11]．その細胞膜破壊メカニズムについて物理的な膜損傷の可能性も考えられるが，また明らかになっていない．

5 おわりに

パイロトーシスは，もともとマクロファージに備わった制御された細胞死として発見されたが，その実行因子のGSDMファミリー分子が全身のあらゆる細胞に分布していることから，どの細胞でも起こりうる普遍的な細胞死と考えられるようになった．

進化の過程で，微生物感染防御システムとしてわれわれに備わった免疫システムが，がん，アレルギー，自己免疫疾患など多くの疾患に深く関与しているように，パイロトーシスもこれら多くの疾患にかかわっていることが想定される．そのためこの自爆装置の全容解明に向けた研究とその経路を標的とした創薬の競争が激化している[10 23]．この研究分野の進展は早く，本稿では紹介しきれない多数の優れた原著論文と総説論文が今年に入っても次々と発表されているので[24, 25]，ぜひ参考にされたい．

文献

1） Zychlinsky A, et al：Nature, 358：167-169, 1992
2） Jorgensen I & Miao EA：Immunol Rev, 265：130-142, 2015 必読
3） Cookson BT & Brennan MA：Trends Microbiol, 9：113-114, 2001
4） Kesavardhana S, et al：Annu Rev Immunol, 38：567-595, 2020
5） Kawai T, et al：Immunity, 57：649-673, 2024
6） Sundaram B, et al：Immunity, 57：674-699, 2024
7） Kovacs SB & Miao EA：Trends Cell Biol, 27：673-684, 2017
8） Ma M, et al：Immunity, 57：752-771, 2024
9） Rashidi M, et al：Trends Mol Med, 26：1003-1020, 2020
10） Kayagaki N, et al：Annu Rev Pathol, 19：157-180, 2024 必読
11） Kayagaki N, et al：Nature, 526：666-671, 2015 必読
12） Shi J, et al：Nature, 526：660-665, 2015 必読
13） Galluzzi L, et al：Cell Death Differ, 25：486-541, 2018
14） Broz P, et al：Nat Rev Immunol, 20：143-157, 2020 必読
15） Kayagaki N, et al：Nature, 591：131-136, 2021 必読
16） de Vasconcelos NM, et al：Cell Rep, 32：107959, 2020
17） Martinon F, et al：Mol Cell, 10：417-426, 2002
18） Kayagaki N, et al：Nature, 479：117-121, 2011 必読

19） Lawlor KE, et al：Immunity, 57：429-445, 2024
20） Kayagaki N, et al：Nature, 618：1072-1077, 2023
21） Chan JF, et al：Nat Rev Microbiol, 22：391-407, 2024
22） Karki R & Kanneganti TD：Nat Rev Cancer, 19：197-214, 2019
23） Vande Walle L & Lamkanfi M：Nat Rev Drug Discov, 23：43-66, 2024
24） Wang et al：Cell, 1223-1237, 2024
25） Newton et al：Cell, 235-256, 2024

参考図書

・「実験医学増刊 Vol.34 No.7 細胞死」（田中正人，中野裕康／編），羊土社，2016
・「週刊 医学のあゆみ Vol.283 No.5 細胞死のすべて」（清水重臣／企画），医歯薬出版，2022

4 フェロトーシス

今井浩孝

2012年にStockwellらにより提唱されたフェロトーシスは，抗がん剤やエラスチン，RSL3（GPX4阻害）により誘導される二価鉄依存性のフェントン反応による脂質酸化を介した細胞死である[1]．リン脂質のPEの酸化物の蓄積を特徴とし，鉄のキレーター，脂質ラジカル消去剤であるビタミンE，Ferrostatin-1などにより抑制されるcaspase非依存的な細胞死と定義される．リン脂質ヒドロペルオキシドをグルタチオン依存的に還元するGPX4はその主要な抑制因子と考えられている．現在，さまざまな疾患においてフェロトーシスがその発症に関与していることが明らかになりつつあり，その制御因子も治療戦略のターゲットとなると考えられる．本稿ではフェロトーシスのメカニズムと疾患の関与を解説したうえ，疾患解析における同定法についても紹介する．

KEYWORD ◆フェロトーシス ◆脂質酸化 ◆GPX4 ◆Fe^{2+} ◆FSP-1

1 フェロトーシスの発見の経緯と基本的な分子メカニズム

Stockwellらは2003年に，ヒト皮膚線維芽細胞BJ-TERTに変異RAS^{V12}遺伝子を導入しがん化した細胞だけを殺し，がん化しなかった細胞を殺さない化合物をスクリーニングし，エラスチンを含む複数の化合物を同定した[2]．その後エラスチンによる細胞死がcaspase非依存的で，ビタミンEで抑制されること，RAS^{V12}の下流で活性化されるRAF/MEK依存性であり，かつ脂質酸化による細胞死であることを報告した[3]．2012年には，エラスチンはシスチン/グルタミン酸トランスポーター（xCT）に結合し，シスチンの取り込みを阻害することで細胞内グルタチオン（GSH）濃度を低下させ，その結果GPX活性が低下し，二価鉄依存的なフェントン反応（後述）によりリン脂質が酸化され，細胞死が誘導されることが報告された[1]．この細胞死は鉄のキレーターdeferoxamineおよび，脂質ラジカルの消去剤であるビタミンEやFerrostatin-1（Fer-1），Liproxstatin-1（Lip-1）により抑制されることから，二価鉄（Fe^{2+}）依存的な脂質酸化を介した細胞死としてフェロトーシスと名づけられた（**図1**）．

一方，リン脂質ヒドロペルオキシドグルタチオンペルオキシダーゼとして知られて

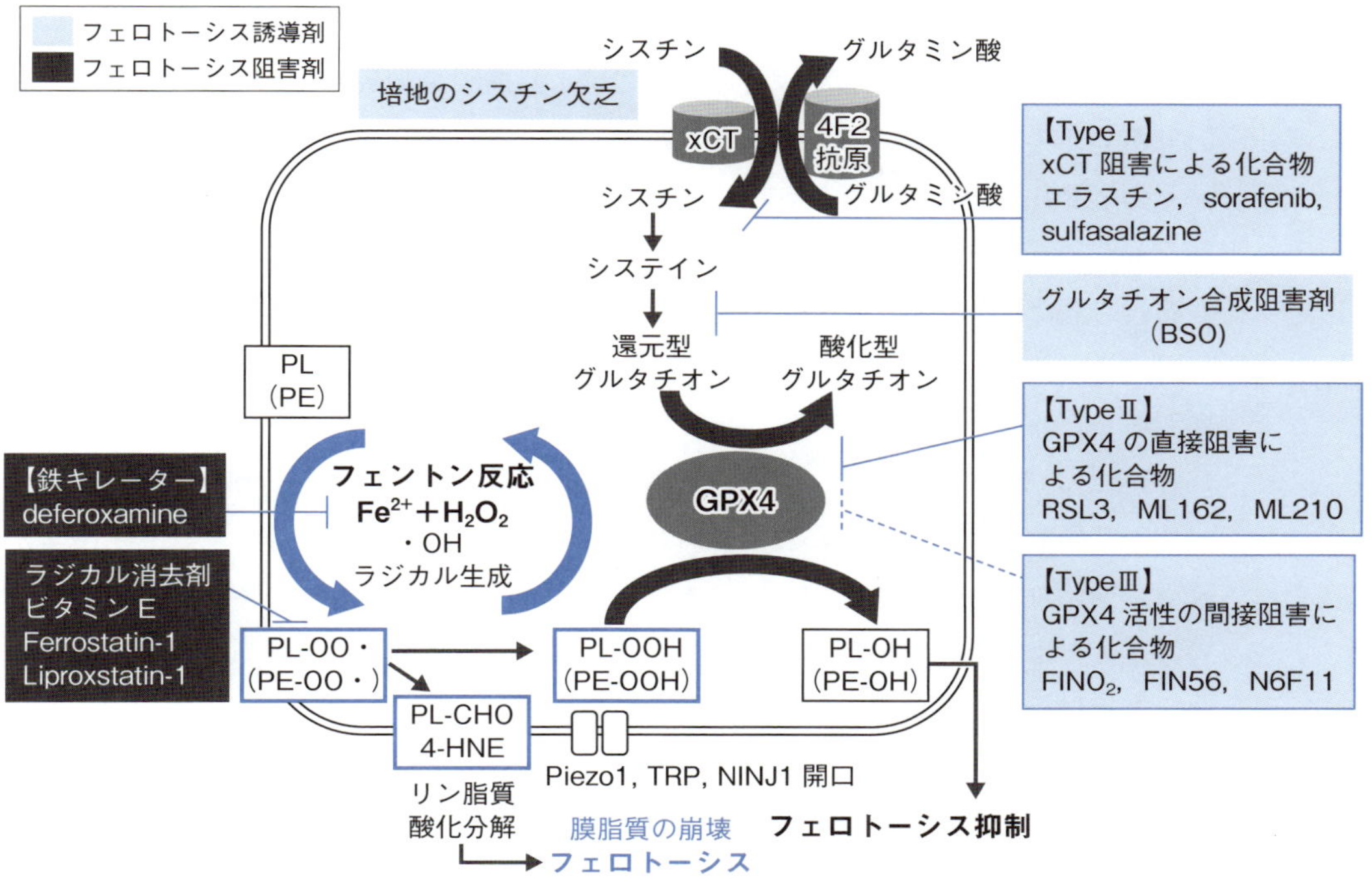

図1　フェロトーシスの実行経路と阻害剤・誘導剤

フェロトーシスでは，Fe^{2+}と過酸化水素（H_2O_2）によるフェントン反応で生じたOH・（ヒドロキシラジカル）により，リン脂質中の多価不飽和脂肪酸（PUFA）の水素の引き抜きが起こり，リン脂質ラジカル（PL・）が生じ，酸素が結合し，P-LOO・（リン脂質ペルオキシドラジカル）が生成し，未酸化PLの水素を引き抜くことで，連鎖反応が生じ酸化が著しく亢進する．ホスファチジルエタノールアミン（PE）の酸化によるPEOOHの生成を特徴とし，さらにリン脂質の酸化分解が起こり，リン脂質アルデヒドや4-ヒドロキシノネナール（4-HNE）が生成する．生体膜のPiezo1，TRPチャネル開口を介したswelling，NINJ1を介した細胞膜崩壊により細胞死が誘導される．GPX4は生体膜リン脂質の酸化により生じたリン脂質ヒドロペルオキシド（PL-OOH）を還元型グルタチオンにより還元する酵素である．フェロトーシスはxCTの阻害剤（Type Ⅰ）エラスチンや，GPX4の直接の阻害剤（Type Ⅱ）RSL3，および間接的にGPX4を阻害する阻害剤（Type Ⅲ）によるGPX4活性の低下により二価鉄（Fe^{2+}）依存的な脂質酸化を介して誘導できる．Type Ⅰのエラスチンは細胞内のグルタチオンを減少させ，GPX4活性を低下させ，Type ⅡのRSL3はGPX4の活性中心セレノシステインに直接結合し阻害する．Type ⅢのFINO$_2$は直接，脂質酸化を引き起こす．FIN56はGPX4タンパク質を減少させるほか，コビキノン（CoQ）も減少させる．N6F11はGPX4のユビキチン化，分解を介してGPX4タンパク質を減少させる．鉄キレーターDFOやラジカル消去剤，ビタミンE，Ferrostatin-1やLiproxstatin-1により抑制される．

いるGPX4（glutathione peroxidase 4）は，生体膜のリン脂質の酸化により生じたリン脂質ヒドロペルオキシドを，還元型グルタチオンを用いて還元する抗酸化酵素である．筆者らは2003年に*Gpx4*のノックアウト（KO）により胎生致死となるためGPX4が生存に必須であること[4]や*Gpx4* KOによりMEFsにおいても細胞死が起きることを示した[5, 6]．また別のタモキシフェン誘導型*Gpx4* KOのMEFs（Pfa1細胞）を用いた研究からは，*Gpx4* KOによりAIF（apoptosis inducing factor）および15-Lox（15-lipooxygenase）依存的な非アポトーシス細胞死が誘導されることが報告されている[7]．また，筆者らは精巣特異的*Gpx4* KOマウスにおいて精母細胞が致死となるが，高ビタミンE添加食でその致死が抑制されることを明らかにしている[5]．これらのようにGPX4欠損による細胞死はビタミンEにより抑制されることから，脂質酸化依存的であり非アポトーシス細胞死であることが示唆されていた．

その後2014年に，抗がん剤のRSL3がGPX4の活性中心であるセレノシステイン（Sec）に直接結合し，GPX4活性を低下させることでフェロトーシスを誘導することが報告された[8]．前述のように*Gpx4*をKOしたPfa1細胞も，フェロトーシス様の細胞死が誘導されていたことから，GPX4がフェロトーシスの主要な抑制因子であることが明らかとなった（**図1**）．またPfa1細胞におけるRSL3によるフェロトーシスでは15-Loxによりホスファチジルエタノールアミン（phosphatidylethanolamine：PE）の酸化が特異的に起こることが報告された[9]．フェロトーシスが発見されてから10年が経ち，フェロトーシスを制御している分子が次々に明らかになってきてはいるが，そのほとんどはリン脂質の酸化の感受性を変化させる分子であり，脂質酸化の下流で細胞死実行にかかわる分子は明らかになっていない．

これは1つにフェントン反応による脂質酸化の増幅はランダムに起きる制御されない反応であるからと思われる．最近，細胞膜に存在するPiezo1やTRPチャネルの細胞の膨張への関与[10]や，NINJ1と呼ばれる細胞膜破裂分子の関与が報告[11]されたが，脂質の酸化とそれらの分子との関連性はいまだ明らかではない．

2 フェロトーシスの誘導剤

現在までに報告されているフェロトーシスの誘導剤としては大きく3つに分けられる（**図1**）．

1）Type Ⅰ阻害剤

Type ⅠとしてxCTを阻害し細胞内グルタチオンを減少させる**エラスチン**，**sorafenib**，**sulfasalazine**などがある．

2）Type Ⅱ阻害剤

またType ⅡとしてGPX4に結合して活性を低下させる**RSL3**，**ML162**や，細胞内で代謝を受けた後GPX4と結合する**ML210**が報告されている．これらはGPX4阻害剤としても使用されることが多いが，RSL3やML162は反応性の高いクロロアセトアミド構造をもちGPX4以外の酵素にも反応することが知られており，GPX4選択的な阻害剤ではないので注意が必要である．

3）Type Ⅲ阻害剤

また，GPX4に直接は反応せずに活性を低下させるType Ⅲの化合物として**FIN56**，

FINO$_2$，**N6F11**が知られている．FIN56はGPX4の分解を促進するとともに，スクアレン合成酵素を活性化し，ファルネシル二リン酸が不足することで，フェロトーシス抑制因子である抗酸化物質であるユビキノン（CoQ）も減少させることでフェロトーシスを誘導する[12]．FINO$_2$はフェロトーシス誘導にエンドペルオキシド部分とヒドロキシル基を必要とする小分子で，鉄を直接酸化するとともにGPX4活性を間接的に阻害し，脂質ヒドロペルオキシドを生成する[13]．N6F11はGPX4には直接結合せず，GPX4を細胞内でユビキチン化するTRIM25に結合し，活性化することでGPX4をユビキチン-プロテアソーム系で分解し，フェロトーシスを誘導する[14]．

4）そのほかの阻害剤

そのほかのフェロトーシスを誘導する薬剤としては，細胞内のグルタチオン合成の律速酵素γ-グルタミルシステイン合成酵素の阻害剤である**L-buthionine-（S,R）-sulfoximine（BSO）**もあるが，細胞によっては細胞死が誘導されない場合もある．また，システイン欠乏培地に置換することで細胞内グルタチオンを低下させ，フェロトーシスを誘導することもできる[15]．また低温環境下でもフェロトーシスが誘導されることが明らかとなっている[16]．

3 フェロトーシスの抑制因子

1）GPX4

GPX4は，イタリアのUrsiniにより発見された酵素で，当初は**PHGPX（リン脂質ヒドロペルオキシドグルタチオンペルオキシダーゼ）**と呼ばれていた，リン脂質の酸化一次生成物であるリン脂質ヒドロペルオキシド（PL-OOH）を，還元型グルタチオン（GSH）を利用してヒドロキシリン脂質（PL-OH）に還元する酵素である[17]．

GPX4は20 kDaの単量体で存在し，活性中心に微量元素セレン（Se）を有するセレノシステインを含むセレンタンパク質の1つである（**図2B**）．セレノシステインをシステインに変換するとその活性は著しく落ちる．また*GPX4*ゲノム遺伝子はⅠaとⅠbを含めて8つのエキソンからなるが，ⅠaおよびⅠbエキソンの使い分けによって，異なる3つの転写開始点から3つのタイプのmRNAがつくられ，ミトコンドリア型GPX4（mGPX4），核内や細胞質に分布する非ミトコンドリア型GPX4（cGPX4：細胞質型と呼ばれる場合もある），体細胞では核小体，精子では先体に局在する核小体型GPX4（nGPX4：核型と呼ばれる場合もある）となる．体細胞では，主にcGPX4およびmGPX4が発現し，精子形成過程ではすべてのGPX4の発現が強く誘導される．*Gpx4* KOマウスは胎生7.5日で致死となるが，この胎生致死はcGPX4を発現させるだけでレスキューでき，ほかのタイプではできなかった．MEFsでの*Gpx4* KOによる細胞死において，mGPX4はやや抑制効果がみられたが，cGPX4が最も レスキュー効果が高く，

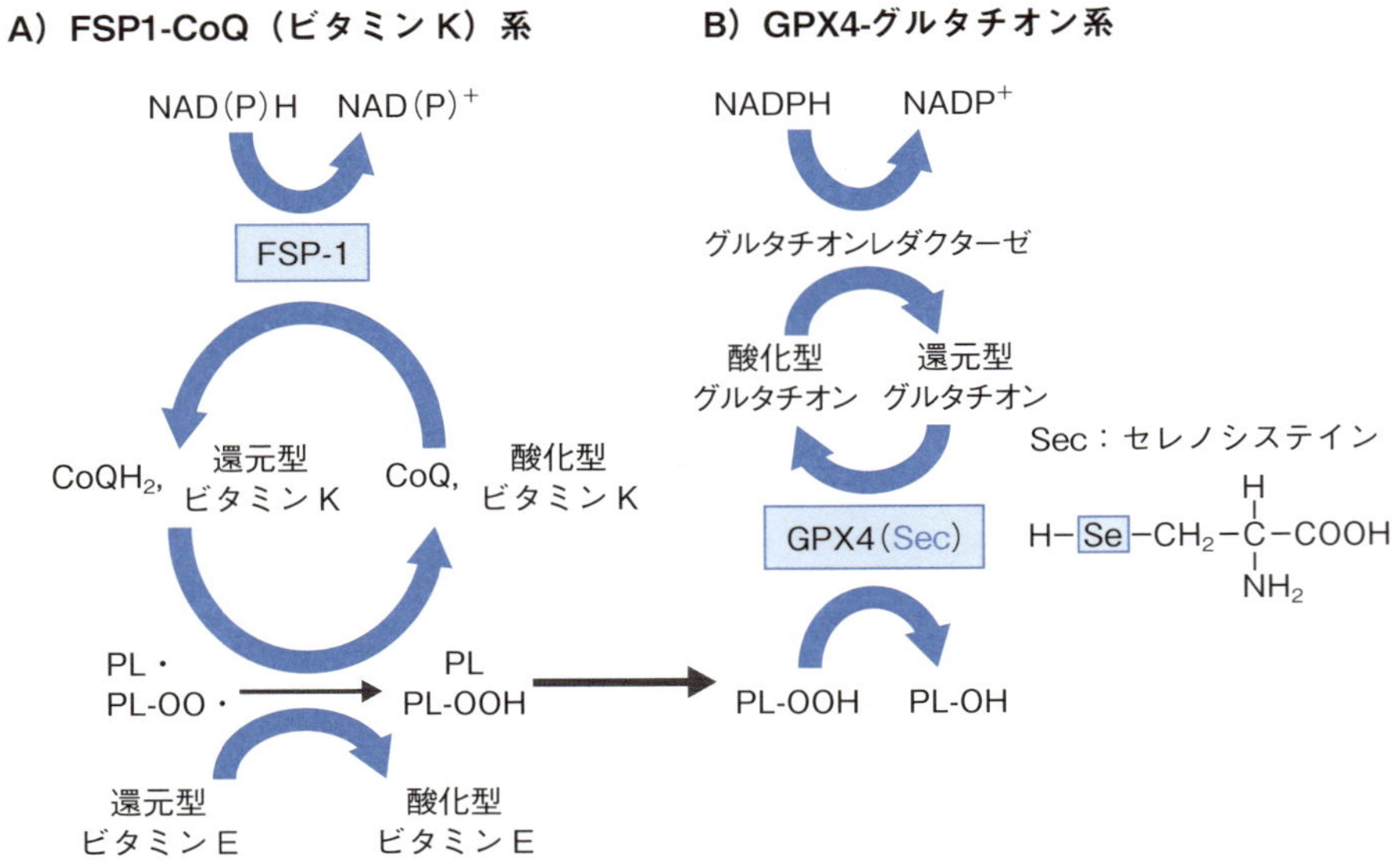

図2　フェロトーシス抑制因子GPX4とFSP-1

フェロトーシスの主要な抑制因子は，PL-OOHをGSH依存的に還元する活性を有するGPX4であり，活性中心にセレノシステインを有するセレンタンパク質の1つである．また脂質ラジカルを補足する還元型ビタミンE，還元型ユビキノン（CoQH$_2$），還元型ビタミンKはフェロトーシスを抑制できる生体内低分子化合物である．FSP-1はユビキノンや酸化型ビタミンKをNAD(P)Hを用いて還元する酵素で，GPX4活性が低下した状態でフェロトーシス抑制に重要な役割を担う．

nGPX4はレスキュー効果はみられなかったことから，フェロトーシス抑制効果は主にcGPX4が担っている[5,6,18]．しかし，心筋細胞でのドキソルビシン誘導性のフェロトーシスでは，mGPX4も抑制効果を示したことから，フェロトーシス刺激によってはミトコンドリアからの脂質酸化が起因となることが考えられる[18,19]．

最近，フェロトーシス誘導剤によってはGPX4タンパク質の分解が促進されることが報告されている．脱ユビキチン化酵素USP8[20]や，LUBAC（linear ubiquitin chain assembly complex）[21]などによる**ユビキチン-プロテアソーム分解系**による制御や，HSC70やLamp-2aを介した**シャペロン介在性オートファジー（chaperone mediated autophagy：CMA）**によってGPX4が特異的に分解される経路がフェロトーシス感受性を変化させることも明らかになりつつある[22~24]．

もっと詳しく

セレノシステインとは

セレノシステインは通常終始コドンとして働くUGAによりコードされており，3’側非翻訳領域にステムループ構造とセレノシステインの挿入の必要な配列（SECIS）（SBP2結合部位）を含んでいる[17]．GPX4を含むセレンタンパク質の発現は，培地中のセレン濃度や10個のセレノシステインを有する血漿タンパク質セレノプロテインPの量によって変化し，フェロトーシスの感受性に影響がでることが知られている[25]．細胞内に取り込んだセレノプロテインPは最終的に，分解されたセレノシステインからセレン原子が遊離され，ペルオキシレドキシン6（peroxiredoxin：PRX6）により，セレノリン酸合成酵素に受け渡され，セリンが結合したセレノシステインtRNA上でセレノシステインに変換され，タンパク質合成に利用される[26, 27]．最近，PRX6の発現変動がGPX4の発現変動を介して，フェロトーシスの感受性に変化が起きることが報告ている[26, 27]．

2）FSP-1

RSL3耐性細胞の網羅的ゲノム編集やGPX4欠損細胞においてフェロトーシスの抑制効果を示すcDNA発現クローニングにより，GPX4欠損細胞でフェロトーシスを抑制する分子として，*AIFM2*（*Apoptosi-inducing factor mitochondrial-associated 2*）がコードする41kDaのタンパクが同定され，その機能からFSP-1（ferroptosis suppressor protein 1）と名づけられた[28, 29]．この分子は，パータナトスの際にミトコンドリアから放出されるAIF（A*IFM1*がコード）とホモロジーが高い．

AIFはミトコンドリア内で電子伝達系に関与する**ユビキノン（CoQ）**を，NADPHを利用して還元する活性を有しており，FSP-1も，NAD（P）H依存的に，ユビキノンを**還元型ユビキノン（$CoQH_2$）**に変換できる（**図2A**）．FSP-1はミトコンドリア移行シグナルを有さず，N末端にミリストイル化を受け，細胞膜に局在する．フェロトーシスの抑制にはこのミリストイル化が必要である．

また以前より，還元型ユビキノンは脂質ラジカルをトラップすることで脂質酸化を抑制する機能をもつことや，酸化型ビタミンEを還元型ビタミンEに変換する能力をもつことが知られている．これらの知見から，FSP-1は細胞膜に存在するユビキノンを再生し，脂質酸化を抑制することでフェロトーシスを抑制していると考えられている．なおユビキノンは体内でメバロン酸経路で合成できる．

さらに興味深いことに，三島らは，FSP-1がユビキノンと類似したキノン構造をもつ**酸化型ビタミンK**を基質とし，**還元型ビタミンK**に再生することを明らかにし，還元型ビタミンKもフェロトーシス抑制に寄与することを明らかにした[30]．また血液凝固阻害剤**ワルファリン**は，酸化型ビタミンK（ビタミンKエポキサイドやビタミンK）を還元する酵素を阻害するが，ワルファリン投与によっても，酸化型ビタミンKから還元型ビタミンKを生成する別の酵素の存在が示唆されていた．FSP-1はこのワルファリン非応答性の酸化型ビタミンKの還元活性の実体であることが明らかになり，ビタミンKサイクルを介して血液凝固にも関与することも明らかとなった[30]．

FSP-1は，単独のKOマウスは正常に生育するが，脂質特異的*Gpx4/Fsp1*のDKOマウスは脂質特異的*Gpx4*単独KOマウスより早期に致死になることから，GPX4/グルタチオン系のバックアップとして，FSP-1/CoQ系が機能していると考えられる．現在，FSP-1の阻害剤がフェロトーシス誘導剤との併用も含め新たな抗がん剤として開発が進められている．

3）そのほかの脂質ラジカルを補足しフェロトーシスを制御する体内低分子化合物

生体内のラジカルをトラップする抗酸化低分子でフェロトーシスの抑制に関与する分子としては，**テトラヒドロビオプテリン（BH_4）**[31]，**7-デヒドロコレステロール（7-DHC）**[32]，**超硫黄（RSSH）**[33]が明らかとなり，それぞれの抗酸化低分子の合成に関与する律速酵素も，GPX4活性が著しく低い場合にフェロトーシス制御に関与する．

4 脂質酸化メカニズムとフェントン反応

フェロトーシス制御因子を理解するには，細胞膜を構成するリン脂質の多価不飽和脂肪酸の種類や合成経路と脂質酸化メカニズム，鉄の代謝経路と鉄を介したフェントン反応を理解する必要がある．

1）生体膜リン脂質の不飽和脂肪酸量の制御

リン脂質には，グリセロリン脂質とスフィンゴ脂質の2つの骨格がある．リン脂質は，グリセロリン脂質が主である．スフィンゴリン脂質は**スフィンゴミエリン（sphingomyelin：SM）**のみである．グリセロールの3位には極性頭部がリン酸結合し，ホスホコリンがついた**ホスファチジルコリン（phosphatidylcholine：PC）**，ホスホエタノールアミンがついた**ホスファチジルエタノールアミン（phosphatidylethanolamine：PE）**，ホスホセリンがついた**ホスファチジルセリン（phosphatidylserine：PS）**，ホスホイノシトールがついた**ホスファチジルイノシトール（phosphatidylinositol：PI）**などがある．

生体膜脂質二重層は，非対称性を維持しており，外側にPCとSMが局在し，細胞質側に酸性リン脂質であるPE，PS，PIが分布する[17]．アポトーシスの際にはPSが細胞の外側に露出し，Eat-meシグナルとなることは有名であるが〔第4章-1（p.136）参照〕，フェロトーシスではPEの酸化物の生成が特徴であると考えられている[9]．

◆ リン脂質の分子種と脂肪酸

グリセロリン脂質では，通常は1位に飽和脂肪酸，2位には不飽和脂肪酸がエステル結合している．1位にはパルミチン酸（16：0）（炭素数：二重結合の数）やステアリン酸（18：0）などの二重結合がない飽和脂肪酸（SFA）が結合している．また二重結合を1つもつオレイン酸（18：1）をモノ不飽和脂肪酸（MUFA）と呼ぶ．一方，二重結合を2つ以上もつ脂肪酸を多価不飽和脂肪酸（PUFA）と呼ぶ．フェロトーシスでは，アラキドン酸（20：4），アドレン酸（22：4），ドコサヘキサエン酸（22：6）などの酸化が重要である[9]．リン脂質は，極性頭部の違いだけでなく，1位，2位にエステル化している脂肪酸の組み合わせにより，非常に多くの分子種が存在し，実際，特異的な分子種がさまざまな生命現象と密接に関与していることが明らかになってきている．特異な脂質として1位にも2位にもPUFAが結合したリン脂質も存在し，その酸化体がフェロトーシス誘導に関与することも報告された[34]．骨格にはエーテル型リン脂質も存在し，フェロトーシスとの関連も示唆されているが，ここでは割愛する．

◆ リモデリング経路によるリン脂質の不飽和度制御

リン脂質の脂肪酸の違いによる分子種の違いは，通常，リン脂質の合成経路である*de novo*経路ではうまれない．*de novo*経路では一度アシル化された脂肪酸は固定され，極性頭部を変えていく．すなわち，細胞や臓器，オルガネラにおけるリン脂質の分子種の特異性や多様性は，完成したリン脂質をホスホリパーゼA1あるいはA2により一度切り出してリゾリン脂質と脂肪酸に分け，その後さまざまな脂肪酸が結合したアシルCoAを用いて，リゾリン脂質アシルトランスフェラーゼ（LPLAT）により再アシル化をすることにより生み出されている（**図3**）．この経路を**ランズ経路**あるいは**リモデリング経路**と言う．

PUFAは分子内に二重結合に挟まれた活性メチレン基が存在し，水素の引き抜きが起きやすく，酸素が配位して脂質ヒドロペルオキシドが生成する．よって，生体膜リン脂質のPUFAの含有量が多いとリン脂質の酸化が起きやすくなり，フェロトーシスに感受性となり，MUFAやSFAが多くなるとフェロトーシスに対して耐性を獲得することになる（**図3**）．

さらに生成したリン脂質ヒドロペルオキシドは，Fe^{2+}の存在下で，リン脂質ラジカルやリン脂質ペルオキシラジカルの生成を介して，さらに分解され，アルデヒドやカルボン酸にまで酸化される．**4-ヒドロキシノネナール（4-HNE）**は，タンパク質のリジンなどとアダクトームを形成し，細胞内シグナルに影響を与えると考えられているが，まだ詳細は不明である．脂肪酸の酸化分解物4-HNEやアクロレインなどに対する抗体を用いて脂質酸化の亢進をみるのは1つの指標ではあるが，フェロトーシス特異的な指標とは言えない．

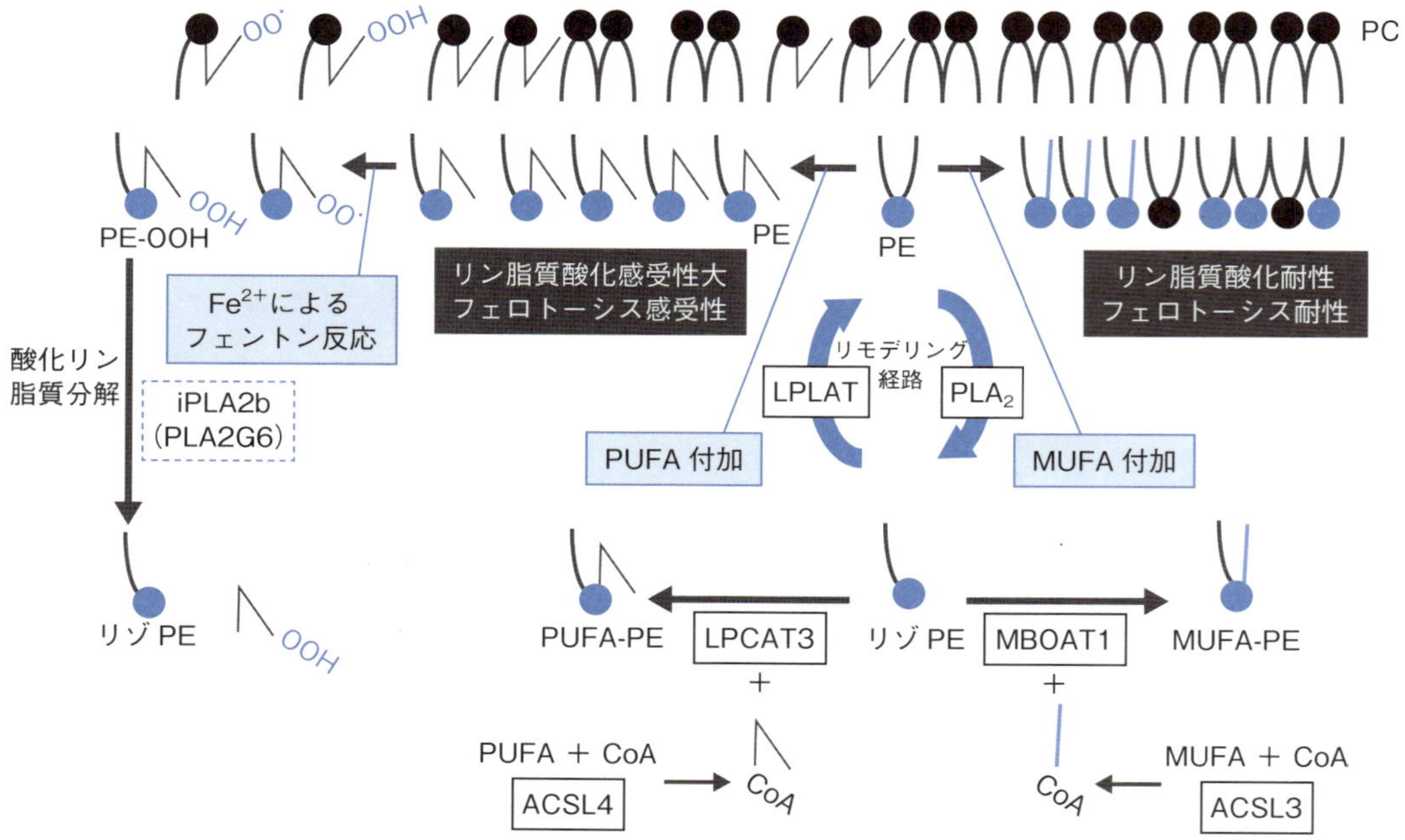

図3　リン脂質のリモデリング経路による不飽和化の制御とフェロトーシス感受性変化

生体膜を構成するリン脂質は通常２本の脂肪酸を有するが，その脂肪酸の組み合わせは多様である．二重結合を２つ以上有するPUFAは，活性メチレン基をもち，Fe^{2+}によるフェントン反応から生じたヒドロキシラジカル（OH・）により容易に水素が引き抜かれ，酸素と結合してリン脂質ヒドロキシラジカル（PL-OO・）が生成し，未酸化のPLから水素を引き抜くため，連鎖反応により脂質酸化が著しく亢進する．MUFAやSFAは酸化されにくい．リン脂質中で，アラキドン酸（20：4）を含むPUFA，オレイン酸（18：1）を含むMUFAは，主にリン脂質の2位の位置にエステル結合しているが，これは*de novo*合成されたリン脂質が，ランズ経路（リモデリング経路）により，脂肪酸の入れ替えを行って合成される．フェロトーシスの酸化の特徴である，PUFAを含むPEを合成するは，まずホスホリパーゼA2により，リゾPEと飽和脂肪酸を切り出し，その後主に，LPCAT3によりアラキドニルCoAを用いて再エステル化する．脂肪酸とCoAからアシルCoAを合成する酵素がACSL（長鎖アシルCoA合成酵素）で４種類あるが，ACSL4はアラキドン酸などのPUFAを基質とする．ACSL3はMUFAを基質とする．ACSL4/LPCAT3系はPEをPUFA化し，ACSL3/MBOAT1系はMUFAを導入することでそれぞれ，細胞はフェロトーシスに感受性および耐性となる．PLA2G6は酸化PEの酸化脂肪酸を切り出すことでリン脂質の酸化を予防し，フェロトーシス耐性となる．

◆リン脂質と脂肪酸組成の変化フェロトーシス感受性

リン脂質のPUFAの含有量や分子種は前述したようにリモデリング経路で決まり，また酸化リン脂質の修復もリモデリング経路で起こる（**図3**）．リモデリング経路に関与する酵素は，**ホスホリパーゼA**，**長鎖アシルCoA合成酵素（ACSL）**，**LPLAT**の組み合わせで決まる．特にPUFAから長鎖脂肪酸アシルCoAであるPUFA-CoAをつくるのがACSL4で，MUFAをからMUFA-CoAをつくるのがACSL3である．ACSL4の発現が高いとフェロトーシス感受性であり[35]，ACSL3が高いとフェロトーシス耐性となる[36]．またPUFAをリゾリン脂質に再アシル化することに関与する酵素の1つが**LPCAT3**であり[37]フェロトーシス感受を促し，**MBOAT1**はオレイン酸（18：1）をPEに再アシル化しフェロトーシス耐性を促す[38]．

なお，転移がん細胞では，リンパ管を通るとACSL3からオレイン酸が供給され，フェロトーシスに耐性を獲得することで，転移再発に関与すること[37]や，抗がん剤耐性細胞やがん幹細胞では不飽和脂肪酸が多くフェロトートシスに感受性が高くなることが報告されており，がん細胞内の脂質組成の変化はフェロトーシス感受性変化に非常に重要であることが明らかとなってきている．また酸化PEを切断するホスホリパーゼA2〔iPLA2b（PLA2G6）〕はフェロトーシス抑制に関与する[39]．

2）Fe^{2+}を介したフェトン反応によるリン脂質の酸化

フェロトーシスでは，RSL3やエラスチン処理により，細胞内にFe^{2+}が増加し，フェントン反応を介して脂質酸化が起き，細胞死が誘導される．フェントン反応とは，次の式で表されるヒドロキシラジカル（OH・）生成系である〔Fe^{2+} + H_2O_2 → 3価鉄（Fe^{3+}）+ OH^- + OH・〕．過酸化水素以外にリン脂質ヒドロペルオキシドでもこの反応は進むが，Fe^{2+}でなければならない．ヒドロキシラジカルは非常に反応性が高く，リン脂質の酸化の連鎖反応を引き起こす．細胞内で制御されているFe^{2+}が，RSL3やエラスチン処理によるフェロトーシスの際にどのように細胞内に増加し，どのオルガネラにおいて脂質酸化が亢進するのかについては，まだはっきりしていない．

3）フェロトーシス誘導剤によるフェロトーシスの感受性を制御する鉄代謝系

通常，細胞内のFe^{2+}は，細胞外からトランスフェリン（TF）に結合したFe^{3+}をトランスフェリン受容体（TFRC）を介して，エンドサイトーシスにより取り込み，リソソームにおいて分解し，リソソーム内の鉄還元酵素STEAP3によりFe^{2+}に還元された後，二価イオントランスポーター（DMT）を通って，細胞内Fe^{2+}プールとして存在する（**図4**）．細胞内のFe^{2+}は鉄シャペロンタンパク質PCBP2に結合し，細胞内鉄貯蔵タンパク質フェリチン（FT）にFe^{3+}として渡し，細胞内に蓄積する．このフェリチンはNCOA4と結合し，オートファゴソームを形成し，リソソームと融合し，フェリチン選択的なオートファジー（**フェリチノファジー**）により分解され，リソソーム内のFe^{3+}を増加させる．これまでに，TFRCのノックダウンやNCOA4のノックダウンによりフェロトーシスが抑制されること[40]や，リソソームのpHを低下させるV-ATPase阻害剤であるBafilomycin A1処理によってもフェロトーシスが抑制されることから，リソソーム由来のFe^{2+}がフェロトーシス誘導には重要であることが明らかとなっている（**図4**）．フェントン反応に必要な過酸化水素やリン脂質ヒドロペルオキシドがどのように生成されるのかも，まだはっきりしていないが，ミトコンドリア電子伝達系以外にも過酸化水素を生成する電子供与体であるcytochrome P450 oxidoreductase（POR）[4]やスーパーオキシドを産生するNADPH oxidase（NOX），15-Lox[9]のフェロトーシスへの関与の報告がある．

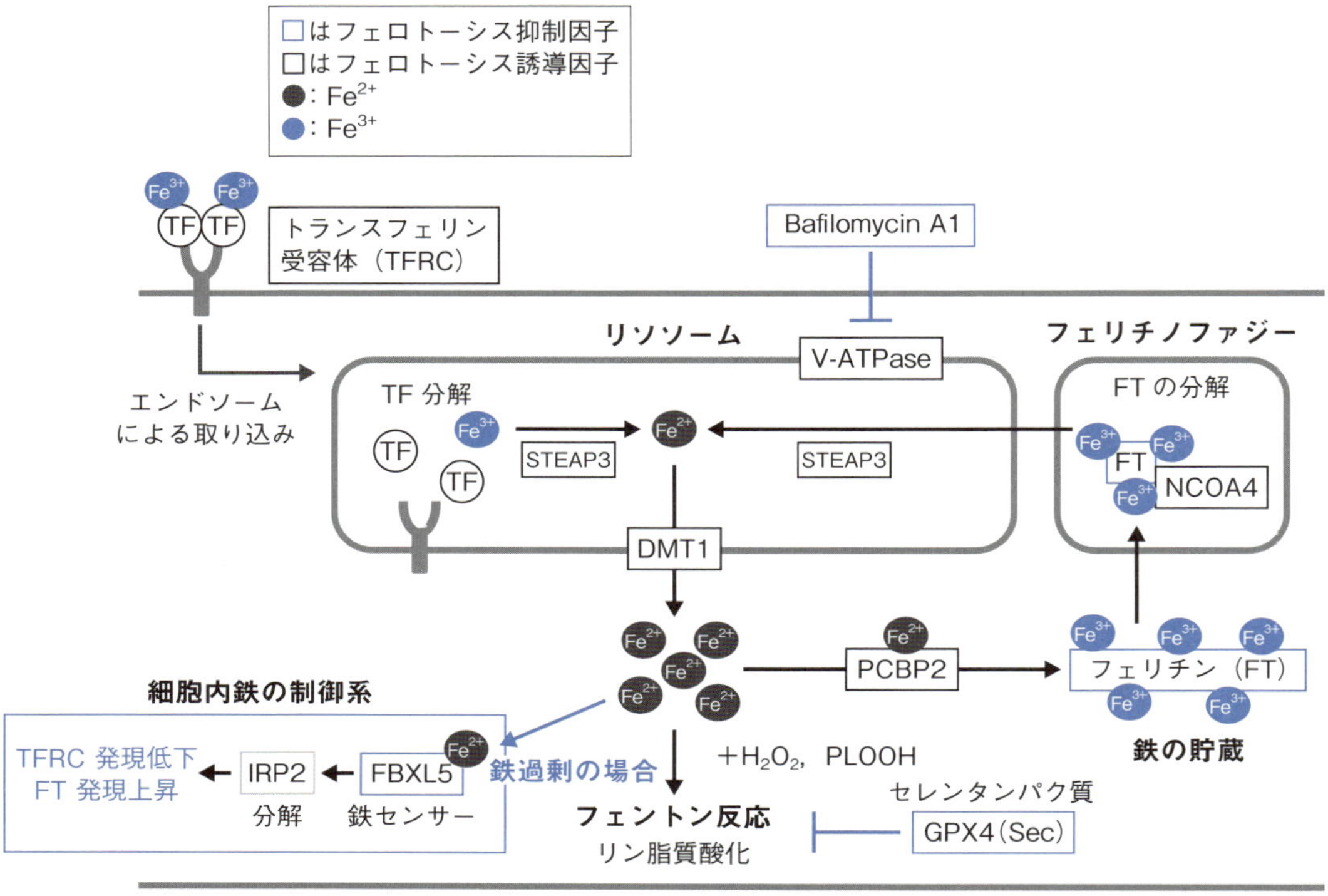

図4　鉄の代謝制御系とフェロトーシス

Fe^{2+}プールはフェントン反応によるリン脂質酸化などの毒性を示すため，通常は厳密に制御されている．細胞外のFe^{3+}を結合した輸送タンパク質TFをTFRCにより細胞内に取り込み，リソソーム内でTFを分解し，Fe^{3+}を遊離する．鉄還元酵素STEAP3によりFe^{2+}に還元され，二価イオントランスポーター（DMT1）を通り，細胞内にFe^{2+}が放出される．リソソーム内でのFe^{2+}の形成には，V-ATPaseによる酸性化が必要である．細胞内のFe^{2+}はすみやかにFe^{2+}結合タンパク質PCBP2により，鉄貯蔵タンパク質FTにFe^{3+}として受け渡され細胞内に貯蔵される．フェリチンに結合したFe^{3+}は，NCOA4を介したフェリチン特異的なオートファジー（フェリチノファジー）によるフェリチンの分解によりFe^{2+}を供給する．細胞内の過剰のFe^{2+}は，細胞内のFe^{2+}のセンサーであるFBXL5に結合すると，IRP2を基質とするSFC^{FRXL5}ユビキチンリガーゼが安定し，IRP2がユビキチン化され分解される．IRP2は普段TFRC mRNAの安定化，FT mRNAの翻訳停止として機能するため．IRP2の減少はTFRCの減少による鉄の取り込みの低下，FTの増加によるFe^{2+}の減少に寄与する．二価鉄によるリン脂質の酸化の抑制には，セレンタンパク質であるGPX4が必須であり，セレンタンパク質合成系も重要である．フェロトーシスでは，GPX4活性の低下に加え，リソソームを介した細胞内へのFe^{2+}の放出が細胞死の実行に必要であるがその詳細はまだ不明である．リソソーム阻害剤Bafilomycin A1はフェロトーシスを抑制できる．

4）鉄感知システムの破壊による鉄添加によるフェロトーシス制御因子

一般的に正常な細胞では，細胞内Fe^{2+}の量はフェントン反応によるヒドロキシラジカルによる毒性が高いため厳密に制御されている．Fe^{2+}が過剰になるとFe^{2+}センサーであるFBXL5にFe^{2+}が結合することにより，FBXL5を含むSFC複合体型ユビキチンリガーゼ（SFC^{FBXL5}）が安定化し，基質である鉄制御タンパク質であるIRP2（iron regulatory protein 2）をユビキチン化して分解する．その結果，IRP2により翻訳が抑制されていたFTが増加，またTFRC mRNAが不安定化し，TFRCの発現が減少し，細胞内Fe^{2+}量を減らす[26]（**図4**）．藤田らは，*Fbxl5* KOのMEFsにおいては，培地にクエン酸鉄（Ⅲ）アンモニウム（FAC）を添加するだけで，フェロトーシスが誘導されることを示し，この鉄誘導性のフェロトーシス制御遺伝子の探索から，リソソーム機能およびFe^{2+}を増加させるIRP2，TFRC，DMT1，PCBPなどがフェロトーシス誘導因子であること，GPX4を翻訳するのに必要なセレンタンパク質合成系が抑制因子として重要であることを示した[26]．GPX4を低下させた細胞では鉄添加によるフェロトーシスが亢進されることから，Fe^{2+}による脂質酸化がフェロトーシスの実行に重要であることがわかる．

5 フェロトーシスと疾患，その検出・同定方法

1）フェロトーシスと疾患

フェロトーシスは鉄依存性の脂質酸化を介した細胞死であるが，がんの発症，虚血再灌流障害，神経変性疾患などのさまざま病気において，疾患の発症や増悪に関与していると考えられている．

◆ がん

フェロトーシス誘導剤による細胞死は*RAS*変異がん特異的に細胞死を誘導する化合物として見出されたが，抗がん剤耐性のがん幹細胞や上皮間葉転換したがん細胞において，フェロトーシス感受性が増加することが報告されている[42]．

E-カドヘリンを介した細胞間接着シグナルである**Hippo経路**はフェロトーシス耐性に寄与する．接着シグナルがオフになり，YAPのリン酸化が抑制されるとYAPが核内に移行し，ACSL4やTFRCの発現を上げ，フェロトーシスの感受性が上がる．また，がん抑制遺伝子p53はxCTの発現を抑制し，シスチンの取り込みを抑制し，フェロトーシスの感受性を増大させる[43]．一方，発がんシグナルであるPI3キナーゼ-AKT-mTORシグナルはGPX4の発現上昇やMUFAリン脂質の増加を介してフェロトーシス耐性を獲得する[44]．FSP-1，GPX4やxCTの阻害剤は，がんの種類によっても異なるがフェロトーシスを誘導して，がんの増殖を抑制する新たな抗がん剤として期待されている．

◆ 自己免疫疾患

さまざまな自己免疫疾患の発症にフェロトーシスが関与していることが示されている．**全身性エリテマトーデス（systemic lupus erythematosus：SLE）**では，炎症性の自己抗体の産生を特徴とし，好中球への攻撃により好中球の細胞死が加速することが知られている．血清中に存在する自己抗体は好中球のGPX4の発現を低下させ，フェロトーシスを引き起こすことが示された[45]〔第5章-5（p.189）参照〕．SLE患者や*MRL/lpr*マウスのB細胞ではフェロトーシスに感受性が高い報告がある[46]．また**潰瘍性大腸炎（ulcerative colitis：UC）**では，UC大腸組織に鉄や酸化脂質の蓄積が観察され，腸管上皮細胞（intestinal epithelial cell：IEC）におけるACSL4の発現の増加やGPX4の

発現低下がみられる．デキストラン硫酸Na誘発UCの発症は，Ferrostatin-1の投与により抑制されたので，フェロトーシスの関与が示唆されている[47]．

◆ 虚血・再灌流障害

虚血・再灌流障害は，組織への血液が一定時間遮断され（虚血），その後回復する（再灌流）で起きる障害で，脳卒中や心筋梗塞をはじめとする疾患や臓器移植や外科的手術の際に起きる〔第5章-2(p.164)参照〕．いろいろな細胞死の関与が報告されているが，Liproxstatin-1やFerrostatin-1などのフェロトーシス阻害剤を用いることで保護されることから，フェロトーシスの関与が示唆されている[48, 49]．

◆ 神経変性疾患

アルツハイマー病（Alzheimer's disease：AD）や**パーキンソン病（Parkinson's disease：PD）**などの神経変性疾患においても，鉄の沈着や脂質酸化の蓄積が観察されフェロトーシスとの関連が示唆されている．家族性ADの原因遺伝子のプレセリニン（*PSEN*）*1/2*の欠損や変異による機能低下は，セレノプロテインPを取り込むAPOER2の発現低下により，GPX4の発現が低下し，フェロトーシスへの感受性を上げる[50]．PDの原因遺伝子α-シヌクレインA53Tの過剰発現マウスでは，PDを示すが，フェロトーシス阻害剤によって減弱されることが報告されている[51]．

◆ そのほかの疾患との関連

GPX4は腎尿細管で強い発現がみられるが，タモキシフェン投与による全身*Gpx4* KOマウスでは，腎障害が起きることが示されている[52]．また筆者らは**MASH（metabolic associated steatohepatitis）**の発症[53]や，**慢性閉塞性肺疾患（chronic obstructive pulmonary disease：COPD）**の発症[40]，**特発性肺線維症**の発症[54]，ドキソルビシンによる心毒性にフェロトーシスが関与することを明らかにした[18]．また乏精子，低運動能のヒト重度男性不妊症においてGPX4の発現低下症を見出し[55]，精細管の精母細胞においてGPX4が欠損するとフェロトーシス様細胞死が誘導されることを明らかにした[5]．ミトコンドリア型*Gpx4* KOマウスでは，オスが不妊になること，視細胞の分化過程に影響が起きることも明らかにしている[56]．**ヒト骨幹端異形成症**では，GPX4のアミノ酸変異や翻訳停止が原因で起きることが見出された[57, 58]．ほかにも，筆者らは軟骨特異的*Gpx4* KOマウスでは軟骨増殖細胞がフェロトーシス様細胞死を引き起こし，ビタミンE高添加食で抑制できることを明らかにしている．

2）疾患でのフェロトーシスの検出・同定方法

このようにさまざまな疾患へのフェロトーシスの関与が報告されているものの，ヒト疾患や動物モデルにおける組織切片を用いた解析だけでは，いまだフェロトーシスの特異的なマーカーが明らかになっていないことから，同定方法として決定的ではない．そのため，複数の指標や初代培養細胞系や実験動物モデルでの検証が現状では必要である．

もっと詳しく

筆者らが用いたフェロトーシスの解析方法

ここでは，筆者らが報告したタバコの煙によって発症すると考えられているタバコ病でもあるCOPDにおけるフェロトーシスの関与についての解析結果[40]を例にしながら，フェロトーシスの検出，同定方法を簡単に紹介する．まずヒト生検組織を用いた解析を行った．COPD患者では肺上皮細胞に鉄が沈着していることはすでに報告があった[59]．免疫組織染色によるGPX4およびNCOA4の発現変化と患者の呼吸機能低下との相関解析および4-HNE抗体による組織レベルでの脂質酸化の検出とLC-MS/MSによる脂質酸化の量的変動解析を行った．その結果，COPD患者の肺上皮細胞におけるGPX4の発現低下とNCOA4の発現上昇および脂質酸化の亢進が，呼吸機能の低下と相関があることを示した．PGHS2（COX2）の発現上昇をフェロトーシスマーカーとして利用している報告があるが，活性化した炎症性細胞の浸潤があれば検出できることから，あくまで炎症のマーカーと考え，筆者らはフェロトーシスの指標とはしなかった．

また動物モデルとして，*Gpx4* TG（トランスジェニック）マウス，WTマウス，*Gpx4*ヘテロマウス（*Gpx4* KOマウスは胎生致死であるため使用できない）を用いて，タバコの煙を6カ月吸引させた後，肺気腫の発症程度および生化学的解析を行った．GPX4の高発現により，鉄の沈着（ICP-MS法），脂質酸化（4-HNE抗体による組織染色，LC-MS/MSによるリン脂質の酸化），細胞死（TUNEL法），および肺気腫が抑制できることを示した．動物レベルでの脂質酸化の疾患発症への関与については，ビタミンE高添加食やFerrostation-1の投与による抑制効果を検討する方法もあるが，Ferrostation-1は分解がはやく，*in vivo*投与にはあまりむいていないと言われている．

最後にヒト由来の肺上皮細胞を用いて，タバコの煙抽出物（CSE）添加による細胞死について，各種細胞死阻害剤による抑制効果，脂質酸化の検出，GPX4やNCOA4の発現などを検討し，フェロトーシスと結論づけた．CSEはNCOA4の発現を上昇させたので，CSEによるフェロトーシスがGPX4の高発現やNCOA4のノックダウンにより抑制できることを示した．

6 おわりに

前述したように，フェロトーシスの発見から10年が過ぎた現在でもその制御因子が次々に報告されているものの，そのほとんどは脂質酸化の感受性を制御する因子であり，脂質酸化のトリガーとなる分子や，Fe^{2+}がどのようにして細胞質で増加するのか，脂質酸化の下流で，どこで生じた，どのような酸化脂質が細胞膜の破裂を引き起こすのかなど，まだまだ明らかになっていないことが多い．

また組織学的解析において，フェロトーシスだけに特徴的なマーカーがまだ見つかっていないため，臨床サンプルでフェロトーシスかどうかを判断するのは難しいところがあり，現状は4-HNEなどの脂質酸化マーカーの検出および鉄の沈着を示す必要がある．脂質酸化を介した細胞死には，フェロトーシス以外にも，**リポキシトーシス**[60]や**ネトーシス**[61]，ミトコンドリアのカルジオリピンの酸化を介したアポトーシス[18]などが知られており，これらと区別するためには，組織レベルだけでなく，初代培養系細胞などを用いて，*in vivo*と同じ刺激で，阻害剤なども用いてどの様な細胞死が起きるのかを検証する必要がある（Column⑯参照）．

一方で，フェロトーシス誘導剤は，新たながんの治療薬として期待されている．シンプルに考えるとGPX4の阻害剤が考えられるが，GPX4の欠損は致死となるため副作用が多いだろう．xCTやFSP-1の阻害剤は，がん幹細胞や上皮間葉転換を起こした転移がん細胞における有力な治療薬として開発が期待できるかもしれない．また，抗酸化によるフェロトーシス阻害剤は虚血再灌流などの疾患や臓器移植などでの効果が期待されているが，これまで有効性のある抗酸化剤の開発には成功しておらず，今後，組織や細胞，また細胞死に特異性を有する抗酸化剤の開発が望まれる．

Column

⑯ フェロトーシスとほかの細胞死との見分け方

ほかの細胞死の判別のしかたの指標としては，アポトーシス阻害剤（caspase阻害剤），ネクロプトーシス阻害剤（Necrostatin-1s），オートファジー細胞死阻害剤（3-MA）などで抑制されないこと，鉄キレーターdeferoxamineなどで抑制できること，また抗酸化剤でもあるビタミンE，Ferrostatin-1，Liproxstatin-1により抑制されること，細胞内の脂質酸化を蛍光プローブやLC-MS/MSにより検出することがあげられる．

一方で筆者らは最近，タモキシフェン誘導型*Gpx4* KO MEF細胞（ETK1細胞）においては，誘導後72時間とゆっくり細胞死が起き，細胞死やその前に起きる脂質酸化がdeferoxamineで抑制されないことから，GPX4欠損では鉄非依存性の脂質酸化依存的細胞死（リポキシトーシス）が起きる場合があること，つまりフェロトーシスとは異なる細胞死メカニズムがあることを報告した[60]．よってフェロトーシスであることを示すには，鉄のキレーターで細胞死や脂質酸化が抑制されることを見るのが重要だろう．

文献

1）Dixon SJ, et al：Cell, 149：1060-1072, 2012 必読
2）Dolma S, et al：Cancer Cell, 3：285-296, 2003
3）Yagoda N, et al：Nature, 447：864-868, 2007
4）Imai H, et al：Biochem Biophys Res Commun, 305：278-286, 2003
5）Imai H, et al：J Biol Chem, 284：32522-32532, 2009
6）Imai H：J Clin Biochem Nutr, 46：1-13, 2010 必読
7）Seiler A, et al：Cell Metab, 8：237-248, 2008
8）Yang WS, et al：Cell, 156：317-331, 2014 必読
9）Kagan VE, et al：Nat Chem Biol, 13：81-90, 2017 必読
10）Hirata Y, et al：Curr Biol, 33：1282-1294.e5, 2023
11）Ramos S, et al：EMBO J, 43：1164-1186, 2024
12）S himada K, et al：Nat Chem Biol, 12：497-503, 2016
13）Gaschler MM, et al：Nat Chem Biol, 14：507-515, 2018
14）Li J, et al：Sci Transl Med, 15：eadg3049, 2023
15）Fujii J & Imai H：Int J Mol Sci, 25：7544, 2024
16）Hattori K, et al：EMBO Rep, 18：2067-2078, 2017
17）Imai H, et al：Curr Top Microbiol Immunol, 403：143-170, 2017 必読
18）Tadokoro T, et al：JCI Insight, 5：e132747, 2020
19）Abe K, et al：Sci Signal, 15：eabn8017, 2022
20）Li H, et al：Proc Natl Acad Sci U S A, 121：e2315541121, 2024
21）Dong K, et al：Proc Natl Acad Sci U S A, 119：e2214227119, 2022
22）Wu Z, et al：Proc Natl Acad Sci U S A, 116：2996-3005, 2019
23）Wu K, et al：Nat Cell Biol, 25：714-725, 2023
24）今井浩孝：GPx4研究からみた脂質酸化を介する細胞死．医学のあゆみ，290：145-158，2024
25）Alborzinia H, et al：EMBO Mol Med, 15：e18014, 2023
26）Fujita H, et al：Nat Struct Mol Biol, 31：1277-1285, 2024 必読
27）C hen Z, et al：bioRxiv：doi: 10.1101/2024.06.04.597364, 2024
28）Doll S, et al：Nature, 575：693-698, 2019 必読
29）Bersuker K, et al：Nature, 575：688-692, 2019 必読
30）Mishima E, et al：Nature, 608：778-783, 2022 必読
31）Kraft VAN, et al：ACS Cent Sci, 6：41-53, 2020
32）Freitas FP, et al：Nature, 626：401-410, 2024
33）B arayeu U, et al：Nat Chem Biol, 19：28-37, 2023
34）Qiu B, et al：Cell, 187：1177-1190.e18, 2024
35）Doll S, et al：Nat Chem Biol, 13：91-98, 2017 必読
36）Dixon SJ, et al：ACS Chem Biol, 10：1604-1609, 2015
37）Ubellacker JM, et al：Nature, 585：113-118, 2020 必読
38）Rodencal J, et al：Cell Chem Biol, 31：234-248.e13, 2024
39）Sun WY, et al：Nat Chem Biol, 17：465-476, 2021
40）Yoshida M, et al：Nat Commun, 10：3145, 2019 必読
41）Zou Y, et al：Nat Chem Biol, 16：302-309, 2020
42）Wu J, et al：Nature, 572：402-406, 2019 必読
43）Chu B, et al：Nat Cell Biol, 21：579-591, 2019
44）Y i J, et al：Proc Natl Acad Sci U S A, 117：31189-31197, 2020
45）Li P, et al：Nat Immunol, 22：1107-1117, 2021
46）Chen Q, et al：Clin Immunol, 256：109778, 2023

47) Xu M, et al：Cell Death Dis, 11：86, 2020
48) Yamada N, et al：Am J Transplant, 20：1606-1618, 2020
49) Linkermann A, et al：Proc Natl Acad Sci U S A, 111：16836-16841, 2014
50) Greenough MA, et al：Cell Death Differ, 29：2123-2136, 2022
51) Sun J, et al：J Clin Invest, 133：, 2023
52) Friedmann Angeli JP, et al：Nat Cell Biol, 16：1180-1191, 2014
53) Tsurusaki S, et al：Cell Death Dis, 10：449, 2019
54) Tsubouchi K, et al：J Immunol, 203：2076-2087, 2019
55) Imai H, et al：Biol Reprod, 64：674-683, 2001
56) Azuma K, et al：J Biol Chem, 298：101824, 2022
57) Smith AC, et al：J Med Genet, 51：470-474, 2014
58) Liu H, et al：Nat Chem Biol, 18：91-100, 2022
59) Ghio AJ, et al：Am J Respir Crit Care Med, 178：1130-1138, 2008
60) Tsuruta K, et al：J Clin Biochem Nutr, 74：97-107, 2024
61) Tokuhiro T, et al：Front Cell Dev Biol, 9：718586, 2021

5 オートファジー細胞死

清水重臣

オートファジー細胞死とは，オートファジー機構を介して実行される細胞死である．オートファジーは，細胞に種々のストレスが加わったときに誘導されるため，細胞死に併発することが多い．しかしながら，ストレスにより誘導されるオートファジーの多くは，細胞保護的に機能しており，細胞死の原因とはなっていない．かかる細胞死は，オートファジーを併発した細胞死ではあるものの，オートファジー細胞死の範疇からは外れるものである．あくまで，オートファジーを原因とする細胞死がオートファジー細胞死に該当する．本稿では歴史的経緯にも触れつつオートファジー細胞死の現状と生理的・病理的意義について解説する．

KEYWORD ◆オートファジー細胞死◆アポトーシス◆ATG5

第3章 5 オートファジー細胞死

1 細胞死の分類

われわれの体がさまざまなストレスに対して適切に応答し恒常性を維持するためには，体の中の適切な場所で，適切に細胞死が実行されることが必要である．このためには細胞死は制御された形で実行される必要がある．

実際に，細胞死研究の先駆となったアポトーシスは分子レベルで制御された細胞死であり，アポトーシスの研究を通して生体における細胞死の重要性が広く認知されるようになった．しかしながら，アポトーシスの分子機構が明らかになるにつれて，生命現象を解読したり疾患，病態の原因を解明したりするためには，アポトーシスの実行機構を明らかにするのみでは不充分であることが判明し，非アポトーシス細胞死の同定や生体での役割などに注目が集まってきた．

このような歴史的経過を経て，さまざまな種類の非アポトーシス細胞死が発見され，細胞死の分類が行なわれるようになった．現在，細胞死は**偶発的細胞死**（物理化学的な強いストレスによって生じ，タンパク質や遺伝子制御を受けない細胞死：事故による組織挫滅など）と**制御された細胞死**（タンパク質や遺伝子を介したシグナル伝達の結果生じる細胞死：アポトーシスなど）に大別されており，本稿が対象とするオートファジー細胞死は後者の範疇に含まれる．

2 オートファジーの概要

1）概要

オートファジー細胞死の記載に先立って，その必要条件であるオートファジーに関して概略を記載する（詳細は，専門書をご覧いただきたい）．

オートファジーとは，細胞内成分を二重の膜によって囲い込み，リソソームと融合することによって内容物を消化する細胞機能である．オートファジーの形態学的進行は，①隔離膜と呼ばれる二重膜の形成からはじまり，②隔離膜が伸長するとともに湾曲し，細胞質やオルガネラを囲い込み，二重膜の閉鎖空間（**オートファゴソーム**）を形成する．最終的に，③オートファゴソームが**リソソーム**と融合することにより，リソソームの消化酵素がオートファゴソームの内部に入り込み，オートリソソームを形成してその内容物を消化する（**図1**）．リソソームには，カテプシンなどのタンパク質分解酵素，酸性リパーゼ，DNA分解酵素などさまざまな種類の消化酵素が含まれているため，内容物はほぼ完全に消化されることとなる[1)]．

2）実行分子

オートファジーの実行にかかわる分子は出芽酵母の遺伝学解析によって同定され，これをなぞる形で哺乳動物細胞のオートファジー関連分子が同定されてきた[1)]．まず，オートファジーの初期段階においてはセリン-スレオニンキナーゼであるUlk1分子の脱リン酸化反応が起こり，その後に**Beclin 1**分子を含む**PI3キナーゼclass Ⅲ複合体**が機能する（**図1**）．また，膜の伸長には，**Wipi1**や**Wipi2**などの分子が関与する．さらなる膜の伸長や閉鎖（オートファゴソーム形成）には，**ATG5**分子や**LC3**分子などが必要である．

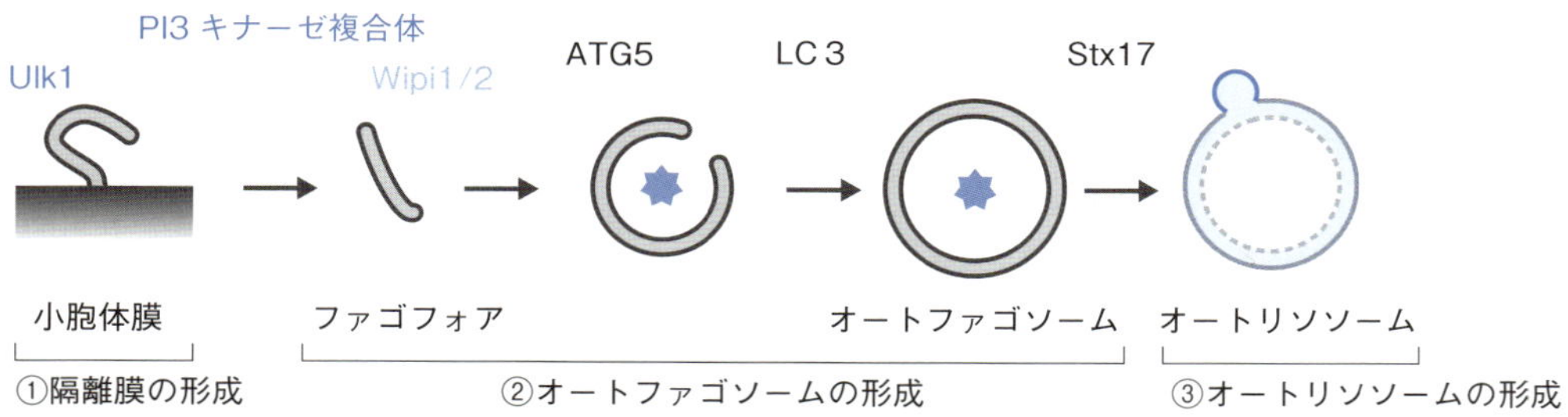

図1 オートファジーの模式図

オートファジーは，①隔離膜の形成，②オートファゴソームの形成，③オートリソソームの形成（リソソームと融合）の順序で進行する．上流では，Ulk1，PI3キナーゼ複合体，Wipi1/2などの分子が働いており，その後のステップでは，ATG5が隔離膜の伸長に必須である．LC3は脂質化反応を受けて隔離膜に結合し，オートファゴソーム形成に寄与する．また，Stx17はオートファゴソームとリソソームの融合（オートリソソームの形成）に必要である．

これらはいずれも特徴的なユビキチン様の結合システムを用いて活性化することが知られており，ATG5とATG12との共有結合，LC3とホスファチジールエタノールアミン（phosphatidyl ethanolamine：PE）の共有結合がそれに該当する．

ATG5-12複合体は隔離膜の外膜に偏って分布し隔離膜の伸長に寄与し，オートファゴソームが形成される前後に膜から離脱する．一方，LC3-PE複合体は，ATG5-12複合体形成の後に隔離膜やオートファゴソーム膜に結合し，オートファゴソーム形成に寄与する．なお，ATG5を欠損した細胞においては，LC3-PEの形成やオートファゴソーム膜への結合が起こらず，オートファゴソームの形成に障害が生じる．これらの事実より，ATG5はオートファジー実行にきわめて重要な分子として考えられている．

3）生理機能

オートファジーの生理機能に関しては，*Atg5*ノックアウト（KO）マウスの解析などから明らかになっており，全身性に欠損したマウスは生直後に死亡する．また，オートファジーは全身のすべての細胞で起こるため，臓器特異的オートファジー欠損マウスを作製すると，多くの臓器においてさまざまな異常が生じることが報告されている．

一例をあげると，神経特異的な*Atg5*や*Atg7*のKOマウスは，神経細胞内にユビキチン陽性の異常なタンパク質が蓄積し，その後に神経変性，脱落が生じ，最終的に神経変性症状を呈し死亡する．一方で，腸管上皮細胞特異的な*Atg5* KOマウスなどでは，強いストレスを加えなければ大きな異常を認めない[2)]．

3 オートファジーと細胞死のクロストーク

1）オートファジーと細胞死

細胞に強い負荷がかかった場合には，オートファジーが強く誘導されるが，これは細胞ストレスに応答するために，不必要なタンパク質を分解し新たなタンパク質合成を行うためと理解されている．このように，オートファジーは多くの場合，細胞の健全性を保つために機能しており，細胞死とは一見対極に位置する生命現象に思われる．

しかしながら，生体における細胞死の多くは臓器レベル，個体レベルでの恒常性維持やストレス対応の役割を担っており，オートファジーが担う役割と同じである．すなわち，オートファジーは細胞内に生じた「不具合なタンパク質」などを積極的に排除して生に貢献しており，細胞死は組織内に生じた「不具合な細胞」などを積極的に排除して生に貢献しているのである．このような共通の目的を効率よく実践するために，両者はさまざまな分子を介してクロストークをしており，生体におけるさまざまな場面で細胞死とオートファジーが共存している．

2）オートファジーとアポトーシスのクロストーク

アポトーシスとオートファジーのクロストークに関しては，アポトーシス抑制分子であるBcl-2がオートファジーの必須分子であるBeclin 1と結合することで，オートファジーを抑制していることが報告されている[3]（**図2A**）．

また，これまでアポトーシス分子（BH3-onlyタンパク質）として考えられてきた**Nix，Bnip3，Bcl2L13**などが，最近オートファジーの基質を認識する分子として機能していることが報告されている．これらの分子の特徴はほかのBH3-onlyタンパク質と異なり，アポトーシス誘導活性が限局的である点が興味深い．また，オートファジー

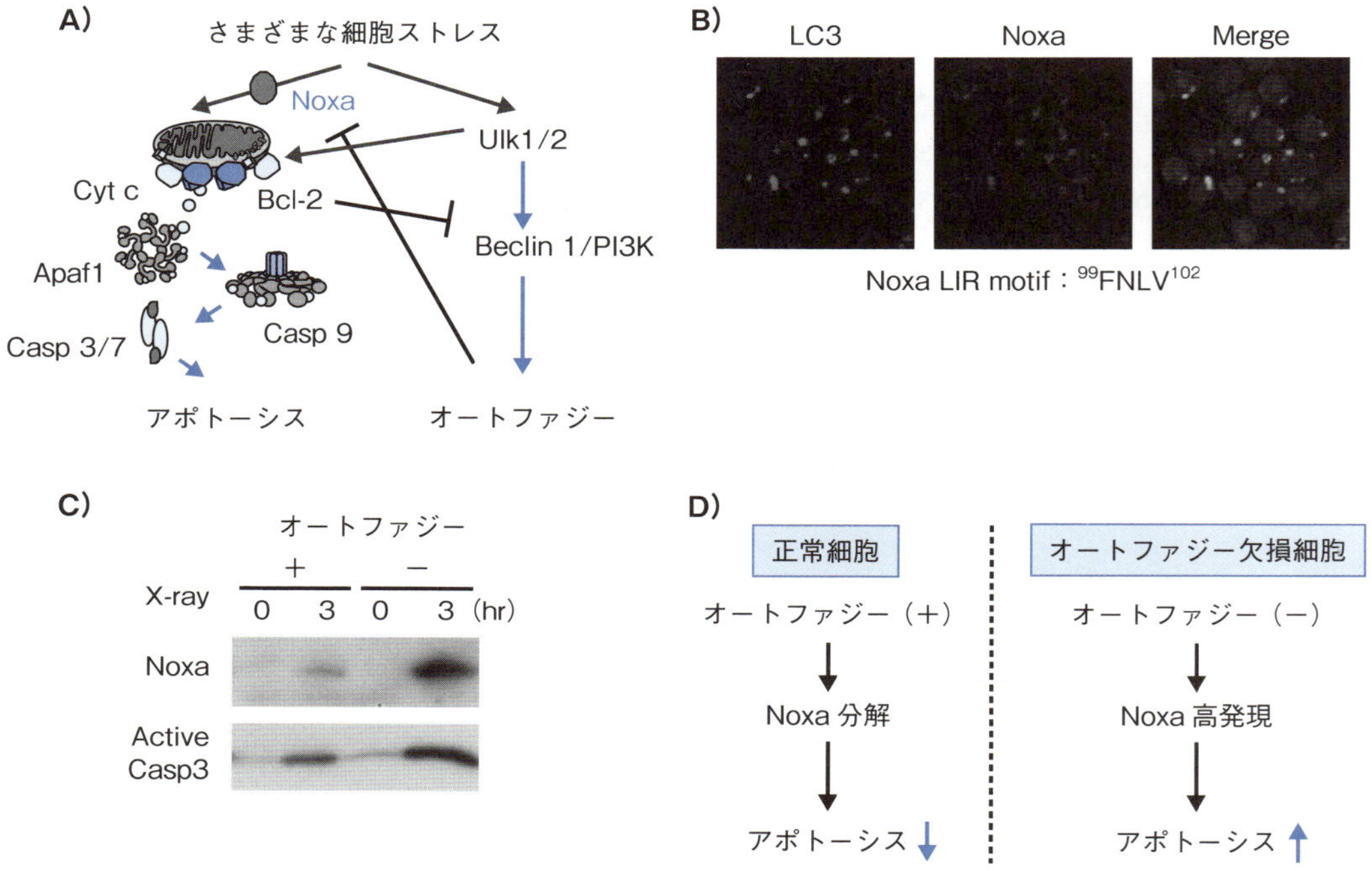

図2　アポトーシスシグナルとオートファジーシグナルのクロストーク

A）細胞にストレスが加わると，アポトーシスシグナルとオートファジーシグナルが活性化する．アポトーシスのシグナルは，NoxaなどのBH3-onlyタンパク質の発現上昇などを介して，ミトコンドリアの膜透過性亢進を促す．その結果，細胞質に漏出したシトクロムc（cyt c）との結合を介して，Apaf-1，caspase-（Casp）9，caspase-3/7が活性化し，最終的にアポトーシスが実行される．オートファジーのシグナルは，Ulk1/2分子を起点とし，Beclin1を含むPI3キナーゼ複合体を経て，オートファジーが実行される．アポトーシス抑制分子であるBcl-2がBeclin1を抑制するなど，お互いの細胞機能はさまざまなレベルでクロストークをしている．

B）細胞に抗がん剤エトポシド（20 μM）を投与し，9時間後の免疫染色像．NoxaとLC3が共局在する．LC3は，オートファジーの基質と結合してその分解に寄与する分子である．また，Noxaには，LC3との結合モチーフ（オートファジー分解の目印）であるLIR（FNLV）が存在する．（文献4より改変して転載）（Color Graphics 図3参照）

C，D）正常胸腺細胞にX線を照射すると，アポトーシスとオートファジーが同時に誘導される．その結果，オートファジーによりNoxaが分解されることで，caspase-3の活性化が限定的となり，アポトーシスが低く抑えられる．一方，オートファジー欠損胸腺細胞では，Noxaの発現が高くなり，caspase-3が強く活性化され，アポトーシスが顕著となる．（文献4より改変して転載）

側の実行分子であるUlk1に関しては，その発現増強によってアポトーシスが誘導されることが知られている．

オートファジーとアポトーシスが共存する場合には，オートファジーがアポトーシスを抑制していることが多い．実際に筆者らは，DNA傷害によるアポトーシスが，同時に誘導されるオートファジーで緩和されることを見出した[4]．DNAに傷害が加わるとp53依存的にPuma，Noxa，Bimなどのアポトーシス分子が転写誘導され，ミトコンドリアからのシトクロムc漏出を介してアポトーシスが実行されるが，これらの分子のうちNoxaがオートファジーで分解されることで，アポトーシスが抑制されるのである．

これは，❶NoxaにLIRモチーフ（オートファジーの分解タンパク質の目印）が存在すること，❷オートファジー欠損細胞では，Noxa分解が起こらず，アポトーシスが過剰に誘導されること，❸NoxaのLIRモチーフを欠損させてもオートファジーによる分解が起こらず，アポトーシスが過剰に起こることなどより，証明されている（**図2B～D**）[4]．

4 オートファジー細胞死の定義

前述のごとく，オートファジーは本来細胞保護的に機能するものである．しかしながら，状況によっては「オートファジーを原因とする細胞死」が実行されることがあり，このような細胞死が「オートファジー細胞死」と定義づけられる．

細胞死研究の黎明期には細胞死解析のツールがほとんどなく，電子顕微鏡などを用いた形態学的な分類のみが行われてきた．その結果，哺乳動物の発生期にみられる細胞死を解析した論文などでは，3つの細胞死様式が記述されている[5]．すなわち，核の濃縮や細胞の分断化を特徴とする**タイプ1細胞死**，核の変化に乏しく細胞質にオートファジーが充満する**タイプ2細胞死**，ミトコンドリアなどの空胞化が早期に起こり細胞質の崩壊が顕著な**タイプ3細胞死**である．

タイプ1細胞死，タイプ3細胞死は，それぞれ現在のアポトーシス，ネクローシスに合致するものと考えられている．一方，タイプ2細胞死は，オートファジー細胞死に合致する形態である．しかしながら，前述したようにオートファジーの活性化によって細胞が死に至る場合がオートファジー細胞死であり，オートファジーと細胞死が単に随伴している場合や，オートファジーが細胞保護的に機能している場合はオートファジー細胞死に合致しない．

現在では，具体的なオートファジー細胞死の要件として，❶オートファジーが活性化されていること，❷オートファジー阻害剤やオートファジー実行分子の発現抑制によって細胞死が抑制されることが，必要とされている[6]．

5 原生生物やショウジョウバエにおけるオートファジー細胞死

オートファジーは酵母から哺乳動物細胞に至るまで種を超えて保存されている細胞機能であるが，オートファジー細胞死に関しても原生生物 *Dictyostelium discoideum* から報告がみられる．*Dictyostelium discoideum* を飢餓条件にすると，単細胞生物が凝集して多細胞生物となり，その後，胞子を産生する子実体を形成する．オートファジーはこの過程で栄養とエネルギーを供給するため細胞の生存に必要であるが，その後，茎を形成する細胞において細胞死が実行される．*Dictyostelium discoideum* はアポトーシス関連遺伝子をもたないこと[7)]，この細胞死は *atg1* の変異によって抑制されることより，オートファジー細胞死によって実行されるものと考えられている[8)]．

オートファジー細胞死に関してさらによく研究されているのが，ショウジョウバエの変態の系である．幼虫は大きな唾液腺をもっているが，これは変態によって成体になるときに消失する．この変化はステロイドホルモンの1種である**エクダイソン（ecdysone）**によって引き起こされる．エクダイソンはBR-C，E74，E93などの転写因子の発現を誘導する．これらの転写因子はDrocやDriceなどのショウジョウバエのcaspaseの発現を上昇させるが，同時にAtg5やAtg7などのオートファジー実行因子の発現も上昇させる．実際に，唾液腺が退縮するときの細胞死はアポトーシスの形態を示さず，細胞内にオートリソソームを大量に含んでいる．また，オートファジー遺伝子を欠損させるとこの細胞死が緩和される．したがって，唾液腺の退縮はオートファジー実行遺伝子の発現誘導を介したオートファジー細胞死によって実行されているものと理解されている[9)]．ただし，この細胞死もcaspaseの阻害によって軽度に抑制されることから，アポトーシスの関与も一部あるものと考えられる．

6 哺乳動物細胞におけるオートファジー細胞死の発見

一方，筆者らは偶然の発見により，哺乳動物細胞におけるオートファジー細胞死の存在を世界に先駆けて報告した[10)]．

当時，アポトーシスの分子機構の解明が進み，①Bcl-2ファミリータンパク質はミトコンドリアの膜透過性を制御することによりアポトーシスを制御していること，②Bcl-2ファミリータンパク質のうちBaxとBakがアポトーシス実行分子であり，両者を欠損させるとアポトーシスが誘導されないことが報告されていた．そこで筆者らは，Bax/Bak二重欠損細胞に**エトポシド**（DNA傷害を誘導するアポトーシス誘導剤）を投与して，本当にアポトーシスが起こらないかを検討した．その結果，確かにアポトーシスは誘導されないものの，細胞は死にゆくことを見出した[10)]．

当初，この非アポトーシス細胞死がどのようなメカニズムで誘導されるのか不明で

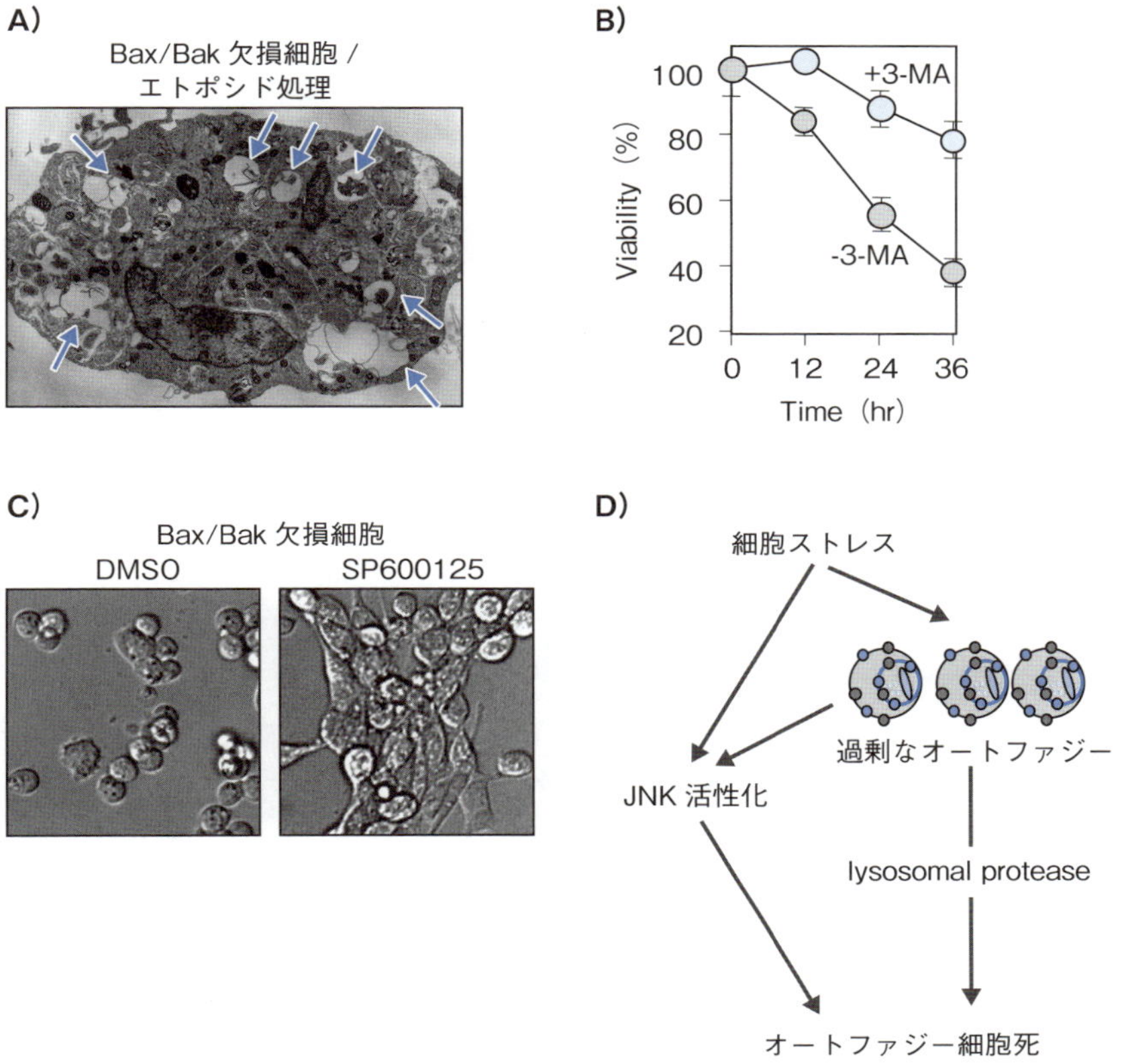

図3　Bax/Bak両欠損細胞において観察されるオートファジー細胞死

A) Bax/Bak両欠損細胞に抗がん剤エトポシド（20 μM）を投与し，18時間後の電子顕微鏡像．細胞内に大量のオートファゴソーム形成（→）がみられる．

B) オートファジー阻害剤3-MA（10 mM）存在下に，Bax/Bak両欠損細胞をエトポシド（20 μM）処理し，経時的に細胞生存率を測定した．3-MA投与により，細胞死は顕著に緩和された．（文献10より引用）

C) JNK阻害剤（SP600125）存在下に，Bax/Bak両欠損線維芽細胞をエトポシド処理すると，オートファジー細胞死は顕著に抑制される．（文献11より改変して転載）

D) オートファジー細胞死の実行機構：オートファジー細胞死が実行されるためには，過剰なオートファジー誘導のほかに，JNKの活性化が必要である．

あり，解析の手がかかりもつかめなかったが，電子顕微鏡を用いて観察したところ，細胞内に大量のオートファゴソームやオートリソソームが充満していることを発見した（**図3A**）．そこで，オートファジー阻害剤**3-MA**の投与やオートファジー実行分子ATG5のノックダウンを行ったところ，オートファジーが抑制されただけでなく細胞死も顕著に抑制され，哺乳動物細胞においてはじめてオートファジー細胞死の定義に合致する細胞死の発見に至ったのである（**図3B**）[10]．

なお，これらの細胞では細胞質内にオートファジー構造体が充満しているものの，ミトコンドリア，核，小胞体などのオルガネラには大きな変化はみられなかった．また，栄養飢餓時の生に貢献するオートファジーでは直径1 μmを超えるオートファゴソーム，オートリソソームはほとんどみられないのに対して，オートファジー細胞死が実行されている細胞では3 μmを超えるものが頻繁に観察され（**図3A**），オートファジーの持続的かつ過剰な活性化によって，細胞質成分が過剰に分解されることが細胞死の原因と考えられた．

では，このようなオートファジーの持続的かつ過剰な活性化が実行されるメカニズムは何であろうか？ 筆者らは，オートファジーの活性化に加えて，何らかの付加的な細胞死シグナルが加わることが必要であると考えて，さまざまな細胞機能の阻害剤を加えて細胞死を観察したところ，ストレスキナーゼである**c-Jun N-terminal kinases（JNK）**の阻害によって細胞死が顕著に緩和されることを見出した（**図3C**）[11]．この知見は，オートファジー細胞死が実行されるときにJNKのリン酸化が顕著に認められること，JNK dominant negative（DN）の発現によってオートファジー細胞死が緩和されることからも明らかである．JNK阻害剤やJNK DNはオートファジーそのものの多寡には影響を与えないことより，JNKの活性化はオートファジーと両輪となって，オートファジー細胞死の実行に寄与しているものと考えられる[11]（**図3D**）．

なお，Bax/Bak二重欠損細胞で，オートファジー細胞死を発見できた理由は，以下のように考えられる．

①細胞に一定の強度のストレスを加えると，アポトーシスシグナルとオートファジーシグナルがおのおの独立に活性化される．これは，オートファジー欠損細胞（ATG5欠損細胞）においてもアポトーシスは正常に誘導されること，アポトーシス欠損細胞（Bax/Bak二重欠損細胞）においてもオートファジーは誘導されることより明らかである

②アポトーシスシグナルが流れても，Bax/Bak欠損によってアポトーシスがただちに実行されない場合には，その間にオートファジーシグナルが持続的に活性化することによって死に至る（**図2A**）．このオートファジーの持続的な活性化は，オートファジー細胞死が実行されるための重要な要件であり，栄養飢餓などの「生に貢献するオートファジー」においては，オートファジーは持続せず一過性に活性化するのみである

7 オートファジー細胞死の分類

最近では，オートファジー細胞死の細分化も行われている．

1）過剰なオートファジー

前述したアポトーシス欠損細胞において誘導されるオートファジー細胞死は，①オートファジーの持続，②細胞内での過剰なオートファジー構造体の出現，③正常なオルガネラ形態などが特徴である（**図4A**）．一方，A549肺がん細胞を**レスベラトール**で処

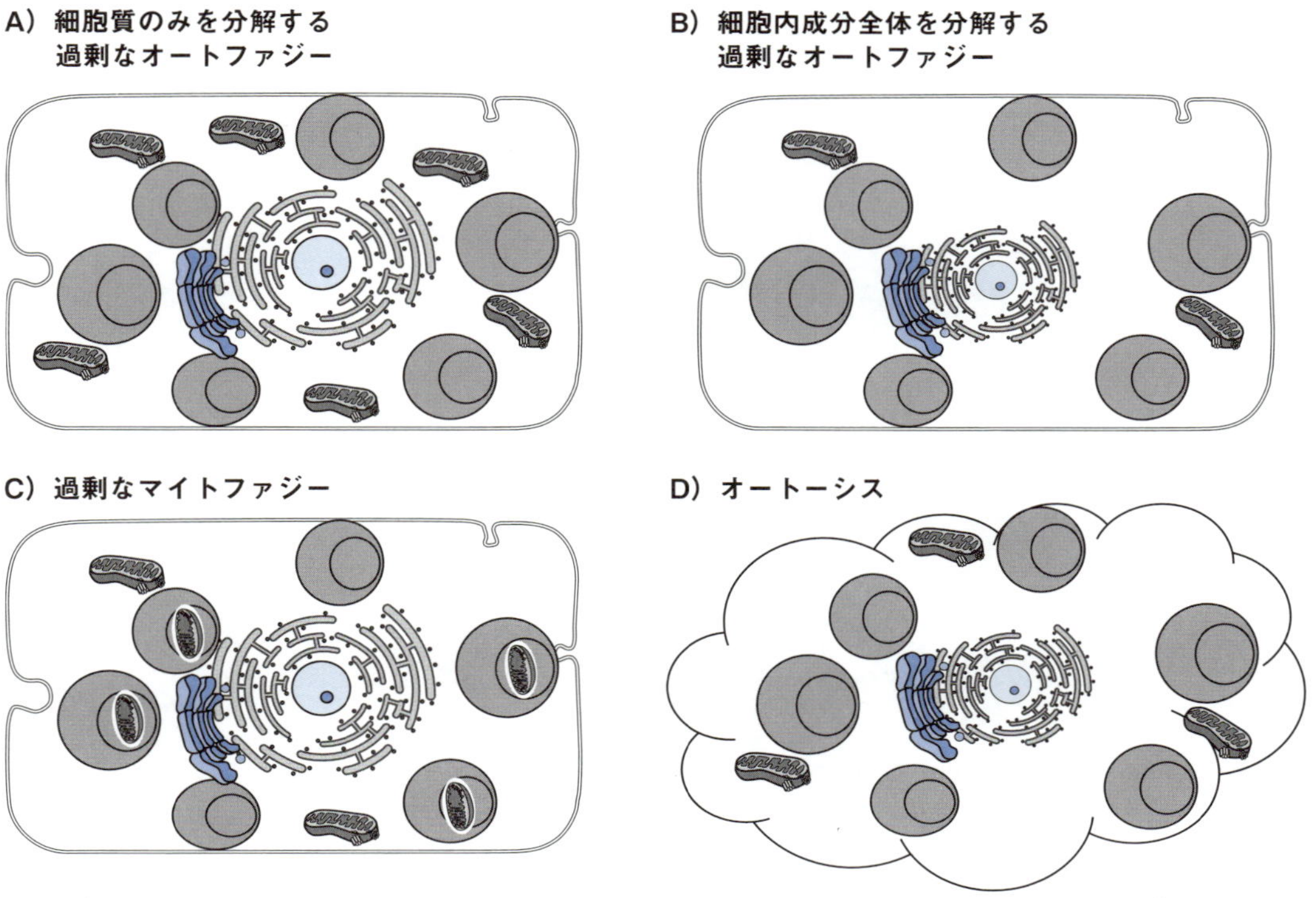

図4　オートファジー細胞死の分類

オートファジー細胞死は，（A）細胞質成分のみを過剰なオートファジーで分解するタイプ〔エトポシド処理Bax/Bak欠損細胞など（**図3A**）〕，（B）オルガネラを含めて細胞内成分を過剰なオートファジーで分解するタイプ（レスベラトール処理A549細胞など），（C）過剰なマイトファジー〔MPP（＋）処理神経細胞など〕，（D）オートーシス（飢餓処理HeLa細胞など）などに分類される．

理したときには，強く持続的なオートファジー誘導，オートリソソームの経時的増加によって，オルガネラの消失や細胞内膜の破壊が認められており，前述のオートファジー細胞死とは形態学的特徴が異なっている[12]（**図4B**）．この細胞死も，アポトーシス経路やネクロプトーシス経路とは関連がなく，オートファジー遺伝子のノックダウンによって顕著な抑制がみられている[12]．

なお，この細胞死は**グルコセレブロシダーゼ**（グルコシルセラミドをセラミドとグルコースに代謝する酵素）によって制御されており，本酵素をノックダウンすると，オートファジーの多寡やオルガネラ形態が正常化し，細胞死も抑制される[12]．

2）過剰なマイトファジー

また，選択的オートファジーである**マイトファジー**（ミトコンドリア特異的オートファジー）の過剰によるオートファジー細胞死も報告されている（**図4C**）．マイトファジーはミトコンドリア近傍でオートファジーシグナルがonになることで実行されるが，哺乳動物細胞においては主に2通りのメカニズムが報告されている．

1つ目の機構はパーキンソン病の原因分子である**PINK1**（セリンキナーゼ），**Parkin**（ユビキチン化酵素）によって実行されるマイトファジーで，これらの分子が膜電位を失ったミトコンドリアに選択的に集まり，ミトコンドリア外膜タンパク質をユビキチン化することで，LC3を介したオートファジーが実行される[13)]．2つ目の機構はユビキチン化を必要としないマイトファジーで，LC3結合ドメインを有するミトコンドリア外膜タンパク質が高発現することで，LC3がリクルートされオートファジーが実行される[14)]．

マイトファジーによる細胞死は，がん抑制遺伝子である**p19（ARF）**の機能解析の過程で見出された．すなわち，この遺伝子のオルタナティブスプライシングで生じる**short mitochondrial ARF**を過剰発現させると，PINK1-Parkin依存的オートファジーと非アポトーシス細胞死が誘導され，オートファジー遺伝子のノックダウンによって両者が緩和されたのである[15)]．ウイルス感染などによってshort mitochondrial ARFの発現増強が認められることから，ウイルス誘導性細胞死の原因となっている可能性も示されている[15)]．

また別の研究では，オーファン核内受容体TR3（testicular receptor 3）の発現によって，TR3がミトコンドリアに移動してマイトファジーならびに細胞死を誘導することが報告されている[16)]．さらに，神経細胞を神経毒であるMPP（1-methyl-4-phenyl-1,2,3,6-tetrahydropyridine）（＋）で処理したときや低酸素状態にしたときには，損傷ミトコンドリアへの**ERK1/2**の集積あるいは**BNIP3**の集積が生じ，その後にマイトファジーによって非アポトーシス細胞死が実行されることが知られている[17〜19)]．BNIP3を介したマイトファジー細胞死は，ラットの脊髄損傷モデルによる*in vivo*実験においても観察され，BNIP3のノックダウンにより，脊髄ニューロンの喪失が防がれ，長期の運動機能の改善が認められている[19)]．

3）オートシス

オートーシス（autosis）と呼ばれるオートファジー細胞死は，細胞膜に存在するNa^+/K^+-ATPaseが必要であること，その阻害剤であるウアバインなどで細胞死が抑制されることとして定義されている[20)]（**図4D**）．オートーシスは，飢餓状態の培養HeLa細胞，低酸素後の新生児ラット海馬ニューロンなどにおいて観察され，形態学的にはオートファジー構造体の蓄積，クロマチン凝縮，外核膜と内核膜の分離，小胞体の断片化と拡張などの特徴を有しており，オートファジー細胞死とネクローシス様細胞死の特徴を包含している．

実際に，リソソーム阻害剤による細胞死抑制効果は限定的であり，過剰なオートファジー誘導に加えて，Na^+/K^+-ATPaseポンプによって媒介されるイオン輸送と浸透圧の変化が関与している可能性が考えられている．

8 オートファジー細胞死の生理的な意義

アポトーシス欠損細胞（Bax/Bak二重欠損細胞）でオートファジー細胞死が誘導されたことより，個体発生期の細胞死においても，オートファジー細胞死がアポトーシスを代償している可能性が考えられる．マウスの指の形成は胎生13.5日〜14.5日目に，指間の細胞がアポトーシスによるプログラム細胞死を起こすことによって実行される（**図5A**）[21]．実際に，アポトーシス機構が正常に機能する*Bak* KOマウスでは13.5日目に指の形成が行われており（**図5B**），指間の細胞を観察するとアポトーシスによる細胞死が実行されていた（クロマチン濃縮などの形態変化から観察できる）（**図5C**）[21]．また，死細胞がマクロファージによって貪食されていることからも，アポトーシスによる死であることが明らかである．

一方，アポトーシスに抵抗性の*Bax/Bak* DKOマウスでは，指の形成が1日遅れて（胎生14.5日〜15.5日目）行われており（**図5B**），指間の細胞はアポトーシスではなくオートファジー細胞死様の形態を呈して死に至っていた（**図5C**）[21]．マクロファージの浸潤，貪食も全く見られない．さらに，アポトーシスとオートファジー細胞死に対して抵抗性を示す*Bax/Bak/Atg5* TKOマウスでは，指の形成がさらに0.5日遅れて（胎生15.0日〜16.0日目）行われていた（**図5B**）[21]．オートファジーを止めることにより，指間の細胞死が遅延したことから，*Bax/Bak* DKOマウスの指間の細胞死はオートファジー細胞死に該当する．なお，このときの細胞死は，核膜が崩壊するよう新たな形態を示して細胞が死に至っていた（**図5C**）．

これらの結果より，①正常マウスでは指の形成にアポトーシスが用いられること，②*Bax/Bak* DKOマウスでは少し遅れてオートファジー細胞死が誘導されることが明らかとなり，これらを勘案すると，指の形成においては，オートファジー細胞死がアポトーシスを代償しているものと考えられた[21]．そのほかに，ホルモン臓器の退縮やアポトーシスが起きにくい筋肉細胞などでの細胞死においては，オートファジー細胞死が関与している可能性が高く，今後の解析が望まれる．

9 オートファジー細胞死の病的意義

脳の**虚血再灌流**障害，**小脳変性疾患**（変異Glu受容体d2発現）などにおいてオートファジー細胞死の関与が示唆されているものの，現時点では充分な検証はされていない．ただし，一部の**がん**に関しては，オートファジー細胞死が発症に関与している可能性がある．

まず，オートファジーが発がんにどのようにかかわっているかに関しては，卵巣がんの75％，乳がんの50％において，**Beclin1**の単一対立遺伝子性（monoallelic）に異常があることが報告されている[22]．また，これらの腫瘍から分離したがん細胞にBeclin1

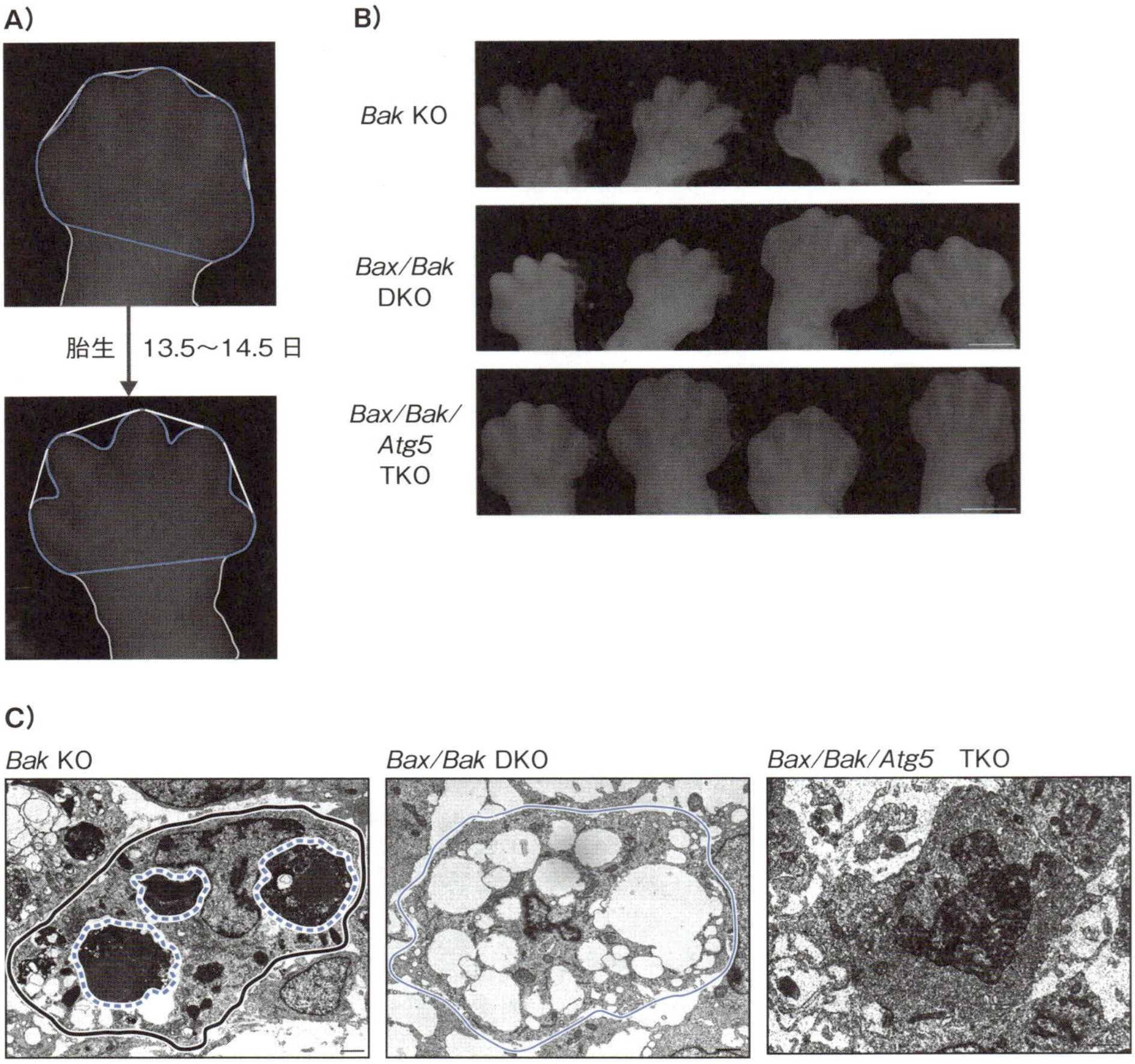

図5　*Bax/Bak* DKOマウスにおけるオートファジー細胞死

A) 正常マウスの指の形成は，胎生13.5日から14.5日の間に，指間の細胞のアポトーシスによって行われる．

B) *Bak* KOマウス，*Bax/Bak* DKOマウス，*Bax/Bak/Atg5* TKOマウスの，胎生14.5日目の手足．*Bak* KOマウスでは指が形成されているが，*Bax/Bak* DKOマウス，*Bax/Bak/Atg5* TKOマウスの順で，指の形成が遅延している．

C) *Bak* KOマウス，*Bax/Bak* DKOマウス，*Bax/Bak/Atg5* TKOマウスの指が形成されるときの指間細胞の電顕像．*Bak* KOマウスでは，指間細胞がアポトーシスを起こし（〇）黒色の核が濃縮して，マクロファージによって貪食されていた（◌：貪食中のマクロファージ）．*Bax/Bak* DKOマウスでは，指間細胞はオートファジー細胞死を起こしていた（〇）．*Bax/Bak/Atg5* TKOマウスでは，指間細胞は核膜が崩壊する新規細胞死を起こしていた．すなわち，指の形成においては，オートファジー細胞死がアポトーシスを代償し，核膜崩壊による新規細胞死がアポトーシス／オートファジー細胞死を代償しているものと考えられた．

（文献21よりCC-BY4.0に基づき転載）

を導入すると，がん化能が顕著に抑制されることも報告されている[23]．これらの事実よりBeclin1の機能低下が発がんの一翼を担っていることは間違いない．

さらに，肝細胞がんやグリオーマにおいて，オートファジーの基質分子であるp62の過度な蓄積や凝集（オートファジーの破綻を示唆する結果である）が報告されている．実験結果においても，Beclin1のヘテロKOマウス（ホモKOマウスは胎生致死である）においては発がん率が異常に高いこと[20, 21]が示されている．

さらに，肝細胞がんやグリオーマにおいて，オートファジーの基質分子であるp62の過度な蓄積や凝集（オートファジーの破綻を示唆する結果である）が報告されている．これらの知見は，オートファジーの機能低下が発がんやがんの進展につながる可能性を示している．

オートファジーの機能低下による発がん機構の説明するメカニズムとしては，以下のような5つの説が提示されている．すなわち，(1) オートファジーは中心体を分解しているため，その破綻によって中心体数が増加し，染色体分裂の異常から発がんに至る，(2) オートファジーの破綻によって本来排除されるべき変異ミトコンドリアが残存し，これらから発生する活性酸素がDNAの変異率を上昇させる，(3) オートファジーの破綻によってネクローシス細胞が増加し，死細胞由来の炎症惹起物質によってがん化が促進される，(4) オートファジーの破綻によって基質分子p62が蓄積し，これがKeap1をトラップすることでNrf2分子が安定化し，がん細胞がストレスに強くなる，(5) オートファジー細胞死の機能不全のために，本来死ぬべきがん細胞が生存する可能性が示されている[11]などである．

発がんにおけるオートファジー細胞死の関与に関しては，①がん細胞株でもオートファジーは正常に機能していること，②一方，がん細胞株ではオートファジー細胞死が起こりにくいこと[11]が根拠となっている．これら5つの発がんメカニズムは，どれかが正しいというものではなく，がんによって複数の原因が組み合わさっていることが予想される．

10 おわりに

本稿ではオートファジー細胞死の現状を概説した．オートファジー細胞死にかかわる知見も増えてきているが，哺乳動物細胞では複数の細胞死様式が同時並行で進行することも多くあり，個体レベルでのオートファジー細胞死の解析に関してはいまだ十分にはなされていない．種々の細胞死の分子メカニズムが明確になり，おのおのを分離できるようになれば，オートファジー細胞死の生理的役割もより明確になるものと思われる．

文献

1）Yamamoto H, et al：Nat Rev Genet, 24：382-400, 2023
2）Aman Y, et al：Nat Aging, 1：634-650, 2021
3）Sinha S & Levine B：Oncogene, 27 Suppl 1：S137-S148, 2008
4）Torii S, et al：EMBO Rep, 17：1552-1564, 2016
5）Clarke PG：Anat Embryol (Berl), 181：195-213, 1990

6）Shen HM & Codogno P：Autophagy, 7：457-465, 2011
7）Giusti C, et al：Autophagy, 6：823-824, 2010
8）Luciani MF, et al：Autophagy, 7：501-508, 2011
9）Tracy K & Baehrecke EH：Curr Top Dev Biol, 103：101-125, 2013
10）Shimizu S, et al：Nat Cell Biol, 6：1221-1228, 2004 必読
11）Shimizu S, et al：Oncogene, 29：2070-2082, 2010 必読
12）Dasari SK, et al：Cell Death Differ, 24：1288-1302, 2017
13）Narendra D, et al：J Cell Biol, 183：795-803, 2008
14）Onishi M, et al：EMBO J, 40：e104705, 2021
15）Reef S, et al：Mol Cell, 22：463-475, 2006
16）Wang WJ, et al：Nat Chem Biol, 10：133-140, 2014 必読
17）Dagda RK, et al：Autophagy, 4：770-782, 2008
18）Zhu JH, et al：Am J Pathol, 170：75-86, 2007
19）Yu D, et al：J Neurotrauma, 35：2183-2194, 2018
20）Liu Y, et al：Proc Natl Acad Sci U S A, 110：20364-20371, 2013
21）Arakawa S, et al：Cell Death Differ, 24：1598-1608, 2017 必読
22）Qu X, et al：J Clin Invest, 112：1809-1820, 2003
23）Yue Z, et al：Proc Natl Acad Sci U S A, 100：15077-15082, 2003 必読

6 ネトーシス

四元聡志，田中正人

好中球は，感染防御を担う重要な免疫細胞である．好中球の感染防御機構として貪食が知られていたが，2004年Brinkmannらによって NETsが新たに加わった．このNETsは，ネトーシスと呼ばれる好中球特有の細胞死を伴って形成される．本稿では，ネトーシスを起点としてNET誘導機構を概説するとともに，それぞれの検出および評価法に関しても説明する．

KEYWORD ◆好中球◆ネトーシス◆NETs

1 好中球とは

ネトーシスを解説するにあたり，その細胞死を起こす**好中球**について概説する．

好中球は免疫細胞の一種であり，主に感染防御において重要な役割を果たしている．好中球は血液中の免疫細胞のなかで最も多く，健常人の血液1 μL中に数千個存在する．好中球の寿命はほかの免疫細胞と比較して数時間から数日程度と短いため，骨髄から日々多数供給され続けている．また，好中球は多形核白血球に分類され，核が複数の分葉に分かれているのが特徴である．細胞内には顆粒が豊富に存在し，その内には抗菌タンパク質や酵素が多数含まれている．

感染防御に重要な好中球が病原体を体から排除する感染防御機構として，主に2つの方法が知られている．1つは貪食であり，病原体を細胞膜上の受容体で認識し，取り込んでエンドソームとリソソームを利用して細胞内部で分解・除去するプロセスである．もう1つは，**好中球細胞外トラップ（neutrophil extracellular traps：NETs）**の形成である[1)]．病原体により活性化された好中球では，活性酸素種（reactive oxygen-species：ROS）依存的にネトーシスと呼ばれる細胞死が誘導され，この過程で核膜や細胞膜が崩壊し，最終的に自身のクロマチンを細胞外に網状に放出してNETsを形成する．

NETsには細胞質内顆粒に存在する抗菌成分が含まれており，ウイルスや細菌などを捕獲し不活化する．しかしながら，発見当初，生体防御機構の一種と考えられていたNETsは，現在では，生体内で形成されるNETsが免疫系を過剰に活性化すること

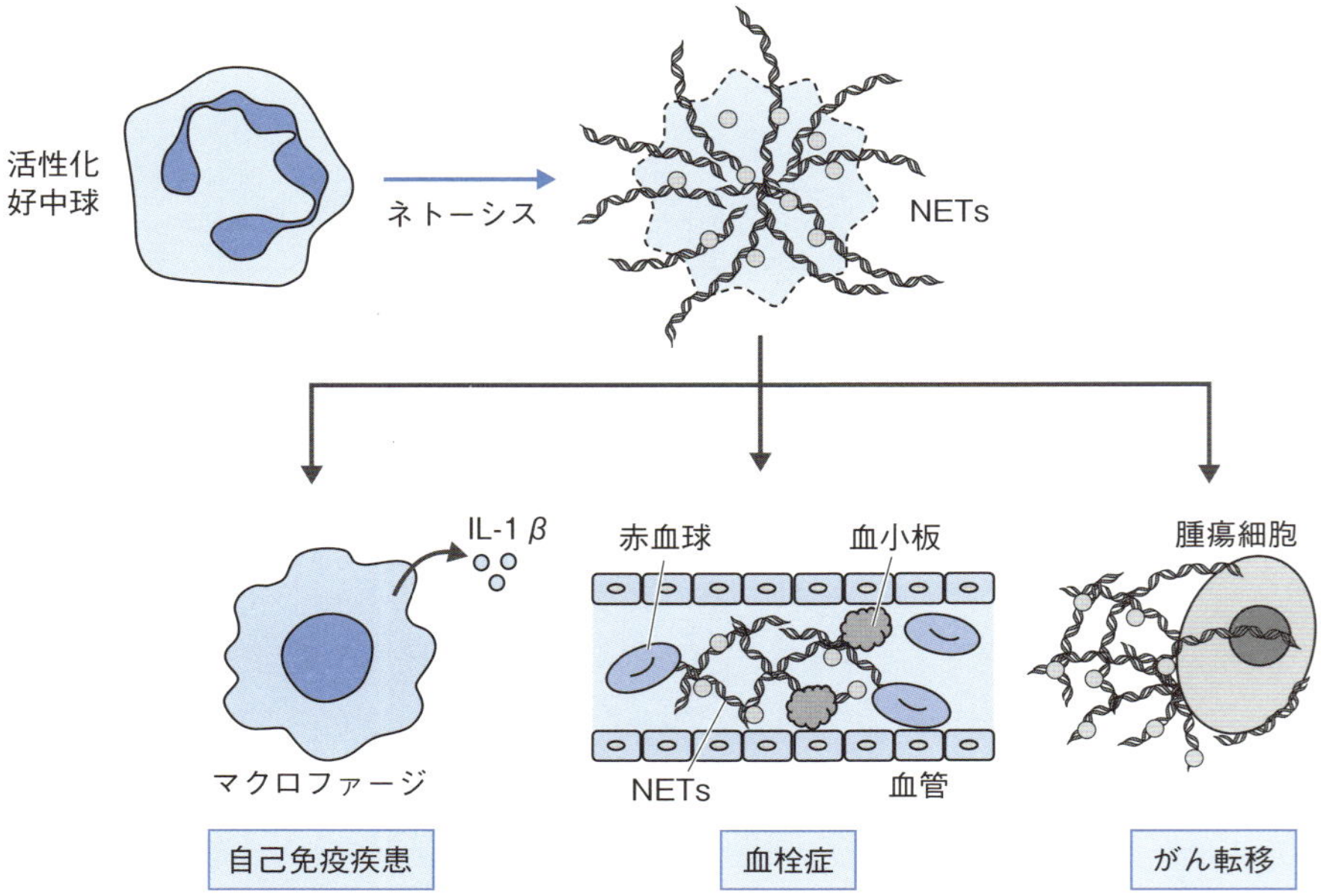

図1　NET形成が病理病態に関与する疾患

生体内で形成されたNETsが免疫系を過剰に活性化することで，自己免疫疾患の発症や血栓症，がん転移の促進，さらには新興感染症の重症化に寄与すること報告されている．
（文献2を参考に作成）

が原因で，自己免疫疾患の発症や血栓症，がん転移の促進，さらには新興感染症の重症化に寄与することが相次いで報告されている（**図1**）．このような背景から，NET形成の制御が多くの疾患の新規治療法の開発につながると考えられている．

2　ネトーシスの誘導機構と形態的特徴

好中球特有の制御された細胞死であるネトーシスは，ほかの制御された細胞死とは誘導機構および形態が大きく異なる．

ネトーシスの誘導機構について概説すると（**図2**），好中球が刺激され活性化するNADPHオキシダーゼ由来のROSが産生される．このROS依存的[3]に好中球顆粒内に存在する**ミエロペルオキシダーゼ（myeloperoxidase：MPO）**[※1]と**好中球エラスターゼ（neutrophil elastase：NE）**が活性化される．MPOとNEは，細胞質ではアクチンの分解を，核内ではクロマチンの脱凝集や核膜の破壊を引き起こす[4, 5]．

これらの誘導機構に加えて，筆者らの研究室では，ネトーシス誘導に酸化リン脂質の細胞内蓄積が重要であることを報告している[6]．酸化リン脂質により誘導される制

※1　**ミエロペルオキシダーゼ（MPO）**：MPOは，主に好中球や単球に存在するヘム含有酵素である．MPOは過酸化水素（H_2O_2）と塩化物イオン（Cl^-）を基質として次亜塩素酸（HOCl）を生成し，これにより強力な抗菌作用を発揮する．

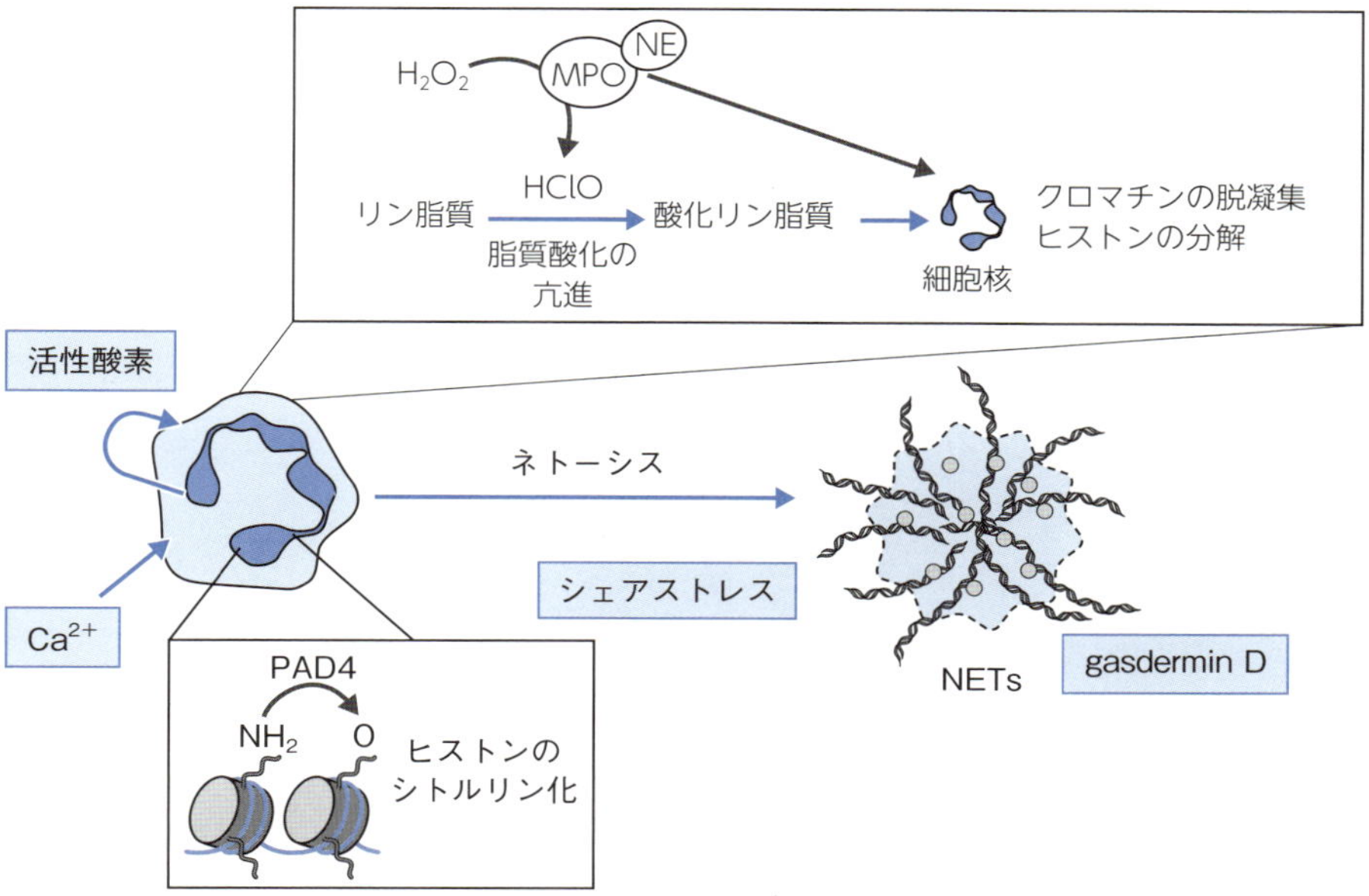

図2　ネトーシス誘導およびNETs形成に関与する分子

現在報告されているネトーシス誘導およびNETs形成に関与する主な分子を図示した.

御された細胞死として，すでにフェロトーシスが知られていた〔第3章-4（p.84）参照〕. このことから，筆者らはネトーシスがフェロトーシスと同様の機構で誘導されているのではないかと予想した. しかしながら，ネトーシス誘導は脂質酸化阻害剤であるtroloxでは阻害されるが，フェロトーシス阻害剤であるFerostatin-1やdeferoxamineでは阻害されない. また，フェロトーシスは細胞内の脂質還元酵素glutathione peroxidase 4（GPX4）を欠損させることにより誘導されるが，好中球でGPX4を欠損させても誘導されない. さらに，フェロトーシスでは，フェントン反応やリポキシゲナーゼにより酸化リン脂質が生成するのに対して，ネトーシスでは，MPOの酵素活性依存的に酸化リン脂質が生成することを報告している[7].

形態学的にもネトーシスはフェロトーシスとは異なる. ネトーシスでは核の膨張，核膜や細胞質内顆粒の崩壊，形質膜の破壊，細胞質内顆粒とクロマチンの接触が起こる. そして，ネトーシスの最大の特徴である細胞外への網状構造物，NETsが形成される. これらの結果から，現在では，ネトーシスは，フェロトーシスとはまったく異なる制御された細胞死として認識されている.

3 NETsの誘導機構と実行分子

NETsの誘導機構について**図2**に図示した．ネトーシスを起こした好中球は，最終的にはクロマチンの脱凝集が起こり，細胞外に網状にクロマチンが放出されてNETsが形成される．このクロマチンの脱凝集には，**peptidylarginine deiminase 4（PAD4）**※2と呼ばれる酵素が関与している[8]．Ca依存的に活性化されたPAD4は，核へ移行してヒストンをシトルリン化する．シトルリン化されたヒストンは，DNAとの静電的相互作用が減少し，この結果クロマチンの脱凝集が起こる．

PAD4の阻害剤であるCl-amidineやGSK484をヒト末梢血好中球に前処理しておくとNET誘導剤を添加してもクロマチンの脱凝集が起こらずNETsは形成されない．それでは脱凝集したクロマチンの細胞外の放出はどのように制御されているのであろうか？ NETsは，細胞膜が崩壊することによって，自身のクロマチンが細胞外に放出され，形成されると考えられたが，最近になって，特定の分子と物理現象が重要であるとことが報告されている．

1）GSDMDを介した制御

1つは，**gasdermin（GSDM）D**という分子である．好中球が感染や炎症刺激を受けると，インフラマソームなどの分子経路が活性化され，caspase依存的にGSDMDの一部が切断される．切断されたGSDMDは細胞膜に移行し，膜貫通性のポア（孔）を形成する．形成されたポアから脱凝集したクロマチンが放出され，NETsが形成されると報告されている[9]．しかしながら，GSDMDにより形成されるポアサイズは20 nm程度であり，このポアから高分子であるクロマチンが放出されるとは考えにくく，また，GSDMDがNET形成に関与しないとの報告もあり今後さらに検証が必要である[10]．

2）シェアストレスによる制御

もう1つは**シェアストレス（せん断応力）**である[11, 12]．*in vitro*でヒト末梢血好中球にNET誘導剤を処理すると処理時間依存的に細胞の膨潤が起こる．この状態で細胞を静置しておくとNET形成はまったく認められない．おもしろいことに，培養液中に流れ（シェアストレス）ができるとNETsが急速に形成されるが，シェアストレスが大き過ぎるとNETsは形成されても崩壊する．*in vitro*でNETsを明瞭に形成させるためには適度なシェアストレスをかけることがきわめて重要である．*in vivo*におけるNET形成でも，前述の分子による制御に加え，血流，呼吸および腸管運動などによるシェアストレスが必要であることが想定されている．

※2 **peptidylarginine deiminase 4（PAD4）**：PAD4は主に免疫細胞で発現する酵素で，アルギニン残基をシトルリン残基に変換するシトルリン化を触媒する．このプロセスは，ヒストンの構造変更を引き起こし，クロマチンのリモデリングや遺伝子発現の調節に重要な役割を果たす．

4 ネトーシスとNETsの生理的・病的意義

基本的にNETsはネトーシスを伴って形成されるが，膜崩壊やネトーシスを介さず，生きた状態でNETsを形成するとの報告もある[13]．前述のように形成されたNETsには，好中球内顆粒中のNE，MPO，プロテイナーゼ3やカテプシンGなどが含まれており，NETsは細菌やウイルスなどの捕獲除去に関与する．一方で，NETsに含まれるDNAがマクロファージなどを活性化することにより，**自己免疫疾患**の発症[14]や**血栓症**[15]に寄与していることも報告されている．さらに，肺でNETsが形成されると，増殖せず静止期にあるがん細胞が活性化され再増殖をはじめ，**がん**の再発を促進するとの報告もある[16]．また，NETsの想定外な機能として，がん細胞周辺でNETsが形成されると，細胞障害性T細胞やNK細胞ががん細胞に接触できず殺傷できないため，がん細胞の増殖が促進されるとの報告もある[17]．ネトーシスやNETsに関するより詳細な内容は文献18，19の総説に詳しく記載されている[18, 19]．

5 ネトーシスとNET形成の誘導とその検出および評価方法

ここでは，ネトーシスおよびNETsの検出および評価方法について記述する．まず，ネトーシスの検出と評価方法を説明する．ヒト好中球にネトーシスおよびNETsを誘導するために汎用される薬剤として，**phorbol 12-myristate 13-acetate（PMA）**がある．そのほかの誘導剤については文献19の総説にまとめられている[19]．

1）ネトーシスの検出・評価

ヒト末梢血から密度勾配遠心法や磁気ビーズ法などで単離したヒト末梢血好中球を96ウェルプレート（Greiner Bio-One，製品番号655986）にウェルあたり1～2×10^4個で撒く．ヒト末梢血好中球にnMオーダーでPMAを作用させると数時間以内でネトーシスが起こる．ネトーシスの検出には核酸染色試薬がよく用いられており，汎用されている試薬は，**SYTOX Green試薬**と**Hoechst 33342試薬**である．SYTOX Green試薬は，膜透過性が上昇し，ネトーシスを起こした死細胞の核酸を染色する．一方で，生細胞とネトーシスを起こした死細胞の核酸は，Hoechst 33342試薬でともに染色される．ネトーシスを起こした細胞の割合は，ハイコンテントイメージングシステム（Revvity社のOperreta CLSなど）により各ウェルを撮影し，その画像から全細胞数（Hoechst 33342陽性細胞数）に占める死細胞数（SYTOX Green陽性細胞数）の割合をソフトウェアで解析することにより算出する．

基本的にはこの方法でネトーシスを起こしたヒト末梢血好中球の割合を評価できるが，培養する時間が長すぎるとネトーシスを起こした細胞が著しく膨潤し，ソフトウェアでの検出が難しくなる場合がある．この場合は，1画像に占めるSYTOX Greenの面積で評価することもできる．

SYTOX Green試薬とHoechst 33342試薬を用いた方法は一般的に用いられている解析方法であるが問題点も存在する．それは，この方法が死細胞を検出しているのであって，ネトーシスを特異的に検出しているわけではないということである．ネトーシスであることを証明するために，ネトーシス誘導に関与する分子の各阻害剤（NADPH阻害剤であるdiphenyleneiodonium chloride，MPO阻害剤である4-aminobenzohydrazideや脂質酸化阻害剤であるtrolox）を用いて細胞死が抑制されることを確認すべきである．また，PMAによるヒト末梢血好中球のネトーシスは，NADPHオキシダーゼの構成分子や次亜塩素酸合成酵素であるMPOの遺伝子を欠損させても起こらなくなる．

2）免疫蛍光染色法によるNET形成の検出・評価

次に，*in vitro*でNET形成を検出する方法として免疫蛍光染色法を紹介する．ネトーシスを起こした好中球は，最終的にはクロマチンの脱凝集が起こり，核膜や細胞膜の崩壊後，細胞外にクロマチンが網状に放出してNETsを形成するが，NETsの特異的マーカーとして**シトルリン化ヒストン（citH3）**が存在する．このcitH3に対する特異的抗体を用いた免疫蛍光染色法によりNETsを検出する．

この免疫蛍光染色法は通常行われている方法とは少し異なる方法で染色を行う．通常の免疫蛍光染色法は，スライドガラス，カバーガラスやガラスボトムシャーレに細胞を接着させ，抗体溶液，各種試薬や洗浄液などを順次加え，最終的にカバーガラスによりサンプルを封入後，蛍光顕微鏡などで観察を行う．しかしながら，この通常の方法ではNET形成を観察することはまったくできない．この理由として，NETsが平面ではなく立体的に形成され，さらにスライドガラスに対するヒト末梢血好中球の接着が非常に弱いことがあげられる．この問題点を解決するために筆者らは独自の染色方法を開発した．この方法は，通常の方法と同様に細胞の固定，洗浄および染色を行うが，決定的な違いとして固定液，洗浄液，および染色液を完全に抜かない状態で作業を進める点があげられる．

もっと詳しく

筆者らの染色方法の手順

より具体的に説明する（**図3A**）と，4分画に仕切られたガラスボトムシャーレ（Greiner Bio-One，製品番号627975）の1区画にヒト末梢血好中球（400 μL）を撒き，PMA溶液（100 μL）を添加してNET形成を誘導する．この後，HBSS（＋）で洗浄を行う（この工程がシェアストレスとなりNETsが形成される）が，この際，すべての培養液は抜かず，250 μLのみ取り除き，250 μLのHBSS（＋）を加えて洗浄を行う．

この工程を3回くり返した後，250 μLの4%パラホルムアルデヒド溶液（固定液）を加え，細胞の固定を室温で10分間行う．その後，洗浄を行い，250 μLのブロッキング液〔10％正常ヤギ血清/1％BSA/0.1％Tween20/2 mM EDTA HBSS（＋）〕を加え，室温で1時間静置する．洗浄を行い，ブロッキング液で希釈した抗citH3抗体（Abcam，製品番号ab5103）溶液を250 μL加え，4℃でオーバーナイトする．

洗浄を行い，ブロッキング液で希釈した蛍光標識抗IgG抗体（Invitrogen，製品番号A11034など）溶液を250 μL加え，室温で2時間静置する．洗浄を行い，HBSS（＋）で希釈したDAPIを250 μL加え，蛍光顕微鏡（キーエンス社，BZ-X710など）などで観察する．この際，蛍光顕微鏡で**Zスタック画像**を取得後，**全焦点処理**を行うことで非常にクリアなNET形成を観察することができる（**図3B**）．

マウス骨髄好中球もヒト末梢血好中球と同様の方法を用いてNET形成を観察することができるが，マウス骨髄好中球はヒト末梢血好中球と比較してNET形成が起こりにくいため，筆者らがNET形成促進剤として見出した**diaminodiphenyl sulfone（DDS）**[※3]をPMAと併用することでマウス骨髄好中球にNET形成を効率よく誘導することができる[5]（Column⑰参照）．このようにして観察できるヒト末梢血好中球およびマウス骨髄好中球のNET形成は，PAD4阻害剤である**Cl-amidine**や**GSK484**により阻害することができる．

3）そのほかのNET形成検出・評価

前述の方法以外にもNET形成を評価する方法がいくつか報告されている．

NET形成の指標と考えられているMPOとDNAの複合体などをELISA法で測定する方法が用いられている[20, 21]．この方法を用いて自己免疫疾患，がんや感染症の患者

Column

⑰ マウス好中球はネトーシスが起こりにくい

マウス骨髄好中球はヒト末梢血好中球に比べてネトーシスを非常に起こしにくい．このため，多くの文献でヒト末梢血好中球を用いて研究が進められており，ネトーシス研究を推進するうえでの1つの妨げになっている．例えば，ヒト末梢血好中球はネトーシス誘導剤であるPMAの濃度がnMオーダーで誘導できるのに対して，マウス骨髄好中球では数十μMオーダーで添加しても十分に誘導されない．また，ネトーシス後のNET形成もマウスに比べてヒト好中球の方が広範囲かつ明瞭である．残念ながら，この理由はいまだ明らかではないが，筆者らが見出したDDSをPMAと併用することで，マウス骨髄好中球にネトーシスおよびNETsを効率よく誘導することができるので，ぜひお試しいただきたい．

※3 **diaminodiphenyl sulfone（DDS）**：一般に欧米ではDapsonとして知られている医薬品であり，抗菌薬としてハンセン病の治療や，抗炎症薬として自己免疫性皮膚疾患の治療に使用されている．DDSの副作用として白血球減少症や好中球減少症が知られている．

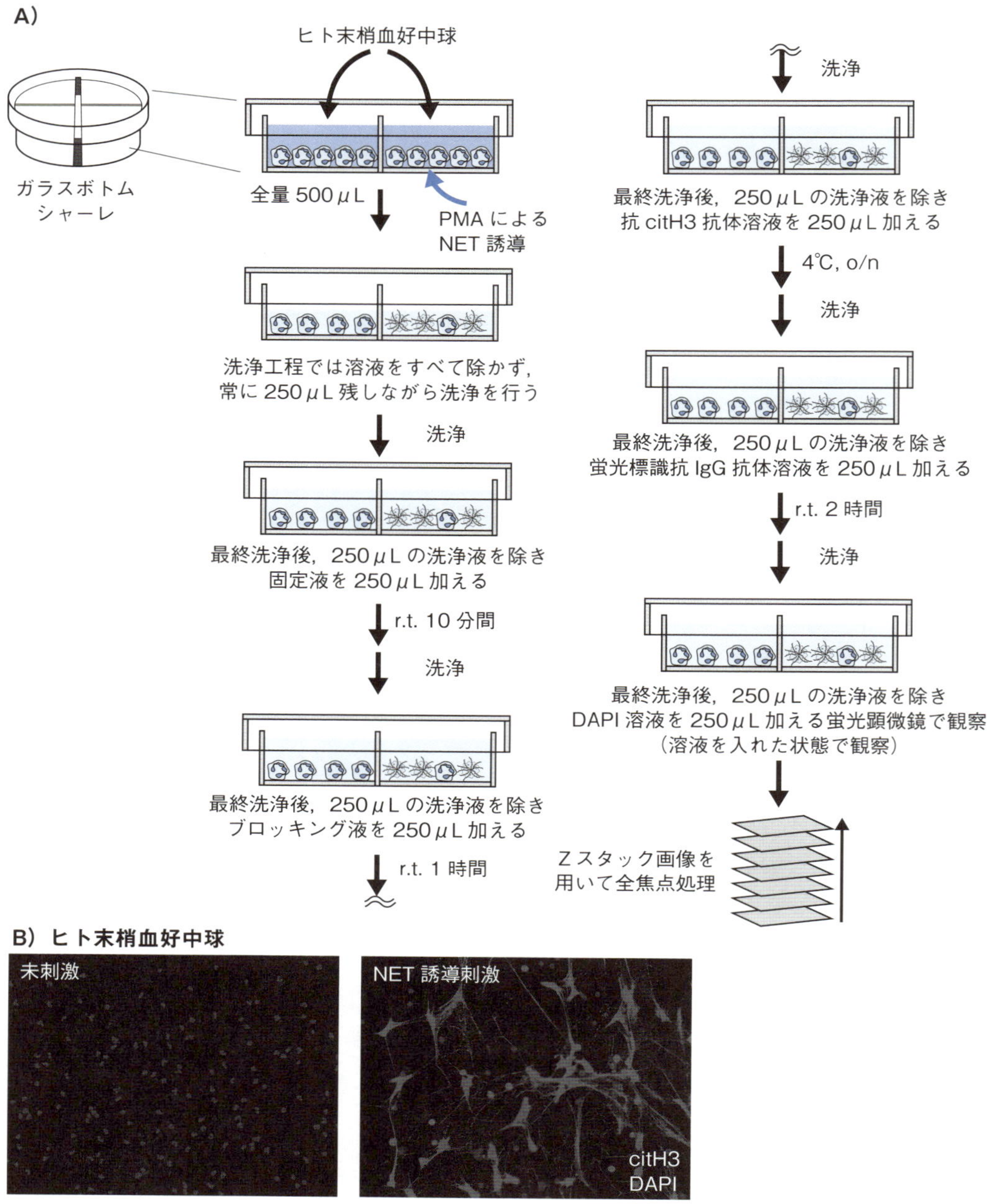

図3　NET観察のための免疫蛍光染色法

A は免疫蛍光染色法によりヒト末梢血好中球の NETs を観察するための方法を図示した．B の画像は，蛍光顕微鏡で Z スタック画像を取得後，全焦点処理を行った画像である．

の血中複合体濃度を測定して健常人と比較すると，複合体の血中濃度が患者で増加していること報告されている．

また，別の方法としてイメージングサイトメーターを用いた解析[22]も報告されている．通常のフローサイトメーター解析に加え，細胞の画像情報（明視野における細胞形態，細胞の大きさ，核の大きさや形態やDNAとMPOの細胞内共局在など）を取得でき，これらの情報からは例えばアポトーシスなどのほかの制御された細胞死とはまったく異なることが示されている．しかしながら，どちらの方法もNETsの定量方法として適切であるかいまだ結論は出ておらず，また，高価なELISAキットや特殊な機器を必要とするため広く普及するまでには至っていない．

6 おわりに

ネトーシスおよびNETsが発見されて10年が経過した．*in vitro*で主に評価されてきたネトーシスおよびNETsも，今では*in vitro*で評価されるまでに至っている．マウスやヒトにおいて，ネトーシスおよびNETsがさまざまな疾患と関連性することが示されおり，その病態への関与が注目されている．

現在，ネトーシスおよびNETsの研究は，さまざまな病態の理解と新しい治療法の開発に向けた重要な方向性を示している．ネトーシス誘導およびNET形成を抑制する薬剤の開発や，NETsの適切な除去を促進する治療法の研究が進められており，今後の医療に大きな影響を与えることが期待されている．

文献

1） Brinkmann V, et al：Science, 303：1532-1535, 2004 必読
2） Papayannopoulos V：Nat Rev Immunol, 18：134-147, 2018 必読
3） Fuchs TA, et al：J Cell Biol, 176：231-241, 2007
4） Metzler KD, et al：Cell Rep, 8：883-896, 2014
5） Papayannopoulos V, et al：J Cell Biol, 191：677-691, 2010
6） Yotsumoto S, et al：Sci Rep, 7：16026, 2017
7） Tokuhiro T, et al：Front Cell Dev Biol, 9：718586, 2021
8） Neeli I, et al：J Immunol, 180：1895-1902, 2008
9） Sollberger G, et al：Sci Immunol, 3：, 2018
10） Stojkov D, et al：Sci Signal, 16：eabm0517, 2023
11） Yu X, et al：J Thromb Haemost, 16：316-329, 2018 必読
12） Neubert E, et al：Nat Commun, 9：3767, 2018 必読
13） Pilsczek FH, et al：J Immunol, 185：7413-7425, 2010
14） Warnatsch A, et al：Science, 349：316-320, 2015
15） Wolach O, et al：Sci Transl Med, 10：, 2018
16） Albrengues J, et al：Science, 361：, 2018
17） Teijeira Á, et al：Immunity, 52：856-871.e8, 2020
18） Thiam HR, et al：Annu Rev Cell Dev Biol, 36：191-218, 2020
19） Poli V & Zanoni I：Trends Microbiol, 31：280-293, 2023 必読
20） Kessenbrock K, et al：Nat Med, 15：623-625, 2009 必読
21） Lood C, et al：Nat Med, 22：146-153, 2016
22） Zhao W, et al：J Immunol Methods, 423：104-110, 2015

7 新たな細胞死パータナトス

松沢 厚

パータナトスは最近見出された新しいタイプの細胞死である．しかし，パータナトスの特定方法やほかの制御された細胞死との区別が難しいこともあり，パータナトス研究の絶対数が少なく，誘導機構や生理機能について不明な点が多かった．しかし，ここ数年で研究数が増加し，これまで従来のタイプと思われていた細胞死がじつはパータナトスであり，ほかの制御された細胞死とは異なる特徴的な機能をもち，多くの疾患と深くかかわることがわかってきた．本稿では，パータナトスの誘導メカニズムやシグナル伝達のしくみ，その生理的および病理的意義についての現状を解説するとともに，筆者らの研究成果も含めて最新の情報を提供したい．

KEYWORD ◆パータナトス ◆制御された細胞死 ◆酸化ストレス ◆PARP-1 ◆PAR

1 はじめに

1972年に提唱された従来のアポトーシスを皮切りに，2000年代以降，アポトーシス以外にもさまざまな様式で誘導される自律的な細胞死の存在が次々と報告されている．そのなかでも**パータナトス**は，2009年に報告された比較的新しい制御された細胞死で，**ポリ（ADP-リボース）ポリメラーゼ1（PARP-1）**という分子に依存した細胞死として定義されている[1]．PARP-1は**ポリ（ADP-リボース）**，すなわち**PAR**を生成する酵素で，後述するが，このPARポリマーの生成を起点としてパータナトスは誘導される（**図1**）．この“PAR（パー）”と，ギリシア神話に登場する死を神格化した神である“タナトス”を合わせた造語が“パータナトス”の由来である．

PARP-1は，**酸化ストレス**などによる**DNA損傷**のセンサー分子として活性化することがわかっており，パータナトスも主に酸化ストレスのような細胞傷害的なストレスによって誘導される[2]．前述のように，パータナトスは最近見出された比較的新しいタイプの細胞死であること，また解析対象の細胞死がパータナトスであることを特定する方法が平易でなく，ほかの制御された細胞死との区別が難しいこともあり，これまでパータナトス研究の絶対数が少なく，その誘導機構や制御因子，生理機能についてはよくわかっていなかった．特に，パータナトスはアポトーシスと同様にDNA断

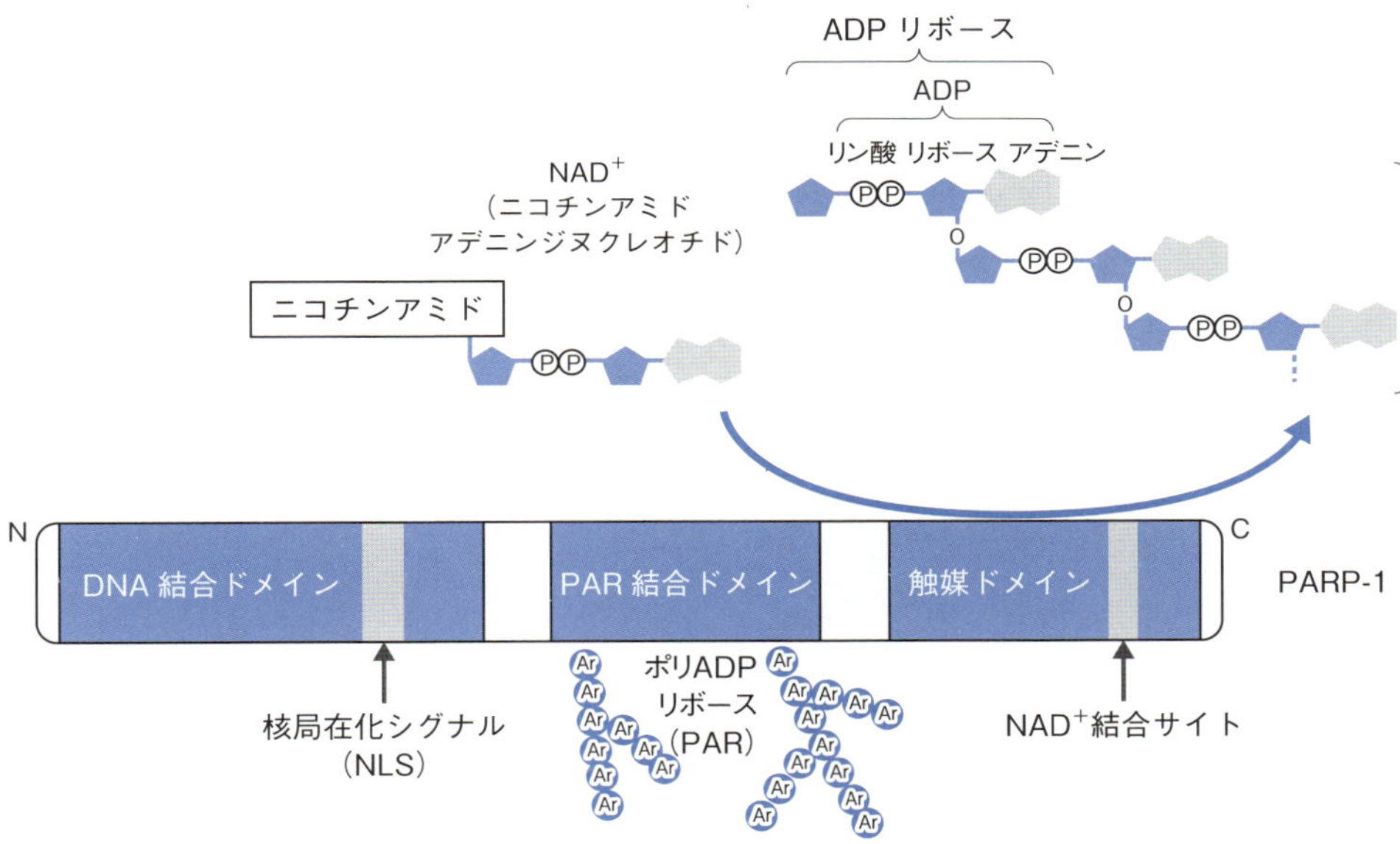

図1　PARP-1の構造とPAR生成

パータナトス実行因子として中心的役割を果たすPARP-1の構造は，DNA結合ドメイン，PAR結合ドメイン（自己PAR化部位であると同時にほかのタンパク質との相互作用ドメインとして働く），触媒ドメインからなり，核局在化シグナルやNAD^+結合サイトを有する．PARP-1はNAD^+からPARを生成し，多様な生理現象を制御する．

片化を誘導することから，アポトーシスのような従来のタイプの細胞死と誤って判断されている場合も多かったと考えられる．

しかし，ここ数年で研究数が増加し，これまで従来のタイプと認識されてきた細胞死がじつはパータナトスであり，パータナトスがほかの制御された細胞死とは異なる特徴的な機能をもつことがわかってきた．さらに，パータナトスと神経変性疾患やがんといった多様な疾患との深い関連性が明らかとなり，にわかに注目されている．

2　パータナトスの形態的特徴

パータナトスは，ほかのタイプの制御された細胞死と形態的に異なる．ネクロプトーシス，パイロトーシス，ネトーシス，フェロトーシスなどの壊死性細胞死は，細胞の腫脹，細胞小器官の機能不全，細胞膜の破壊を特徴とし，最終的には細胞内容物の放出を招く[3]．一方，アポトーシスは壊死性細胞死ではなく，基本的に細胞内容物が細胞外へ放出されないため，炎症性の細胞死ではない．

パータナトスは細胞膜の損傷を伴う細胞死であるという知見もあるが，細胞は腫脹せず，細胞膜全体の破壊までは至らずに，比較的アポトーシスに近い形態で細胞死が誘導されると考えられる．アポトーシスはDNAの断片化，細胞膜の水泡形成（ブレビング），アポトーシス小体の形成などの特徴的な形態学的変化を伴い，パータナトスもDNAの断片化を引き起こす．その点で，パータナトスは，一見アポトーシスと似ており，本来パータナトスとされるべき細胞死が，アポトーシスとしてこれまで誤って判断されていた場合も多かったと考えられる．

しかし，パータナトスはアポトーシスと異なり，細胞膜のブレビングやアポトーシス小体形成といったアポトーシスに特徴的な形態学的変化を伴わない．また，パータナトスでのDNA断片化は，アポトーシスよりもサイズが大きく，アポトーシスとは異なるDNA切断酵素によって誘導される[4, 5]．このようにパータナトスは，形態的にも，また実行分子も，アポトーシスなどのほかのタイプの細胞死とは異なり，独立した制御された細胞死であることがわかってきた．

3 パータナトスの誘導機構と実行分子

1）PARP-1

前述のように，パータナトスはPARP-1に依存した細胞死である．PARP-1はPARを生成する酵素で，定常的に起こるDNA損傷に対して，このPARポリマーを起点としてDNAポリメラーゼやトポイソメラーゼなどのDNA修復にかかわる分子群を集積し，DNAを修復し，細胞の生存を促進する方向に働く．一方，酸化ストレスなどが強い，あるいは持続的に負荷されたようなストレス条件下では，PARP-1が過剰に活性化してパータナトスが誘導される[6)]（**図2**）．PARの下流のエフェクター分子の活性が，PARポリマーの長さ，量，分岐の頻度に依存することも報告されており，PARP-1活性化の強度や持続時間は下流のイベントに大きく影響すると考えられる[7)]．

2）AIFとPAR

アポトーシスやパイロトーシスではcaspaseの活性化がみられるのに対して，パータナトスはcaspase依存的な細胞死ではない．この点でアポトーシスとはまったく異なる．パータナトスの特徴的な実行分子はミトコンドリアタンパク質**apoptosis-inducing factor（AIF）**である．AIFは当初，シトクロムcのような，ミトコンドリアから放出されるアポトーシスの実行因子として報告されたが，現在ではアポトーシスではなく，パータナトスの誘導に重要であることが分かってきた．一般的にAIFはミトコンドリア内膜に結合し，ミトコンドリア呼吸鎖での電子伝達にかかわるNADHオキシダーゼとして機能すると考えられているが，それとはまったく別の機能として，パータナトス実行分子として働く．

PARP-1を過剰に活性化するようなパータナトス誘導刺激が加わるとPARが生成され，PARを起点として，その下流で活性化されたカルパインなどのプロテアーゼによりAIFが切断され，ミトコンドリア内膜から遊離される．また，AIFとPARが相互作用すると，AIFの構造が変化し，膜に対する親和性が低下して，ミトコンドリアか

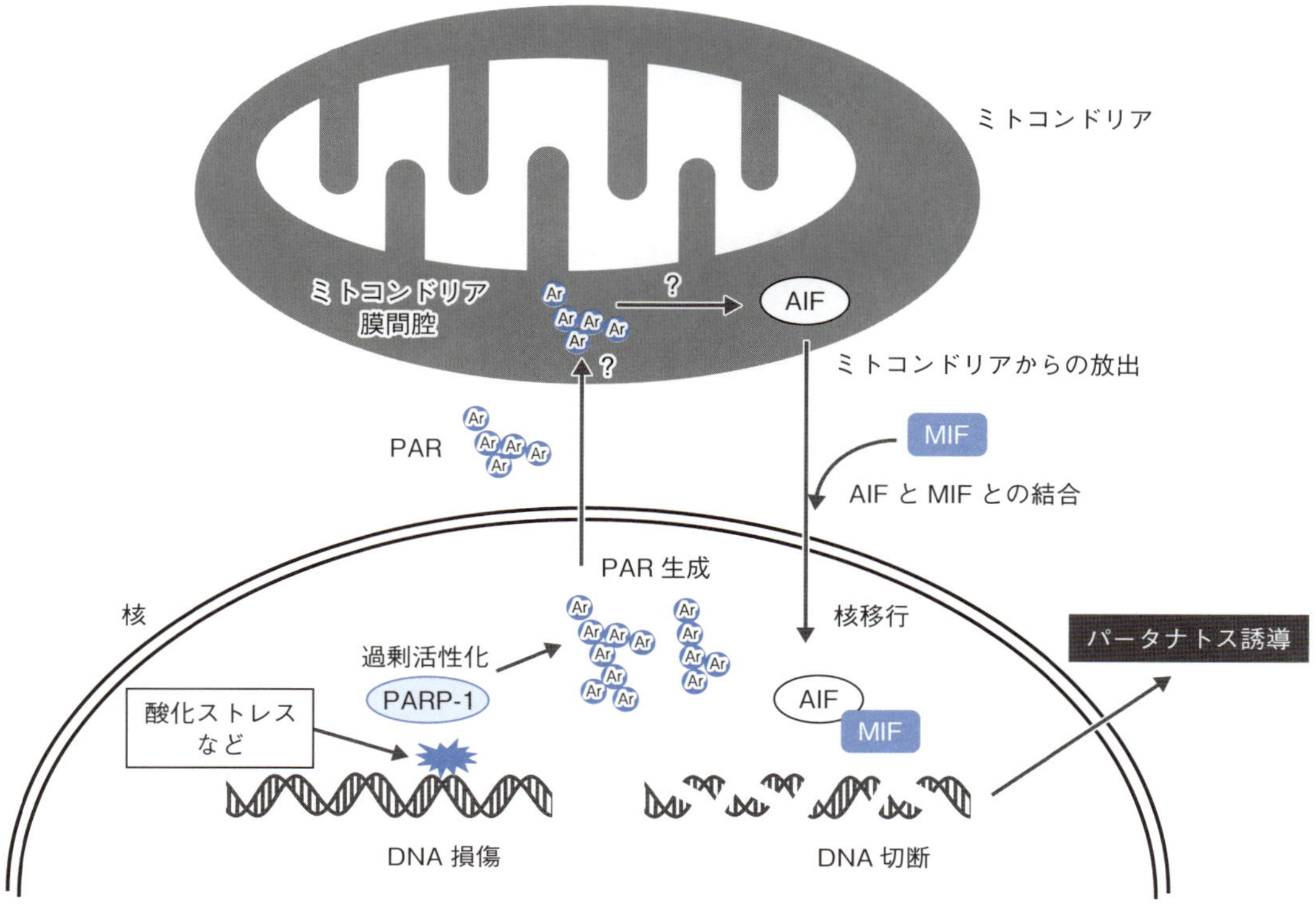

図2　PARP-1を介したパータナトスの誘導機構

酸化ストレスなどによってDNA損傷が誘導されると，それを感知してPARP-1が過剰に活性化される．活性化したPARP-1によって生成されたPARはミトコンドリア膜間腔に移行し，AIFのミトコンドリアからの放出を促進する．放出されたAIFはDNA切断酵素であるMIFと結合し，MIFを連れて核内に移行する．MIFがDNA切断を行うことでパータナトスが誘導される．

らの放出につながると考えられている[8]．さらに，PAR生成を介して何らかのしくみでミトコンドリア外膜透過性が上昇すると，AIFはミトコンドリアから放出されて核に移行する．ただし，PARを介したAIFのミトコンドリア放出と核移行のメカニズムはまだ完全に解明されてはいない．核移行の際に，AIFは**macrophage migration inhibitory factor（MIF）**と結合し，MIFを伴って移行する．

3）MIF

MIFはマクロファージ遊走阻止因子としての機能とはまったく別に，DNA切断酵素（DNase）としての機能をもち，パータナトスの実行因子であることが示されている[4, 9]．

実際に，MIFの欠損や，MIFとAIFの相互作用の阻害，MIFのDNase活性を潰すことによって，パータナトスは抑制される[9]．パータナトスにおけるDNA断片化の大きさがアポトーシスよりも若干大きいのは，パータナトスでのDNaseがアポトーシスで働く酵素（caspase-activated DNase：CAD）とまったく異なることに起因している．AIFとともに核に移行したMIFは，核DNAの断片化を引き起こすことでパータナトスを誘導する（**図2**）．なお，加齢黄斑変性などではAIFに依存しないパータナトスの報告もあり，さらに詳細な誘導メカニズムの検討が必要である[10]．

4 パータナトスの生理機能と疾患との関連

1）細胞死の最後の砦としてのパータナトスの生理機能

パータナトスの誘導刺激として，PARP-1活性化につながる**DNA損傷刺激**がある．過酸化水素などの活性酸素種（reactive oxygen species：ROS）による**酸化ストレス**や，**紫外線**，強力な**アルキル化剤**であるN-メチル-N'-ニトロ-N-ニトロソグアニジン（MNNG）はDNA損傷を引き起こし，パータナトスを誘導する[2]．脳神経系においてNMDA受容体を介したグルタミン酸の興奮毒性により産生された一酸化窒素（NO）とROSとの反応で生成するペルオキシナイトライト（$ONOO^-$）が，PARP-1の過剰活性化を誘導するという報告もある[2]．このようにパータナトスは，酸化ストレスのような細胞傷害的なストレスによって誘導される特徴がある．パータナトスの実行因子PARP-1がDNA損傷のセンサー分子として働くことにも起因するが，後述するように，酸化ストレスによるタンパク質変性もパータナトスのトリガーとなることから，細胞全体に傷害が蓄積するとパータナトス誘導につながると考えられる．

パータナトスと**がん**との関連を示す報告がいくつかあり[11]，DNAなどが傷害された細胞を体内から排除するために誘導され，がん発症を防ぐことがパータナトスの生理機能の1つである．特に，抗がん作用をもつ薬剤によって，子宮頸がんや前立腺がんなどの多様ながん細胞で誘導される細胞死がパータナトスであることがわかっており，パータナトスは重要ながん治療標的であることが報告されている[12, 13]．

じつはパータナトスの特徴の1つとして，ATPが枯渇した細胞においても誘導される点がある[6]．ほかのタイプの細胞死も傷ついた細胞を排除するために働くが，アポトーシスなどの誘導には比較的多くのATPやdATPを必要とするため，ATPが枯渇すると実行因子が機能しなくなる恐れが生じる．ストレスが強く，あるいは持続的に負荷されたような細胞ではATPが枯渇する．しかし，ATPが枯渇した細胞であっても細胞死は誘導する必要があり，そのようなストレス曝露下の細胞では，アポトーシスのようなほかのタイプの細胞死よりパータナトスが優位に選択・誘導されていると考えられる．その意味でパータナトスは，傷ついた細胞を体内から取り除くため，細胞死の最後の砦として重要な生理的意義をもつ可能性がある（**図3**）．

2）パータナトスと神経変性疾患との関連

パータナトスは，前項で述べたがんとの関係や，**敗血症性ショック**のような炎症性疾患，虚血性の脳血管疾患や心疾患，脊髄損傷など多くの疾患とも深く関与している

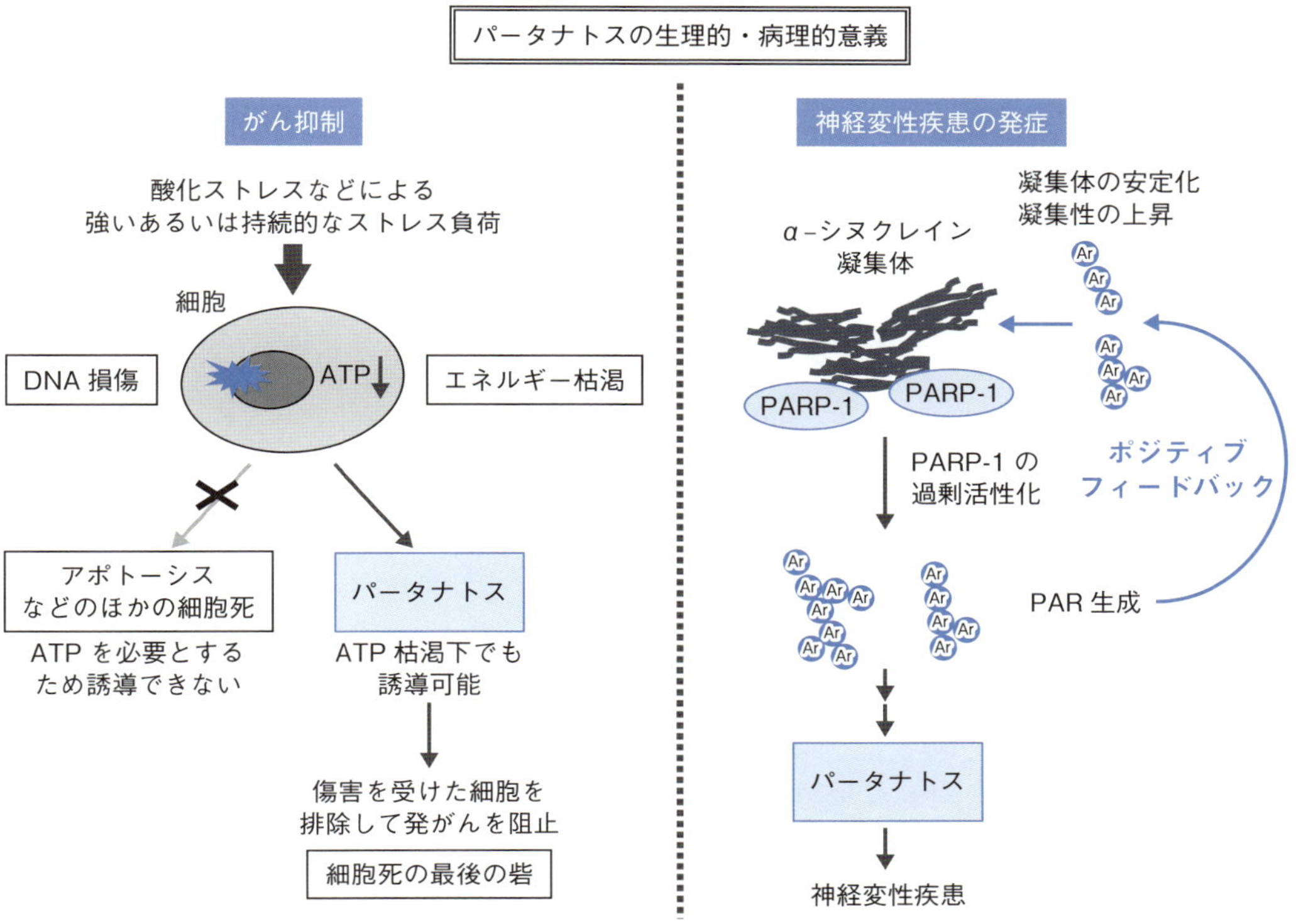

図3　パータナトスの生理的・病理的意義

酸化ストレスなどの強いあるいは持続的なストレスにより，細胞ではDNA損傷と同時にATPが枯渇するが，パータナトスはATP枯渇下でも誘導可能で，細胞死の最後の砦として損傷した細胞を排除して発がんを阻止する（左図）．パーキンソン病の原因となるα-シヌクレインの凝集体はPARP-1を活性化してパータナトスを誘導し，神経変性疾患の発症につながる（右図）．PARは凝集体の安定化や凝集性の上昇にも寄与する．

ことがわかってきた[2, 14]．ジカウイルスや結核菌などの特定の病原体感染時に誘導される細胞死と炎症病態の進行にもパータナトスが関与していることが示されている[2, 15]．

また，特にパータナトスは，神経変性疾患との関連性が最近注目されている．パータナトスは**筋萎縮性側索硬化症**（amyotrophic lateral sclerosis：ALS）[16]，**パーキンソン病**[17]，**ハンチントン病**[18]，**アルツハイマー病**[19] などほぼすべての**神経変性疾患**で確認され，実際にアルツハイマー病では神経の喪失[20] の原因になることもわかっている．パーキンソン病においては，パーキンソン病の原因タンパク質**α-シヌクレイン**の凝集体がPARP-1を過剰活性化してPARを生成することで，さらなるα-シヌクレインの凝集体形成につながり，最終的にパータナトスによる神経細胞死によって神経変性を引き起こすことがわかった[17]．実際，パーキンソン病患者の脳脊髄液と脳ではPARレベルの上昇が確認されている．したがって，PARP-1の活性化を阻害することがパーキンソン病の治療につながると考えられるが，後述するようにいくつか問題点がある．

また，アルツハイマー病患者においても，PARP-1活性化の上昇によるPARの蓄積が観察されている[19]．実際に筆者らも，アルツハイマー病の原因タンパク質**アミロイドβ**で誘導される神経細胞死がパータナトスであることを確認している[21]．

神経変性疾患でパータナトスが誘導されるメカニズムについては不明な点が多いが，神経変性疾患に特異的な凝集体の形成がROSの生成につながり，これがPARP-1を過剰に活性化すると考えられる．また，凝集性が高まると分解されなくなるなどの理由で凝集体の毒性は高まることが知られており，前述のように，PARP-1の過剰活性化によって生成したPARがさらに凝集体を安定化したり，凝集性を高めたりすることでポジティブフィードバック的にパータナトスの誘導を促進している可能性がある（**図3**）．

3）神経変性疾患の治療標的としてのパータナトス

このような多くの知見から，パータナトスは神経変性疾患の治療標的として注目されている．パータナトスを抑制する方法として，第一にPARP-1の阻害剤が考えられ，実際にPARP-1阻害剤でパータナトスが抑制されるという報告はいくつかあるものの，前述のようにPARP-1がDNA修復にも重要であることから，PARP-1を直接標的とすることは難しい．PARポリマーを分解する酵素としてpoly（ADP-ribose）glycohydrolase（PARG）とADP-ribosyl-acceptor hydrolase 3（ARH3），またPARポリマーをユビキチン化して分解に導く酵素としてIDUNAが見出されており，これらの発現や活性化もパータナトス抑制に働くと考えられるが[22]，これらがDNA修復に影響せずパータナトスに特異性があるか否か詳細な検討が必要である．

AIFのミトコンドリアから核移行のプロセスの阻害も治療戦略として有効と考えられる．AIFとPARポリマーとの相互作用の阻害や，AIFを切断してミトコンドリア放出を促進するカルパインの活性阻害，AIF核移行の促進因子であるシクロフィリンAとAIFとの相互作用の阻害はそれぞれパータナトスを抑制するが，神経変性疾患への有効性については今後の課題である[23]．MIFのDNase活性の阻害については，最近，脳血管関門を透過できるMIF阻害剤が開発され，その阻害剤がパーキンソン病モデルにおけるα-シヌクレイン誘導性のドパミン作動性ニューロンの細胞死を顕著に抑制することが報告された[24]．この結果は，パータナトスがパーキンソン病の治療標的として有効であることを強く示すとともに，パータナトス抑制剤がアルツハイマー病やALSを含むすべての神経変性疾患に対して共通の画期的治療薬となる可能性を示している．

5 液滴ALISの形成を介したパータナトス誘導機構

1）ストレス依存的な液滴ALISの形成とパータナトス

ここまではパータナトスについての現在までの知見をまとめて解説してきたが，ここからは筆者らが見出したパータナトスの誘導・制御機構について最新の情報を提供したい．

筆者らはこれまでストレス誘導性細胞死の制御とシグナル伝達機構について研究を進めてきたが，その過程で，ある条件下での酸化ストレス誘導性細胞死がパータナトスであること見出した．ある条件下とは，強い酸化ストレスの負荷や持続的な長時間の酸化ストレス負荷である．

阻害剤を用いた実験などから，特に持続的に酸化ストレスを負荷したヒト線維肉腫由来HT-1080細胞では，パータナトスのみが誘導されることを発見した．純粋にパータナトスのみを誘導するHT-1080細胞で，細胞の形態的変化や細胞死の実行因子について解析を進めたところ，パータナトス誘導時に細胞内に特徴的な凝集体が形成されることを見出した．解析の結果，この凝集体には酸化ストレスで変性したユビキチン化タンパク質や凝集体形成に重要な多機能分子**p62**が含まれていたことから，**aggresome-like induced structures（ALIS）**と呼ばれる凝集体であることが判明した[25, 26]．

ALISとパータナトスとの因果関係を明らかにするために，細胞内でオートファジー誘導剤を用いてALISを分解したところ，パータナトスがほぼ完全に抑制されることが判明し，ALIS形成がパータナトス誘導に不可欠であることが明らかとなった[27]．これまでALISの役割はストレスで変性したタンパク質などを隔離するためと考えられていたが，後述のように，積極的にパータナトス誘導シグナルを発信するためのHubのような働きをすることがわかってきた．

2）液滴ALIS構成因子p62の酸化ストレスセンサーとしての機能

ALIS形成がパータナトス誘導に必須であることから，ALIS構成因子で，凝集体形成に重要な多機能分子p62のパータナトスへの関与についても検討した．p62はさまざまな分子と相互作用する多機能分子であり，酸化ストレスで変性してタンパク質分解の目印となるK48型ポリユビキチン鎖が付加されたユビキチン化タンパク質とp62のユビキチン関連ドメインを介して結合することで，ALIS形成を促進することが知られている．そこでp62欠損細胞を作製して検討したところ，p62欠損細胞では，ALISの形成が阻害されると同時にパータナトスが顕著に抑制されていたことから，p62がALIS形成を介したパータナトス誘導に必須であることが判明した[27]．

じつはp62は分子内の2つのシステインに酸化修飾を受け，分子間ジスルフィド結合を形成して，酸化ストレス応答を制御することが報告されている[28]．そこで，このp62のシステインの酸化修飾の生理的意義を検討した結果，p62欠損細胞に野生型p62を再構築して回復するALIS形成とパータナトスが，2つのシステインをアラニンに置換した酸化修飾を受けないp62変異体の再構築ではまったく回復しないことから，p62が酸化ストレスセンサーとして働き，p62の酸化修飾がALIS形成とパータナトスに必要であることが明らかとなった[27]（**図4**）．

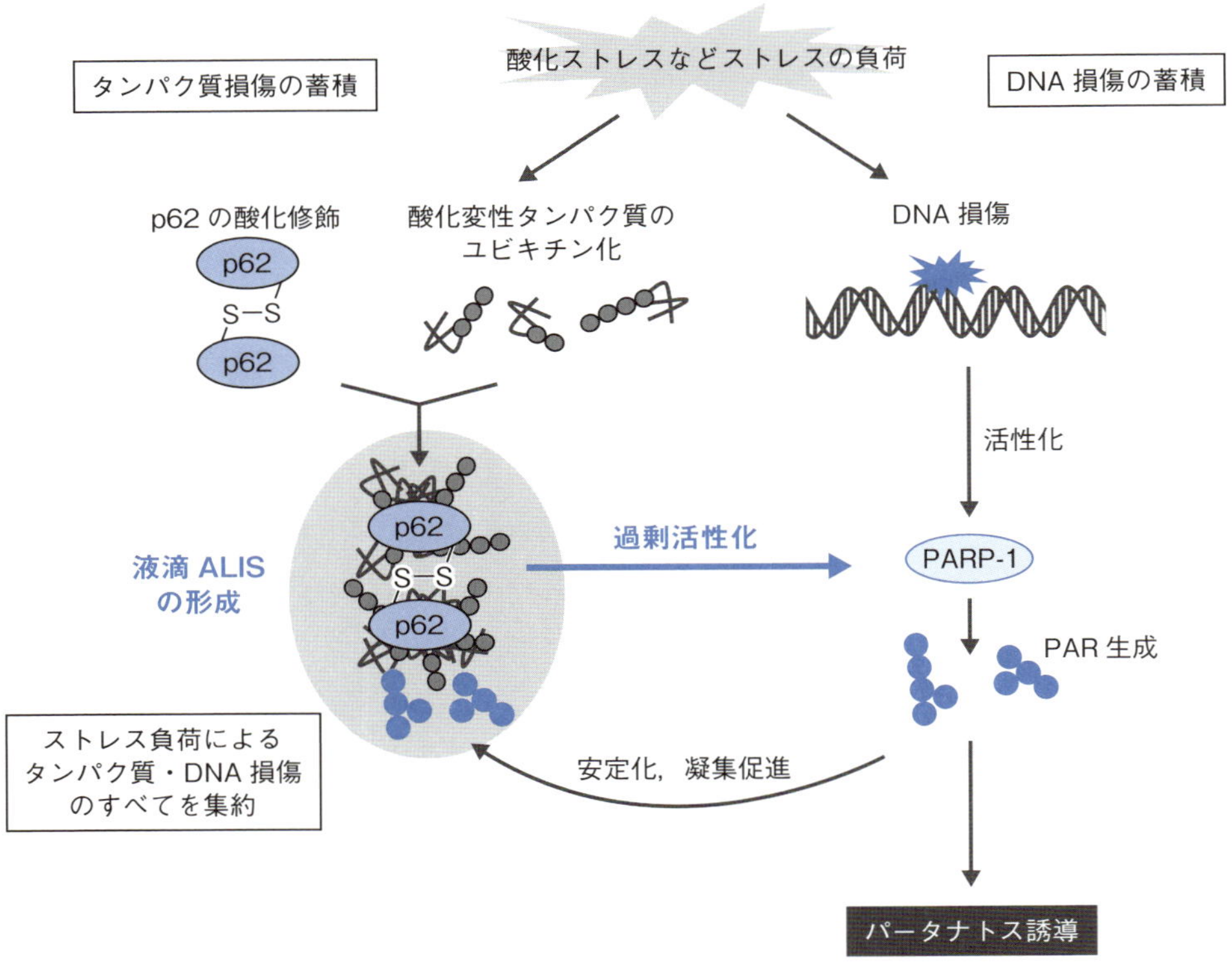

図4　液滴ALISの形成を介したパータナトス誘導機構

酸化ストレスによってタンパク質とDNAが損傷する．酸化ストレスはp62の酸化修飾を介して感知され，ユビキチン化された変性タンパク質はp62と結合して液滴ALISを形成する．DNA損傷はPARP-1に感知され，活性化PARP-1によって生成されたPARは，ALISを安定化させると同時にパータナトスを誘導する．ALISは細胞内のすべてのストレス損傷を集約し，パータナトスシグナルの発信の場として働く．

3）パータナトスにおける液滴ALISの役割

ALIS凝集体は，さまざまな解析から**液-液相分離**（liquid-liquid phase separation：LLPS）〔第5章-7（p.206）参照〕によって形成される**液滴**であることが分かった[21]．液滴ALISが形成されないとPARP-1の活性化も起こらないことから，ALIS形成がPARP-1過剰活性化とPAR生成，AIF核移行という一連のパータナトス誘導シグナル伝達経路の上流に位置すると考えられる．一方で，PARP-1欠損細胞ではALIS形成が抑制されることもわかっており，ここでもPARが，液滴ALISの形成促進や安定化にポジティブフィードバック的にかかわる可能性が示唆されている．

酸化ストレスなどのストレスで惹起されるDNA損傷とタンパク質変性はそれぞれ，DNA損傷はPARP-1によって，変性タンパク質はユビキチン化されてp62によって認識され，液滴ALISの形成や**流動性**（**凝集性**）変化に変換される．すなわち，ストレスで活性化されるPARP-1やp62などのさまざまなシグナル分子により酸化修飾やユビキチン化，リン酸化，PAR化といった多様な翻訳後修飾が起こり，構成因子間の相互作用の増強などを介してALISの形成が促進され，液滴の流動性も変化すると考えられる（**図4**）．このようにALISは，ストレス負荷によって生じたDNA損傷やタンパク質変性をPARP-1やp62が感知して集約する場であると同時に，パータナトスシグナルの発信の場としての役割をもつ．

6 おわりに

生体や細胞は，常に曝される内外環境から多様なストレスに対して，ストレスの種類や強さを的確に感知し，そのストレスに応じた最適な応答を誘導することで恒常性を維持している．すなわち，このようなストレス応答システムの適切な制御が生命活動の本質であるといっても過言ではない．そのストレス応答システムの1つが制御された細胞死パータナトスであり，この破綻が多くの疾患の原因となる．

酸化ストレスをはじめとするさまざまなストレスは，DNA損傷や変性タンパク質の蓄積につながる．これらを感知するのがPARP-1やp62であり，それら分子の活性化やストレス感知の場となるのが液滴ALISである．

ALISが液滴であるのは，ストレスの過重を液滴の流動性（凝集性），大きさ，数などに反映させるため，柔軟な不可逆的変化を必要とするからである．すなわち，液滴

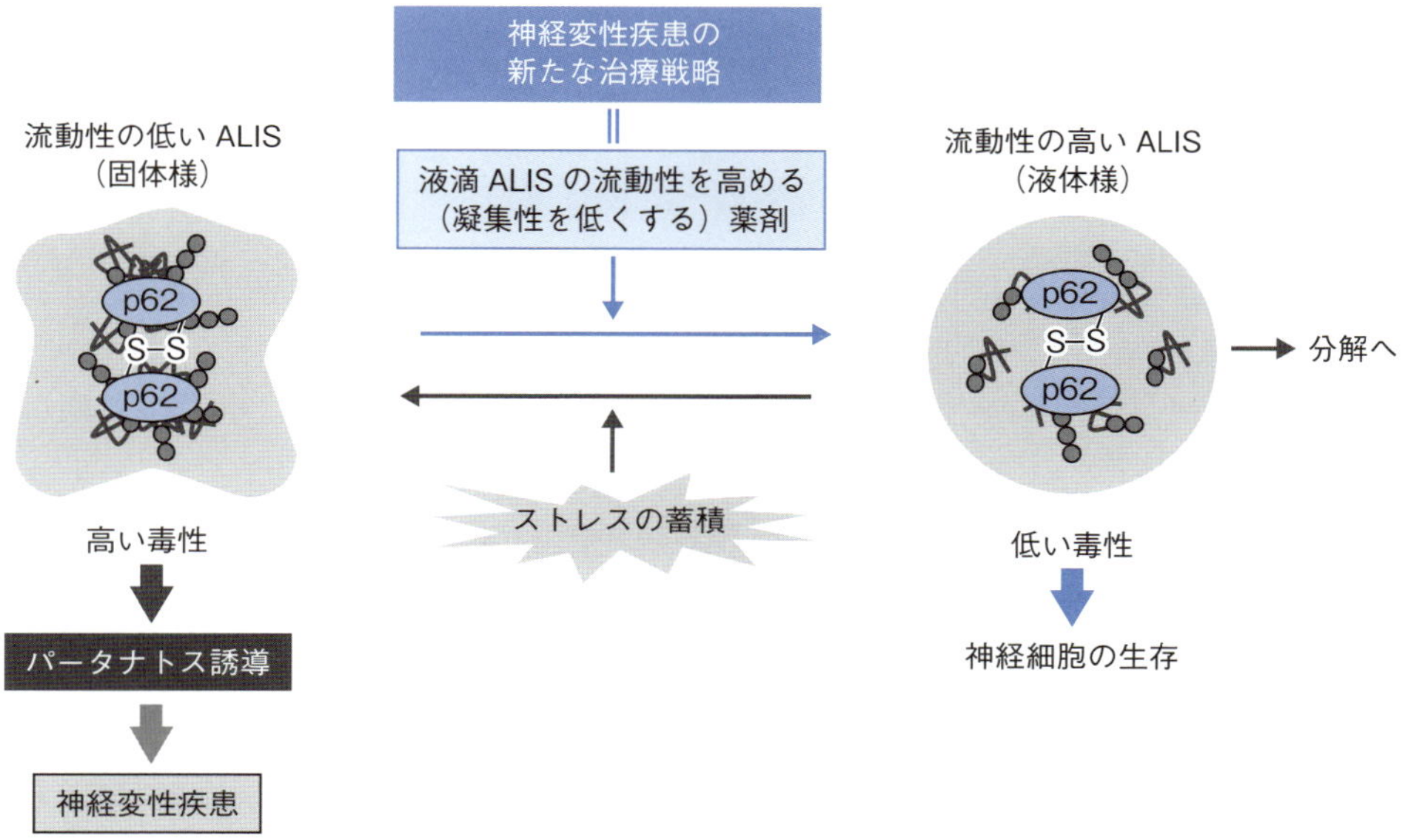

図5　ALISを介したパータナトス制御による神経変性疾患の新規治療戦略

多様なストレスが蓄積・集積した液滴ALISは流動性の低い（凝集性の高い）固体様の状態に傾き，パータナトスが誘導されて神経変性疾患の原因となる．一方，ALISの流動性を高める（凝集性を低くする）薬剤でALISを液体様の状態にすると分解促進などによって毒性は低下し，神経細胞死は起こらない．このようにALISを介したパータナトス制御は，既存のものとはまったく異なる神経変性疾患の画期的な治療戦略となる可能性がある．

ALISは細胞に負荷されたストレスのバロメータとしての役割があり，その制御が神経変性疾患などのパータナトス関連疾患の治療戦略として有効と考えられる．実際，筆者らは活性硫黄分子によってALISの分解が促進されることを発見し，その際，パータナトスも強く抑制されることを見出している[29]．

さらに，筆者らは液滴ALISの流動性を高める（凝集性を低くする）薬剤を見出しており（流動性を高めるとALISのパータナトス誘導能は低下する），この薬剤がアルツハイマー病でのアミロイドβ誘導性神経細胞死を顕著に抑制することを確認している[21]（**図5**）．今後，液滴ALISの流動性の調節を含めたパータナトスの制御が，神経変性疾患といったパータナトス関連疾患の画期的な治療戦略として確立されることを期待したい．

文献

1） David KK, et al：Front Biosci（Landmark Ed），14：1116-1128, 2009 必読
2） Zhang J, et al：J Adv Res, 24：S2090-1232(24)00174-7, 2024 必読
3） Vanden Berghe T, et al：Nat Rev Mol Cell Biol, 15：135-147, 2014
4） Yu SW, et al：Proc Natl Acad Sci U S A, 103：18314-18319, 2006
5） Yu SW, et al：Science, 297：259-263, 2002
6） Alano CC, et al：J Neurosci, 30：2967-2978, 2010
7） Reber JM & Mangerich A：Nucleic Acids Res, 49：8432-8448, 2021
8） Wang Y, et al：Sci Signal, 4：ra20, 2011
9） Wang Y, et al：Science, 354：aad6872, 2016
10） Jang KH, et al：Cell Death Dis, 8：e2526, 2017
11） Zhou Y, et al：Pharmacol Res, 163：105299, 2021
12） Li C, et al：Biochim Biophys Acta Mol Basis Dis, 1870：167190, 2024
13） Li C, et al：Mol Cancer Ther, 22：306-316, 2023
14） Eliasson MJ, et al：Nat Med, 3：1089-1095, 1997
15） Nisa A, et al：Am J Physiol Cell Physiol, 323：C1444-C1474, 2022
16） Hivert B, et al：Neuroreport, 9：1835-1838, 1998
17） Kam TI, et al：Science, 362：eaat8407, 2018 必読
18） Vis JC, et al：Acta Neuropathol, 109：321-328, 2005
19） Love S, et al：Brain, 122（Pt 2）：247-253, 1999
20） Park H, et al：Int Rev Cell Mol Biol, 353：1-29, 2020 必読
21） Hamano S, et al：Cell Death Discov, 10：74, 2024 必読
22） Andrabi SA, et al：Nat Med, 17：692-699, 2011
23） Liu L, et al：Cell Mol Life Sci, 79：60, 2022
24） Park H, et al：Cell, 185：1943-1959.e21, 2022 必読
25） Szeto J, et al：Autophagy, 2：189-199, 2006
26） Fujita K, et al：Proc Natl Acad Sci U S A, 108：1427-1432, 2011
27） Noguchi T, et al：Cell Death Dis, 9：1193, 2018 必読
28） Carroll B, et al：Nat Commun, 9：256, 2018
29） Yamada Y, et al：J Biol Chem, 299：104710, 2023 必読

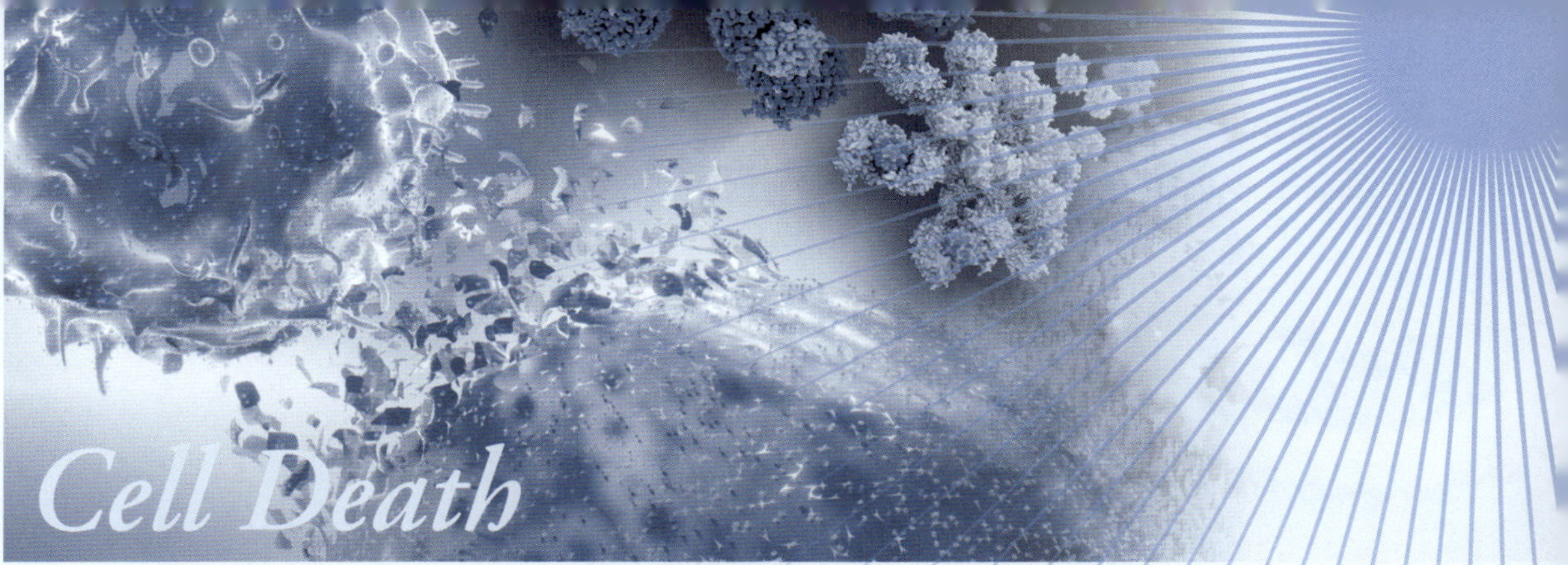

第4章

死細胞のゆくえ

第4章 死細胞のゆくえ

1 死細胞の貪食

大和勇輝，鈴木　淳

ヒトをはじめとする多細胞生物では，発生，細胞代謝，組織の再構築において細胞死は重要な役割を果たし，体内より不要な細胞を除去することにより生物の恒常性は支えられている．実際にヒトでは，毎日1,000億個以上の細胞がアポトーシスにより細胞死を起こし，マクロファージなどの貪食細胞による食作用によって生体から排除されている．組織損傷や感染症などの病的条件下においては，過剰なアポトーシス細胞が貪食により除去されず局所的に蓄積すると，二次的壊死（ネクローシス）を引き起こし，炎症や症状を悪化させると考えられている．また貪食は，神経ネットワークの発達，免疫細胞や生殖細胞の成熟にもかかわり，生命活動を維持するうえで切り離せない関係にある．そこで本稿では，さまざまな組織内における貪食という生理現象について着目して説明する．

KEYWORD ◆不要細胞◆アポトーシス◆貪食◆エフェロサイトーシス※1

1 さまざまな臓器における貪食

われわれの生体内では，**アポトーシス**による細胞死〔第3章-1（p.46）参照〕，およびその後の貪食（エフェロサイトーシス※1）により，生体内の不要な細胞の除去が日常的に行われている（**図1**）．例えば老化した赤血球は，肝臓に存在する貪食細胞であるクッパー細胞によって毎秒2.4×10^{6}個の細胞が除去されている[3]．短命な細胞として知られる好中球も，毎日1×10^{11}個の細胞が細胞死を起こし，その後の貪食によって除去されている[4]．また貪食は，細胞成熟や発生にも関与しており，T細胞の95％は胸腺での成熟過程において，自己反応性または非反応性のT細胞受容体を発現するためにアポトーシスに陥り，食細胞により貪食にされて除去されている[5]．脳内のミクログリアは，ニューロンの不要なシナプス結合を貪食により除去し，必要なシナプス結合だけを強める**シナプス刈り込み**によってシナプス可塑性を制御している[6]．これら

※1 **エフェロサイトーシス**：食細胞による細胞貪食のうち，特にアポトーシスなどによって細胞死を起こした細胞や死にゆく細胞を排除する過程のこと．埋葬を意味するラテン語の「effero」にちなんで2003年にAimee M deCathelineauとPeter M Hensonにより提唱された概念である[1]．一方でファゴサイトーシスはクロファージなどの食細胞による，微生物やウイルスなどを貪食し，除去する過程のことを指す．

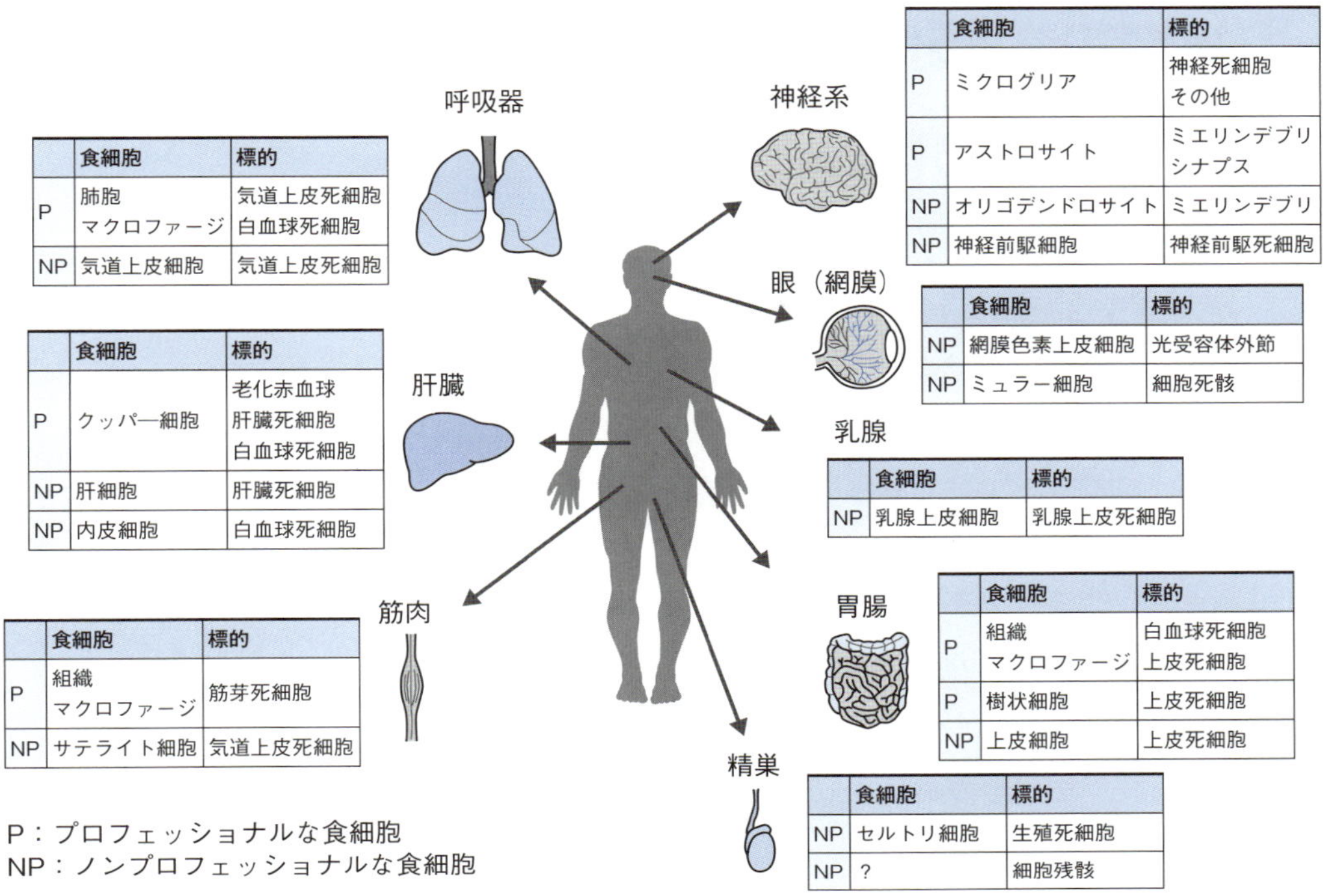

図1　さまざまな臓器における食細胞と標的細胞

われわれの生体内では，さまざまな臓器でプロフェッショナルな食細胞（P）とノンプロフェッショナルな食細胞（NP）によって多くの死細胞，老化細胞が貪食によりクリアランスされている（文献2より引用）.

貪食による組織の再構成は，マクロファージや樹状細胞，ミクログリアといったいわゆる**プロフェッショナルな食細胞**によって担われている.

一方で，上皮細胞や線維芽細胞などの**ノンプロフェッショナルな食細胞**は，プロフェッショナルな食細胞より貪食能力が低いものの，プロフェッショナルな食細胞が侵入しにくい肺胞や腸上皮などの組織で重要な役割を果たしている．例えば気管支上皮細胞は，アレルゲンに曝露しアポトーシスを起こした隣接の気管支上皮細胞を貪食し，アレルギー誘発性気道炎症を抑制している[7)]．乳腺組織においては，乳腺上皮細胞がアポトーシス細胞を貪食し，授乳後の乳腺組織の退縮をサポートしている[8)]．精巣の精細管上皮を覆っているセルトリ細胞は，精子形成中に生じる減数分裂異常や発達異常を起こしてアポトーシスを引き起こした1×10^6個の細胞を超える生殖細胞を貪食により除去している[9)]．眼の網膜下部に位置する網膜色素上皮細胞は，視神経外接を貪食によって恒常的に除去しており，網膜層の恒常性の維持に不可欠な役割を果たしている[10)]．また，アポトーシスおよびアポトーシス細胞の貪食は発生の過程において組織の形成を担っているが，マクロファージ欠損マウスにおいても貪食による発生過程でのアポトーシス細胞除去が起こり正常な組織形成が行われていることも，ノンプロフェッショナルな食細胞が生体内で十分な貪食機能を有している証拠となっている[11)].

2 細胞膜リン脂質の非対称性の維持機構とその破綻

アポトーシス細胞の細胞膜脂質は，生細胞とは異なった分布を示す．

通常，細胞膜のリン脂質二重層は，外層にホスファチジルコリン（phosphatidylcholine：PC）やスフィンゴミエリン，内層にホスファチジルセリン（phosphatidylserine：PS）やホスファチジルエタノールアミン（phosphatidylethanolamine：PE）が富んだ分布を示す．この細胞膜リン脂質の非対称的な分布は**フリッパーゼ**によって担われており，**スクランブラーゼ**と呼ばれるタンパク質群によってその非対称性分布は変化する．生細胞では，脂質フリッパーゼ（**P4-ATPase ファミリー**）がATP依存的にPSを細胞膜外層から内層へ転移させ，細胞膜リン脂質の非対称性を維持している．

これに対してアポトーシス細胞ではこの非対称性が変化し，PSを細胞膜外層へ露出させることが1992年に報告された[12]．細胞表面に露出したPSを検出するために，通常は細胞内でCa依存的にPSに結合するAnnexin Vを精製し，蛍光標識したものが市販されている[13]．

このPSの露出は，アポトーシスによるcaspaseの活性化，それに伴うフリッパーゼの不活性化，および脂質スクランブラーゼの活性化により迅速に行われる（Column ⑱参照）．リン脂質を区別なく双方向に輸送するスクランブラーゼ**Xkr8**およびそのファミリータンパク質**Xkr4**，**Xkr9**は，そのC-末端近傍にcaspase認識領域が存在し，アポトーシス時にcaspaseによって切断されることで活性化され，迅速にPSを露出させ

Column

⑱ リバイバルスクリーニングによるスクランブラーゼ活性化因子の同定

2021年に筆者らのグループはスクランブラーゼXkr4の活性化因子としてXRCC4を同定した．Xkr4は，Xkr8と同様にcaspaseによって切断され，二量体を形成することはわかっていたが，Xkr8とは異なり二量体化だけでは活性化されず，別の活性化因子の存在が示唆されていた．

筆者らのグループはこの活性化因子の同定を試みたが，従来のCRISPR-Cas9/sgRNAライブラリーを用いた手法にはいくつかの障害があった．2014年に開発されたCRISRP-Cas9/sgRNAライブラリースクリーニングは，それ以来多くの生命現象の因子を同定してきた．しかしながら，筆者らのグループが求める因子は，アポトーシスを起こし死にゆく細胞であり増殖しない．また，DNAを分解する酵素はアポトーシスのときに活性化するため，このスクリーニング技術の適用は困難だった．そこで筆者らのグループは，死にゆく細胞や増殖しない細胞でもスクリーニングが可能なリバイバルスクリーニング法を開発した．

このリバイバルスクリーニング法では，標的細胞にsgRNAライブラリーを導入後，アポトーシス刺激を行い，Xkr4が活性しない細胞をFACSによりソーティングし，そこからゲノムDNAを回収（DNA分解を防ぐためにDNase欠損細胞を利用），sgRNAの配列を含む領域をPCRで増幅し，再度ベクターに組み込むことで濃縮されたsgRNAライブラリーを作製する．このサイクルを繰り返すことにより，1回のソーティングでは同定が困難な因子の濃縮が可能となる．

実際に筆者らは，3回のライブラリーの再構築によりXkr4の活性化因子としてXRCC4を同定した．このリバイバルスクリーニング法は，アポトーシスを起こしている細胞のみならず，因子の欠損により結果的に致死に至る場合や生体臓器への応用を可能としており，これからの利用が期待される．

る[14, 15]．また，露出したPSが細胞膜内層へ再度取り込まれることを防ぐため，活性化したcaspaseはスクランブラーゼの切断による活性化と並行して，フリッパーゼの切断による不活性化を行う[16]．

3 Eat-meシグナルと貪食受容体

アポトーシスを起こした細胞が細胞表面に露出したPSは，貪食細胞に認識されるための**“Eat-me”シグナル**として機能する．実際に，PSをマスクすることで，貪食が阻害されることが確認されている．この“Eat-me”シグナルであるPSに結合する貪食細胞に発現する貪食受容体が，これまでにいくつか報告されている[17]（**図2**）．

1）TAM受容体ファミリー

そのなかでも，チロシンキナーゼである**Tyro3，Axl，MerTK**はTAM受容体ファミリーと呼ばれて，貪食における中心的な役割を担う．TAM受容体は直接的にPSに結合することはできないが，血清中の可用性タンパク質であるプロテインS，Gas-6を介してアポトーシス細胞表面にあるPSに間接的に結合し，チロシンキナーゼSrcおよびPI3キナーゼとホスホリパーゼPLCなどの細胞シグナル伝達経路を活性化させ，貪食細胞によるアポトーシス細胞貪食を誘導する[18]．このシグナル伝達経路は，アポトーシス細胞の貪食における主要なシグナル経路だと考えられている．

2）BAI1

またGタンパク質共役受容体の一種であるBAI1は，トロンボスポジンリピートを介してアポトーシス細胞表面にあるPSに直接結合し，Rac1のグアニン交換因子として機能するELMO1とDOCKと相互作用することでアクチン細胞骨格の再構成，アポトーシス細胞貪食を誘導すると報告されている[19]．しかしながら，BAI1をほかの細胞に再構成しても貪食効率がほとんど上昇しないことから，貪食の主要な受容体であるかは疑問がもたれている．

3）TIM-4，TIM-1

一方，T細胞機能の調節因子として同定されていた細胞表面糖タンパク質ファミリーのTIM-4およびそのファミリーTIM-1は，アポトーシス細胞表面にあるPSに強く結合するものの，下流へのシグナル伝達能力はもっていない．しかしながら，TIM-4の阻害は腹腔マクロファージによる貪食の阻害を引き起こすことから，TIM-4はその強力なPS結合能によりアポトーシス細胞を細胞表面に集める役割があると考えられている[20]．

4）MFG-E8

マクロファージなどによって放出される分泌タンパク質であるMFG-E8は，アポトーシス細胞のPSに結合するC1-C2ドメインを有しており，マクロファージ上のIntegrin $\alpha_V\beta_3$，$\alpha_V\beta_5$と結合することで貪食を誘導する[21]．しかし生理的な局面においては，死細胞よりも細胞外小胞の貪食により中心的な役割を担うと思われている．MFG-E8のIntegrin結合領域を変異させたD89E変異MFG-E8は，PSに結合する能力を有するものの，貪食を誘導しないため，PSをマスクすることにより，PS依存性貪食を阻害するツールとして用いられている．

4 貪食後の死細胞成分の分解，排出，代謝

毎日数千億個の細胞を除去するために，食細胞は短期間で複数のアポトーシス細胞を貪食する必要がある．単純に考えて，食細胞がアポトーシス細胞を貪食すると，そのタンパク質や細胞膜などの細胞成分は2倍になる．次のアポトーシス細胞を貪食するために，食細胞は貪食したアポトーシス細胞を消化し，次の貪食へ備えなければならない．

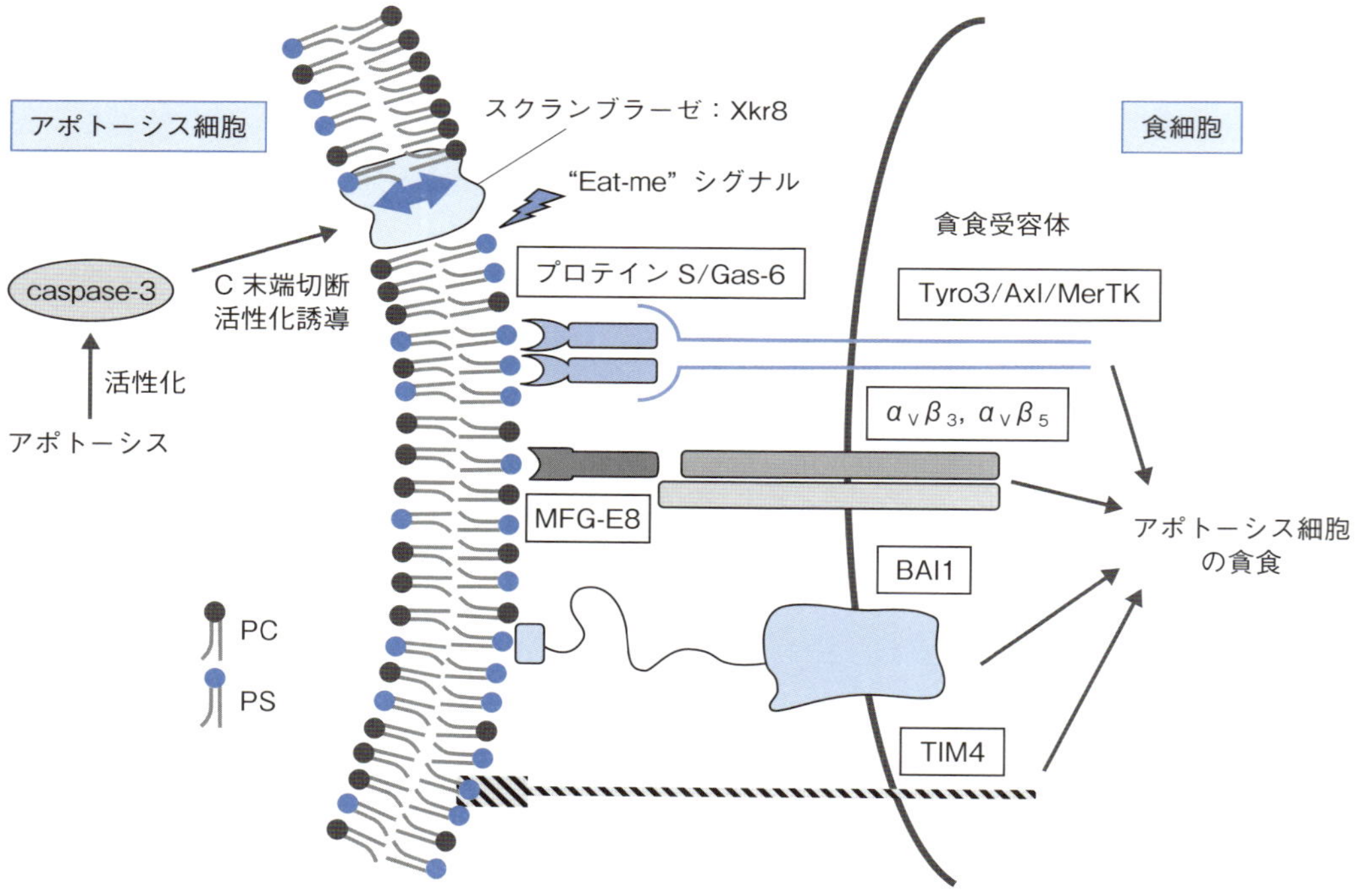

図2 "Eat-me" シグナルと貪食受容体

アポトーシス細胞では，アポトーシスシグナルによりcaspase-3が活性化され，活性化caspase-3によりXkr8のC末端近傍が切断される．切断されたXkr8はスクランブラーゼの活性をはっきするようになり，通常リン脂質二重膜内層に分布するPSを外層へ露出する．食細胞は，貪食受容体によってこのPSを"Eat-me"シグナルとして認識し，アポトーシス細胞を貪食する．

1）DNAの分解

貪食受容体に認識されて貪食されたアポトーシス細胞は，**リソソーム**に運ばれ，そこで再利用のために分解される．特にDNAの分解は非常に重要であり，死細胞から漏出したDNAは免疫寛容の破壊，自己免疫疾患を引き起こすおそれがあることから複数のプロセスを経て分解が行われる．このDNA分解が恒常的に行われているのが赤血球生成の過程で，赤芽球から取り除かれたDNAはPSによって囲まれた核構造状で細胞外へ排出され，マクロファージはMerTK依存的にこれを貪食し，取り込んだDNAを分解する[22]．リソソームに取り込まれたDNAは，マクロファージリソソーム中のDNase Ⅱによって消化される．

アポトーシス細胞のDNAは，食細胞に貪食される前にcaspase-activated DNase（CAD）によってヌクレオソーム単位に切断されてからリソソームへ取り込まれてDNase Ⅱによって完全に消化される[23]．DNase Ⅱ欠損により，赤芽球やアポトーシス細胞のDNAを消化できないマウスでは，Ⅰ型インターフェロンであるインターフェロンβ（IFN β）やTNFが産生され，致死性の貧血や多発性の関節炎を発症する[24, 25]．

2）そのほかの分子の排出・代謝

また，貪食によってアポトーシス細胞を取り込んだ食細胞は，アポトーシス細胞由来のさまざまな分子を排出もしくは代謝する必要が出てくる．

代表的な例として**遊離コレステロール**があげられる．細胞内コレステロールレベルが著しく上昇した疾患として動脈硬化症があげられ，動脈硬化症では細胞内にコレステロールが蓄積したマクロファージ泡沫細胞がドロドロ状のかたまりとなって血管壁に沈着している．マクロファージは，アポトーシス細胞の貪食によりコレステロールが蓄積することを避けるため，コレステロール排出輸送ATP結合カセットABCA1の発現を貪食後に上昇させ，積極的に細胞内コレステロールを排出することが知られており[26]，このシステムの破綻がマクロファージにおけるコレステロールの蓄積の要因の1つとして考えられている．

このように，貪食後に生じるアポトーシス細胞成分の分解，排出，代謝システムによって，食細胞は数多くのアポトーシス細胞を排除し，生体内恒常性の維持を可能としている．

5 貪食による炎症の制御

貪食によるアポトーシス細胞の除去は，生体の恒常性に非常に重要な役割を果たしている．アポトーシスを起こした細胞が貪食細胞によって迅速に貪食されず体内より除去されない場合，細胞は二次的壊死（ネクローシス）を引き起こし，細胞膜が破裂して細胞内容物が放出される．この二次的壊死によって放出された細胞内容物はネクローシス細胞の内容物と同様に，損傷関連分子パターン（DAMPs：S100タンパク質，ATP，ミトコンドリアDNAなど）と呼ばれ，パターン認識受容体（PRRs：TLRファミリー，P2X7，P2Y2など）に結合し，好中球やマクロファージなどの免疫細胞動員に伴う炎症や自己抗原に対する免疫応答を引き起こす可能性が生じる〔第4章-2（p.146）参照〕.

これとは対照的に，アポトーシス細胞の貪食では抗炎症的な反応が生じる．アポトーシス細胞を認識し，貪食した食細胞はTGF-βやIL-10などといった**抗炎症性サイトカイン**を放出し，細胞死発生部位での炎症を抑制している．MFG-E8やTAM受容体といった貪食受容体リガンド，貪食受容体を欠損したマウスでは，自己免疫疾患である全身性エリテマトーデス（systemic lupus erythematosus：SLE）様の表現型を示し，貪食が炎症の抑制に重要であることが確認できる．また興味深いことに，貪食を誘導する組換えヒトMFG-E8を大腸炎マウスモデルに投与すると，その炎症を軽減することが示されている[27]．これはPSを露出したアポトーシス細胞の貪食が炎症性疾患治療に有益である可能性を示唆しているほか，実際に血液幹細胞移植後に起きる移植片対宿主病（graft versus host disease：GVHD）モデルマウスにアポトーシス細胞を投与すると，炎症が軽減され，生存が延長する結果が得られている[28]．

また近年，**TIM-4**を改良したキメラタンパク質が貪食およびそれに続く死細胞処理を誘導し，炎症を改善するという新たな発見が報告された[29]．この新規キメラタンパク質は，TIM-4に貪食シグナルを制御するELMO1を直接的に結合させることでPS認識からの細胞内シグナル伝達を大幅にショートカットさせたもので，貪食の性能をじつに5倍も上昇させている．実際にマウスを用いた大腸炎疾患モデル，肝炎疾患モデル，腎炎疾患モデルでは抗炎症性サイトカインのレベルが上昇し，炎症が抑制されることが示されている．これらのアポトーシス細胞の貪食を基盤にした炎症性疾患治療法がどのように発展していくのか，これからに期待したい．

6 貪食の治療への応用

ここまで“Eat-me”シグナルとしてのPSおよびその貪食に着目してきた．その一方で，主にがん領域では貪食阻害の因子として**“Don't eat-me”シグナル**という考えが提案されている．

1）CD47とSIRPα

“Don't eat-me”シグナルとして考えられている膜貫通型の免疫グロブリン関連タンパク質**CD47**は，インテグリンやトロンボスポンジン1と相互作用して好中球浸潤，T細胞の共刺激を制御するほか，マクロファージ上のシグナル調節タンパク質α（**SIRPα**）と結合することでマクロファージによる貪食を阻害することが報告されている[30]．このCD47-SIRPαによる貪食阻害には，SIRPαの**ITIM**リン酸化，SHP1およびSHP2の活性化が必要と考えられているが，貪食阻害のメカニズムは依然として不明である．また少なくともアポトーシス細胞の貪食には影響を与えないと考えられている．このことより抗体受容体を介した貪食とPSの認識を介した貪食との間には，一部，異なるシグナル経路が存在すると理解される．

CD47抗体を介したCD47-SIRPα阻害による貪食誘導メカニズムは不明であるものの，多くの腫瘍細胞で免疫回避の潜在的メカニズムとしてCD47の発現が上昇していることが確認されている[31]．実際に，CD47-SIRPαの相互作用を標的とした抗体がマウス前臨床がんモデルで治療薬としての有効性が確認されている[32]．また，がん臨床領域においても，CD47-SIRP αを標的とした抗体が臨床治験まで進んでおり，日本でも非ホジキンリンパ腫や骨髄異形成症候群，卵巣がんなどを対象に開発が行われている．CD47のほかに，GPIアンカー型タンパク質**CD24**も“Don't eat-me”シグナルとして提唱されてている．

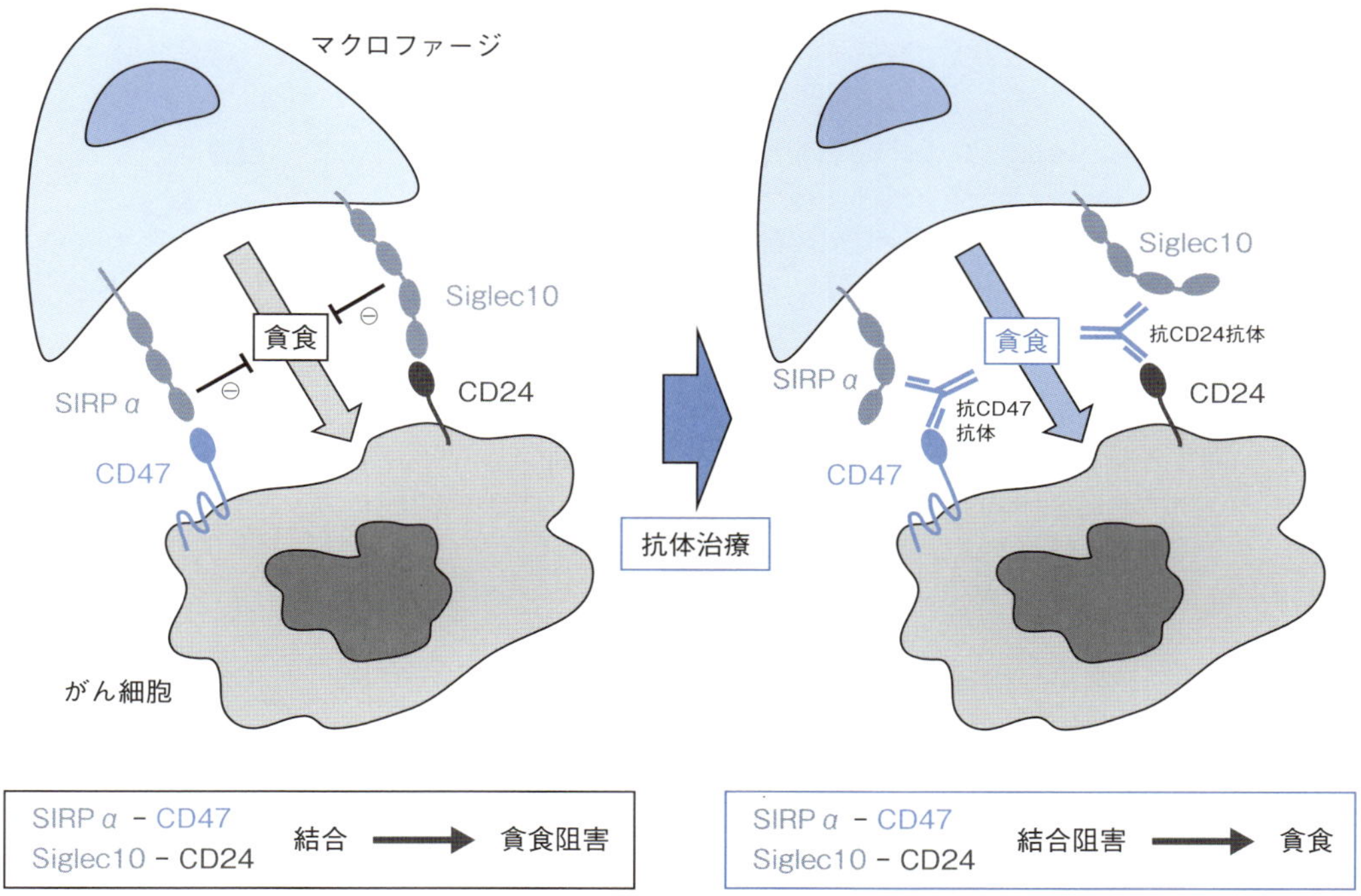

図3　貪食を利用した抗がん治療への応用

多くの腫瘍細胞で高発現が確認されているCD47とCD24は，マクロファージ上のSIRPαやSiglec-10と結合し，マクロファージによるがん細胞貪食に対して負の調整を行うとされる．これらの結合を阻害し，貪食抑制を低下させる抗CD47抗体や抗CD24抗体を用いた免疫チェックポイント療法は有望視されており，実際にCD47やCD24を標的とした治療法は，マウス前臨床がんモデルで有効な結果が得られている．

2）CD24とSiglec10

CD24はCD47と同様に多くの腫瘍細胞での発現が確認されており，卵巣がんや乳がんといった治療困難ながんで高発現が報告されている[33, 34]．CD24はマクロファージ上のシアル酸結合イムノグロブリン様レクチン**Siglec10**と結合することで貪食を阻害することが報告されている[35]．CD24-Siglec10の相互作用はCD47-SIRPαと同様に，Siglec10のITIMリン酸化経路であると考えられているが，メカニズムは不明である．

しかしながら，CD24-Siglec10の相互作用を標的とした抗体がCD24陽性乳がんモデルで治療薬としての有効性が示され，CD47やCD24を標的にした治療法がマウス前臨床がんモデルで有効な結果が得られている現状を考えると，貪食を利用した新たな治療標的として有望だと考えられる（**図3**）．

7 おわりに

本稿では，生体内恒常性維持を支えている貪食の役割について記述した．自らの身体のなかで毎日数千億個もの細胞が貪食によって除去されていることは実感しにくいが，それを支える食細胞達の機能について少しでも興味をもっていただければ幸いである．

文献

1） deCathelineau AM & Henson PM：Essays Biochem, 39：105-117, 2003 必読
2） Arandjelovic S & Ravichandran KS：Nat Immunol, 16：907-917, 2015
3） Sackmann Erich：Chapter 1-Biological Membranes Architecture and Function「Structure and Dynamics of Membranes: I」（Lipowsky R & E Sackmann, eds），pp1-63, North Holland, 1995
4） Erwig LP & Henson PM：Am J Pathol, 171：2-8, 2007 必読
5） Hotchkiss RS, et al：N Engl J Med, 361：1570-1583, 2009
6） Hashimoto K, et al：Proc Natl Acad Sci U S A, 108：9987-9992, 2011
7） Juncadella IJ, et al：Nature, 493：547-551, 2013
8） Monks, J. et al：Cell Death & Differentiation, 12：107-114, 2005
9） Elliott MR, et al：Nature, 467：333-337, 2010
10） Burstyn-Cohen T, et al：Neuron, 76：1123-1132, 2012
11） Wood W, et al：Development, 127：5245-5252, 2000
12） Fadok VA, et al：J Immunol, 148：2207-2216, 1992
13） Vermes I, et al：J Immunol Methods, 184：39-51, 1995
14） Suzuki J, et al：J Biol Chem, 289：30257-30267, 2014 必読
15） Suzuki J, et al：Science, 341：403-406, 2013 必読
16） Segawa K, et al：Science, 344：1164-1168, 2014 必読
17） Asano K, et al：J Exp Med, 200：459-467, 2004
18） Zagórska A, et al：Nat Immunol, 15：920-928, 2014
19） Park D, et al：Nature, 450：430-434, 2007
20） Miyanishi M, et al：Nature, 450：435-439, 2007
21） Hanayama R, et al：Nature, 417：182-187, 2002

22）Toda S, et al：Blood, 123：3963-3971, 2014
23）Enari M, et al：Nature, 391：43-50, 1998
24）Yoshida H, et al：Nat Immunol, 6：49-56, 2005
25）Kawane K, et al：Nature, 443：998-1002, 2006
26）Kiss RS, et al：Curr Biol, 16：2252-2258, 2006
27）Zhang Y, et al：Lab Invest, 95：480-490, 2015
28）Gatza E, et al：Blood, 112：1515-1521, 2008
29）Morioka, S. et al：Cell, 22：4887-4903, 2022
30）Oldenborg PA, et al：Science, 288：2051-2054, 2000
31）Chao MP, et al：Cell, 142：699-713, 2010
32）Edris B, et al：Proc Natl Acad Sci U S A, 109：6656-6661, 2012 必読
33）Tarhriz V, et al：J Cell Physiol, 234：2134-2142, 2019
34）Kristiansen G, et al：Clin Cancer Res, 9：4906-4913, 2003
35）Barkal AA, et al：Nature, 572：392-396, 2019

2 DAMPsと炎症

鹿子木拓海，中野裕康

単細胞生物を考えた場合には，その細胞死は世界の終わりを意味している．しかし多細胞生物の場合，ある特定の細胞集団の死は個体の終焉を意味しているわけではない．興味深いことに死細胞からさまざまな物質が放出され，周囲の細胞に信号を発信し，生体応答に関与していることがわかってきている．これらの死細胞由来の分子パターンはDAMPsと呼ばれている．本稿ではDAMPsの種類，機能，関連疾患について詳述したい．

KEYWORD ◆自然免疫◆DAMPs◆PRRs◆炎症

1 背景

1）DAMPsの歴史

免疫とは，生体が外来の病原体や異物，また異常をきたした細胞に対抗するための生体防御システムであり，自己と非自己を認識してさまざまな生体応答を惹起し，生体の恒常性を保っている．自己と非自己を認識する機構として，1989年にJanewayは，病原体特有の分子パターン（pathogen-associated molecular patterns：PAMPs）を認識して免疫応答を誘導する，**パターン認識受容体**（pattern-recognition receptors：PRRs）の概念を提唱した[1]．一方で，PAMPsとPRRsでは説明できない感染とは無関係な免疫応答も存在しており，これを説明するために，1994年にMatzingerは免疫系が病原体だけでなく，ストレス下の細胞が発したdanger signalsにも反応するという理論を発表した[2]．その後，この理論を支持するheat shock protein（HSP）などの分子が次々と発見され，2003年Landにより損傷関連分子パターン（damage-associated molecular patterns：DAMPs）と総称されるようになった[3]．

現在では多くのDAMPsが同定され，その研究が進むにつれて免疫系に留まらない多様な機能が明らかになっている．また，過剰に放出されたDAMPsが自己免疫疾患や敗血症の病態に深く関与していることが明らかになり，治療の標的としても注目されてきている．

2）DAMPsとPAMPs

◆ DAMPs

DAMPsは感染や組織損傷などのストレスに伴う細胞死や組織障害に伴い放出される分子であり，炎症の誘導や組織の修復を促す起点となる役割を担っている（**図1**）[4, 5]．danger signalsやalarminsとも呼ばれており，DAMPsにはタンパク質だけでなく，核酸，ATP，イオン，脂肪酸など多様な分子が含まれる（**表1**）[4, 5]．DAMPsはToll like receptors（TLRs）をはじめとするさまざまなPRRsに認識され，NF-κBやIRFなどの転写因子を活性化することで，炎症性サイトカイン，ケモカイン，接着分子，血管新生因子などの発現を誘導する．その結果，免疫細胞の活性化や炎症反応の増幅，組織修復などさまざまな生体応答を誘導する．

DAMPsは病原体特有の分子であるPAMPsとは異なり，本来われわれの細胞内に存在する「自己」の分子である．DAMPsのなかには，傷害を受けていない細胞内で特有の機能を発揮しているもの〔例えばhigh mobility group box-1（HMGB1），ATPなど〕と，細胞内では何ら機能をもたないもの（IL-1αやIL-1βなど）に大別される．いずれの分子も細胞が傷害されて細胞外に放出されることで，はじめて「危険信号」としてDAMPsの受容体により認識される[6]．

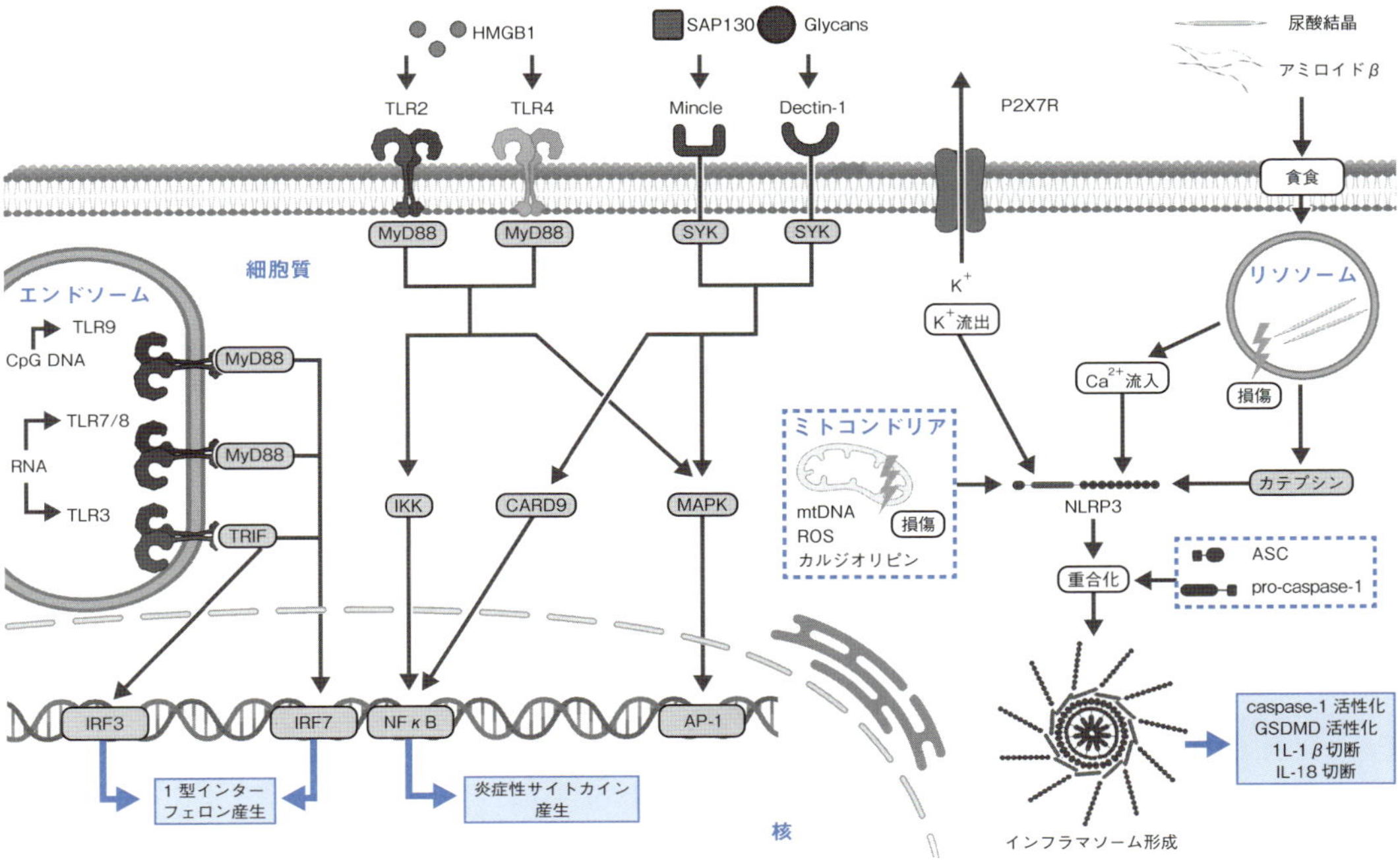

図1　DAMPs受容体とシグナル伝達

（元図は文献4，5を参考にBioRenderにて作成）

表1　代表的なDAMPsとその特徴

DAMPs	局在	代表的な受容体	代表的な関連疾患
HMGB1	核	TLR2，TLR4，RAGE	敗血症，梗塞
ヒストン	核	TLR2，TLR4，NLRP3	腎障害，敗血症
IL-1α	核	IL-1R1	自己炎症性疾患，関節リウマチ
IL-1β	細胞質	IL-1R1	自己炎症性疾患，敗血症
IL-18	細胞質	IL-18Rα	自己炎症性疾患
IL-33	核	ST2	アレルギー性疾患，喘息
HSPs	細胞質	TLR2，TLR4，RAGE	自己免疫疾患，慢性炎症性疾患
S100	細胞質	TLR2，TLR4，RAGE	がん，炎症性疾患
SAP130	核	Mincle	脳梗塞，急性腎障害
β-グルコシルセラミド	細胞膜	Mincle	Gaucher病
F-アクチン	細胞質	DNGR1	抗腫瘍免疫
DNA	核，ミトコンドリア	TLR9，cGAS，AIM2，NLRP3	自己免疫疾患，感染症
ATP	細胞質	P2XR，P2YR，NLRP3	感染症，神経痛，動脈硬化
尿酸結晶	細胞質	NLRP3	腎線維症，痛風
βアミロイド	細胞質	NLRP3	神経疾患
酸化LDL	細胞質	TLR4	動脈硬化

RAGE：receptor for advanced glycation end products，NLRP3：NLR family pyrin domain containing 3，IL-1R1：IL-1 receptor type 1，IL-18Rα：IL-18 receptor α，ST2：suppressor of tumorigenicity 2，Mincle：macrophage inducible C-type lectin，DNGR1：dendritic cell NK lectin group receptor-1，cGAS：cyclic GMP-AMP synthase，AIM2：absent in melanoma 2，LDL：low-density lipoprotein
（文献4，5を参考に作成）

◆ PAMPs

一方，PAMPsは細菌やウイルスなどに存在する特有の分子パターンである．PAMPsは生体内では通常存在しないため，外部から侵入してきた病原体を認識するための重要な手がかりとなる．

PAMPsもDAMPsと同様にTLRsなどのPRRsによって認識され，免疫系を活性化し，感染防御などの生体応答を誘導する．代表的なPAMPsとしては，細菌の細胞壁成分であるリポ多糖，ペプチドグリカン，ウイルスの二本鎖RNAなどがあげられる[7]．

2 DAMPsの放出制御機構

DAMPsの放出は主に細胞死に関連していると考えられる．一部の報告では，生細胞からもDAMPsが放出されることが示唆されているが※1，白崎らのlive cell imaging

※1　**DAMPsの生細胞からの放出**：一部のDAMPsは細胞死を伴わずに，特定の分泌経路を介して能動的に細胞外へと放出される場合もあることが報告されている[8]．細胞死を伴うDAMPsの放出と，生きた細胞からの放出の比率や，それらの生理学的あるいは病理学的な意味の解明は今後の課題である．

of secretion activity（LCI-S）という最新技術を使った研究からは，細胞外への放出は主に細胞死に伴う細胞膜傷害後に引き起こされると考えられる[9]．

またアポトーシス以外の制御された細胞死が次々と同定され，それらの細胞死の多くは細胞死の早期に細胞膜破裂が誘導されるという特徴を有している．そのためDAMPsは，いわゆるネクローシス細胞でみられる受動的な細胞膜傷害の結果放出されるだけではなく，細胞死に伴う積極的な細胞膜破裂の結果としても放出されると考えられるようになってきた．

1）アポトーシス以外の制御された細胞死とDAMPs

制御された細胞死では，それぞれ特異的な実行因子による細胞膜での膜孔形成や細胞膜破裂の結果，細胞内の内容物が細胞外へと放出される．最も精力的に解析が行われているパイロトーシスの場合には，まずgasdermin D（GSDMD）という細胞膜傷害分子がcaspase-1やcaspase-11（ヒトの場合にはcaspase-4，5）により切断されて活性化し，細胞膜上に多量体を形成して，約20 nm程度の穴を形成する．この穴から切断されて活性化型となったIL-1βなどの小さなDAMPsが放出され，その後にイオンや水分子の流入のために細胞が膨張し，その結果ニンジュリン1（NINJ1）と呼ばれる分子により細胞膜破裂がもたらされる[10]〔第3章-3（p.73）参照〕．ネクロプトーシスの場合にはリン酸化によりmixed lineage kinase domain-like（MLKL）と呼ばれる細胞膜傷害分子の多量体化が起こり細胞膜破裂を引き起こす〔第3章-2（p.63）参照〕．一方でフェロトーシスの場合には細胞膜脂質の過酸化により細胞が膨張し，最終的にはパイロトーシスと同じようにNINJ1によって細胞膜破裂が実行される[11]〔第3章-4（p.84）参照〕．浸透圧ストレスや熱ストレスでもNINJ1が活性化することが報告されており[12, 13]，これまで受動的な細胞膜破裂と考えられていたいわゆるネクローシスでもNINJ1が能動的に細胞膜破裂を誘導している可能性がある．

2）アポトーシスとDAMPs

一方でアポトーシス細胞は細胞膜機能が比較的後期まで維持され，かつ早期に**Eat-meシグナル**が細胞表面に表出されることから，周辺に存在する貪食細胞によりすみやかに貪食される〔**エフェロサイトーシス（efferocytosis）**〕．そのため，ATPなどの小さなDAMPsの放出を除き，分子量の大きなDAMPsの放出は起こりにくいと考えられる[14]．しかし，*in vivo*において例えば大量のアポトーシスが誘導されるような状況や，エフェロサイトーシスが障害された場合には，アポトーシス細胞から大量のDAMPsが放出される[15]．そのメカニズムの1つとして，アポトーシスに伴い活性化されたcaspase-3が，GSDMファミリーに属するGSDMEを切断して活性化させ，その結果細胞膜破裂が引き起こされることが明らかとなった[16]．

3 主要なDAMPs

1）HMGB1

HMGB1はほとんどすべての細胞の核内に存在してクロマチンと結合してヌクレオソーム構造の安定化や転写調節を行っているタンパク質である[17]．しかし，細胞外へ放出されたHMGB1はDAMPsとして機能し，TLR2，TLR4やRAGE（receptor for advanced glycation end product）などの受容体に結合して，NF-κBなどの転写因子を活性させることで炎症性サイトカインの産生を誘導する[17]．

HMGB1は炎症を誘導する代表的なDAMPsであり，多くの感染症や，自己免疫疾患などの多数の疾患の病態と関係していることが報告されている．HMGB1は酸化還元状態によりDAMPsとしての機能が変化することが報告されており，還元状態では炎症性サイトカインの産生を促進する一方で，N末に存在する2個のシステインがジスルフィド結合している酸化型では，CXCL12と会合してケモカインとしての作用を発揮すると考えられている[18]．またHMGB1はトロンビンにより分解され，免疫活性を失うことが報告されている[17]．

2）IL-1ファミリー

IL-1ファミリーは免疫系において重要な役割を果たすサイトカイン群であり，**IL-1α**，**IL-1β**，**IL-18**，**IL-33**などが属している[19]．多くのIL-1ファミリーは細胞内に前駆型として存在し，特定の刺激により活性化され，細胞外に分泌される[19]．細胞外IL-1ファミリーは対応した受容体と結合し，MyD88（myeloid differentiation primary response gene 88）を介してNF-κBを活性化して炎症応答を惹起する[19]．

なかでもIL-1βは強力な炎症性サイトカインである．IL-1βやIL-18は前駆型で細胞質に存在し，caspase-1により切断されて成熟型に変換される．またcaspase-1やcaspase-11（ヒトではcaspase-4や5）により切断されて活性化されたGSDMDにより形成された細胞膜孔からIL-1βやIL-18が細胞外へ分泌される[19)]〔第3章-3（p.73）参照〕．

IL-33は主に上皮細胞，内皮細胞や間質細胞で発現しているサイトカインである．細胞外へ放出されたIL-33は2型自然リンパ球などの免疫細胞表面上のST2受容体（IL-1R4）と結合し，2型サイトカインであるIL-5やIL-13などの産生を誘導し，強力にアレルギー応答を惹起する[20]．IL-33は全長型でも活性をもつが，好中球エラスターゼやカテプシンなどのプロテアーゼによる切断で活性が増強し，一方でcaspase-3により切断された場合には活性が消失する[20]．さまざまな死細胞からIL-33が放出されることが報告されているが，最近ではアレルゲンの1種であるパパインによりGSDMDが切断されてできる細胞膜孔から，細胞死が誘導されない状況でも放出されることが報告された．しかしこれについてはさらなる解析が必要と考えられる[21]．

3）ATP

ATPは生体内のエネルギー物質であり，細胞の恒常性維持に必須の分子であるが，一度細胞外に放出されるとまったく異なる機能を発揮する．細胞外ATPは**find-meシグナル**として働き，アポトーシス細胞周囲に貪食細胞をリクルートする機能や，P2X受容体やP2Y受容体と結合して免疫細胞の活性化や炎症性サイトカインの産生を促す[22]．P2X受容体はATPとの結合により開口する陽イオンチャネルであり，Na^+やK^+の流入やCa^{2+}の流出を起こす．特に一部の細胞では，K^+の流出はインフラマソーム※2の活性化につながり，マクロファージ系の細胞ではパイロトーシスを誘導する[4]．

4 DAMPsの受容体

1）TLRs

TLRsは自然免疫において中心的な役割を担う膜結合型受容体ファミリーであり，DAMPsやPAMPsを含む多様なパターンを認識する．TLRファミリーのなかで，特にTLR2とTLR4はHMGB1やS100，遊離脂肪酸など多くのDAMPsを認識する．TLR2，TLR4がDAMPsと結合すると，MyD88経路やTRIF（toll/IL-1 receptor domain-containing adapter-inducing interferon-β）経路を介したシグナル伝達経路が活性化される．その結果，NF-κBなどの転写因子が活性化され，I型インターフェロン（IFN）やIL-1，TNFなどの炎症性サイトカインの産生が誘導され，免疫応答が発生する[4]．

一方，TLR3，TLR7，TLR8はRNAを，TLR9はDNAを認識する受容体であり，細胞内のエンドソームに局在している．これらのTLRは主にウイルスや細菌などの外来由来の核酸を認識するが，時に自己由来の核酸を認識し，自己免疫疾患の発症に関与している可能性が示唆されている[23]．

2）NLRs

Nod-like receptors（NLRs）ファミリーは主に細胞質へ侵入するPAMPsや，細胞外やオルガネラから細胞質へ移行したDAMPsなどを認識する細胞質内受容体ファミリーである[5]．NLRファミリーは20種類以上存在しており，そのなかでは**NLRP3**が代表的である．NLRP3はK^+やCa^{2+}，ミトコンドリアDNA（mtDNA），ATP，尿酸結晶，コレステロール結晶，シリカなど多様なPAMPsやDAMPsにより活性化される．その結果NLRP3インフラマソームという複合体を形成し，caspase-1を活性化させ，パイロトーシスを誘導し，切断されたIL-1βとIL-18が放出されて炎症反応を誘導する[24]．培養細胞でパイロトーシスを誘導するためには，LPSやペプチドグリカン

※2 **インフラマソーム**：インフラマソームは感染や細胞ストレスを感知して，形成される複合体タンパク質である．PRRsであるNLRsやabsent in melanoma 2（AIM2）が刺激を感知するとapoptosis-associated speck-like protein containing a CARD（ASC）やpro-caspase-1とともに複合体を形成し，caspase-1を活性化する．

などのTLRリガンドによる前刺激が必要であり（この刺激によりNLRP3やIL-1βなどの発現が上昇する），これはprimingと呼ばれている[24]．

3）CLRs

C-type lectin receptors（CLRs）は自然免疫系において重要な役割を担うパターン認識受容体ファミリーの1つである[5]．CLRsは細胞膜上に存在し，真菌や細菌などの糖鎖構造を認識するが，一部のCLRファミリーはDAMPsとも結合する．

代表例が**Mincle**であり，組織損傷によって放出されるDAMPsであるSAP130やβ-グルコシルセラミドを認識し，炎症反応を誘導する[4]．β-グルコシルセラミド分解酵素の遺伝的欠損で発症するGaucher病では，過剰蓄積したβ-グルコシルセラミドがMincleを介した炎症反応を招くことが病態形成に関与している[25]．

4）RAGE

RAGEは細胞膜上に存在し，糖化反応の最終産物である終末糖化産物に反応する受容体であり，糖尿病合併症との関連で注目されていた[5]．しかし，近年HMGB1やS100などのDAMPsも認識することが明らかになった．DAMPsとRAGEが結合をすると，MAPK経路やJAK-STAT3経路を介して，炎症反応の増強に寄与する[5]．RAGEは内皮細胞や免疫細胞などで発現しており，糖尿病性血管合併症や悪性腫瘍の進行などの病態に関与している[5]．

5 病理的な意義

1）感染症

DAMPsの主目的の1つは外来微生物への免疫応答を増強することであり，重要な生体防御機構の1つである．しかし，感染症の重症化に伴いパイロトーシス細胞が過剰に生じると，その結果過剰なDAMPsが放出され，サイトカインストームも相まって敗血症性ショックを引き起こす．**敗血症**ではHMGB1をはじめとするDAMPsの血中濃度が上昇することが知られており，予後不良因子として注目されている[26]．敗血症モデル動物において，HMGB1を標的とした治療により生存率が改善することが報告されており，現在DAMPsを標的とした治療開発が進んでいる[26]．

2）非感染性炎症

DAMPsは感染症だけでなく，梗塞や外傷，熱傷などの非感染性組織障害でも放出され，炎症反応を惹起する．例として，**脳梗塞**では脳組織の虚血により細胞が壊死し，ATPやIL-1βなどのDAMPsが放出される[27]〔第5章-2（p.164）参照〕．DAMPsによって発生する炎症が梗塞巣周囲の細胞死に至っていない組織（ペナンブラ）にさらなる障害を与え，遅発性の細胞死を誘導して，脳梗塞の病態を悪化させることが報告されている[27]．

3）悪性腫瘍 〔第5章-4（p.180）参照〕

DAMPsは腫瘍免疫の活性化と腫瘍の増殖・転移の促進という相反する二面性を示す．一部の抗がん剤はがん細胞に免疫原性細胞死※3を誘導することで，DAMPsの放出を促し，腫瘍免疫を活性化することが知られている[30]．一方でDAMPsは，腫瘍微小環境において慢性炎症を惹起し，血管新生や浸潤，転移を促進することで，腫瘍の増殖や進展を助長する可能性も示唆されている[29]．

4）自己炎症性疾患 〔第5章-5（p.189）参照〕

DAMPsが過剰に放出されると，感染や獲得免疫系（抗体やT細胞など）が関係しない状況で炎症反応が発生する．代表的な疾患が自己炎症性疾患であり，多くはインフラマソームの構成分子やその制御因子の遺伝子変異により発生する[31]．例として，**家族性地中海熱（familial Mediterranean fever：FMF）**や**クリオピリン関連周期熱症候群（Cryopyrin-associated periodic syndromes：CAPS）**はそれぞれPyrinとNLRP3のインフラマソーム構成分子の遺伝子変異によって起こり，IL-1βの過剰産生による炎症が病態となる．これらの疾患では，インフラマソームの阻害を行うコルヒチン[32]やIL-1βを標的とした抗IL-1β抗体であるカナキヌマブが治療に使用される[31]．

6 今後の研究展望

DAMPsは，2000年代初頭に提唱された比較的新しい概念であり，その機能や病態生理学的意義についてはいまだ不明な点が多く残されている．DAMPsは細胞膜破裂を起こした死細胞からしか放出されないのか，あるいは一部の生細胞からも放出されるのかについては，完全には解決していない課題である．しかし今後LCI-Sなどの最新の技術を用いた解析法の進展により，結論は出ると考えられる〔第6章-2（p.229）参照〕．

またDAMPsの認識機構やシグナル伝達経路に関する研究が飛躍的に進展しており，DAMPsがさまざまな疾患の治療標的として有望視されている．現在のところヒトの疾患バイオマーカーとして承認されているDAMPsは存在しないものの，疾患の早期診断，病態把握，治療効果判定，予後予測などが今後可能になると期待されている．さらに今後は基礎研究で得られた知見を臨床に応用するためにトランスレーショナルリサーチを進めていくことが重要である．

※3 **免疫原性細胞死（Immunogenic cell death）**：免疫原性細胞死は，免疫系が賦活化される細胞死である[28]．免疫原性細胞死において重要な点としてはDAMPsの放出と抗原提示が行われるという点であり，細胞死のプロセスで放出されたDAMPsが周囲の抗原提示細胞を活性化し，貪食した死細胞由来の抗原を抗原特異的T細胞に提示することで，獲得免疫が誘導される[29]．

文献

1) Janeway CA Jr：Cold Spring Harb Symp Quant Biol, 54 Pt 1：1-13, 1989
2) Matzinger P：Annu Rev Immunol, 12：991-1045, 1994
3) Land W：Transplan Rev, 17：67-86, 2003
4) Gong T, et al：Nat Rev Immunol, 20：95-112, 2020 必読
5) Ma M, et al：Immunity, 57：752-771, 2024 必読
6) Nakano H, et al：Biochem J, 479：677-685, 2022
7) Kawai T & Akira S：Nat Immunol, 11：373-384, 2010 必読
8) Zhang M, et al：Cell, 181：637-652.e15, 2020
9) Liu T, et al：Cell Rep, 8：974-982, 2014
10) Kayagaki N, et al：Nature, 591：131-136, 2021
11) Ramos S, et al：EMBO J, 43：1164-1186, 2024
12) Dondelinger Y, et al：Cell Death Dis, 14：755, 2023
13) Han JH, et al：Nat Commun, 15：1739, 2024
14) Boada-Romero E, et al：Nat Rev Mol Cell Biol, 21：398-414, 2020
15) Piao X, et al：Hepatology, 65：237-252, 2017
16) Rogers C, et al：Nat Commun, 8：14128, 2017
17) Tang D, et al：Nat Rev Immunol, 23：824-841, 2023
18) Ferrara M, et al：Front Immunol, 11：1122, 2020
19) Dinarello CA：Immunol Rev, 281：8-27, 2018 必読
20) Cayrol C & Girard JP：Cytokine, 156：155891, 2022
21) Chen W, et al：Nat Immunol, 23：1021-1030, 2022
22) Vénéreau E, et al：Front Immunol, 6：422, 2015
23) Piccinini AM & Midwood KS：Mediators Inflamm：672395 , 2010
24) Gritsenko A, et al：Cytokine Growth Factor Rev, 55：15-25, 2020
25) Shimizu T, et al：Immunity, 56：307-319.e8, 2023
26) Denning NL, et al：Front Immunol, 10：2536, 2019
27) Sekerdag E, et al：Curr Neuropharmacol, 16：1396-1415, 2018
28) Galluzzi L, et al：Nat Rev Immunol, 17：97-111, 2017 必読
29) Hernandez C, et al：Oncogene, 35：5931-5941, 2016
30) Krysko O, et al：Cell Death Dis, 4：e631, 2013
31) Kastner DL, et al：Cell, 140：784-790, 2010
32) Martínez GJ, et al：Atherosclerosis, 269：262-271, 2018

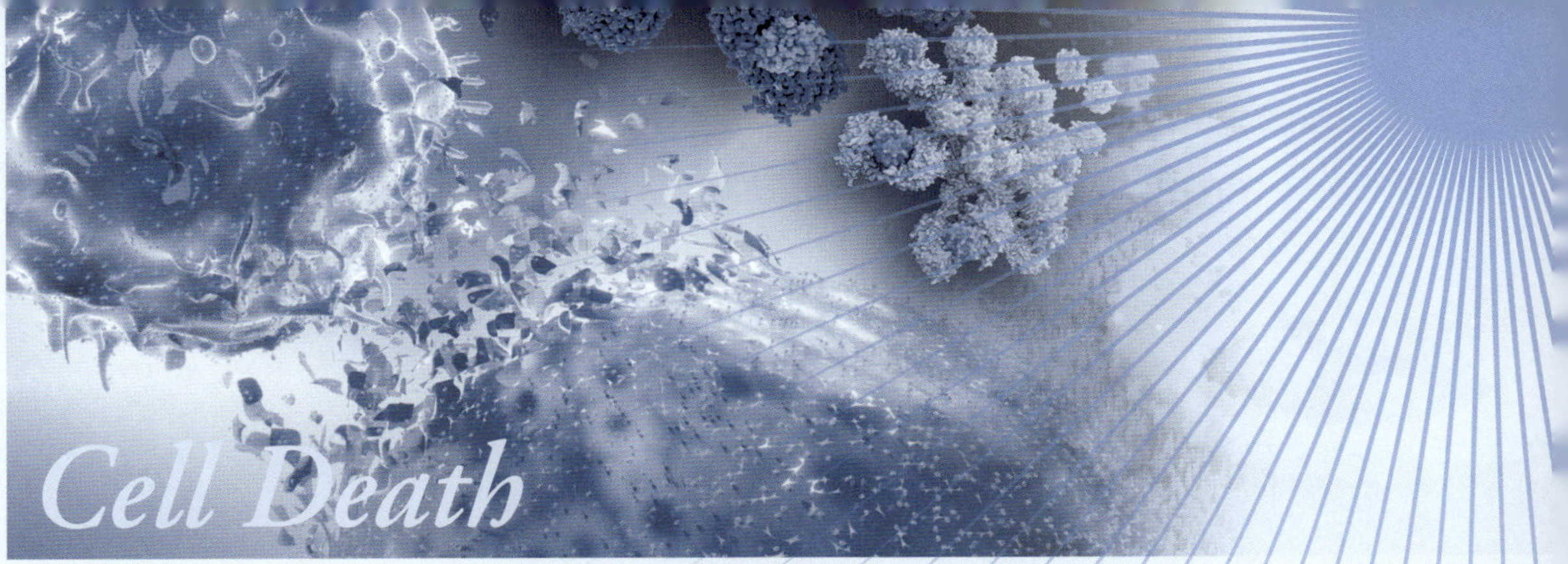

第5章

細胞死の生理的・病理的な役割

第**5**章 細胞死の生理的・病理的な役割

1 発生過程における細胞死

三浦正幸

発生で起こる細胞死はプログラム細胞死※1とされる．programmed cell death という言葉を最初に使ったのは1964年のLockshin RA & Williams CMのヤママユガ蛹の体節間筋が羽化後に崩壊する現象を調べた論文であった[1)]．生体で生じるアポトーシス細胞は，実行されるとすみやかに周りの細胞や貪食細胞によって取り除かれてしまうので，散発的に起こるアポトーシスを捉えることは難しい．よって発生での細胞死の発見は大量に組織崩壊が起こる変態期や，過剰につくられた細胞が多く取り除かれる神経発生，あるいは形態形成に直接かかわる部位（例えば肢形成での指間間充織細胞除去）で見出された．プログラム細胞死というと遺伝子に書き込まれたプログラムによって起こる細胞死というイメージがあるが，散発的・確率的に起こる細胞死も多くみられる．本稿では動物発生における細胞死研究の流れを解説する．

KEYWORD ◆プログラム細胞死◆アポトーシス◆変性◆発生

1 発生での細胞死の発見

核凝縮を伴う細胞死（pyknosis）が発生過程では多くみられることから，形態的に**プログラム細胞死**はアポトーシスであるとみられがちであるが，それ以外の特徴をもつ細胞死も起こる．Clarke PG は細胞死を形態から3種類に分類した[2)]．

- **タイプ1細胞死（アポトーシス）**
- **タイプ2細胞死（オートファジーを伴う細胞死）**
- **タイプ3細胞死（ネクローシス様細胞死）**

現在は，アポトーシスやオートファジー，そしてネクローシス様の細胞死にも分子機構が明らかにされてきたネクロプトーシスやパイロトーシスなどがあり，制御された細胞死研究から明らかになった細胞死の分類が使われるようになってきているが，

※1 **プログラム細胞死と制御された細胞死：**制御された細胞死（regulated cell death）は遺伝子発現やシグナル伝達カスケードなどの分子機構によって実行される細胞死であり，それと対比されるのが偶発的な細胞死（accidental cell death）である．プログラム細胞死も制御された細胞死である．

これら3種類の細胞死形態に基づく分類は現象の記載に有効である．発生ではこれらすべての細胞死が起こっている．Clarke PG & Clarke Sは発生での細胞死発見に関する歴史的な経緯に関する優れた総説を書いているので，これを参考に紹介する[3]．

1828年にBaer KEは動物胚や幼生期には組織が退縮する現象をみていた．しかし，細胞レベルでの死が意識されるためには1839年のSchwann TとSchleiden MJによる細胞説[4, 5]が確立するまで待たねばならなかった．発生での細胞死をはじめに記載したのはVogt Cであり，Vogt Cはサンバガエルの発生に関する研究で，変態期において脊索が椎骨に置き換わることを観察し，その原因を考えた．この現象の説明としては脊索細胞が軟骨細胞に変化する可能性と，脊索細胞は失われて新しく生じた軟骨細胞に置き換わる可能性が考えられるが，Vogt Cは失われて置き変わる可能性を考え1842年の論文に記述した．これが細胞レベルで発生過程での死を記載したはじめてのこととなった．

その後，Weismann Aは1860年代に昆虫の蛹では大規模な組織崩壊起こるが，中枢神経系などは崩壊を免れることを記述した．また，貪食という細胞性免疫を発見したMetchnikoff Eは，1883年にヒキガエル変態時の筋肉に貪食細胞が蓄積していることから組織崩壊は貪食によって起こると結論した[6]．オタマジャクシや若いカエルのさまざまな退縮過程の筋肉組織にみられる変化は筋芽細胞を意味するSarkoplastenとして研究されてきたが，Mayer Sは1886年，1887年に，この現象は筋芽細胞が生じる現象ではなくSarkolytenと言うべき筋肉の退縮であると指摘した[7, 8]．

その後，変態時に限らず，発生中のさまざまな組織で細胞が減る現象が報告された．当時は動物の体をつくっていく発生過程で細胞死が起きるという考えは一般的ではなく，細胞が減る現象は細胞融合や細胞移動の結果であるとの解釈がされていた．このような時代背景のなかで，Collin Rは1906年から1907年にかけてトリの運動神経の変性を示し，細胞の過剰な産生と変性はすべての組織にみられる現象であるとした．しかし，この報告はあまり注目されることはなかった．

そのような背景において発生での細胞死に関して線虫***C. elegans*の全細胞系譜**を明らかにしたSulston JE & Horvitz HRの1977年の論文[9]，Sulston JEらの1983年の論文[10]は画期的であった．*C. elegans*では発生過程で1,090個の細胞が産生されるが，そのうち131個の細胞が失われる．これはまさに発生にプログラムされた細胞死と言うべき現象である．細胞死は神経系細胞で多く107個と全細胞死の82％を占める．マウス脳の発生においても50％程の細胞がアポトーシスを起こしているとの報告があり[11]，神経発生での細胞死が種を超えて広範に起こることが予想された．

2 細胞死の働き

1951年，Glucksmann Aは発生における細胞死に関してそれまでの研究をまとめた英文での優れた総説を発表した[12]．この論文では細胞死（変性）を生体機能の面から3つに分類していることが注目された．それぞれに対して最近の研究を交えて紹介する（**図1，2**）．

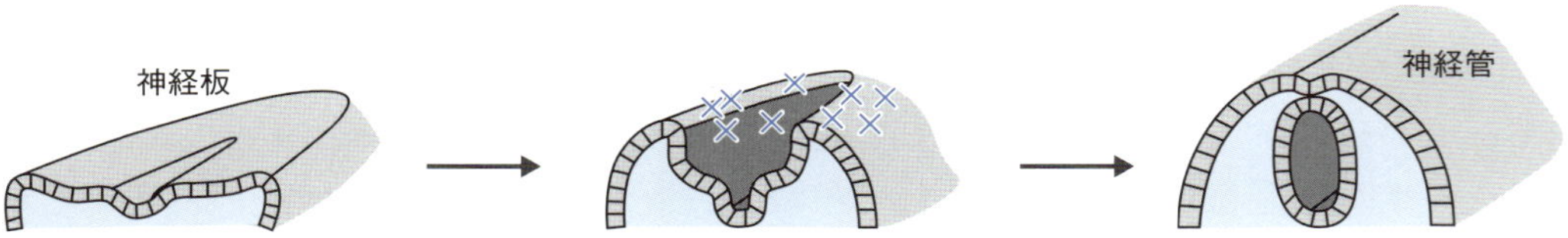

図1　形態形成における変性（morphogenetic degeneration）

マウス神経管閉鎖．神経管が閉じるステージではアポトーシスが起こる（×部分）．

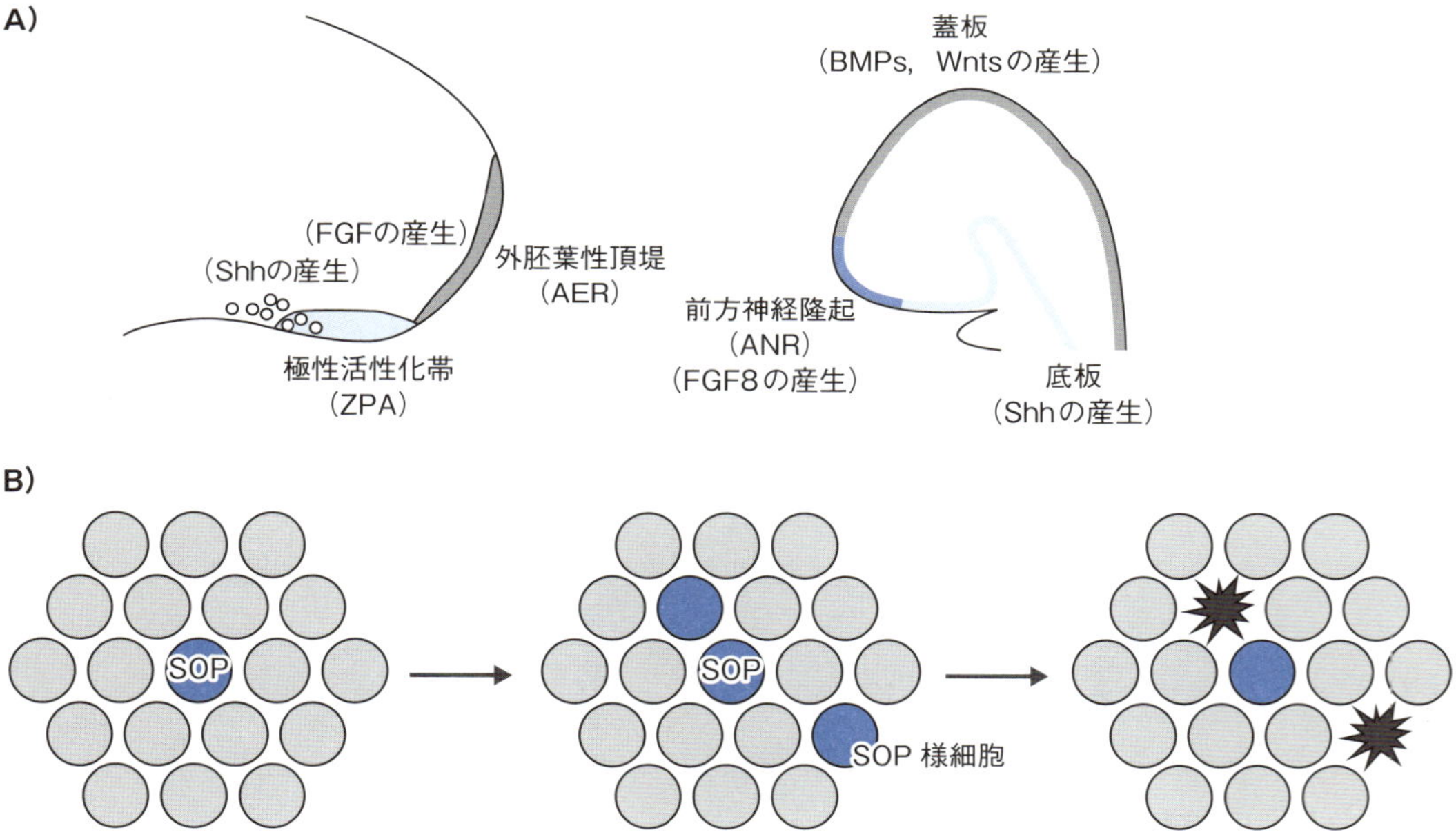

図2　組織形成における変性（histogenetic degeneration）

A）モルフォゲンを産生するシグナルセンター．左は肢芽形成時に出現する極性活性化帯（ZPA）と外胚葉性頂堤（AER）．右はマウス脳のシグナルセンターである前方神経隆起（ANR），蓋板，底板を示す．これらのシグナルセンターは一過性に出現して消失する．

B）分化に失敗した感覚器前駆体細胞（SOP）様細胞の出現を示す（文献13より抜粋）．

1）形態形成における変性（morphogenetic degeneration）：形態形成運動に関係したもの

神経管が閉鎖する時期は閉鎖部位とその周辺で多くのアポトーシス細胞が生じる．生体イメージングによってマウス神経管閉鎖過程を解析すると，*Apaf-1*ノックアウト（KO）によりアポトーシスを阻害した場合には，頭部神経管閉鎖の速度が顕著に減少した（movie❸）．アポトーシスによる細胞死が形態形成運動に必要な力の制御にかかわることは，ショウジョウバエ胚の背部閉鎖でも示唆されている[14～16]．

movie❸
アポトーシス不全マウスでの神経管閉鎖
（北海道大学山口良文先生より提供）

2）組織形成における変性（histogenetic degeneration）：分化した細胞が生じる過程にみられるもの

組織の領域化によって細胞の特殊化を促す**モルフォゲン**※2を分泌する部位（**シグナルセンター**と呼ばれる）が細胞死で失われていくことが知られている．例えば肢を形成する際に**線維芽細胞増殖因子**（fibroblast growth factor：FGF）を分泌する**外胚葉性頂堤**（apical ectodermal ridge：AER ）やそれに応答してShh（sonichedgehog）を分泌する**極性化活性帯**（zone of polarizing activity：ZPA）はシグナルセンターとしての役割をもつが，これらの部位はシグナルを送った後には細胞死によって失われていく．前述のVogt Cが最初に発見した脊索もShhを産生して脊髄に働きかけるシグナルセンターである．また，マウス脳の最前端でFGF8を産生する**ANR**（**anterior neural ridge：前方神経隆起**）は，発生が進むと底板の側がアポトーシスにより除去されるが，この除去がFGF8の正常な分布と前脳腹側領域における神経上皮の正常な分化に必要である．アポトーシスによるモルフォゲン産生細胞の除去はモルフォゲンの迅速な産生停止につながるため，限られた時間のなかで進む発生において，モルフォゲンの分布や量を切り替える優れた方法である[16, 17]．

また，発生では，細胞分化に失敗したり，染色体の異数性をもつ細胞（異数性細胞）が出現する．これらの細胞は発生過程で生じるノイズとも考えられるが，生体イメージングやアポトーシス不全マウスを解析することでノイズ細胞の存在が認識されてきた．例えば，ショウジョウバエ蛹期に形成される機械受容器として働く中胸背毛は末梢感覚器である．**感覚器前駆体細胞**（sensory organ precursor：SOP）はプロニューラルクラスターに生じ，その後，SOPの非対称分裂によって感覚器が形成される．その際，分化に失敗した細胞が20％程度生じるが，それらはアポトーシスですみやかに取り除かれることが生体イメージングにより観察されている[18]．また，*Casp3*や*Casp9* KOマウスの発生過程での大脳皮質を調べると異数性細胞が増加していた[19]．これらの例は，発生過程で生じるノイズ細胞を積極的にアポトーシスで取り除いていること

※2　**モルフォゲン**：発生の進行に伴い，濃度勾配依存的に細胞の運命に影響する分泌性の因子が産生される．この因子をモルフォゲンと称する．モルフォゲンによって組織形成が制御される．

を示している．

3）系統発生における変性（phylogenetic degeneration）：発生での系統発生と関連したもの

組織形成での変性と重なるが，進化的に遅れて出現した動物種において，それよりも前に出現した種にみられる組織が発生過程で一過性に現れる現象を指している．例えば，哺乳類の**後腎**が形成される前に，**前腎**，**中腎**が形成される．その後，前腎は失われ，中腎は一部が雄性生殖器として残るが大部分は失われる．円口類では前腎が，魚類，両生類では中腎が腎臓として機能する．

3 細胞死の制御

Roux Wは発生過程で細胞間の競合が起こることを1881年の論文中[20]の“The Battle of the Cells”の章で記述し，“栄養をより受け取った細胞は生存し，それに敗れた細胞は死滅する”としている．1900年代中頃，ドイツのSpemann Hが発生学に大きな影響力をもっていた．その一派は細胞増殖，分化，誘導を発生プロセスの基本と考えていたため，発生途中の感覚神経節や脊髄の運動神経核での細胞数減少は細胞が必要とされる部位への移動したためであると解釈した．しかし，イタリアの神経科学者Montalcini RLはSpemann学派の影響を受けることなく，細胞数の減少は神経細胞死によると考えた．その後，Montalcini RLとHamburger Vらの研究から，神経が支配する標的組織からの因子によって神経は生存維持されているとのコンセプト（**神経栄養仮説**）が出され，その後，**神経栄養因子**（**nerve growth factor：NGF**）が発見された[21]（**図3**）．

Johnson EM Jrらは1988年，NGFに依存した交感神経細胞培養からNGFを除去すると細胞死が起きる実験系を用い，この細胞死はRNAやタンパク質の合成が必要な，活発な生合成を必要とする現象であるとの結果を発表した[22]．細胞死には遺伝子活性が必要なことが示されたわけである．細胞死にかかわる遺伝子の同定は線虫を用いた遺伝学的な研究によってなされた．その後，線虫の遺伝学を用いた研究と，哺乳類の分子生物学を用いた研究によって進化的に保存されたcaspaseを用いるアポトーシス実行のしくみが明らかにされた[23]．しかし，発生におけるアポトーシスがいかに誘導されるのかについては，いまだにその多くが明らかになっていない[16]．

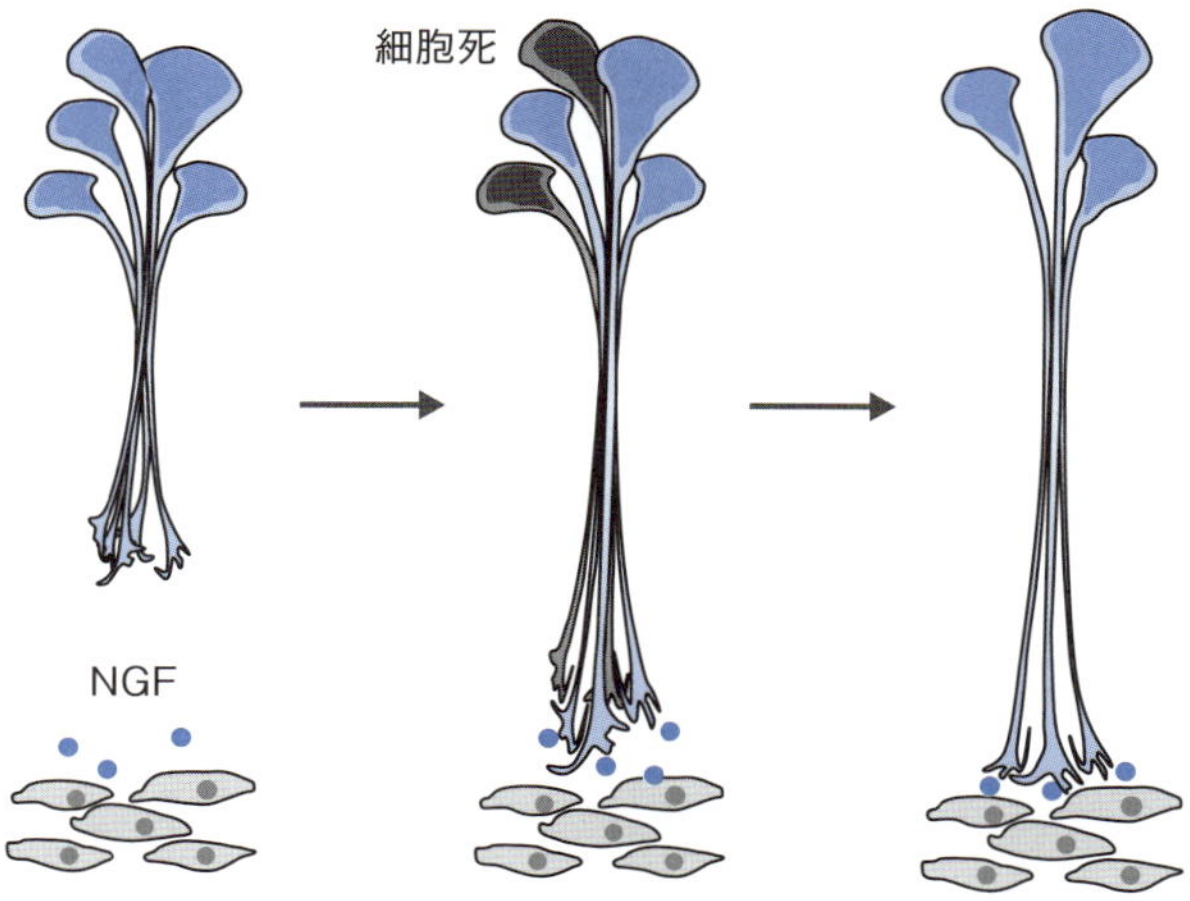

図3　神経栄養仮説

発生中の神経細胞は標的に軸索を伸ばすが，標的から出される栄養因子（この場合はNGF）の量が限られているため，一部の神経細胞は十分なNGFを受け取れず細胞死によって失われる．（文献13より抜粋）

もっと詳しく

細胞競合

Roux Wは個体発生においても細胞間の競合があって，適切なものが選択されていくとのダーウイン進化説の影響を受けた考えをもっていた．その後，実験的に細胞競合という現象が知られるようになったのはMorata Gらによるショウジョウバエを用いた***Minute*** クローン[※3]の解析による[24)]．*Minute*変異はリボソーム合成が低下し，そのヘテロ接合体は野生型に比べ細胞増殖能が劣る．*Minute*$^{+/-}$のクローンを野生型のショウジョウバエ未分化上皮細胞集団である翅成虫原基につくると，そのクローンははじめに小さい細胞集団をつくるが，その後アポトーシスによって積極的に集団から失われていく．翅成虫原基の細胞がすべて*Minute*$^{+/-}$の場合はこのような現象は観察されないことから，*Minute*$^{+/-}$クローン除去は増殖能の異なる細胞集団（野生型と*Minute*$^{+/-}$クローン）が共存した場合に細胞競合が起きるためであると解釈された．発生過程でも適応度の高い細胞を積極的に残す細胞結合が知られている[25)]．

※3　**クローン**：遺伝的に同じ細胞や個体をあらわす．ショウジョウバエの研究では，異なる遺伝的背景をもつ細胞集団を人工的に組織の一部に造り，この細胞集団と，もとからあった周りの細胞との相互作用を調べるクローン解析が行われている．細胞競合現象は，このクローン解析から発見された．

※4　**代償性増殖**：失われた細胞の周りの細胞が増殖し，適切な組織のサイズを認識して増殖を停止する現象．

4 おわりに

生体でのアポトーシス細胞の検出は難しいが，遺伝学的にアポトーシスを抑制することで細胞死の存在や機能を調べる方法もある．実際にこのような実験からアポトーシス細胞から代償性増殖[※4]にかかわる因子が分泌されることが発見された[26]．

発生という創造的な過程に，破壊的な細胞死現象が組み込まれていることの意味を読み解くことは，新たな発生のしくみの解明につながることが期待される魅力的な研究分野である．

文献

1） Lockshin RA & Williams CM：J Insect Physiol, 10：643-649, 1964
2） Clarke PG：Anat Embryol (Berl), 181：195-213, 1990
3） Clarke PG & Clarke S：Anat Embryol (Berl), 193：81-99, 1996
4） Schleiden MJ：Archiv für Anatomie, Physiologie und wissenschaftliche Medicin, 1838：137-176, 1839
5）「Mikroskopische Untersuchungen über die Uebereinstimmung in der Struktur und dem Wachsthum der Thiere und Pflanzen」（Schwann T）, Sander, 1839
6） Metchnikoff E：Biol Zentralbl, 3：560-565, 1883
7） Mayer S：Anat Anz, 1：231-235, 1886
8） Mayer S：Z Heilkunde, 8：177-190, 1887

Column

⑲ caspase様分子metacaspase

caspase配列の類似性をもとにバイオインフォーマティクスを駆使して探索すると後生動物以外にもcaspase様遺伝子は存在する．*meta-caspase*と名づけられた遺伝子は植物，菌，原生生物，古細菌，細菌には存在するが後生動物にはない．

metacaspaseは活性中心にヒスチジン/システインの組み合わせをもち（His/Cys catalytic dyad），p20/p10が会合した両者の構造はよく似ている．しかしcaspaseが基質のP1にアスパラギン酸を要求するのに対してmetacaspaseはアルギニンあるいはリジンを要求するシステインプロテアーゼであり，基質特異性からするとcaspaseとは異なる．また，metacaspaseは単体で前駆体が活性化することもcaspaseとは異なる．

植物にはプロドメインをもつ1型と，もたない2型のmetacaspaseがある．シロイヌナズナには3つの1型（AtMC1～3）と6つの2型metacaspaseがあり（AtMC4～9），感染後に誘導される細胞死（過敏感反応：hypersensitive response）に関して1型のAtMC1は細胞死誘導に，AtMC2は抑制に働く．このようにmetacaspaseも細胞死実行にかかわることがわかってきた．

出芽酵母のmetacaspase YCA1は，酸化ストレスや老化などによって誘導される細胞死を制御している．*yca1*変異をもつ酵母細胞は，経時寿命による細胞死に対して抵抗性を示す．しかし，生き残った細胞は再増殖の培養に戻しても増殖せず，*yca1*欠損変異体集団には再増殖に不利なことが示された．経時寿命を迎えた野生型酵母からは，集団での再増殖を助ける因子が培地に放出される．よってYCA1を介した出芽酵母の細胞死は，細胞集団にとっては有利な働きをすると考えられる．単細胞の細胞死が利他的なふるまいをする例として興味深い．

9）Sulston JE & Horvitz HR：Dev Biol, 56：110-156, 1977
10）Sulston JE, et al：Dev Biol, 100：64-119, 1983
11）Blaschke AJ, et al：Development, 122：1165-1174, 1996
12）Glucksmann A：Biol Rev Camb Philos Soc, 26：59-86, 1951
13）Koto A & Miura M：Commun Integr Biol, 4：495-497, 2011
14）Yamaguchi Y, et al：J Cell Biol, 195：1047-1060, 2011
15）Teng X & Toyama Y：Dev Growth Differ, 53：269-276, 2011
16）Yamaguchi Y & Miura M：Dev Cell, 32：478-490, 2015 必読
17）Nonomura K, et al：Dev Cell, 27：621-634, 2013
18）Koto A, et al：Curr Biol, 21：278-287, 2011
19）Peterson SE, et al：J Neurosci, 32：16213-16222, 2012
20）「Der Kampf der Theile im Organismus」（Roux W）, Wilhelm Engelmann, 1881
21）Hamburger V：J Neurobiol, 23：1116-1123, 1992
22）Martin DP, et al：J Cell Biol, 106：829-844, 1988
23）Newton K, et al：Cell, 187：235-256, 2024 必読
24）Morata G & Ripoll P：Dev Biol, 42：211-221, 1975
25）van Neerven SM & Vermeulen L：Nat Rev Mol Cell Biol, 24：221-236, 2023
26）Kondo S, et al：Mol Cell Biol, 26：7258-7268, 2006

第5章 細胞死の生理的・病理的な役割

2 虚血と細胞死

田中絵梨，七田　崇

組織における血流量の低下（虚血）は，細胞の生存に必要な酸素や栄養を欠乏させるため，さまざまな形態の細胞死を誘導する．特に脳は虚血に対して脆弱な臓器であり，血流量の低下に伴って細胞内の代謝が変化し，最終的には不可逆的な細胞死に至る．神経細胞死はさまざまな脳機能障害の原因となるため，その細胞死に至るまでのメカニズムや細胞死の形態，さらに細胞死が脳に与える影響に至るまで詳細に解明されている．本稿では，脳虚血を題材として組織の虚血に伴う細胞死を概説する．

KEYWORD ◆虚血 ◆再灌流 ◆脳梗塞 ◆神経細胞死

1 虚血における病態

虚血とは，臓器の血流が不足または停止することによって，組織の代謝活動の維持に必要な酸素や栄養の補給が十分に行えなくなった病態である．特に脳は必要とするエネルギーの供給をすべて血流に依存しているうえ，脳においてはエネルギー貯蔵が不可能なため，虚血による酸素や栄養の遮断に対してきわめて脆弱である．脳血流が完全に停止すると，脳内の神経細胞は数分以内に細胞死に至る[1]．

脳血管の狭窄や閉塞，心停止などによって脳血流が低下すると，**灌流圧**と呼ばれる，組織へ血液を適切に供給するために必要な圧力が低下する．脳血流がある程度低下しても，脳血管が拡張することで脳血流量は維持されるが（**自動調節能**と呼ばれる），さらに脳血流が低下すると十分な灌流圧を保てなくなり脳血流量は減少する[2]．

脳内には，**神経細胞**，**内皮細胞**，**ペリサイト**，**グリア細胞**が存在する．神経細胞は電気信号による情報の処理や伝達を行い，内皮細胞はタイトジャンクションの形成による血液脳関門※1や脳内環境の維持，ペリサイトは血液脳関門のバリア機能の保持や血流調節などの役割をもつ[3]．グリア細胞は，**アストロサイト**，**オリゴデンドロサイ**

※1 **血液脳関門**：病原体や有害物質が血液から脳へ侵入することを防ぐバリア機能．脂溶性分子やグルコースなどの特定の分子は通過することができ，必要な物質のみ脳内へ輸送される．物質の移行が厳密に制限されていることで，脳内の環境が一定に保たれている．

ト，**ミクログリア**の3つに分けられる．アストロサイトは神経細胞の形態や機能を支えて[4]血液脳関門の形成に寄与し，オリゴデンドロサイトは髄鞘※2形成により活動電位の跳躍電導を可能にし[5]，ミクログリアは脳内の免疫を担っている．

虚血に対して最も脆弱な細胞は神経細胞であり，脳梗塞における細胞死のうち90％以上が**神経細胞死**である[6]．一方でアストロサイトは神経細胞に比べて虚血耐性があると考えられている[7]．アストロサイトは低酸素下でも解糖系活性が亢進するためグルコースの利用が可能であり，細胞保護的に作用しうる．アストロサイトが細胞死に至ると，さらなる神経細胞死が誘導され，脳梗塞が拡大する[7]．また，脳虚血に陥っても内皮細胞は24時間以上生存しうるが，ペリサイトは数時間で細胞死に至る．ペリサイトが細胞死に至ると，静電的相互作用により内皮細胞の細胞膜に吸着した物質が非特異的に細胞内に取り込まれ，細胞内を移動し，細胞外に吐き出される．このような現象は**吸着性トランスサイトーシス**（adsorptive-mediated transcytosis：AMT）と呼ばれる．

AMTがくり返されることで内皮細胞にストレスがかかり[8]，炎症性サイトカインが産生され，occludinやclaudinなどのタイトジャンクションを構成するタンパク質が分解される．タイトジャンクションが崩壊すると血液脳関門が破綻し，脳内にさまざまな免疫細胞が浸潤することによって脳内の炎症が促進されてさらなる神経傷害を引き起こすため，病態悪化につながる．

2 脳虚血における神経細胞死

脳虚血に伴う神経細胞死は複合的なメカニズム（**図1**）によって成り立ち，中心部と辺縁部，虚血時間，再灌流の有無などによって異なるため，その病理を概説する．

虚血中心部においては，脳血管の高度狭窄や閉塞に伴って脳血流量が大きく低下している．脳血流の低下に伴い，神経細胞ではタンパク質合成の抑制，選択的遺伝子の発現，嫌気性解糖※3，pHの低下・グルタミン酸の放出，ATPの低下の順に段階的な代謝の変化が起こる．酸素やブドウ糖の供給が途絶し，急激なエネルギー不全によりATPが枯渇すると，細胞膜のNa^+-K^+-ATPaseが機能しなくなる．すると，Na^+が細胞内に流入し，K^+が細胞外に流出することで生理的な細胞内外のイオン勾配を維持できなくなり，細胞膜は脱分極を生じる．脱分極に伴ってシナプス間隙へのグルタミン酸の過剰放出が起こり，膜電位依存性のCaチャネルやNMDA受容体が活性化する

※2 **髄鞘**：神経細胞の軸索を何重にも渦巻き状に包み込む密な膜構造である．脂質に富んでおり，絶縁体として働くことで神経細胞の電気活動を安定させる．炎症などにより髄鞘が破壊されると，情報の伝達が遅れてしまったり，伝達が途中で止まってしまったりする．

※3 **嫌気的解糖**：酸素の存在しない状況で，グルコースを解糖系で分解してエネルギーとなるアデノシン三リン酸（ATP）を産生する反応．嫌気的解糖では，好気的解糖とは異なり解糖系の最終産物のピルビン酸を乳酸へと変換してNADHからNAD^+を再生して，反応を持続させる．

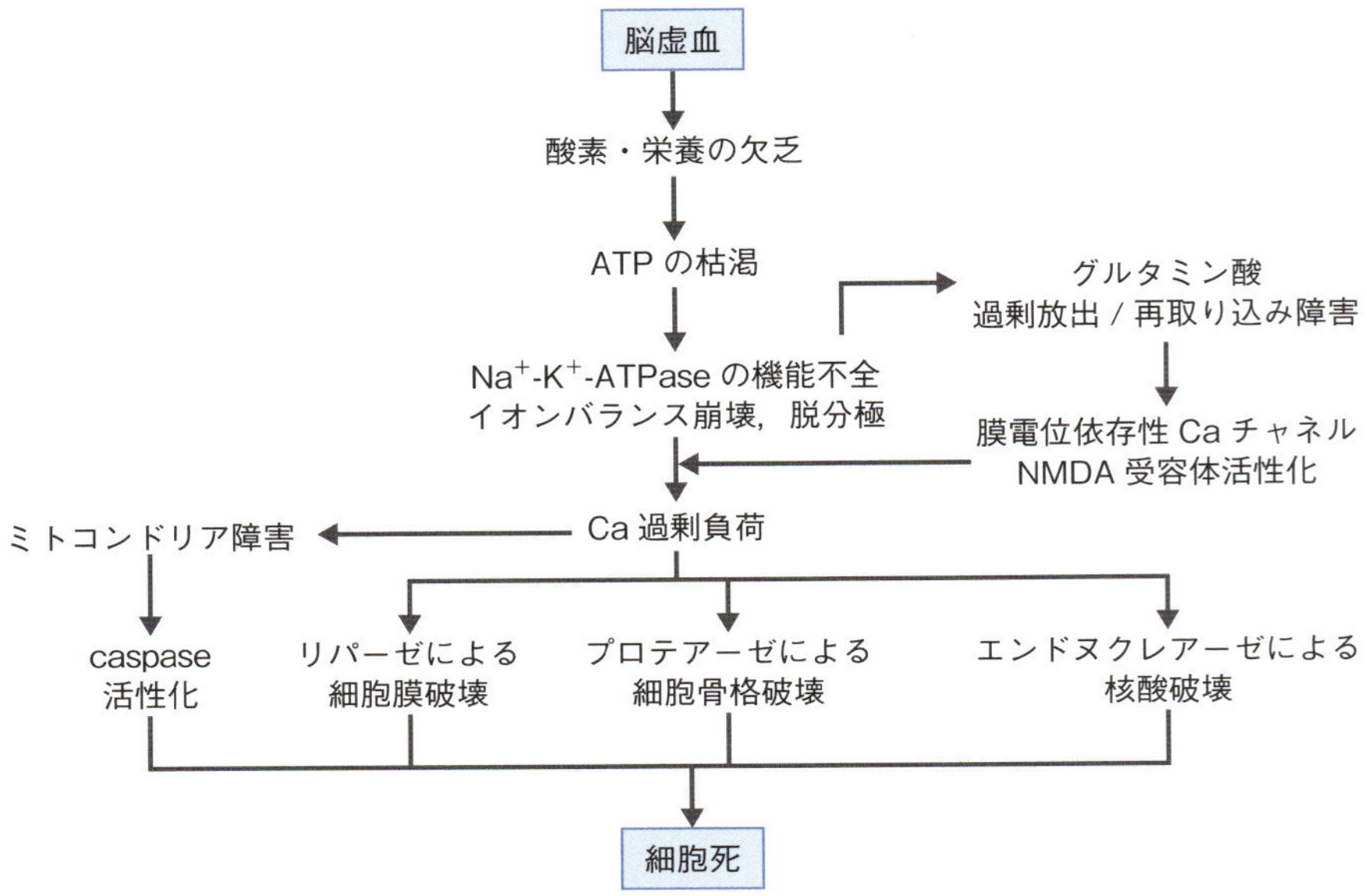

図1　虚血性細胞死のメカニズム

ことにより細胞内Ca^{2+}濃度が上昇して，細胞内Ca過負荷が起こる[2, 9～11]．細胞内Ca^{2+}濃度の上昇は種々の酵素群の活性化に関与し，リパーゼによる細胞膜破壊やプロテアーゼによる細胞骨格破壊，エンドヌクレアーゼによる核酸破壊といった細胞成分を破壊する連鎖反応を誘発する．

また，グルタミン酸の過剰放出と同時にグルタミン酸の再取り込み障害も起こり，脳内のグルタミン酸濃度上昇によっても直接的な神経細胞障害をきたす．ほかに，nitric oxide synthase（NOS）やphospholipase A2（PLA2），Ca^{2+}/calmodulin-dependent protein kinase Ⅱ（CaMK Ⅱ）が活性化し，さらにミトコンドリアへの過剰なCa^{2+}の流入が起こると，ミトコンドリア障害によって一層ATPが枯渇し，細胞の機能障害が加速する．

虚血時は，以上のメカニズムにより酸素と栄養（主にグルコース）が急激に枯渇し，イオンバランスが崩れ，ネクローシスを中心とした細胞死が起こる．細胞の膨化や細胞膜の破綻，オルガネラの破壊が起き，急速に不可逆的な細胞死が進行すると考えられている[12]．

3 活性酸素種（ROS）による虚血性細胞死

ミトコンドリアの電子伝達系におけるエネルギー産生の過程では活性酸素種（reactive oxygen species：ROS）※4が生じる．組織に十分量の抗酸化酵素が存在すると，電子伝達系から漏出したROSは消去されるため細胞傷害は起きないが，ROSの生成と消去のバランスが崩れると酸化ストレス過剰となり，病的な状態となる．

脳が虚血に陥るとミトコンドリア障害が起こることはすでに述べたが，電子伝達系に異常をきたし，電子の漏洩が生じることによって，神経細胞やグリア細胞から爆発的にフリーラジカルが産生される．同時にNMDA受容体の活性化やキサンチンオキシダーゼによるキサンチンの分解，アラキドン酸カスケードの活性化，神経伝達物質の遊離などによりスーパーオキシドや過酸化水素が増加し，ヒドロキシラジカルが生じる[13]．虚血ではNOSの活性化に伴い一酸化窒素が増加しており，ヒドロキシラジカルと一酸化窒素が反応し，ペルオキシ亜硝酸が形成される．ペルオキシ亜硝酸はきわめて反応性が高く，膜脂質の過酸化やタンパク質の酸化，DNA傷害を惹起し，ネクローシスを引き起こす．また，これらのROSがミトコンドリアを傷害し，スーパーオキシドの多量漏出やシトクロムc放出によるcaspaseの活性化が起こり，アポトーシスも引き起こす[2, 12]．

4 虚血辺縁部（ペナンブラ）における細胞死

閉塞や高度狭窄が起きた動脈の周囲に存在する別の動脈から供給された血流（側副血行）により，細胞死に至らない程度に血流が維持された領域を**辺縁部**（**ペナンブラ**：日食における光が遮断された半影部が由来）と呼ぶ．ペナンブラでは，ROSの産生やミトコンドリア障害，caspase活性化などによる細胞障害が観察されるがすぐには細胞死に至らず，適切な治療介入（血流の再開など）によって細胞死を防ぐことができると考えられている（**図2**）．ペナンブラで観察される細胞障害は数日かけて進行するため，**遅発性神経細胞死**と呼ばれており，クロマチンの凝集やDNAの断片化など，アポトーシスのような病態が観察される[8, 14]．

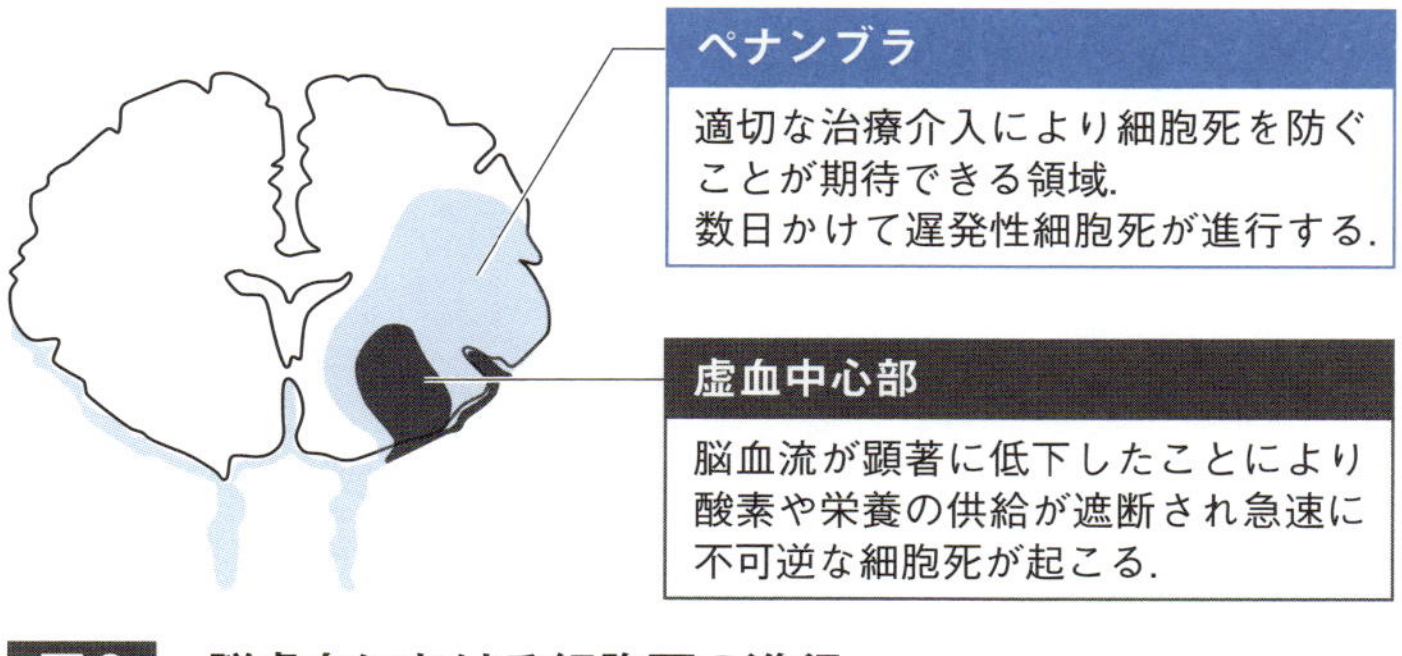

図2　脳虚血における細胞死の進行

※4　**ROS**：酸素分子に由来する反応性が高い化合物の総称であり，スーパーオキシドや過酸化水素，ヒドロキシルラジカルなどがあげられる．シグナル伝達や生体防御に関与している一方で，過剰な産生は細胞を傷害し，がんや神経変性疾患などさまざまな疾病の要因となることが知られている．

脳虚血に伴う急性の炎症反応はペナンブラにおける神経細胞死を加速すると考えられており，梗塞巣の拡大をもたらす．組織における炎症は，例えば外部から侵入した病原体に対する免疫応答によっても生じるが，脳は無菌的な臓器であるため，脳細胞死に伴って免疫細胞が活性化すると考えられる．主に虚血の中心部で起こるネクローシスでは，細胞内の分子が細胞外に放出される．それらのなかにはミクログリアや好中球，マクロファージといった免疫細胞のパターン認識受容体（pattern-recognition receptors：PRRs）を活性化する分子が存在し，damage-associated molecular patterns（DAMPs）と呼ばれる．DAMPsは脂質や核酸，タンパク質などを含み，細胞死に伴って発信される周囲の細胞へのシグナルであると考えられている〔第4章-2（p.146）参照〕．DAMPsにより免疫細胞が活性化されると，さまざまな炎症関連メディエーターが産生され，脳浮腫の増悪やペナンブラ領域の細胞死をもたらすため脳梗塞巣の拡大に寄与する．

1）ペルオキシレドキシン（PRXs）とペナンブラ

ペルオキシレドキシン（peroxiredoxins：PRXs）は脳細胞の虚血壊死に伴って放出されるDAMPsとして知られている．PRXsは細胞内では抗酸化作用をもつため脳保護的なタンパク質であり，脳虚血によって細胞内で発現が誘導される．しかし，虚血に陥った脳細胞が細胞死に至ると，蓄積したPRXsは細胞外に放出され，PRRsの1つであるToll-like receptors（TLRs）を介して周囲の好中球やマクロファージを活性化する．PRXsは主に脳虚血の24時間後のペナンブラで多く放出され，周囲に浸潤した好中球やマクロファージを活性化してIL-1βやIL-23のような炎症性サイトカインの産生を誘導する．このような炎症応答はペナンブラにおける細胞死を促進すると考えられている．

2）IL-1βとペナンブラ

炎症性サイトカインの1つである**IL-1β**は，炎症を促進して神経細胞死を誘導する．IL-1βの産生には，PRRsを介したミクログリアやマクロファージの活性化とインフラマソームと呼ばれるタンパク質複合体の形成が必要である．インフラマソームを形成する過程ではcaspase-1が活性化し，パイロトーシスを誘導するとともに，IL-1βを放出するためのポアを形成する〔第3章-3（p.73），第4章-2（p.146）参照〕．IL-1βやパイロトーシスはペナンブラにおける神経細胞死を促進すると考えられている[14]．

5 再灌流と細胞死

脳虚血に陥った後に血流が回復すると，脳組織は**再灌流**される．再灌流では酸素が急激に再供給されるが，虚血時に傷害されていたミトコンドリアの電子伝達系が正常に機能しなかったり，キサンチンオキシダーゼが活性化したりすることでスーパーオキシドが大量に生成する．酸化ストレスはアポトーシスやネクローシスに加え，ネトーシスやネクロプトーシス，フェロトーシスといった細胞死を誘導するため，このような現象は**再灌流障害**と呼ばれる[15〜17]．

1）ネトーシスと再灌流

スーパーオキシドによる酸化ストレスは好中球を活性化し，好中球の細胞膜破壊に伴って**neutrophil extracellular traps（好中球細胞外トラップ：NETs）**を放出させる．このような好中球における細胞死を**ネトーシス**と呼ぶ〔第3章-6（p.115）参照〕．NETsは好中球エラスターゼ，ミエロペルオキシダーゼといった抗菌タンパク質，DNA，ヒストンで構成される網状構造であり，これらの構成成分はマクロファージをはじめとする免疫細胞を活性化し，炎症を促進する．また，NETsは細菌やウイルス，真菌といった病原体の捕捉や抗菌タンパク質による直接的な殺菌から抗菌作用を示す[18]．

2）ネクロプトーシスと再灌流

詳細は不明だが，虚血再還流障害に伴い発生するROSがネクロプトーシスの誘導に関与すると考えられている．ネクロプトーシスはreceptor interacting protein kinase 3（RIPK3）依存性の制御されたネクローシスであり，RIPK3がmixed lineage kinase domain-like（MLKL）をリン酸化し，その結果多量体化したMLKLが細胞膜へと移行し，細胞膜を破裂させることで引き起こされる[19, 20]〔第3章-2（p.63）参照〕．ネクロプトーシスでは細胞膜破裂が生じることから，DAMPsの放出を伴い，強い炎症反応を引き起こす．

3）フェロトーシスと再灌流

ROSの産生が増加し，脂質が過酸化されるとフェロトーシスと呼ばれる鉄依存性の細胞死も誘導される〔第3章-4（p.84）参照〕．虚血状態では酸化ストレスの増加，ATPの枯渇，グルタチオン前駆物質であるグルタミン酸・システイン・グリシンの枯渇，グルタミン酸システインリガーゼやグルタチオンシンターゼといった酵素の活性低下によりグルタチオン合成が阻害される．グルタチオンは脂質過酸化物を還元する酵素であるglutathione peroxidase 4（GPX4）の補酵素であり，グルタチオンの枯渇は脂質過酸化物の蓄積につながる．また，虚血によるエネルギーの供給不足により鉄の代謝が乱れ，鉄が過剰となって二価鉄（Fe^{2+}）が過酸化水素に酸化されるフェントン反応が起こる．フェントン反応ではヒドロキシラジカルが生成し，脂質の過酸化が加速する．以上のメカニズムにより脂質の過酸化が持続し，細胞膜が傷害されることでフェロトーシスが起こる[21, 22]．

4）ファゴプトーシスと再灌流

以上のような酸化ストレスが誘導する細胞死以外にも，脳内炎症によって暴走したミクログリアが，生きている神経細胞を貪食して殺す現象も報告されており[23]，ファゴプトーシスと呼ばれている．ファゴプトーシスは，脳の発達・炎症・虚血・神経変性における神経細胞の喪失に関与している可能性が示唆されている．また，虚血や再灌流により損傷または死滅した細胞は，ホスファチジルセリン（phosphatidylserine：PS）などを表面に露出することにより，免疫細胞（主にミクログリアやマクロファージ）によって貪食されて除去され，このような過程は**エフェロサイトーシス**と呼ばれる〔第4章-1（p.136）参照〕．損傷した細胞や死細胞から放出されるDAMPsは炎症を惹起する可能性があることから，すみやかなエフェロサイトーシスが起こることによって炎症が抑制され，組織のダメージを抑えることにつながる．また，マクロファージやミクログリアは貪食後に成長因子やサイトカインを放出し，組織の修復を促進することも知られている．

6 おわりに

本稿では虚血に伴う細胞死について概説した．脳虚血において虚血中心部とペナンブラでは異なった細胞死が進行することが知られているが，これらの細胞死のメカニズムは明らかになっていない部分が多く存在する．種々の細胞死の解明は，虚血の代表的疾患である脳梗塞の新たな治療法開発につながると考えられ，今後の研究の進展が待たれる．

文献

1） Astrup J, et al：Stroke, 12：723-725, 1981
2） 桂 研一郎：虚血性神経細胞死．「脳卒中エキスパート 神経保護・神経再生療法～今後の展望と課題」（鈴木則宏／シリーズ監修，黒田 敏／編），pp12-23，中外医学社，2021 必読
3） 吾郷哲朗：脳虚血病態におけるペリサイト機能の重要性．日本臨牀，80：644-649，2022
4） Chen Y & Swanson RA：J Cereb Blood Flow Metab, 23：137-149, 2003
5） 眞木崇州：脳梗塞におけるオリゴデンドロサイト系統細胞の動態と役割．日本臨牀，80：656-662，2022
6） Li Y, et al：J Cereb Blood Flow Metab, 15：389-397, 1995
7） Tachibana M, et al：Stroke, 48：2222-2230, 2017
8）「脳卒中病態学のススメ」（下畑享良／編），pp42-81，pp100-101，南山堂，2018 必読

9）小林邦子：呼吸・循環管理．看護技術，61：55-56，2015
10）塩見直人：脳保護薬の適応と効果．救急・集中治療，24：936，2012
11）「内科学 第10版」（矢﨑義雄／総編集，伊藤貞嘉，他／編），p2108，朝倉書店，2013
12）「別冊 医学のあゆみ 脳卒中Update」（北川一夫／編），pp16-18，医歯薬出版，2016
13）Halliwell B：J Neurochem, 59：1609-1623, 1992
14）七田 崇：脳梗塞と免疫．日本臨牀，75：1107-1113，2017
15）Eltzschig HK & Eckle T：Nat Med, 17：1391-1401, 2011
16）Granger DN & Kvietys PR：Redox Biol, 6：524-551, 2015
17）「実験医学増刊 Vol.34 No.7 細胞死」（田中正人，中野裕康／編），羊土社，2016
18）Papayannopoulos V：Nat Rev Immunol, 18：134-147, 2018
19）Vanden Berghe T, et al：Nat Rev Mol Cell Biol, 15：135-147, 2014
20）Pasparakis M & Vandenabeele P：Nature, 517：311-320, 2015
21）Dixon SJ, et al：Cell, 149：1060-1072, 2012
22）Yang WS & Stockwell BR：Trends Cell Biol, 26：165-176, 2016
23）Brown GC & Neher JJ：Nat Rev Neurosci, 15：209-216, 2014

3 細胞老化と細胞死抵抗性

山岸良多，大谷直子

細胞老化とはDNA損傷によって誘導される不可逆的細胞増殖停止状態である．このような老化細胞は生体においても生じ，なかなか細胞死せず長期に生存し続ける．長期生存の原因として，老化細胞はアポトーシスに対して抵抗性を有することがあげられる．この特徴をターゲットとすることで，老化細胞特異的に細胞死を誘導するセノリティック薬が注目されている．また，老化細胞ではさまざまな分泌因子が分泌されるSASPが生じる．本稿では細胞老化を概説し，細胞死抵抗性が影響するSASPの持続性やセノリティック薬について，筆者らの知見も交えて解説する．

KEYWORD ◆細胞老化◆アポトーシス抵抗性◆セノリシス◆SASP◆GSDMD

1 細胞老化とは

細胞老化とは，DNA損傷によって誘導される不可逆的細胞増殖停止状態である．

放射線，紫外線などの外来性のDNA損傷誘導刺激のみならず，生体において内在性に生じる酸化的ストレスや過剰複製ストレスなどによってもDNA損傷は誘導される．これらのDNA損傷に応答して，**p53**が活性化し細胞周期チェックポイント機構が働き，p53の標的遺伝子でCDKインヒビターの**p21**が発現誘導され，細胞周期が一時的に停止する[1]．その間にDNA損傷部を修復し，再び細胞周期が回りはじめるのが通常である．しかし，修復不可能なほどひどいDNA損傷が生じると，p21のみならず別のCDKインヒビターp16の発現が上昇し，細胞周期のストッパーである**RBタンパク質**が強く活性化され，不可逆的細胞増殖停止状態である細胞老化が生じる．

細胞老化は，DNA損傷を被った発がんの危険性がある細胞に対し，生来細胞に備わった発がんしないようにするための安全装置，発がん防御機構として機能していると考えられている[1]．加齢個体ではDNA損傷が蓄積し，細胞老化を生じた細胞（以降，「老化細胞」と記載）が多く蓄積していることが示されている[2, 3]．すなわちこの現象は，加齢する過程でDNA損傷を被ったが，がんにならなかった代わりのトレードオフとして，老化細胞が蓄積したという生体の系譜を示していると考えられる．

2 老化細胞の特徴をターゲットとしたセノリティック薬

1）アポトーシス抵抗性とセノリティック薬

細胞老化を生じた細胞はなかなか死なず，長く生存することが観察されている．その原因として，抗アポトーシス作用のある**Bcl-2**が活性化していることが以前より示されており[4]，実際に細胞老化を起こすと複数のアポトーシス抵抗性経路が活性化していることが明らかになってきた[5, 6]（**図1**）．

老化細胞にみられるアポトーシス抵抗性に関する経路は「**senescent cell anti-apoptotic pathway（SCAP）**」と呼ばれ，アメリカのMayo ClinicのKirkland JLらにより提唱された[7]．老化細胞ではSCAPとして，Bcl-2，Bcl-xLファミリー経路の活性化，PI3キナーゼ，AKT経路活性化などが認められる[5, 7]．

アポトーシス抵抗性をターゲットとすることで，老化細胞特異的に細胞死を誘導する**セノリティック薬（senolytic drug）**のスクリーニングが実施された．Kirklandらはまず，老化細胞においてアポトーシスを抑制していると推測された39遺伝子を選出し[5]，それらの各遺伝子をノックダウンする手法で，老化細胞に選択的に細胞死を誘

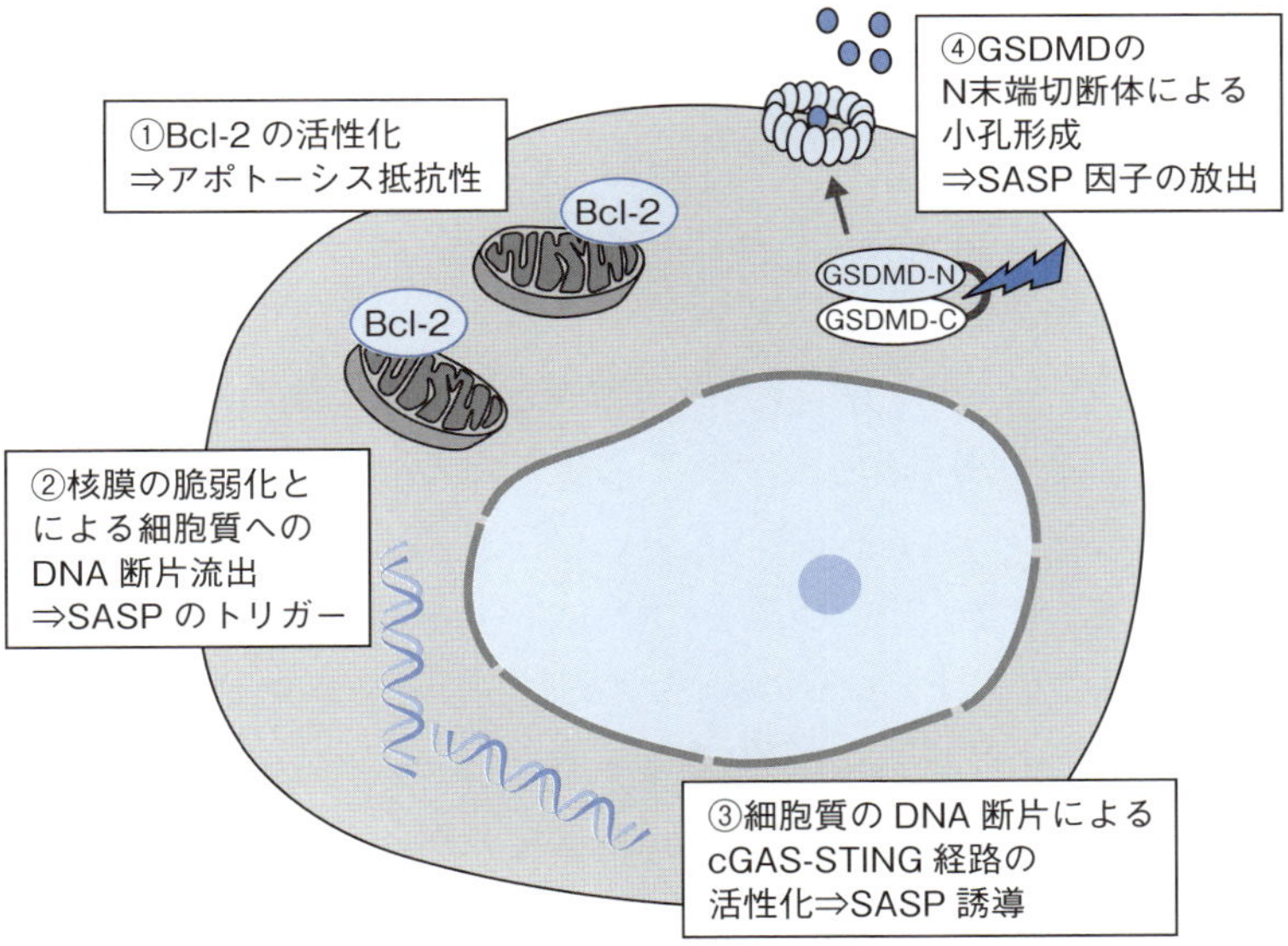

図1　細胞老化を生じた細胞の特徴

細胞老化を生じた細胞では，①ミトコンドリアにおいてBcl-2が活性化しているため，アポトーシス抵抗性がある．②核膜におけるラミンB1の発現低下により，核膜の脆弱化が起こる．そのため，核からDNA断片が流出し，細胞質にDNA断片が存在する．③細胞質のDNA断片はcGAS-STING経路を活性化させ，SASP因子の発現が誘導される．④caspase-1または11により切断されたgasderminD（GSDMD）のN末端で形成された細胞膜上の小孔から，IL-1βやIL-33などのSASP因子が放出される．

導する遺伝子として，17遺伝子まで絞り込んだ．それらに関連する薬剤を用いてスクリーニングし，ダサチニブ（D）とケルセチン（Q）が，老化細胞に選択的に細胞死を誘導する薬剤として同定された．ダサチニブとケルセチン（D + Q）の組み合わせは，さらに効果的に老化細胞に選択的に細胞死（**セノリシス**）を誘導することが示され，有効なセノリティック薬として報告された[5]．チロシンキナーゼ阻害剤のダサチニブとフラボノイドのケルセチンの組み合わせで，なぜ老化細胞特異的にかつ効果的に細胞死を生じるのか，メカニズムの詳細は十分には明らかになっていない．

さらに，老化細胞のアポトーシス抵抗性を標的として，**BH3模倣薬**であるBcl-2やBcl-xLの阻害剤，**ナビトクラクス〔Navitoclax（ABT-263）〕**などが用いられ，ABT-263は特異的かつ効果的に老化細胞を細胞死させるセノリティック薬として有効との報告がなされた[6]．ABT-263の投与により，腎疾患や心疾患，がんなどの組織微小環境で老化細胞が関与する複数の疾患で病態が改善することが報告されている[8〜10]．

2）不可逆的細胞増殖停止とセノリティック薬

また，そもそも老化細胞に特異的に生じている現象として不可逆的増殖停止が生じているために，DNA損傷の修復の手法として相同組換えは行われず，非相同末端結合に頼るしかない，という弱点が老化細胞にはある．この弱点を突いて，非相同末端結合阻害作用のある**BET阻害剤，ARV-825**が老化細胞特異的に細胞死を生じさせることが発見され，セノリティック薬として有効であることが報告された[11]．

3）SASPの放出とセノリティック薬

また，細胞老化を生じると細胞死せず生存し続ける老化細胞から，やがて炎症性サイトカイン，ケモカイン，プロテアーゼ類，増殖因子などさまざまなタンパク質が分泌されることが明らかになってきた．この現象を細胞老化随伴分泌現象（senescence-associated secretory phenotype：SASP）と呼び，この現象も老化細胞の重要な特徴である．SASPの誘導機構としては，cGAS-STING経路の活性化が報告されている[12]．

細胞老化を生じると，核膜の構成タンパク質，ラミンB1の発現が低下することが知られている．その結果，本来核に存在するDNAの一部や染色体の一部のDNA塊などが細胞質側に出てくる．このDNA断片がトリガーとなり，cGAS-STING経路が活性化し，一型インターフェロンを中心とする多くのサイトカインの発現が誘導され，さらに炎症関連因子が発現する[12, 13]（**図1**）．

代表的なSASP因子としては，サイトカインの**IL-6，IL-1α，IL-1β，IL-33**などがあり，ケモカインとしては，**Groα，CXCL9**など，プロテアーゼとしては，**MMP1，MMP3，MMP9**などが確認されている[14, 15]．老化細胞から産生される**エクソソーム**や**プロスタグランジン**$\mathbf{E_2}$などの脂質メディエーターもSASP因子とされている[15]．しかし老化した細胞種によっても産生されるSASP因子は異なるため，総説や各論文を参照されたい[14, 15]．

老化細胞ではSASP現象が持続して生じており，加齢性の慢性炎症に関与すると考えられている．また，進行がんのがん微小環境における**CAF（cancer-associated fibroblasts：がん関連線維芽細胞）**でもSASPや細胞老化が認められている[16)]．進行がんの微小環境でSASPを生じている老化細胞は抗腫瘍免疫の抑制に関与しており[17～19)]，進行がんの組織においてはSASPの制御は重要な課題である．

慢性炎症やがん促進など生体にとってよくない作用をしている老化細胞については，セノリティック薬で除去することが，1つの有効な方法として考えられる．実際に，筆者らが用いている進行肝がんのモデルマウスに前述のBET阻害剤，ARV-825を投与すると，がん組織における老化線維芽細胞数の減少と，腫瘍形成の抑制が認められた[11)]．つまり，セノリティック薬によるCAFの除去により，肝腫瘍が抑制されたことになる．

4）セノリティック薬の現状と課題

加齢個体で増加した老化細胞を除去するセノリティック薬は近年注目され，**加齢性病態**を改善し個体を若返りさせる研究が報告されている[5, 20～23)]．しかし，p16が高発現する，老化細胞特異的に細胞死を誘導できる遺伝子改変マウス[24)]を使った実験では，加齢個体で細胞老化が生じていた肝類洞内皮細胞が除去されたため肝臓のバリア機能が壊れ，肝臓の線維化などが生じ，老化細胞を除いたマウスのほうが早く死亡するという結果が報告された．

近年，若返りを目的とした加齢個体における老化細胞の除去（セノリシス）が注目を浴びているが，生体防御のために機能している老化細胞をむやみに除去することがよいかどうか，各組織の状況を十分に鑑みる必要がある．前述の肝類洞内皮細胞の例のように，細胞老化フェノタイプを示していても臓器を構成するために重要な細胞である場合がある[24)]．このような背景を受けてか，最近，細胞老化の生理作用（組織の構成，発生，早期がんの抑制，組織修復など）を記述した，総説がサイエンス誌に報告されている[25)]．

3 GSDMDを介するSASP因子の放出機構

筆者らは**脂肪性肝炎関連肝がん**の微小環境において，CAF化した肝星細胞が細胞老化とSASPを起こしており，その分泌因子（SASP因子）が，がん促進に働くことを以前から見出していたが[18, 19)]，これまで，SASP因子がどのように放出されるのかは不明であった．

筆者らは脂肪性肝炎関連肝がんのマウスモデルを用いて，がん微小環境における老化肝星細胞からのSASP因子の放出機構と，SASP因子による抗腫瘍免疫抑制により，がんが進行するメカニズムの詳細を明らかにしたため[17)]，本項目では関連する研究内容を含めて紹介する．

筆者らがまず，肝がん微小環境における老化肝星細胞からどのようなサイトカインが産生され，がんに促進的に働くのか，網羅的遺伝子発現解析により調べたところ，IL-1βやIL-33の発現は非腫瘍部と比べて腫瘍部で高く，これらの因子は老化肝星細胞で発現していた．

そこで次に，これらSASP因子であるIL-1βやIL-33が老化肝星細胞からどのように放出されるのかについて解析を進めた．

脂肪性肝炎関連肝がんのモデルマウスでは，長期に高脂肪食を摂取させているため，グラム陽性腸内細菌が増加しており，しかも，長期にわたる高脂肪食摂取による腸管バリア機能が脆弱化し，グラム陽性腸内細菌の細胞壁成分である**リポタイコ酸**が肝臓に多く移行し蓄積していることが明らかになった．そこで，この肝がん微小環境の状態を模倣するため，肝臓から純度よく単離した老化肝星細胞に，培養系でリポタイコ酸を添加したところ，老化肝星細胞からSASP因子であるサイトカインIL-1βとIL-33が，細胞外に放出されることがわかった．

興味深いことに，これらの老化肝星細胞では，**gasdermin D（GSDMD）**が高発現しており，リポタイコ酸の添加により，GSDMDが切断されN末端の切断体が検出されることがわかった．このGSDMDのN末端切断体は，細胞膜上に小孔を形成することが知られている[26, 27]．そこでGSDMDの発現をノックダウンしたところ，リポタイコ酸によるIL-1βとIL-33の細胞外への放出が抑制された．このことから，これらのSASP因子は，GSDMDのN末端切断体により形成される小孔を介して，老化肝星細胞から放出されることがわかった（**図1**）．また，ノックダウン実験からGSDMDの切断酵素はcaspase-11が担っていることが示された．

GSDMDのN末端切断体による小孔が形成されると，**NINJ1**というタンパク質により，最終的に細胞膜破壊が生じ**パイロトーシス**細胞死が実行されることが知られている[27]．しかし，老化した肝星細胞では，細胞膜上で小孔が形成されてもパイロトーシス細胞死は非常に生じにくいことが明らかになった．このことは老化細胞からのSASP因子の放出が続くことを示唆しており，SASP現象が持続するメカニズムの1つと考えられる．細胞膜上に小孔が形成されても，パイロトーシス細胞死に至らない理由はまだ解明していないが，ESCRT（endosomal sorting complexes required for transport）というタンパク質により，小孔の空いた細胞膜が修復されることが，1つの可能性として考えられる[28]．

もっと詳しく

パイロトーシス細胞死に対する抵抗性

このパイロトーシス細胞死に対する抵抗性については，以下の考察が考えられる．*Ninj1*をノックアウト（KO）したマクロファージでは，細胞死を起こさずIL-1βやIL-18を放出することが確認されている[29]．肝星細胞においてもNINJ1は発現しており，細胞老化による発現変化はみられないことを筆者らは確認している．NINJ1による細胞膜崩壊には，NINJ1の活性化やオリゴマー化が必要であり[30]，老化肝星細胞ではこれらの機能が低下している可能性が考えられる．またESCRTというタンパク質が小孔の空いた細胞膜を修復することが知られているが[28]，ESCRTが老化肝星細胞で活性化していれば，細胞死の回避につながる可能性が考えられる．

このように，GSDMDのN末端切断体で細胞膜上に形成されるクラスターによる小孔からSASP因子のIL-1βやIL-33が放出されることがわかった．放出されたIL-33は，その受容体ST2を発現する制御性T細胞（regulatory T cell：Treg）に作用し，Tregは活性化され，その結果，抗腫瘍免疫が抑制され，高脂肪食摂取による肥満関連肝がんが進行していくことが明らかになった．さらに，GSDMDのN末端切断体の特異的抗体を用いて調べたところ，ヒトの**MASH（metabolic associated steatohepatitis）肝がん**の腫瘍部に存在する肝星細胞においても切断体が認められた．このことから，マウスモデルで検証したこれらの知見は，ヒトの脂肪性肝炎関連肝がんの一部においても同様に働いている可能性が示唆された．最後に，GSDMDのN末端切断体による小孔の阻害薬，**disulfiram**[31]をこの高脂肪食誘導性肝がんモデルマウスに投与したところ，肝腫瘍形成が有意に抑制された[17]．これらの結果から，GSDMDによる小孔形成の阻害や，放出されたIL-33が作用するST2を発現するTreg細胞の阻害は，肝がんの予防や治療の標的として使用できる可能性がある．

もっと詳しく

GSDMD小孔からの放出因子の選択性（分子量と電荷による選別）

GSDMDはN末端切断体による小孔形成によりサイトカインなどの細胞外放出を制御している．このGSDMD小孔からどのような因子が放出されるかについては，まず放出因子の大きさが1つの要素となっており，切断型（成熟型）IL-1βやIL-18，galectin-1，S100A8/S100A9といった低分子量タンパク質がGSDMD小孔を通過することができる一方で，LDH（lactate dehydrogenase）やHMGB1（high mobility group box-1）といった比較的大きなタンパク質はGSDMD小孔を通過することができず，放出因子の分子量による選別がなされている〔第3章-3（p.73参照）〕．

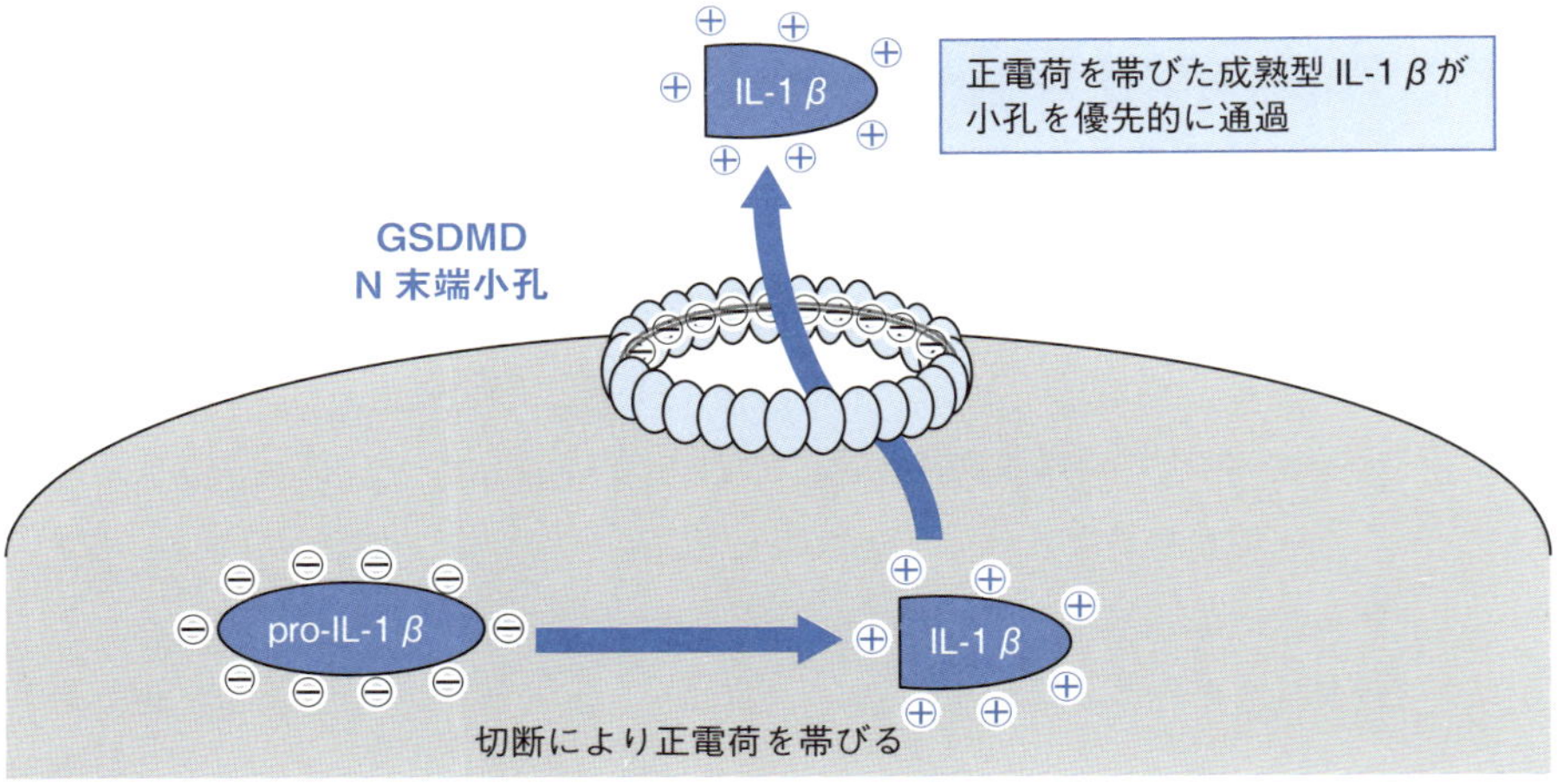

図2　GSDMD小孔からの放出因子の選択性

GSDMD小孔の内部は負に帯電しており，負電荷を帯びたpro-IL-1 βは通さないが，切断修飾により正電荷を帯びた切断型（成熟型）IL-1 βを優先的に通過させる．

また分子量以外に，タンパク質のアミノ酸極性も重要な要素となっている．GSDMD小孔の内部は，大部分が負に帯電している．IL-1 βやIL-18の前駆体も負電荷を帯び，小孔を通過し難い状況となっている．しかし，IL-1 βやIL-18はインフラマソームによる切断修飾を受け成熟型となることで正電荷を帯び，小孔を優先的に通過することが可能となる[32]（**図2**）．このように，GSDMD小孔を通過できる因子の選択性においては，サイズバリア以外にもチャージバリアの要素が存在しており，今後さらなる解析によって選択機構を解明することで，GSDMD小孔を通過する因子が明らかになると予想される．

4 おわりに

本稿で解説してきたように細胞老化が誘導された状態においては細胞死抵抗性が生じており，老化細胞が長く生き延びる1つの要因になっている．しかし現状では，なぜ老化細胞においてBcl-2ファミリーの活性化が生じているのか，またGSDMDのN末端小孔が細胞膜に形成されているにもかかわらず，パイロトーシス細胞死まで至らないのか，その詳細な分子メカニズムについては十分に解明されていない．

今後の解析が待たれるところであるが，細胞老化はもともと発がんの可能性がある変化が生じた細胞に対し，最後の砦として発がんを抑制する機構である．実際に過剰増殖シグナルによっても細胞老化は誘導され，また，細胞老化の重要な誘導因子であるp16はがん抑制遺伝子産物であり，この最後の砦が不活性化すると発がんに至る場合が多い．この事実からも，制御された細胞死が起こらないのは，老化細胞は増殖を完全に停止した細胞である一方で，がん細胞で認められるシグナルも活性化している場合があるためではないかと考えられる．

老化細胞はアポトーシス細胞死，パイロトーシス細胞死以外にも，フェロトーシス細胞死にも抵抗性があることが報告されている[33]．このようなさまざまな細胞死誘導システムに対する抵抗性はがん細胞では一般にみられる現象であり，老化細胞はがん細胞にも類似した細胞死抵抗性を有する，複雑な一面をもつ細胞であると考えられる．

文献

1） Chandler H & Peters G：Curr Opin Cell Biol, 25：765-771, 2013
2） Yamakoshi K, et al：J Cell Biol, 186：393-407, 2009
3） Krishnamurthy J, et al：J Clin Invest, 114：1299-1307, 2004
4） Wang E：Cancer Res, 55：2284-2292, 1995
5） Zhu Y, et al：Aging Cell, 14：644-658, 2015 必読
6） Zhu Y, et al：Aging Cell, 15：428-435, 2016
7） Kirkland JL, et al：J Am Geriatr Soc, 65：2297-2301, 2017
8） He Y, et al：Nat Commun, 11：1996, 2020
9） Mylonas KJ, et al：Sci Transl Med, 13：eabb0203, 2021
10） Lawrie A & Francis SE：J Clin Invest, 131：e149721, 2021
11） Wakita M, et al：Nat Commun, 11：1935, 2020 必読
12） Zhao Y, et al：Nat Rev Immunol, 23：75-89, 2023
13） Takahashi A, et al：Nat Commun, 9：1249, 2018 必読
14） Zhu R, et al：Front Cell Dev Biol, 10：841612, 2022
15） Wang B, et al：Nat Rev Mol Cell Biol：doi: 10.1038/s41580-024-00727-x, 2024
16） Rodier F & Campisi J：J Cell Biol, 192：547-556, 2011
17） Yamagishi R, et al：Sci Immunol, 7：eabl7209, 2022 必読
18） Loo TM, et al：Cancer Discov, 7：522-538, 2017
19） Yoshimoto S, et al：Nature, 499：97-101, 2013 必読
20） Baker DJ, et al：Nature, 479：232-236, 2011
21） He S & Sharpless NE：Cell, 169：1000-1011, 2017
22） Zhang L, et al：FEBS J, 290：1362-1383, 2023
23） Omori S, et al：Cell Metab, 32：814-828.e6, 2020
24） Grosse L, et al：Cell Metab, 32：87-99.e6, 2020
25） de Magalhães JP：Science, 384：1300-1301, 2024
26） Vandenabeele P, et al：Nat Rev Mol Cell Biol, 24：312-333, 2023
27） Kayagaki N, et al：Nature, 526：666-671, 2015
28） Rühl S, et al：Science, 362：956-960, 2018
29） Kayagaki N, et al：Nature, 591：131-136, 2021
30） Degen M, et al：Nature, 618：1065-1071, 2023
31） Hu JJ, et al：Nat Immunol, 21：736-745, 2020
32） Xia S, et al：Nature, 593：607-611, 2021
33） Feng Y, et al：Aging (Albany NY), 16：7683-7703, 2024

4 がんと細胞死

森脇健太

細胞死研究とがん研究は，互いに大きなインパクトを与え合いながら発展を遂げてきた．細胞死ががんの発生・進展や治療と非常に深い関係性をもつことは，もはや説明不要であろう．本稿では，これまでの膨大ながんと細胞死に関する研究のなかから，内因性・外因性アポトーシスを標的としたがん治療薬の一例について紹介し，さらに近年のネクロプトーシス，パイロトーシス，フェロトーシスなどの制御されたネクローシスの研究の発展がもたらす新たながん治療戦略の展望について紹介したい．

KEYWORD ◆ Bcl-2阻害剤 ◆ TRAIL受容体 ◆ SMAC模倣体 ◆ 制御されたネクローシス ◆ 腫瘍免疫

1 はじめに

制御不能に増殖するがん細胞を排除するために，これまでにさまざまな薬剤が開発され，がん細胞に細胞死（多くの場合にはアポトーシス）を誘導する治療が行われてきた．しかしこれらの治療法は正常細胞へも毒性があったり，多様性に富むがん細胞の一部の集団がアポトーシスに対して抵抗性を獲得することもあり，患者によっては必ずしも十分な効果が得られていなかった．一方で，さまざまな制御されたネクローシスが同定されてきたことを受けて，最近ではがん細胞に制御されたネクローシスを誘導することで，細胞死を誘導するだけでなく，周囲に炎症を引き起こして効率よく抗腫瘍免疫を惹起する新たながん治療法の開発に期待が寄せられている．

2 内因性アポトーシスを標的としたがん治療薬

化学療法で用いられるアルキル化薬，代謝拮抗薬，トポイソメラーゼ阻害薬，微小管阻害薬といった**抗がん剤**，また**放射線治療**などは，DNAを標的としてがん細胞の増殖を阻害する．DNAの損傷はp53などの分子を活性化させ，ミトコンドリアに依存する内因性経路を介してアポトーシスを引き起こす．これらの治療法は現在でも広く利

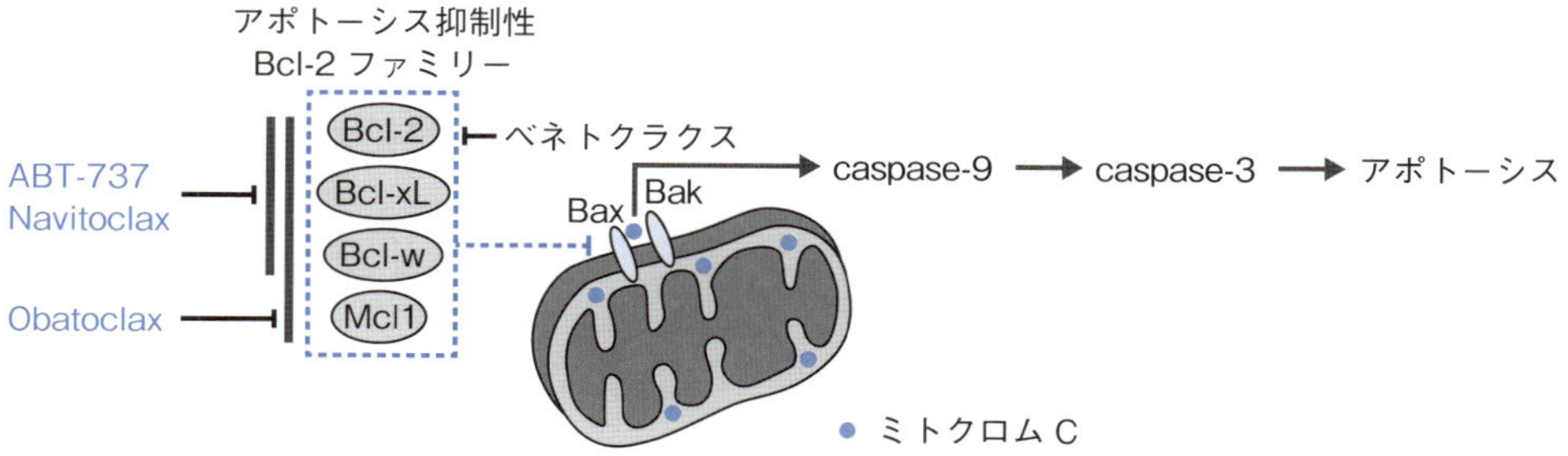

図1　アポトーシス抑制性Bcl-2ファミリー分子を標的とするがん治療薬

アポトーシス抑制性Bcl-2ファミリー分子はBax，Bakを阻害することでアポトーシスを抑制している．Bcl-2を選択的に阻害するベネトクラクスが慢性リンパ球性白血病（CML）などの患者で良好な治療効果を示し，国内外で臨床応用されている．

用されているものであるが，腸上皮細胞，毛母細胞，造血細胞といった正常細胞への毒性の問題がある．

また，内因性アポトーシスに耐性を獲得しているがん細胞の存在も大きな問題である．さまざまながん細胞で**Bcl-2**などの**アポトーシス抑制性Bcl-2ファミリー分子**の発現が増加し，**Bax**，**Bak**，**BH3タンパク質**といった**アポトーシス誘導性Bcl-2ファミリー分子**の発現が低下している[1]．そのためこの細胞生存に傾いたバランスを是正してがん細胞にアポトーシスを誘導しようと，アポトーシス抑制性Bcl-2ファミリー分子の機能を阻害するBH3模倣薬の開発が進められてきた（**図1**）．

◆ BH3模倣薬

初期に開発された**ABT-737**[2] やその類縁体**Navitoclax**[3]，また**Obatoclax**[4,5] は，アポトーシス抑制性Bcl-2ファミリー分子を広く阻害することでがん細胞にアポトーシスを誘導することができた．しかし，Bcl-xLが巨核球の生存に重要であるため血小板減少という副作用を引き起こすなど[6]，基質特異性の低さゆえに，正常細胞へ与える影響が問題となった．このような経緯を受けてBcl-2選択的な阻害薬である**ベネトクラクス（Venetoclax）**が開発された[7]．

アポトーシス抑制性Bcl-2ファミリー分子は互いに代償的に機能しうるが，その生存を特にBcl-2に依存しているがん細胞が存在し，ベネトクラクスはそのようながん細胞に対して非常に効率よくアポトーシスを誘導する[8]．そしてBcl-2が発見されてから30年以上が経過した2016年，ベネトクラクスはアポトーシス制御分子を標的とする世界ではじめてのがん治療薬として，米国で慢性リンパ球性白血病（chronic lymphocytic leukemia：CLL）患者への使用の承認を受けるに至った．本邦においても，2019年にその使用が承認され，現在CLLや急性骨髄性白血病（acute myeloid leukemia：AML）の治療に用いられている．CLLやAML以外の白血病での治療効果も示されており[9,10]，今後その適用の拡大が期待されているが，*BCL2*遺伝子変異などさまざまな要因によってがん細胞がベネトクラクスへの耐性を獲得することがわかっており，今後解決するべき1つの課題となっている[11].

3 外因性アポトーシスを標的としたがん治療薬

外因性アポトーシス経路が見出されたことを受けて，この経路を活性化することでがんを殺傷できるのではないかと期待されたが，マウスへの**TNF**の投与は致死的な全身性の炎症反応を，また**Fasリガンド**やアゴニスティックな**抗Fas抗体**の投与は劇症肝炎を引き起こし，これらの分子のがん治療への応用が難しいことが明らかとなった[12, 13]．そのようななか，TNFやFasリガンドと相同性の高い分子として見出された**TRAIL（TNF-related apoptosis-inducing ligand）**が正常細胞よりもがん細胞に対して高い細胞死活性を示し[14, 15]，さらにマウスに投与しても全身性の炎症や肝炎を誘導しなかったことでTRAIL受容体を標的としたがん治療法の開発に大きな期待が寄せられることとなった[16, 17].

1）TRAIL受容体標的薬

TRAILは，細胞死誘導性の**TRAIL受容体〔DR（death receptor）4，DR5〕**に結合して細胞死を引き起こす．これまでに数多くの製薬企業が，さまざまなタイプの組換え型TRAILや抗TRAIL受容体アゴニスティック抗体を作成し，臨床試験を進めてきており，当初の予想通りこれらの薬剤の正常細胞および組織に対しての毒性は低く，ヒトへの投与が可能であることが証明された．しかしながら，これまでに開発された薬剤では十分な抗腫瘍効果が得られず，いまだ臨床応用へは至っていない．

この抗腫瘍効果の不十分さの原因の1つに，二価抗体の使用では受容体の多量体化を誘導できない点がある．TRAILにより効率よく細胞死を誘導するには，受容体の高次重合体形成が重要であるため[18]，このことから現在，IgM，Nanobody，HexaBodyを利用した多価の次世代型TRAIL受容体標的薬の開発およびその臨床試験が進められている[19]（**図2**）．またTRAIL誘導性細胞死に対して抵抗性のがん細胞が存在することも，これまでの臨床試験で十分な治療効果が得られなかった原因の1つである．それらのがん細胞は，TRAIL受容体やその下流で働く制御分子の発現や翻訳後修飾などさまざまな要因によって抵抗性を獲得しており，その克服のためにさまざまな薬剤との併用療法が試されている[19].

2）SMAC模倣体（IAPアンタゴニスト）

IAP（inhibitor of apoptosis）ファミリーはBIR（baculovirus IAP repeat）ドメインをもつタンパク質群であり，そのなかでも**cIAP（cellular inhibitor of apoptosis）1**や**cIAP2**は，デスリガンド誘導性の細胞死を負に制御する代表的な分子である．これ

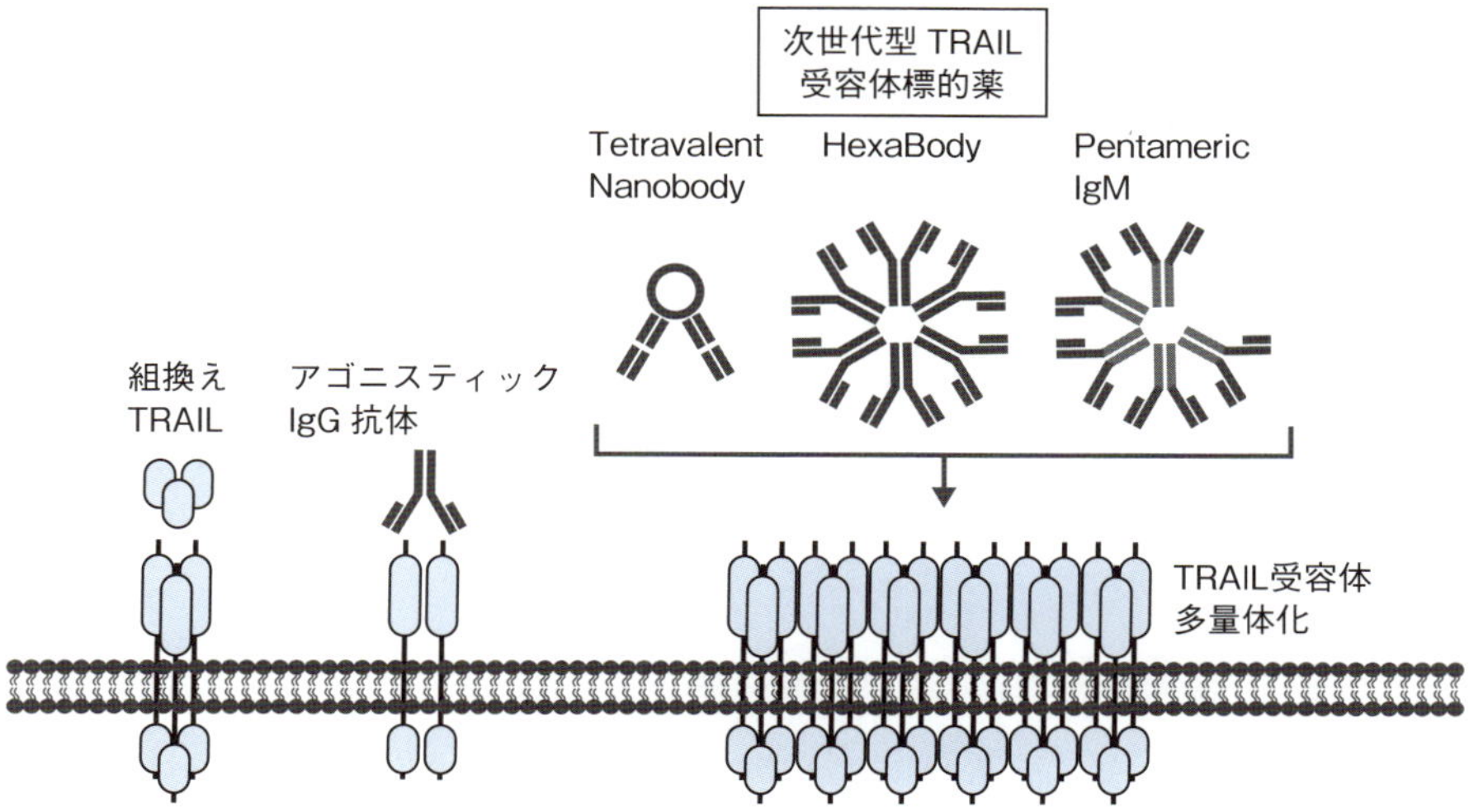

図2　次世代型TRAIL受容体標的薬

組換え型TRAILや2価抗体とは異なり，近年開発が進んでいる多価の次世代型TRAIL受容体標的薬はTRAIL受容体の多量体化を引き起こし，効率よくアポトーシスシグナルを活性化することができる．

らの分子はユビキチンリガーゼであり，TNFやTRAIL受容体の直下で形成されるタンパク質複合体（TNF受容体の場合はcomplex Ⅰ，TRAIL受容体の場合はDISC）のなかで，RIPK（receptor-interacting protein kinase）1をはじめとする分子をユビキチン化することで細胞死を抑制している．そこでcIAP1やcIAP2を標的とするIAPアンタゴニストが開発され，がん治療への応用が進められている．

IAPアンタゴニストは，SMAC（second mitochondria-derived activator of caspase）模倣体と呼ばれ，アポトーシス誘導の過程でミトコンドリアから放出されてIAPタンパク質を阻害するSMACを基にして開発されたものである[20, 21]．SMAC模倣体はcIAP1やcIAP2に結合して，これらの分子の自己ユビキチン化と自己分解を引き起こす[22, 23]．cIAP1やcIAP2はNIK（NF-κB-inducing kinase）を分解することで非古典的NF-κB経路の活性化の抑制にも寄与している．そのため，SMAC模倣体で処理することで非古典的NF-κB経路を介してTNFが産生され，産生されたTNFがautocrineまたparacrineに作用する[24]．

これらの作用によりSMAC模倣体は単独で処理するだけでがん細胞に細胞死を誘導することが可能である．しかし，TNFやTRAILといった細胞死刺激と併用することでより強く細胞死を誘導でき，現在，免疫チェックポイント阻害剤などとの併用療法での臨床試験が進められている．

4 制御されたネクローシスを標的とする新たながん治療戦略

がんを治療するにあたって，がん細胞に対する免疫系を活性化させることができれば治療効果を上げることができると考えられる．細胞膜が維持され，かつマクロファージに貪食されるアポトーシスは，一般的に免疫原性の低い細胞死であり，アポトーシスと異なり炎症性で免疫原性の高い細胞死である制御されたネクローシスを誘導するという新たながん治療戦略に大きな関心が寄せられている．

1）ネクロプトーシス

ネクロプトーシスは**RIPK3**と**MLKL**（mixed lineage kinase domain-like）に依存する制御されたネクローシスである〔第3章-2（p.63）参照〕．ネクロプトーシスはサイトカインや病原体成分によって誘導されるものであるが，人為的にRIPK3の二量体化を引き起こすことで上流のシグナルをすべてバイパスしてネクロプトーシスを誘導することが可能である．この手法を用いてマウスに移植したがん細胞にネクロプトーシスを誘導すると，がん細胞の死滅だけでなく，樹状細胞の活性化と$CD8^+$ T細胞へのクロスプライミング，またがん細胞由来抗原に特異的な$CD8^+$ T細胞の増殖を引き起こすことが明らかとされた[25〜27]．一方で，同様の手法でcaspase-8を活性化させアポトーシスを誘導した場合や，（また興味深いことに）凍結融解によって物理的にネクローシスを誘導した場合では，このようながん免疫の活性化がみられなかった．

物理的にネクローシスを誘導したときと異なり，ネクロプトーシスを誘導したときにがん免疫が活性されるのは，RIPK3に細胞死誘導と異なる機能が存在するためであり，RIPK3がRIPK1依存的にNF-κBやMAPK経路を活性化してサイトカインやケモカインなどの炎症性物質を産生することで，より免疫原性を高めていると考えられている[28]（**図3A**）．ただし，RIPK3の発現はさまざまながんでエピジェネティックな理由などにより低下していることがわかっているため，がん細胞にネクロプトーシスを誘導するにはRIPK3の発現を高める方策を考える必要があるだろう．

一方でがん細胞とは異なり，がん組織を形成する**線維芽細胞**はRIPK3を発現し，ネクロプトーシスへの感受性が高い．Zhangらは，Z型核酸およびZBP1依存的なネクロプトーシスを誘導する化合物**CBL0137**を同定し，担がんマウスにこれを投与するとがん組織中の線維芽細胞にネクロプトーシスが誘導された[29]．さらにそれによってがん組織への$CD8^+$ T細胞の浸潤を促進し，免疫チェックポイント阻害剤の治療効果を向上させることを明らかにした[29]．

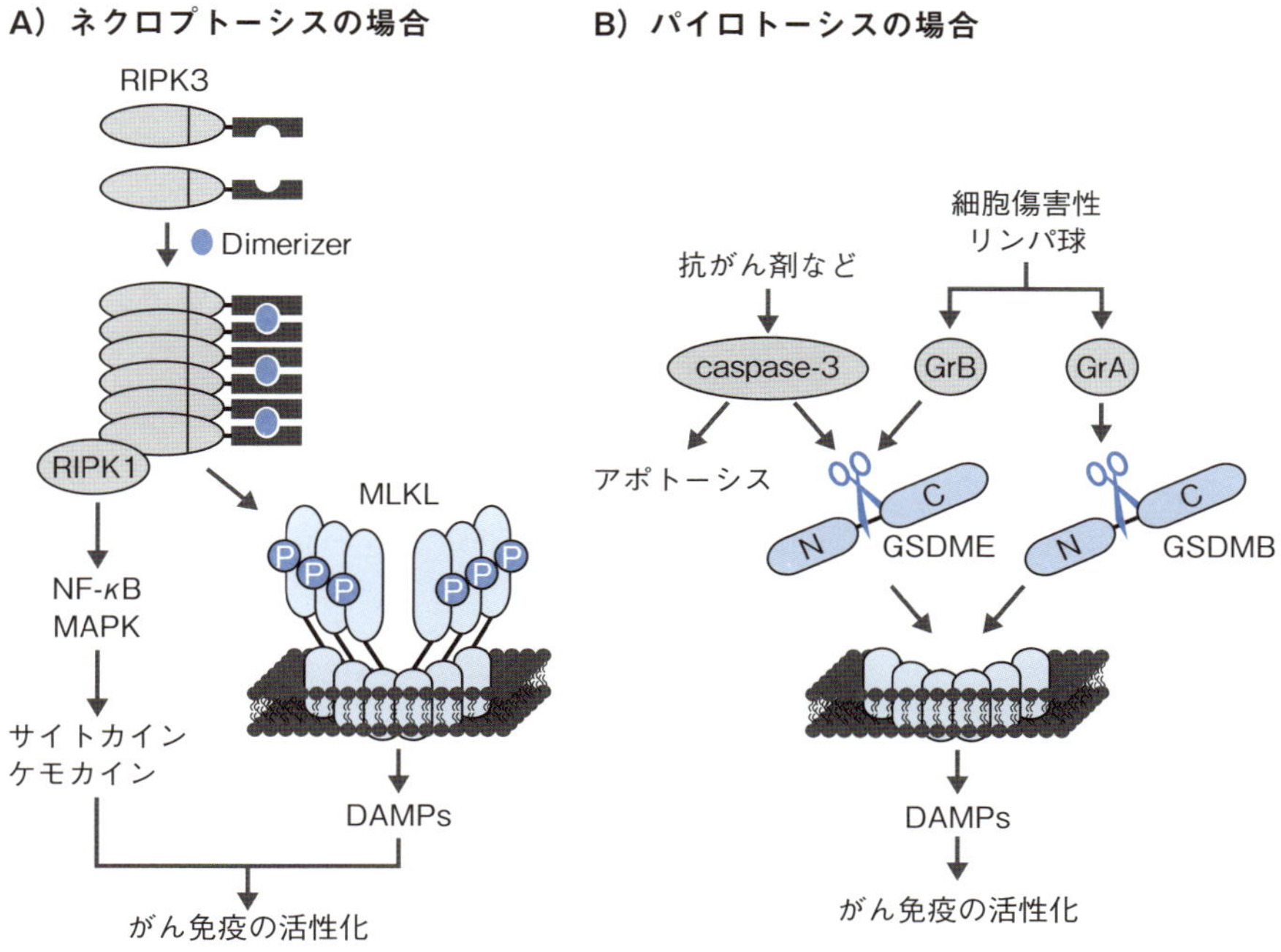

図3　制御されたネクローシスによるがん免疫の活性化

A）RIPK3の二量体化は，さらなる重合体形成を促してRIPK3の活性化を引き起こす．活性化したRIPK3はMLKLを介してネクロプトーシスを誘導するとともに，RIPK1を介してサイトカインやケモカインの産生を誘導する．RIPK3はこの両経路を介して効率よくがん免疫を引き起こす．

B）GSDM（gasdermin）Eを発現するがん細胞でアポトーシスシグナルを導入するとパイロトーシスが引き起こされる．GSDMEとGSDMBはそれぞれ細胞傷害性リンパ球が分泌するgranzyme B（GrB）とgranzyme A（GrA）によって切断・活性化される．

2）パイロトーシス

パイロトーシスはポア形成分子であるgasdermin（GSDM）に依存する細胞死である〔第3章-3（p.73）参照〕．ヒトのGSDMはGSDMAからGSDMEまであり，それぞれ異なるプロテアーゼによって切断されて活性化する．そのなかでGSDMEはcaspase-3によって活性化される分子である．パイロトーシス誘導のキネティクスはアポトーシスよりも速いことから，GSDMEを発現する細胞ではアポトーシス誘導刺激に応じてパイロトーシスが誘導されることとなる[30]．すなわち，GSDMEの発現の有無は，免疫原性の低い細胞死か高い細胞死か，どちらを起こすかを決定づける1つの重要な要因となる．

実際，担がんマウスモデルにおいてGSDMEを発現するがん細胞が，抗がん剤による治療を通して，よりがん免疫を高めることが報告されている[31]（**図3B**）．また，GSDMEは$CD8^+$ T細胞やNK細胞が発現するgranzyme Bによっても切断・活性化されるため，これらの細胞傷害性リンパ球はcaspase-3およびgranzyme Bを介して

GSDME依存性のパイロトーシスを誘導し，がん免疫を高めることが報告されている[32]．さらに，granzyme AがGSDMBを切断・活性化してパイロトーシスを誘導することも報告されている[33]．GSDMBは消化器がんなどでよく発現し，IFNγによってその発現が誘導されるが，GSDMEの発現はRIPK3と同様に多くのがん細胞でエピジェネティックな理由などにより抑制されている．そのため，GSDMEの発現を高めるような薬剤とがん免疫療法とを併用することでより広いがん種に対して高い治療効果を期待できるようになるかもしれない．

また近年，がん細胞特異的にパイロトーシスを誘導するための手法の開発が進められている．その1つとして，がんイメージングプローブである**Phe-BF3（phenylalanine trifluoroborate）**を介した脱シリル化を利用して，シリル結合金ナノ粒子から活性型GSDMを放出させるものがある[34]．金ナノ粒子とPhe-BF3の両方ががん細胞に蓄積するため，がん特異的に細胞内で活性型GSDMが放出されてパイロトーシスが誘導される．そして，この手法を用いることでがん免疫を活性化することができ，免疫チェックポイント阻害剤との併用でより効果的にがんを退縮させられることが報告されている[34]．

そのほかの手法として，任意のプロテアーゼと，それによって切断されて活性化するように設計したGSDM改変体の両者を細胞に発現させることで，パイロトーシスを選択的かつ直接的に誘導するというものがある[35]．さらに，**ウイルス様粒子（virus-like particles：VLPs）**を産生する細胞を使ったドラッグデリバリーシステムを利用することで[36]，プロテアーゼとGSDM改変体を目的の細胞に発現させてパイロトーシスを誘導できることが示されている．現在，がん細胞に特異的なVLPsの開発が進められており，今後このような新たな細胞死誘導技術ががん治療に生かされるようになることを期待したい．

3）フェロトーシス

フェロトーシスは鉄依存性の制御されたネクローシスであり，2価鉄Fe^{2+}が触媒するフェントン反応によって過酸化脂質の生成・蓄積がもたらされ，細胞死が引き起こされる〔第3章-4（p.84）参照〕．フェロトーシス誘導時には，脂質の過酸化がもたらす細胞膜傷害によって最終的に細胞膜の破裂が引き起こされる．そのため，フェロトーシスもネクロプトーシスやパイロトーシスと同じく免疫系を活性化する炎症性細胞死と言える．

フェロトーシスという細胞死が定義されるきっかけは，RAS変異がん細胞に効率よく細胞死を引き起こす化合物（**エラスチン**）が同定されたことであった[37, 38]．エラスチンはシスチン/グルタミン酸トランスポーター（xCT）の阻害剤であり，細胞内グルタチオンの濃度を低下させ，還元型グルタチオン存在化で過酸化脂質を除去するGPX4の活性化を阻害することで，フェロトーシスを誘導する．代謝や増殖が盛んながん細胞は，正常細胞に比べて多くの鉄を保有している[39]．鉄がもたらす活性酸素種（reactive oxygen species：ROS）は細胞毒性を示すが，がん細胞はROSを除去するシステムを活発化して生存を維持している．そのため，細胞内還元物質であるグルタチオンやユビキノン（CoQ）[40, 41]の量の低下，またGPX4の活性の低下などをもたらすことでがん細胞にフェロトーシスを誘導することができる．

現在，過酸化脂質除去システムの異なるステップを標的とするさまざまなフェロトーシス誘導剤が開発されており[42]〔巻末付録-1（p.239）参照〕，これらのがん治療への応用が期待されている[43]．

5 おわりに

アポトーシスの分子機構の理解が，がんの生物学の理解につながり，さらにベネトクラクスに代表されるようにがん治療薬の開発につながってきた．現在，制御されたネクローシスの理解が進むに連れて，細胞死研究で得られた知見のがん治療への応用は新たなステージへと進んできている．免疫チェックポイント阻害剤やCAR-T療法などに大きな期待が寄せられているなかで，いかにしてがん細胞の免疫原性を高め，免疫系によるがん細胞の排除を促すかということが大きな1つの課題であり，その点において炎症性細胞死である制御されたネクローシスは大きな役割を果たすことができるのではないかと期待される．今後，がん細胞に特異的に効率よく制御されたネクローシスを誘導し，がん免疫を活性化させる新たな手法の開発が求められ，そしてそのためにも制御されたネクローシスの分子機構の基本的な理解がより進むことが求められるであろう．

文献

1） Merino D, et al：Cancer Cell, 34：879-891, 2018
2） Oltersdorf T, et al：Nature, 435：677-681, 2005
3） Tse C, et al：Cancer Res, 68：3421-3428, 2008
4） Trudel S, et al：Blood, 109：5430-5438, 2007
5） Nguyen M, et al：Proc Natl Acad Sci U S A, 104：19512-19517, 2007
6） Mason KD, et al：Cell, 128：1173-1186, 2007
7） Souers AJ, et al：Nat Med, 19：202-208, 2013 必読
8） Roberts AW, et al：N Engl J Med, 374：311-322, 2016
9） Sawalha Y, et al：Blood Adv, 7：2983-2993, 2023
10） Gao X, et al：BMC Cancer, 23：1058, 2023
11） Sullivan GP, et al：Sci Transl Med, 14：eabo6891, 2022
12） Tracey KJ, et al：Science, 234：470-474, 1986
13） Ogasawara J, et al：Nature, 364：806-809, 1993
14） Wiley SR, et al：Immunity, 3：673-682, 1995
15） Pitti RM, et al：J Biol Chem, 271：12687-12690, 1996
16） Walczak H, et al：Nat Med, 5：157-163, 1999

17) Ashkenazi A, et al：J Clin Invest, 104：155-162, 1999
18) Pan L, et al：Cell, 176：1477-1489.e14, 2019 必読
19) Montinaro A & Walczak H：Cell Death Differ, 30：237-249, 2023 必読
20) Du C, et al：Cell, 102：33-42, 2000
21) Verhagen AM, et al：Cell, 102：43-53, 2000
22) Varfolomeev E, et al：Cell, 131：669-681, 2007 必読
23) Vince JE, et al：Cell, 131：682-693, 2007 必読
24) Petersen SL, et al：Cancer Cell, 12：445-456, 2007
25) Snyder AG, et al：Sci Immunol, 4：, 2019
26) Yatim N, et al：Science, 350：328-334, 2015
27) Aaes TL, et al：Cell Rep, 15：274-287, 2016
28) Meier P, et al：Nat Rev Cancer, 24：299-315, 2024 必読
29) Zhang T, et al：Nature, 606：594-602, 2022
30) Wang Y, et al：Nature, 547：99-103, 2017 必読
31) Hu Y, et al：Cell Death Dis, 14：836, 2023
32) Zhang Z, et al：Nature, 579：415-420, 2020 必読
33) Zhou Z, et al：Science, 368：eaaz7548, 2020
34) Wang Q, et al：Nature, 579：421-426, 2020 必読
35) Xia S, et al：Cell, 187：2785-2800.e16, 2024 必読
36) Banskota S, et al：Cell, 185：250-265.e16, 2022
37) Dolma S, et al：Cancer Cell, 3：285-296, 2003
38) Dixon SJ, et al：Cell, 149：1060-1072, 2012
39) Torti SV, et al：Annu Rev Nutr, 38：97-125, 2018
40) Doll S, et al：Nature, 575：693-698, 2019
41) Bersuker K, et al：Nature, 575：688-692, 2019
42) Du Y & Guo Z：Cell Death Discov, 8：501, 2022
43) Berndt C, et al：Redox Biol, 75：103211, 2024 必読

5 自己免疫疾患・自己炎症性疾患と細胞死

大塚邦紘，安友康二

自己炎症性疾患および自己免疫疾患は，自己の免疫系が自己の臓器を障害する難治性疾患である．それらの病態において，細胞死は“アクセル”としても“ブレーキ”としても作用している．本稿では自己炎症性疾患については，インフラマソームパチー，インターフェロノパチー，レロパチーにおける細胞死に焦点を当てた．一方で，自己免疫疾患については，SLE，RA，SS を例にあげ，自然免疫系と獲得免疫系の細胞死における役割と標的臓器における細胞死に焦点を当てた．

KEYWORD ◆自己免疫疾患 ◆自己炎症性疾患 ◆自然免疫 ◆獲得免疫 ◆標的臓器

1 はじめに

自己免疫疾患は獲得免疫系の異常に起因し，特定の自己抗原に対する免疫応答が生じ，多くは自己抗体産生を伴った病態が形成される．一方で，自己炎症性疾患は自然免疫系の異常に起因し，基本的に自己抗原に対する免疫応答ではないため自己抗体産生を伴わない．本稿では，各疾患の基本的な発症機序を概説し，さまざまな細胞死と関連づける．

2 自己炎症性疾患と細胞死

自己免疫応答や明らかな感染がみられないにもかかわらず，自然免疫系を制御するタンパク質の異常な活性化によって起こる疾患が報告され，自己抗体の産生や抗原特異的なT細胞の活性化を伴わない炎症性病態が自己炎症性疾患として定義された[1]．自己炎症性疾患は当初，単一の遺伝子の変異によって発症する遺伝性疾患と認識されていた．しかし現在では，原因遺伝子が不明であったり，多因子的に発症が制御されている自己炎症性疾患が存在すると考えられている．また，自己炎症性疾患の原因遺伝子の発見から派生して，自己炎症性疾患原因タンパク質と同じタンパク質が活性化して病態に寄与する糖尿病やアルツハイマー病なども広義の自己炎症性疾患として認識されている[2]．

表1　自己炎症性疾患と原因遺伝子

<table>
<tr><th>分類</th><th colspan="2">疾患</th><th>原因遺伝子</th><th>影響を受けるタンパク質</th></tr>
<tr><td rowspan="11">インフラマソームパチー</td><td colspan="2">家族性地中海熱（FMF）</td><td>MEFV</td><td>Pyrin</td></tr>
<tr><td rowspan="3">クリオピリン関連周期熱症候群（CAPS）</td><td>家族性寒冷自己炎症性症候群（FCAS）</td><td>NLRP3</td><td>NLRP3</td></tr>
<tr><td>Muckle-Wells症候群（MWS）</td><td>NLRP3</td><td>NLRP3</td></tr>
<tr><td>CINCA症候群/NOMID</td><td>NLRP3</td><td>NLRP3</td></tr>
<tr><td colspan="2">FCAS4</td><td>NLRC4</td><td>NLRC4</td></tr>
<tr><td colspan="2">PAAND</td><td>MEFV</td><td>Pyrin</td></tr>
<tr><td colspan="2">PAPA症候群</td><td>PSTPIP1</td><td>CD2 binding protein-1</td></tr>
<tr><td colspan="2">高IgD症候群</td><td>MVK</td><td>Mevalonate kinase</td></tr>
<tr><td colspan="2">TRAPS</td><td>TNFRSF1A</td><td>TNF receptor</td></tr>
<tr><td colspan="2">NAPS12</td><td>NLRP2</td><td>Monarch-1 protein</td></tr>
<tr><td colspan="2">NLRP1-AID</td><td>NLRP1</td><td>NLRP1</td></tr>
<tr><td rowspan="3">インターフェロノパチー</td><td colspan="2">エカルディ・グティエール症候群</td><td>TREX1,
RNASEH2A,
RNASEH2B,
RNASEH2C,
SAMHD1</td><td>Exonuclease subunits of the RNase H2 endonuclease complex</td></tr>
<tr><td colspan="2">PRAAS，CANDLE症候群</td><td>PSMB3,
PSMB4,
PSMB8,
PSMB9,
POMP</td><td>Proteasome</td></tr>
<tr><td colspan="2">SAVI</td><td>TMEM173</td><td>STING</td></tr>
</table>

（次ページにつづく）

家族性にみられる自己炎症性疾患の多くは，自然免疫系にかかわる遺伝子異常による過剰な活性化が原因であり，本稿ではインフラマソームパチー，インターフェロノパチー，レロパチーについて，細胞死との関連性について概説する（**表1**）．

1）インフラマソームパチーにおける細胞死

インフラマソームパチーとは**インフラマソーム**の過剰な活性化が生じる自己炎症疾患である．遺伝子変異が生じるインフラマソーム関連分子の種類によって，さらに**NLR family pyrin domain containing 3（NLRP3）インフラマソーム**，**Pyrinインフラマソーム**，**NLR family CARD domain containing 4（NLRC4）インフラマソーム**に分けられ，それらの活性化でIL-1 βの過剰産生が生じる[4, 5]．

NLRP3はクリオピリンとも呼ばれ，インフラマソームのセンサータンパク質として機能するが，NLRP3遺伝子に活性型変異が存在すると恒常的にNLRP3インフラマソームが活性化され，**クリオピリン関連周期熱症候群（Cryopyrin-associated periodic**

表1　自己炎症性疾患と原因遺伝子（つづき）

分類	疾患	原因遺伝子	影響を受けるタンパク質
レロパチー	A20ハプロ不全	*TNFAIP3*	NF-κB regulatory protein A20
	Biallelic RIPK1 mutations	*RIPK1*	RIPK1
	Blau症候群	*CARD15*，*NOD2*	NOD2 inflammasome
	HOIL-1/HOIP deficiency	*RBCK1*，*RNF31*	HOIP，HOIL-1 and SHARPIN
	ORAS	*OTULIN*	OTULIN
	RELA（p65）ハプロ不全	*P65*	REL-associated protein
その他	DADA2	*CECR1*	Adenosine deaminase 2
	DIRA	*IL1RN*	IL-1受容体拮抗分子
	DITRA	*IL36RN*	IL-36受容体拮抗分子

FMF：Familial Mediterranean fever，FCAS：familial cold autoinflammatory syndrome，MWS：Muckle Wells syndrome，CINCA/NOMID：CINCA：chronic infantile neurological，cutaneous and articular/neonatal onset multisystem inflammatory disease, FCAS：familial cold autoinflammatory syndrome，PAAND：pyrin-associated autoinflammation with neutrophilic dermatosis，PAPA：pyogenic arthritis, pyoderma gangrenosum and acne，TRAPS：TNF-receptor associated periodic fever syndrome，NAPS12：NLRP12-associated periodic syndrome，NLRP1-AID：NLRP1-associated autoinflammatory disease，PRAAS：Proteasome-associated autoinflammatory syndrome，CANDLE：chronic atypical neutrophilic dermatosis with lipodystrophy and elevated temperature，SAVI：STING-associated vasculopathy with onset in infancy，NOD2：nucleotide-binding oligomerization domain-containing protein 2，HOIP：HOIL-1 interacting protein，HOIL-1：heme-oxidized IRP2 ubiquitin ligase 1，SHARPIN：SHANK-associated RH domain interacting protein，ORAS：ovarian tumor（OTU）deubiquitinase with linear linkage specificity（OTULIN）-related autoinflammatory syndrome，RELA（p65）：Transcription factor p65，DADA2：deficiency of adenosine deaminase 2，DIRA：deficiency of IL-1 receptor antagonist，DITRA：deficiency of the IL-36 receptor antagonist
（文献3より作成）

syndromes：CAPS）を引き起こす．CAPSには，**家族性寒冷自己炎症性症候群（familial cold autoinflammatory syndrome：FCAS）**，**Muckle-Wells症候群（MWS）**，**chronic infantile neurological cutaneous, and articular syndrome（CINCA症候群）/新生児期発症多臓器系炎症性疾患（neonatal onset multisystem inflammatory disease：NOMID）**が含まれており，CINCA症候群/NOMIDはこのなかで最も病状が激しいことが知られている．いずれの疾患でも，パイロトーシスを起こすので細胞膜に孔が形成され，IL-1βやIL-18が流出するだけでなく，細胞質中の内容物も流出し，免疫細胞の走化や活性化を引き起こし，炎症を増悪させる．実際に，Xiao Jらは NOMID患者から見つかったNLRP3変異（D303N）と相同性のある変異をもつNOMIDマウスが示す発育不良，脾腫，皮膚病変，全身性の炎症や骨格異常および早期の致死が，gasderminD（GSDMD）を欠損させたNOMIDマウスでは，これらの表現型が消失することを報告している[6]．

Pyrinインフラマソームの活性化を介する疾患として，**家族性地中海熱（familial Mediterranean fever：FMF）**があげられる．Pyrinをコードするfamilial Mediterranean fever gene（*MEFV*）遺伝子のC末端領域にミスセンス変異があるため，Pyrinインフラマソームが恒常的に活性化し，IL-1 β の過剰な産生や好中球の増加などがみられる．FMF患者でみられる変異をもつPyrinタンパク質を発現するノックインマウスはIL-1受容体依存的な自己炎症病態を自然発症し，好中球増加や発育不良のほか，皮膚病変，筋萎縮が生じ，FMFの臨床動態と類似した．Kanneganti Aらは，このノックインマウスからGSDMDを欠失させると自己炎症病態が消失することから，パイロトーシスが重要な役割を果たしていると報告している[7]．

2）インターフェロノパチーにおける細胞死

インターフェロノパチーはI型インターフェロン（interferon：IFN）※1が過剰産生される自己炎症性疾患であり，STINGに異常がみられる**STING-associated vasculopathy with onset in infancy（SAVI）**や*PSMB8*遺伝子などに変異がみられるために免疫プロテアソーム活性が異常となる**proteasome-associated autoinflammatory syndrome（PRAAS）**などがあげられる[8]．SAVIではSTINGが活性化してI型IFNが産生され，PRAASではプロテアソームが活性化されることでI型IFNが産生され，細胞にアポトーシスを誘導すると考えられている[9]．

3）レロパチーにおける細胞死

レロパチーはNF-κB経路の過剰な活性化を伴う自己炎症性疾患である．**OTULIN関連自己炎症症候群（OTULIN-related autoinflammatory syndrome：ORAS）**および**A20ハプロ不全症（A20 haploinsufficiency：HA20）**では，NF-κBの活性化をユビキチン化を介して負に制御するOTULINおよびA20の活性に異常がみられるため，L-6，IL-8，TNFの産生が過剰になる[2]．①A20を欠損したマウスではTNFによって誘導される制御された細胞死を制御できないこと[10]，②ORAS患者由来の線維芽細胞やOTULIN欠損の単球ではTNFによって誘導される細胞死に対する感受性が増加すること，③ORAS患者の皮膚病変ではアポトーシス細胞が存在することから，TNFによる細胞死が病態形成に重要であることが推測される[11]．

3 自己免疫疾患と細胞死

自己免疫疾患は，自己抗原に対しての**自己抗体**や**自己反応性T細胞**といった**獲得免疫**系の異常により組織障害が生じる疾患の総称である．全身性エリテマトーデス（systemic lupus erythematosus：SLE）や関節リウマチ（rheumatoid arthritis：RA），シェーグレン症候群（Sjögren's syndrome：SS）などがあげられ，それぞれの標的臓

※1 **I型インターフェロン（interferon：IFN）**：ウイルス感染症で分泌される抗炎症物質として知られ，細胞内核酸センサー系の活性化などで産生される．I型IFNはSLE，SSなどの自己免疫疾患でも高値を示し，インターフェロノパチーでも血管炎や間質性肺炎といった自己免疫現象を合併する．

器が障害されることで患者のQOLを著しく低下させる．

発症機序としては，T細胞が起点となり，B細胞の増殖を介した自己抗体産生が生じるとされる一方，自然免疫系や標的臓器の異常も関連し，疾患ごとに異なる機序が想定されるため，その全容は不明な点が多い．本稿では，SLE，RA，SSにおける細胞死を介した発症機序を概説する（**図1**）[12〜18]．

1）全身性エリテマトーデス（SLE）

SLEは，皮膚や腎臓，関節，血管といった全身の臓器が標的とされる自己免疫疾患である．抗核抗体や抗dsDNA抗体，抗Sm抗体など多彩な**自己抗体**を産生することも特徴である．T細胞サブセットである**濾胞ヘルパーT細胞（follicular helper T cell：Tfh）**※2がSLE患者の末梢血やSLE疾患モデルマウスのリンパ組織では増加し，自己抗体産生に大きくかかわるとされる[19]．一方で，獲得免疫系に対して抑制的に働く細胞集団として，制御性T細胞（regulatory T cell：Treg）※3の機能低下あるいは細胞数減少が報告されている[20]．

SLE患者では獲得免疫系に促進的に働くeffector T cellではオートファジーは亢進している一方で，Tregでは反対に抑制されているとの報告[21]がある．これはTfh cellがIL-21などの炎症性サイトカインを産生することで，Tregにおけるmammalian target of rapamycin（mTOR）の活性化を誘導することで生じている．実際にラパマイシンによるmTORの阻害により，Tregのオートファジーが誘導されるとともに，共抑制性分子cytotoxic T-lymphocyte antigen 4（CTLA-4）の発現も誘導され，Tregの免疫抑制機能が回復するとされている[13, 21]．Faliti CEらは，SLE患者の末梢血におけるTfh cellでP2X purinoceptor 7（P2X7R）の発現低下を報告している．P2X7R欠損SLE疾患モデルマウスでは自己抗体価の上昇やループス腎炎の増悪が認められたが，その発症機序として，TfhでP2X7Rの発現が低下するとパイロトーシスを起こしにくくなり，その結果炎症性サイトカインIFNγの産生が亢進し，かつ，inducible costimulatory molecule（ICOS）が誘導されて，胚中心反応が亢進することが示された[13, 16]．

SLEの発症機序には自然免疫系も深く関わっている．自己抗原の供給源として，ネトーシスの重要性も示唆されている．ネトーシスにより産生される好中球細胞外トラップ（neutrophil extracellular traps：NETs）〔第3章-6（p.115参照）〕はToll-like receptor（TLR）を活性化させ，活性酸素種（reactive oxygen species：ROS）の発生を誘導する．また，TLRを発現する形質細胞様樹状細胞からのI型IFNの産生を誘導するとされる[22]．一方でLi Pらは，SLEにおける好中球の細胞死の原因には，ネ

※2　**濾胞ヘルパーT細胞（follicular helper T cell：Tfh）**：ヘルパーT細胞サブセットの1つ．TfhはB細胞と相互作用することで胚中心反応を促進し，B細胞の生存・維持，形質細胞への分化・抗体の産生を誘導する．

※3　**制御性T細胞（regulatory T cell：**Treg）：Forkhead box protein P3（Foxp3）という転写因子で制御されるヘルパーT細胞サブセットであり，TGF-βやIL-10といった抑制系サイトカインを産生することで，ほかのヘルパーT細胞の過剰な活性化を抑える役目を担っている．

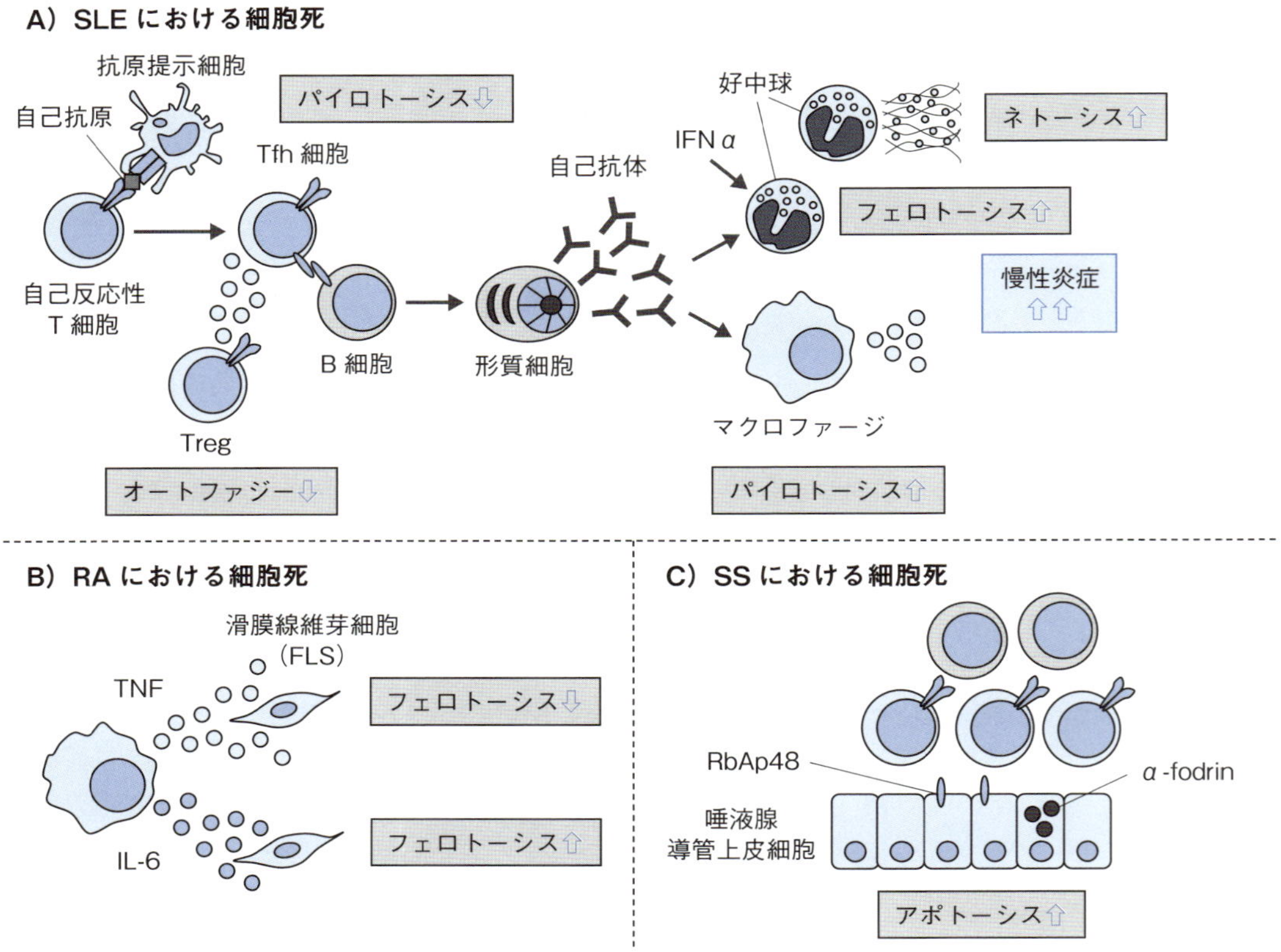

図1　自己免疫疾患における細胞死

A）SLEの発症機序として，Tfhが起点となりB細胞の分化が促進され自己抗体産生につながる．Tfhのパイロトーシス抑制による増加[12]や，Tregのオートファジー抑制[13]による細胞死の誘導がB細胞の活性化を促進している可能性がある．また，好中球におけるネトーシスの亢進[14]あるいはIFN αや自己抗体によるフェロトーシスの亢進，マクロファージのパイロトーシス亢進[15]が慢性炎症を増悪させている可能性がある．

B）滑膜内のマクロファージは，TNFを産生することで，滑膜線維芽細胞（FLS）のフェロトーシスを抑え，RAを増悪させている．一方で，IL-6を産生することでFLSのフェロトーシスを亢進させ，RAの病態に抑制的に働いている[16]．

C）唾液腺導管上皮細胞周囲にはT細胞やB細胞が浸潤している．性ホルモンバランスの崩壊は，導管上皮細胞質内でのα -fodrinの断片化[17]やRbAp48の過剰発現を誘導[18]し，アポトーシスを亢進させている．

トーシス以外にもフェロトーシスの関与を報告している．SLE患者では，自己抗体やIFN αの刺激により，好中球におけるglutathione peroxidase4（GPX4）の発現低下が生じることが明らかとなっている．実際に，顆粒球系特異的にGPX4を欠損させたマウスでは血清中の自己抗体価の上昇や好中球減少，自己免疫性皮膚病変の形成が認められ，SLEの臨床症状が再現されていた[14, 22]．また，SLEで特徴的な自己抗体である抗dsDNA抗体は，ミトコンドリアのROS産生を誘導することで，TLR4を介したNF-κBシグナル経路を活性化し，SLE患者の単球・マクロファージ系のNLRP3インフラマソームの活性化を惹起するとの報告もあり，パイロトーシスとの関連性も考えられる[15]．

2）関節リウマチ（RA）

RAは全身の関節が標的となる自己免疫疾患であり，関節炎による関節痛や関節の変形・腫脹が生じ，患者の生活に大きく支障をきたす．血清学的にはリウマトイド因子などの自己抗体産生が特徴的であり，診断マーカーとしても有用である．病態としては，慢性炎症と骨破壊が主体となっている．獲得免疫系として，ヘルパーT細胞の1種であるTh17が炎症性サイトカインIL-17やgranulocyte macrophage colony stimulating factor（GM-CSF）を産生することで慢性炎症を増悪させるとともに，B細胞の形質細胞への分化を誘導し，自己抗体産生に寄与している．さらに，Th17や形質細胞は，receptor activator of nuclear factor-kappa B ligand（RANKL）を産生することで破骨細胞の成熟を誘導し，骨破壊を促進させている．一方で，マクロファージがIL-6を産生することで，滑膜線維芽細胞（fibroblast-like synoviocytes：FLS）を活性化させ，炎症をさらに誘導するIL-6やTNFのほかにRANKLも産生し，骨破壊を促進する[24]．

RAにおける細胞死について，いくつか報告されている．Wu Jらは，FLSにおけるフェロトーシスの抑制がRAの増悪に関与するとしている．滑膜腔内に浸潤するマクロファージが産生するTNFやIL-6はそれぞれ異なるフェロトーシス制御機構を担っている．IL-6はFLSの細胞内Fe^{2+}濃度を上昇させ，solute carrier family 40 member 1（SLC40A1）とフェリチンの発現を低下させ，FLSのフェロトーシスに促進的に働いている．一方で，TNFはFLSにおけるGPX4発現の上昇やacyl-CoA synthetase long chain family member 4（ACSL4）発現の減少を介してフェロトーシスを抑制するため，FLSの生存が維持され，RAの慢性炎症も進行してしまう．そのため，コラーゲン誘導関節炎（collagen-induced arthritis：CIA）モデルマウスにGPX4阻害剤を投与すると，FLSの減少とともにRAの病態が改善したとし，臨床応用に期待できると考えられる[16, 23]．Wu XYらは，単球のパイロトーシスとの関連性を報告している．RA患者の血清中では，単球におけるGSDMD依存性のパイロトーシスが誘導されており，疾患活動性との相関もみられた．発症機序としては，Pentraxin 3（PTX3）とC1qが相乗的に働きながら単球に結合することで，NLRP3インフラマソームの過剰活性化を促進し，GSDMD切断やcaspase-1依存性細胞死を誘導していた[15, 24]．ネクロプトーシスとの関連も報告されている．X Wangらは，RA患者の好中球ではCD44およびGM-CSFに対する刺激により，RIPK3やMLKLの活性化を誘導するとしている[25]．SH Leeらは，CIAモデルにおけるIFNγの欠損により，関節組織中でのRIPK1，RIPK3，MLKLの発現上昇し，ネクロプトーシスを促進することで，RA病態を増悪させると報告している[26]．

3）シェーグレン症候群（SS）

SSは全身の外分泌腺を標的する全身性自己免疫疾患であり，主な標的臓器は唾液腺や涙腺である．そのため，臨床的にはドライマウスやドライアイといった症状を呈する．病理組織学的には，唾液腺や涙腺の導管上皮細胞周囲に密なリンパ球浸潤を認める．初期病変では$CD4^+$T細胞が主体であるが，進行するとB細胞が増加する．浸潤する$CD4^+$T細胞は，Th1やTh17，Tfhなど多様なヘルパーT細胞が報告されている．特にTfhは導管上皮細胞周囲でB細胞と相互作用することで異所性濾胞を形成し，局所病変の拡大に寄与すると想定されている[27]．

SSと細胞死との関連性としては，標的臓器である唾液腺導管上皮細胞のアポトーシスが報告されている．SSは女性優位に発症することから，性ホルモンとの関連性が示唆されてきた．石丸らの報告では，野生型マウスから卵巣を摘出すると，SSの自己抗原の1種であるα-fodrinの断片化が導管上皮細胞質内で生じ，アポトーシスを誘導することを示している[17]．加えて，エストロゲン欠乏により誘導されるHistone-binding protein RBBP4（RbAp48）のトランスジェニックマウスを用いた検討では，RbAp48の過剰発現により導管上皮細胞におけるアポトーシスが誘導されている[18]．SSとパイロトーシスの関連性も報告されている．SS患者の唾液腺導管上皮細胞では，DNase Iの活性が低下しており，細胞質内DNAの蓄積によりAIM2インフラマソームの活性化が生じていることが示された[28]．一方で，唾液腺に浸潤するマクロファージが，唾液腺組織内に蓄積するinflammatory circulating cell-free DNA（cf-DNA）を検知し，NLRP3インフラマソームを介してパイロトーシスに陥るとの報告もある[29]．

4 おわりに

自己炎症性疾患・自己免疫疾患ともにさまざまな細胞死が病態に関与している．これらの疾患は難治性疾患であり，治療法としては不十分な点があり，細胞死が今後の新たな治療標的となることが期待される．

文献

1） McDermott MF, et al：Cell, 97：133-144, 1999 必読
2） Masumoto J, et al：Inflamm Regen, 41：33, 2021 必読
3） 有持秀喜，安友康二：自己炎症性疾患と細胞死．医学のあゆみ，283：494-500，2022
4） 西小森隆太，他：1. 概論およびトピックス．日本臨床，78：385-390，2020
5） Kitamura A, et al：J Exp Med, 211：2385-2396, 2014
6） Xiao J, et al：PLoS Biol, 16：e3000047, 2018
7） Kanneganti A, et al：J Exp Med, 215：1519-1529, 2018
8） Kitamura A, et al：J Clin Invest, 121：4150-4160, 2011
9） Crow YJ & Stetson DB：Nat Rev Immunol, 22：471-483, 2022
10） Lee EG, et al：Science, 289：2350-2354, 2000
11） Damgaard RB, et al：EMBO Mol Med, 11：, 2019
12） Faliti CE, et al：J Exp Med, 216：317-336, 2019
13） Kato H & Perl A：Arthritis Rheumatol, 70：427-438, 2018

14） Lai B, et al：Front Immunol, 13：916664, 2022 必読
15） You R, et al：Front Immunol, 13：841732, 2022 必読
16） Wu J, et al：Nat Commun, 13：676, 2022
17） Ishimaru N, et al：Am J Pathol, 155：173-181, 1999
18） Ishimaru N, et al：J Exp Med, 205：2915-2927, 2008
19） Yoshitomi H：Front Immunol, 13：946786, 2022
20） Mizui M & Tsokos GC：Front Immunol, 9：786, 2018
21） Noguchi M, et al：Cell Death Dis, 11：517, 2020 必読
22） Li P, et al：Nat Immunol, 22：1107-1117, 2021
23） Hascoët E, et al：Bone Res, 11：26, 2023
24） Wu XY, et al：J Autoimmun, 106：102336, 2020
25） Wang X, et al：J Immunol, 205：1653-1663, 2020
26） Lee SH, et al：Sci Rep, 7：10133, 2017
27） Saito M, et al：Curr Rheumatol Rev, 14：239-245, 2018
28） Vakrakou AG, et al：J Autoimmun, 108：102381, 2020
29） Vakrakou AG, et al：J Autoimmun, 91：23-33, 2018

6 ウイルス感染と細胞死

伊東祐美，鈴木達也，岡本　徹

ウイルス感染が引き起こす細胞死は，感染細胞の排除の面で生体防御に必要不可欠な現象と考えられる．また，実際に細胞死に抑制的に働くウイルスタンパク質が複数報告されていることからも，細胞死がウイルスにとって不利益な現象であることが理解できる．その一方で，細胞死の誘導がウイルスの効率的な増殖に必要であるケースも近年報告されており，ウイルス感染細胞における細胞死は多様な意義をもつと考えられている．そこで本稿では，ウイルス感染が引き起こす主な細胞死とそのメカニズム，そして細胞死の意義を宿主細胞とウイルスの両方の側面から概説する．また細胞死を標的とした治療の可能性を筆者らの研究および知見を含めて紹介する．

KEYWORD ◆ウイルス ◆細胞死 ◆CPE ◆病原性

1 はじめに

ウイルスが宿主となる細胞に感染すると，細胞側は自己防衛のためにさまざまな免疫応答によりウイルスに対抗する．感染細胞を排除するメカニズムとして，インターフェロン（IFN）産生を介して抗ウイルス状態を誘導しウイルスの増殖を抑制すること，そして細胞死誘導により感染細胞を排除することが知られている．ウイルスが誘導する細胞死としては，アポトーシスだけでなく，ネクロプトーシスやパイロトーシスなどさまざまな種類の細胞死が多種にわたるウイルスで報告されている（**図1**）．

2 ウイルス感染により誘導される細胞死とそのメカニズム

多くのウイルスは培養細胞に感染した後に**細胞変性効果**（cytopathic effect：CPE）と呼ばれる現象を誘導し，やがては培養細胞で細胞死が誘導される[1)]．

CPEは各ウイルスが感染細胞内のさまざまな機構をジャックすることによるウイルス側・宿主側の反応の結果であることが考えられる．筆者らが研究対象としているフラビウイルス科の**日本脳炎ウイルス**（**JEV**）や**デングウイルス**（**DENV**），**ジカウイルス**（**ZIKV**）もCPEを引き起こし，細胞は死に至る（**図2**）．近年，各種ウイルスにより

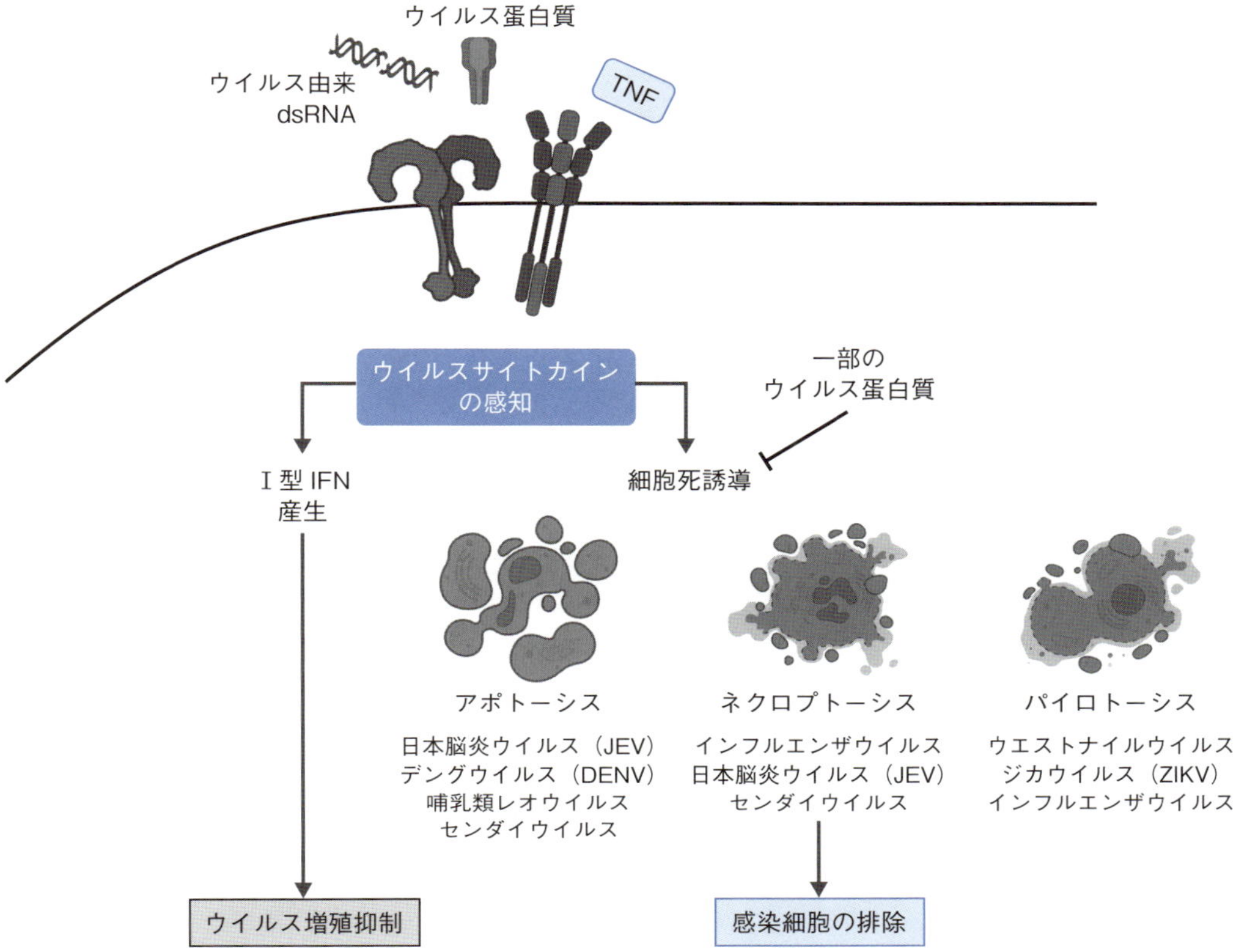

図1　細胞死の誘導によるウイルス感染細胞の排除

ウイルスに感染した細胞では，IFN産生を介した抗ウイルス活性によりウイルスの増殖が抑制される．あるいは，アポトーシスやネクロプトーシスなどの細胞死を誘導して感染細胞を排除することで，さらなる感染の拡大を食い止める．（元図はBioRenderにて作成）

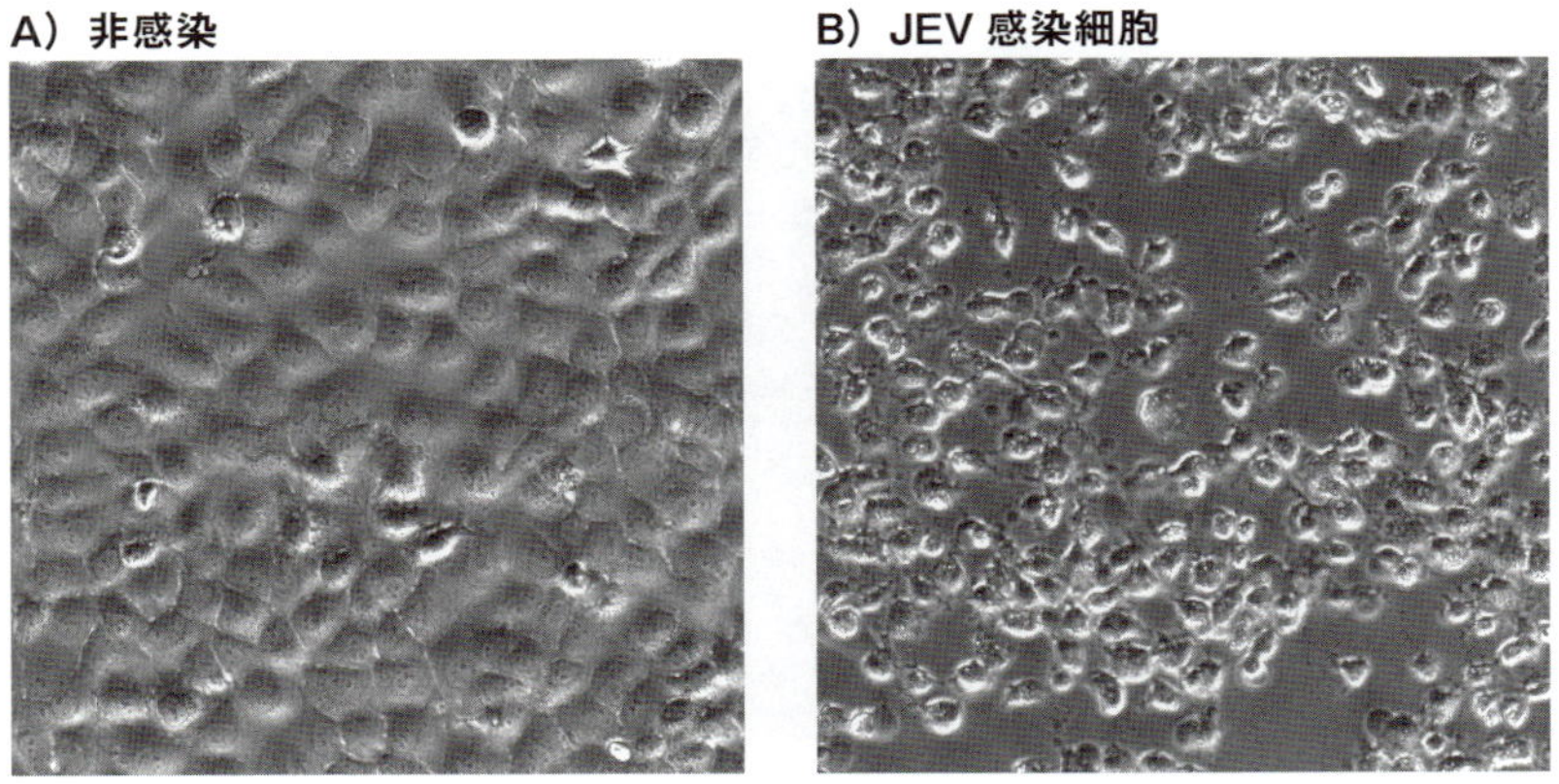

図2　ウイルス感染よるCPE

ヒト肝臓がん由来HuH-7細胞にJEVを感染させて3日後の細胞の状態を示した．感染細胞では，細胞の増殖が止まり，CPEが生じて細胞死が誘導される（Column 20参照）．

誘導される細胞死が同定されつつあり，JEVやDENV，ZIKVではアポトーシスやネクロプトーシスの誘導が報告されている．そこで，各種ウイルスが誘導する細胞死を報告が多いアポトーシスとネクロプトーシス，それら以外の細胞死に分けて紹介する．

1）ウイルス感染とアポトーシス

細胞内にウイルスが侵入すると，細胞はToll-like receptors（TLRs）を介して病原体特有な構造であるpathogen-associated molecular patterns（PAMPs）を認識し，ウイルスの侵入を感知する．例えば，RNAウイルスが細胞に感染して複製する際に生じる2本鎖RNA（double stranded RNA：dsRNA）はTLR3によって認識される．TLR2は麻疹ウイルスのヘマグルチニンやヒトサイトメガロウイルスの糖タンパク質BおよびHを認識し，TLR4はRSウイルスの膜タンパク質を認識する[5~7]．

TLRsがリガンドとなるウイルス構成成分を認識すると，アダプター分子であるMyD88やTRIFがその下流であるNF-κBやIRF-3，IRF-7といった転写因子を活性化させ，TNFを含む炎症性サイトカインの産生やIFNβやIFN誘導性遺伝子群を誘導する．

哺乳類レオウイルスに感染した細胞では，NF-κβとIRF-3を介したIFNβの産生がアポトーシスを誘導する遺伝子でありBcl-2タンパク質ファミリーのNoxaを介したアポトーシスの誘導に必要不可欠であることが報告されている[8]．また，RNAウイルスの1つであるセンダイウイルスはIRF-3の経路を介してアポトーシスを誘導することも報告されている[9]．なお，ウイルス感染によって引き起こされるDNA傷害やミトコンドリア傷害，小胞体ストレスなどの刺激は，アポトーシス促進因子でありBcl-2ファミリータンパク質のBaxやBakの活性化を引き起こし，ミトコンドリア外膜の透過性を上昇させるが，その結果，シトクロムcを放出してアポトーシスのシグナルが進行する〔第3章-1（p.46）参照〕．JEVは小胞体ストレスのセンサーであるPERKの

Column

⑳ ウイルスはどうやって検出するの？

ウイルスは細菌や真菌に比べて小さく，組織や培養液中にウイルスが存在しているかは，もちろん目視では判別できない．

現在は確立された手法によって簡単にウイルスを検出できるが，ウイルス検出手法が確立されるまでは，サルやマウスといった個体に，感染者から採取した臓器をホモジネートして直接個体に接種させる方法がとられていた．

しかし1949年，Endersらが初めて培養細胞におけるポリオウイルスの増殖を報告し[2]，1950年には同グループがポリオウイルス感染が細胞傷害を引き起こすことを報告した[3]．これらの報告をもとに，Endersがウイルス感染による細胞の形態学的変化を“cytopathic effect”と名づけた．さらに1954年にはDulbeccoらが，ポリオウイルスを感染させた初代培養細胞にCPEが生じてプラークを形成しウイルス力価の測定が可能であることを報告した（プラーク法）[4]．プラーク法は，CPEが生じるウイルスでしか利用できないデメリットがあるが，現在でもウイルス力価を測定する主な測定方法の1つとして多くの研究者に利用されている．

活性化を介してアポトーシスが誘導されることが報告されており[10]，ウイルス感染によって生じる小胞体ストレスもアポトーシス誘導の1つの原因になると考えられている．

ここまでに述べたように，宿主細胞における免疫応答などによりさまざまな方法でアポトーシスが誘導されることが理解できるが，ウイルスタンパク質自身がアポトーシスの経路を活性化あるいは阻害する報告も多数存在している．DENVでは，コアタンパク質がdeath domain associated protein（DAXX）と相互作用してアポトーシスを誘導する[11]．A型インフルエンザウイルス（IAV）の核タンパク質は，Baxのミトコンドリアへの移行を促進してアポトーシスを誘導する[12]．ほかにも，複数のウイルスタンパク質でアポトーシス促進に関する報告がある．

その一方で，ウイルスのタンパク質がアポトーシスに抑制的に働くことも多くのウイルスで報告されている．例えば，アデノウイルスやEpstein-Barrウイルス（EBV），カポジ肉腫関連ヘルペスウイルス（KSHV）は哺乳類のBcl-2のホモログをコードしており，BaxとBakの活性化を阻害することでアポトーシスを抑制する[13]．このように，宿主細胞はウイルスを排除するためにさまざまな方法でアポトーシスを誘導し，ウイルスは宿主による細胞死の誘導に対抗しながら子孫ウイルスの長期的な産生を可能にしていると考えられる．

2）ウイルス感染とネクロプトーシス

ネクロプトーシスは，TNF受容体やTLRsを介してセリン・スレオニンキナーゼのreceptor interacting protein kinase（RIPK）1やRIPK3にシグナルを伝える．RIPK3はネクロプトーシスの実行因子であるmixed lineage kinase domain-like（MLKL）をリン酸化すると，オリゴマー化したMLKLが細胞膜を引き起こし，最終的に細胞死を起こす〔第3章-2（p.63）参照〕．

ウイルス由来のdsRNAはTLR3により認識され，その下流のTRIFを介してRIPK1やRIPK3を活性化してネクロプトーシスによる細胞死を誘導する[14]．その一方で，センダイウイルスはTNF受容体やTLRsではなく，RNAセンサーとして知られるretinoic acid-inducible gene-I（RIG-I）を介してネクロプトーシスによる細胞死が誘導される[15]．IAVではゲノム複製中の産物であるZ-RNAを核酸センサーであるz-DNA binding protein 1（ZBP1）が認識することにより，MLKLを介したネクロプトーシスが誘導されることが報告されている[16]．JEVを感染させたマウスの脳でMLKLの活性化が認められているが，詳細なメカニズムは明らかにされておらず，細胞死に焦点を当てたさらなる研究が望まれる．

また，細胞膜の破綻により産生されるdamage-associated molecular patterns（DAMPs）は周囲の細胞に炎症を惹起するため，過度なネクロプトーシスの誘導は病態の悪化につながると考えられている．実際に，ウイルス感染による重症化の原因としてネクロプトーシスがあげられている（詳細は3で後述する）．

しかしながら，ネクロプトーシスが起きない*Ripk3*のノックアウト（KO）マウスにセンダイウイルスを感染させると，炎症反応がより強く生じることが報告されており，ネクロプトーシスの誘導が抗炎症に働くケースも示されている[15]．

3）ウイルス感染とそのほかの細胞死

ウイルス感染はアポトーシスやネクロプトーシス以外にも細胞死を誘導することが知られている．例えば，制御された細胞死に分類され，プロテアーゼのcaspase-1の活性化を介して生じる**パイロトーシス**があげられる．パイロトーシスではウイルスなどの病原体を感知するNLR family pyrin domain-containing protein 3（NLRP3）とcaspase-1，アダプター因子であるapoptosis-associated speck-like protein containing a CARD（ASC）で構成される複合体“インフラマソーム”を形成して，最終的に実行因子であるgasdermin（GSDM）Dが細胞膜に孔を開けて細胞死が生じる〔第3章-3（p.73）参照〕．ウエストナイルウイルス（WNV）やZIKV，IAVは，NLRP3を含むインフラマソームを介した**パイロトーシス**が確認されている[17~19]．また近年GSDMDではなくGSDMEに依存したパイロトーシスが発見されており，ZIKVがこの経路を活性化することも報告された[20]．パイロトーシス以外では，鉄に依存した細胞死である**フェロトーシス**〔第3章-4（p.84）参照〕が単純ヘルペスウイルス-1（HSV-1）感染や新型コロナウイルスなどによって誘導されるなど[21, 22]，ウイルス感染はさまざまな細胞死を引き起こす．

また興味深いことに，IAV感染細胞において，アポトーシス抑制因子であるBcl-xLを発現させると，アポトーシスが抑制されてパイロトーシスが誘導されることが報告されており，1つの細胞死が阻害される場合にスイッチ機能が働く可能性が示されている[23]．先述したように，細胞死に抑制的に働くウイルスタンパク質が存在することからも，宿主細胞が同じウイルスに対して多様な細胞死誘導メカニズムを有することはウイルスに打ち勝つための1つの戦略とも考えられる．

3 ウイルス感染における細胞死の意義

1）発症の重症化と細胞死の関係

先述の通り，ウイルス感染細胞における細胞死の誘導は感染細胞の排除につながり，感染の拡大を食い止める重要な防御機構の1つとなるが，ネクロプトーシスによる細胞死が生じると，放出されたDAMPsによって周囲の細胞に炎症を惹起し，組織傷害を引き起こす．したがって細胞死が異常に亢進した場合，生体における重症度にも影響すると考えられている．近年パンデミックを起こした新型コロナウイルスの感染では，ネクロプトーシスを主体とした細胞死の誘導が重症化に関係していることが報告されている[24]．

また，脳炎を引き起こすフラビウイルス科のWNVを感染させたマウスでは，麻痺が確認されたマウスの脳におけるアポトーシスの誘導が発症前に比べて顕著であることが報告された[25]．このようにウイルス感染により生じる病態はネクロプトーシスだけでなくアポトーシスとも関連しており，細胞死は感染による病気の発症を制御する重要な意義を有している．

2）ウイルスの複製と細胞死の関係

ウイルスにとっては，細胞死は子孫ウイルスの産生を妨げる不利益な機構と捉えられるが，その一方で細胞死がウイルスの複製にプラスに働く報告も存在している．例えば，IAVはcaspase-3の活性化を介してウイルスの効率的な複製が生じると報告されている[26]．また，HSV-1感染は，caspase-8を介したアポトーシスを誘導することでオートファジーを阻害し，ウイルスの効率的な複製とウイルス粒子の放出を可能にしていることが報告されている[27]．

このようにウイルス感染における細胞死の意義は細胞側とウイルス側で大きく異なる．しかしながら，細胞側・ウイルス側のそれぞれが自身を防御するために細胞死を制御していることは共通であり，細胞死を阻害あるいは促進する複雑な攻防がウイルス感染細胞内でくり広げられている．

4 治療薬

3で述べたように，ウイルス感染における病気の発症や重症化において細胞死が重大な役割を担っており，細胞死を標的とした治療薬の可能性が近年提起されている．

フラビウイルス科のJEVやDENV，ZIKVなどはヒトに**脳炎**や**出血熱**，**小頭症**といったさまざまな疾患を引き起こす．しかしながら，現在も治療薬は実用化されておらず，創薬開発を目的とした研究が必要とされている．

筆者らは，フラビウイルス感染細胞では，アポトーシスに抑制的に働くBcl-2ファミリータンパク質の1つであるMcl1の発現が低下しており，Bcl-xLに依存して感染細胞が生存することを明らかにしている[28]．さらにフラビウイルスを感染させたマウスにBcl-xLの阻害剤である**ABT-263**を投与すると，アポトーシスが生じた細胞は免疫細胞に貪食されて病原性が低下することを報告している（**図3**）．ABT-263を含めた一部の細胞死を標的とした薬剤は，抗がん剤として臨床試験が進められており，これら薬剤のウイルス感染症への応用の可能性が考えられる．また，新型コロナウイルスやMERSコロナウイルスを感染させたマウスにおけるアポトーシスの阻害は病原性を低下させ，アポトーシスがヒトに病原性を持つコロナウイルスに対する治療標的となる可能性が報告されている[29]．

なお，先述の通り，季節性のIAV感染による重症化の原因が肺上皮細胞におけるネ

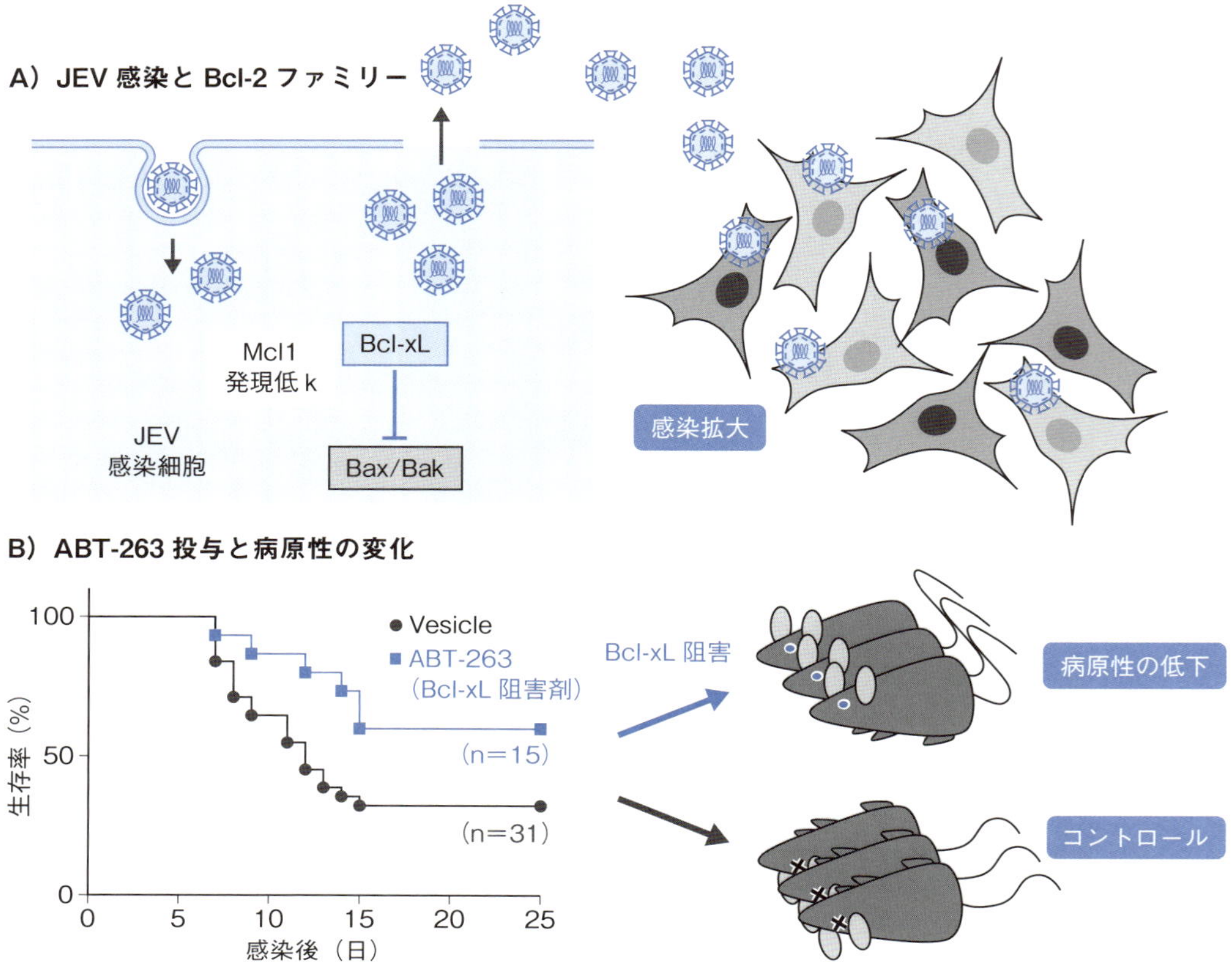

図3　JEV 感染による病原性とアポトーシスの関係

JEV 感染細胞では，アポトーシス抑制因子であるBcl-2 タンパク質のBcl-xL に依存して感染細胞は生存し，感染を拡大させる．臨床試験中であるBcl-xL の阻害剤ABT-263 を投与した日本脳炎ウイルス感染マウスは，コントロールのマウスに比べて生存率が高く，Bcl-xL の阻害により病原性が低下する．

クロプトーシスであることが報告されている[13]が，さらに最新の研究により，IAV を感染させたマウスにネクロプトーシス阻害剤である **UH15-38** を投与すると，肺における炎症性サイトカインの産生およびネクロプトーシスが著しく抑制され，感染マウスの生存率を向上させることが明らかにされている[30]．

このように，細胞死を標的とした薬剤はウイルスの複製・増殖を標的とした薬剤とは異なり，病態を改善させる目的での治療薬として臨床への応用が期待されている．

5 おわりに

本稿では，ウイルス感染によって誘導される細胞死の種類や意義について概説した．ウイルス感染による細胞死誘導の程度はウイルスごとに異なるが，感染部位でウイルスが引き起こす細胞死は，ウイルスによっては病態にも影響する重要な機構と言える．

また近年，ワクチン製造に培養細胞が利用されるケースが増えており，JEVに対するワクチンでも培養細胞が用いられている．したがって，ウイルス感染による細胞死の誘導はワクチン製造時に得られる感染性ウイルス粒子の量を制限する不利益な機構ともなる．したがって，ウイルス感染における細胞死制御の理解は，治療とワクチン応用の両方につながると考えられ，ウイルスによる細胞死誘導メカニズムのさらなる解明が望まれる．

文献

1） 小池 智：培養細胞のポリオウイルス感受性－Endersへの回答－．ウイルス，56：59-66，2006 必読
2） Enders JF, et al：Science, 109：85-87, 1949
3） Robbins FC, et al：Proc Soc Exp Biol Med, 75：370-374, 1950
4） Dulbecco R & VOGT M：J Exp Med, 99：167-182, 1954
5） Bieback K, et al：J Virol, 76：8729-8736, 2002
6） Boehme KW, et al：J Immunol, 177：7094-7102, 2006
7） Monick MM, et al：J Biol Chem, 278：53035-53044, 2003
8） Knowlton JJ, et al：J Virol, 86：1650-1660, 2012
9） Heylbroeck C, et al：J Virol, 74：3781-3792, 2000
10） Wang Q, et al：J Virol, 93：e00887-19, 2019
11） Netsawang J, et al：Virus Res, 147：275-283, 2010
12） Ampomah PB & Lim LHK：Apoptosis, 25：1-11, 2020
13） Benedict CA, et al：Nat Immunol, 3：1013-1018, 2002
14） Kaiser WJ, et al：J Biol Chem, 288：31268-31279, 2013
15） Schock SN, et al：Cell Death Differ, 24：615-625, 2017
16） Zhang T, et al：Cell, 180：1115-1129.e13, 2020
17） Ramos HJ, et al：PLoS Pathog, 8：e1003039, 2012
18） Zheng Y, et al：EMBO J, 37：e99347, 2018
19） Allen IC, et al：Immunity, 30：556-565, 2009
20） Zhao Z, et al：Elife, 11：e73792, 2022
21） Xu XQ, et al：mBio, 14：e0237022, 2023
22） Peleman C, et al：Cell Death Differ, 30：2066-2077, 2023
23） Lee S, et al：J Virol, 92：e00396-18, 2018 必読
24） Tojo K, et al：iScience, 26：105748, 2023
25） Shrestha B, et al：J Virol, 77：13203-13213, 2003
26） Wurzer WJ, et al：EMBO J, 22：2717-2728, 2003 必読
27） Marino-Merlo F, et al：Cell Death Differ, 30：885-896, 2023 必読
28） Suzuki T, et al：PLoS Pathog, 14：e1007299, 2018 必読
29） Chu H, et al：Sci Adv, 7：eabf8577, 2021
30） Gautam A, et al：Nature, 628：835-843, 2024 必読

7 神経変性疾患と細胞死

鈴木宏昌，金蔵孝介

現在，本邦では数百万人が認知症を抱えながら暮らしており，高齢化に伴う認知症患者数の急増が社会問題化している．そのため，認知症を含む神経変性疾患の病態解明と，根本的な治療薬の開発が喫緊の課題となっている．本稿では，現在提唱されている神経変性疾患における細胞死機構について概説し，近年注目されている凝集体形成メカニズムや液-液相分離現象について神経変性に関する研究の潮流を紹介する．

KEYWORD ◆神経細胞死◆異常凝集体◆アミロイド線維◆液-液相分離

1 神経変性疾患の概要

神経変性疾患は脳あるいは脊髄における神経細胞が何らかの原因により徐々に失われる疾患の総称であり，アルツハイマー病（Alzheimer's disease：AD），パーキンソン病（Parkinson's disease：PD），筋萎縮性側索硬化症（amyotrophic lateral sclerosis：ALS）などが含まれる．疾患により特定の機能にかかわる神経細胞群のみが脱落する選択的神経細胞死が特徴であり，障害される神経細胞の機能によりさまざまな症状を呈す．加齢が最大のリスクファクターであり，中年期以降に発症することが多い．

神経変性疾患でみられる病理学的特徴として，疾患特異的な構成成分から成る異常凝集体が神経細胞内外に蓄積することがあげられる．異常凝集体が神経細胞死の原因か，それとも結果かについては議論の余地があるが，凝集体構成タンパク質の変異が疾患原因遺伝子として同定されていることから神経変性機構に深く関与することは間違いない．

高齢化が進む日本はもとより，公衆衛生の向上とともに世界的にも神経変性疾患患者数の増加は深刻な社会問題となっており，医学的にも社会的にもその病態解明，根本的治療薬の開発が待ち望まれている．以下に代表的な神経変性疾患について概説する（**表1**）．

表1　各神経変性疾患の臨床的・病理学的特徴

疾患名	アルツハイマー病（AD）	パーキンソン病（PD）	筋萎縮性側索硬化症（ALS）
変性部位	大脳皮質，海馬の神経細胞	中脳黒質ドパミン神経	上位・下位運動神経
症状	記憶障害・空間的見当識障害・徘徊など	安静時振戦・筋強剛・無動など	筋萎縮・筋力低下や構音障害・嚥下障害
異常凝集体の構成成分	Aβ，タウ	α-シヌクレイン	TDP-43，FUS，SOD1，DPRsなど
原因遺伝子	*APP*，*PSEN1*，*PSEN2*	*SNCA*，*PINK1*，*PRKN*，*LRRK2*など	*TARDBP*，*FUS*，*SOD1*，*C9ORF72*など

各疾患において影響を受ける脳領域，臨床症状，異常凝集体の構成成分，原因遺伝子を示す．疾患により特定の機能にかかわる神経細胞群のみが変性・脱落する．神経変性疾患では疾患特異的な構成成分から成る異常凝集体の蓄積が変性領域において観察され，さらにそれぞれの凝集体の構成成分が疾患の原因遺伝子として同定されることが多い．
※DPRs：*C9ORF72*遺伝子変異から産生される異常タンパク質（もっと詳しく 参照）．

1）アルツハイマー病（AD）

認知症のなかで最も多くみられ，認知症全体の60～70％を占める．ほとんどは孤発性に発症し，大脳皮質と海馬の神経細胞が徐々に脱落することにより，記憶障害・空間的見当識障害・徘徊などの症状が現れる[1]．AD患者の脳組織では，広範にみられる神経細胞脱落，およびその周囲にみられる老人斑と神経原線維変化が主な病理学的所見として観察される．老人斑は神経細胞外の沈着物として観察され，**アミロイド前駆体タンパク質**（amyloid precursor protein：APP）から切断されて生じる**アミロイドβ**（Aβ）が主成分である[2]．一方細胞内凝集体である神経原線維変化は微小管結合タンパク質である**タウ**（Tau）が過剰リン酸化されたものを構成成分とし，老人斑の蓄積に遅れて観察される[3]．

多彩なADの病態仮説が提唱されているが，最も有力なものにAβやタウなどの異常沈着物がシナプス障害や神経細胞死に関連するというアミロイドカスケード仮説がある[4～6]．すなわち，老人斑の沈着により神経原線維変化が引き起こされ，神経原線維変化が原因となって神経細胞死，ADの発症に至るという仮説である．近年この仮説に基づき，Aβを標的とした抗体医薬の開発が盛んに行われており，Aβ除去により一定のAD進展抑制が確認されたことから，アミロイドカスケードの関与が実証された[7, 8]．さらに，老人斑や神経原線維変化は難溶性沈着物からなるが，神経毒性の実態はそれら難溶性多量体ではなく，沈着物を形成する前段階である可溶性オリゴマーが神経変性に関与するというオリゴマー仮説が提唱されている[9, 10]．2023年に新たにAD治療薬として承認された**レカネマブ**は可溶性Aβを標的とした抗体製剤であり，より高い有効性が期待されている[11]．

2）パーキンソン病（PD）

PDは，安静時振戦・筋強剛・無動などの錐体外路症状を主症状とする．病理学的には中脳黒質におけるドパミン作動性神経細胞の変性・脱落と**レビー小体**と呼ばれる細胞内凝集体の出現が特徴である[12]．レビー小体の構成成分として**α-シヌクレイン（α-Syn）**が同定されており[13, 14]，細胞および動物モデルを用いた実験から，異常凝集したα-Synがドパミン作動性神経に毒性を示すことが明らかとなっている[15, 16]．さらにα-Syn遺伝子（*SNCA*）の変異は家族性PD原因遺伝子としても同定されていることから[17]，α-SynがPDの病態において重要な役割を果たすことは間違いない．

α-Synは決まった構造をもたない天然変性タンパク質と呼ばれるタンパク質に分類されるが，何らかの刺激によりアミロイド化が促進し，凝集体を形成することで毒性を発揮すると考えられている[18, 19]．α-Syn以外にも多数のPD原因遺伝子が同定されており，なかでも**マイトファジー**と呼ばれるミトコンドリアクリアランス機構に関与する一連の遺伝子群（*PINK1*，*PRKN*，*LRRK2*）が家族性PD原因遺伝子であることから[20〜22]，マイトファジーの機能障害に伴うミトコンドリアの排除不全がPDの一因であることが明らかとなっている[23]．

3）筋萎縮性側索硬化症（ALS）

ALSは，上位・下位運動神経細胞が進行性に変性・脱落する運動神経変性疾患である．四肢の筋萎縮・筋力低下や構音障害・嚥下障害をきたし，人工呼吸器を装着しなければ呼吸筋麻痺により発症から数年で死に至る．約90％は孤発性に発症するが，残り5〜10％は家族性に発症し，家族性ALS原因遺伝子として現在30を超える遺伝子が同定されている[24, 25]．これらの原因遺伝子産物は必ずしも共通した機能を有していないことから，ALSの発症は複数の異なる発症要因またはそれらの複合的なメカニズムによりALSを発症すると想像される（もっと詳しく参照）．

ALSの病理像として，**Transactive response DNA-binding protein-43 kDa（TDP-43）**の凝集体形成があげられる．TDP-43は，ほとんど（97％）のALSに出現する細胞質内ユビキチン陽性封入体の主要構成成分として同定され[26, 27]，さらに孤発性および家族性においてTDP-43遺伝子（*TARDBP*）の変異が見つかっている[28]．このことから，TDP-43の機能異常がALSの発症に密接に関与していることは間違いないが，TDP-43を主要構成成分とするユビキチン陽性封入体の病態生理的な意義，さらに*TARDBP*変異による神経変性メカニズムは十分に明らかになっていない．

TDP-43は主に核内に局在するDNA/RNA結合タンパク質であり，RNAスプライシングやRNA輸送などRNA代謝に関与することが知られている[29]．ALS患者組織においては，核内のTDP-43が消失し，細胞質において過剰リン酸化されたC末端断片が異常凝集体を形成している[26, 27]．したがって，TDP-43による神経変性メカニズムの1つとして，TDP-43の核内における機能喪失あるいは細胞質におけるTDP-43の毒性機能獲得があげられる[30].

もっと詳しく

● 前頭側頭葉変性症（frontotemporal lobar degeneration：FTLD）とALS

FTLDは前頭葉および側頭葉に限局した神経脱落が認められ，現在65歳未満の若年性認知症ではADに次いで2番目に多い．ADとは異なり記憶障害は軽度で，人格異常・行動障害・言語障害が主症状である．欧米においてはFTLD患者の30～50％が家族性に発症するが，日本においてはほとんどが孤発性である．ALSとFTLDは脳変性領域や病態の違いからこれまで明確に区別されてきたが，近年両表現型を同時に呈する患者が存在することや，両疾患の発症にかかわる原因遺伝子の一部が重複すること，さらに神経細胞内に蓄積する凝集体の構成因子が一致することなど高い共通性が認められ，現在では**ALS-FTLD疾患スペクトラム**を形成することが明らかとなってきた．したがって，両疾患間では発症にかかわる共通の分子基盤が存在すると考えられている．

● *C9ORF72*遺伝子変異とALS

*C9ORF72*遺伝子変異は*C9ORF72*遺伝子の非コード領域に存在する6塩基配列（GGGGCC）が異常に伸長する変異で，ALSの中で最も高頻度に認められる．この変異による神経変性機序として，①異常伸長配列によるC9ORF72タンパク質の発現低下，②異常伸長配列を含むRNAによるRNA結合タンパク質の捕捉（RNA fociの形成），③異常伸長配列からATG非依存性翻訳により産生されるdipeptide repeat protein（DPR）による細胞毒性など，さまざまな仮説が提唱されている．

2 神経変性疾患における細胞死分子メカニズム

1）神経細胞死誘導経路

神経変性疾患は障害される細胞が神経細胞であるという共通性があるものの，いずれの疾患にも共通した神経細胞死誘導経路は明らかになっていない．また，個々の神経変性疾患においても細胞死メカニズムとしての定説はなく，その理由として疾患研究の困難さが原因の1つとして考えられる．例えば，神経変性疾患の罹患期間が一般的に数年から数十年と非常に長期であり，きわめて緩徐に細胞死が進行していること，ほとんどの神経変性疾患患者は孤発性であり，特定の遺伝子変異をもたないこと，同一疾患であっても原因遺伝子の機能が多岐にわたり必ずしも共通しないこと，中枢神経系の性質上生検が困難であり，病気の進行期に応じた変化を検出しにくいことなどがあげられる．

細胞死形態としても，アポトーシス，ネクロプトーシス，オートファジー細胞死を含むさまざまな細胞死マーカーが患者および実験モデルの変性領域において検出されている[31]．また，近年詳細な分子機構が明らかにされつつあるフェロトーシスやパイロトーシスに関しても神経変性への関与が報告されている[31]．さらに，神経変性疾患に特有の細胞死形態として，緩慢に進行するネクローシス様細胞死（transcriptional repression-induced atypical cell death of neurons：**TRIAD**）の存在が知られている[32]．

2）選択的神経細胞死機構

神経変性疾患におけるもう1つの重要な謎が**選択的神経細胞死**機構である．家族性の神経変性疾患においては，変異遺伝子産物〔例えばALS原因遺伝子superoxide dismutase 1（*SOD1*）など〕が全身の細胞に普遍的かつ恒常的に発現しているにもかかわらず，疾患により特定の神経細胞のみが脱落する．この理由として考えられているものに，非増殖細胞である神経細胞では異常凝集体が長期にわたって蓄積しやすいことや酸化ストレス・小胞体ストレスに対してより脆弱であること，神経細胞の活発な代謝活動に多くのエネルギー産生が必要となり，ミトコンドリア障害に対してより敏感になること，あるいは細胞内恒常性を維持する何らかの神経保護因子の機能が加齢により低下して神経細胞の恒常性が破綻すること，特定の神経系にのみ含まれる物質（ドパミンなど）が化学変化して黒質神経細胞特異的に毒性を起こすことなどがあげられるが，具体的な機序の解明は今後の課題である．また，神経細胞自体に問題はなく，周囲のアストロサイトやミクログリアなどの非神経細胞が炎症反応などを起こす結果神経細胞が脱落するという非自律性神経細胞死の関与も指摘されている[33]．

3 異常凝集体と神経細胞死

神経変性疾患は原因遺伝子も障害される神経細胞も疾患により異なっており，その細胞死機構もきわめて多彩であると考えられる．そのなかでタンパク質の凝集体形成は神経変性疾患全般に共通する病理学的特徴であり，特にそれぞれの凝集体の構成成分が疾患の原因遺伝子として同定されることが多いことから，タンパク質の凝集体形成は神経変性疾患の主因として注目すべきであろう．

異常凝集体と神経変性疾患の関連は，1906年ADにおける老人斑の報告にはじまり[34]，その後多くの神経変性疾患において異常凝集体の蓄積が観察されてきた．1980年代半ばから2000年代にかけてはAβ，タウ，α-Syn，TDP-43など，異常凝集体の主成分となる分子が次々と同定され[2, 3, 13, 14, 26, 27]，近年ではクライオ電子顕微鏡[※1]に

※1 **クライオ電子顕微鏡**：極低温の条件下で生体試料を観察するための電子顕微鏡．生体試料は凍結され，そのまま観察されるため，生体の自然な構造や形態を損なうことなく高分解能で観察することができる．

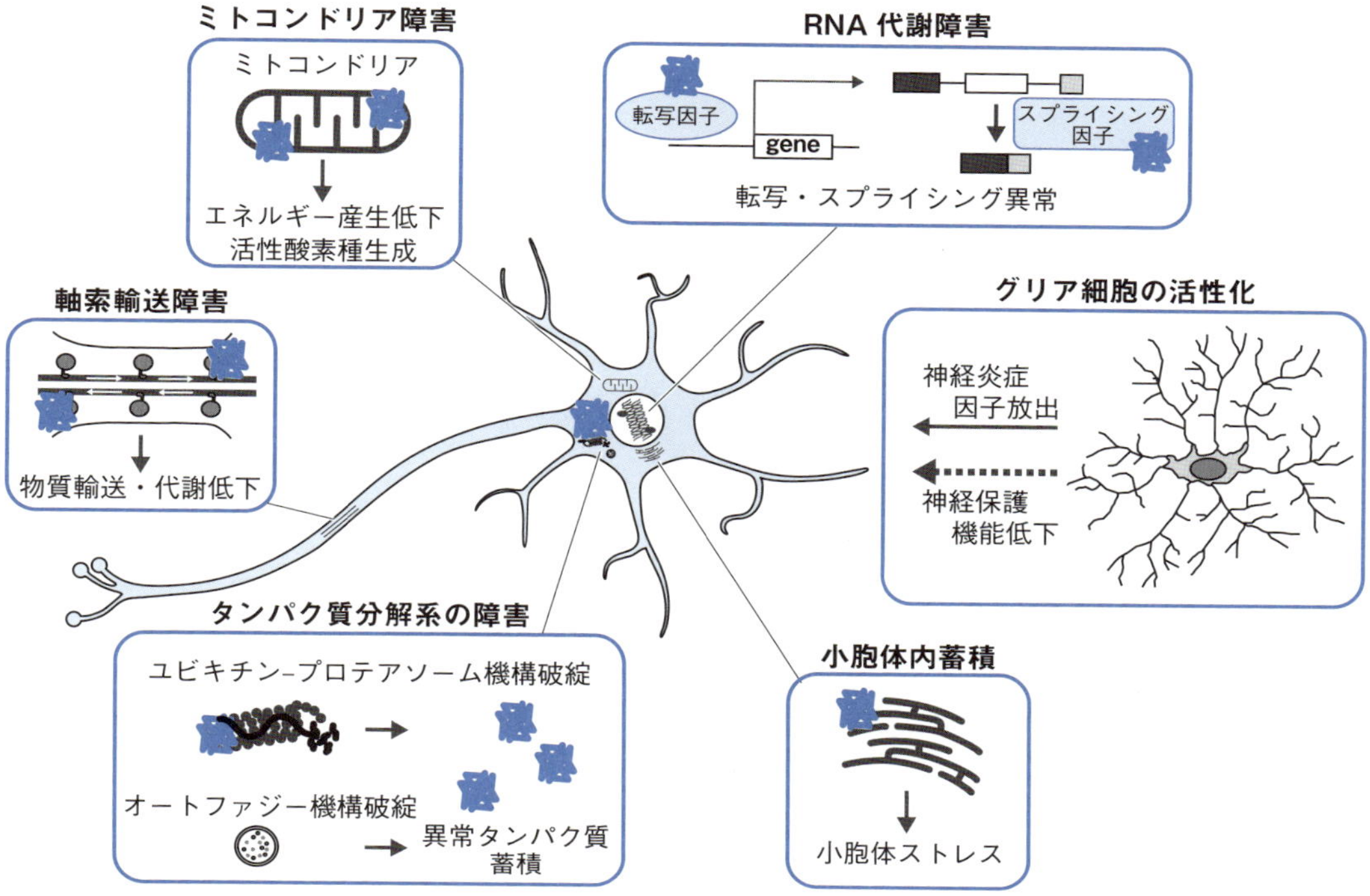

図1　神経変性疾患における病態メカニズム仮説

神経変性疾患においては多彩な病態メカニズムが提唱されている．異常凝集体形成による新規毒性機能獲得あるいは機能喪失により，さまざまな細胞内オルガネラおよび生理反応が障害され，神経細胞死が導かれる．さらに，グリア細胞など非神経細胞の機能異常が起因となって神経細胞が変性・脱落する非自律性神経細胞死の関与が指摘されている．

よりその立体構造の詳細な解析が行われた[18, 35〜38]．その結果，異常凝集体は**アミロイド線維**※2を形成していること，その立体構造は同一原因タンパク質であっても疾患ごとに異なり，その構造の違いが臨床症状や疾患の進行に違いを生むこと，異常構造タンパク質を鋳型として同一の正常タンパク質も異常構造化すること（**プリオン仮説**），さらに異常凝集体は細胞間を伝播しこれが脳内における病変の拡がりに関与することなどが明らかになった[39〜46]．以上のことから，アミロイド線維の形成過程を詳細に解明することは，個々のアミロイド線維の構造や形成メカニズムの理解を深め病態機構の解明につながるのみならず，将来的には疾患タンパク質の立体構造の違いに基づいた個別の治療法や予防法の開発にも応用できると期待されている．

では，どのようなメカニズムにより異常凝集体の蓄積が神経変性を導くのであろうか．異常凝集体による神経毒性は，凝集体を形成することによって構成タンパク質本来の生理機能を失うことにより神経細胞死が誘導される機能喪失型（loss-of-function）

※2　**アミロイド線維**：βストランドと呼ばれる特定の構造をもつタンパク質が，線維軸に対して垂直に積み重なることによってプロトフィラメントという小さな構造へ集合する．これらのプロトフィラメントがさらに相互作用し合って，アミロイド線維を形成する．

と，異常凝集体が新たな毒性を獲得することにより神経細胞死を導く毒性機能獲得型（gain-of-function）の大きく2つに分類される．

1）機能喪失型による毒性

前者の例として，タンパク質の品質管理および分解機構の破綻があげられる．細胞内には，ミスフォールディングタンパク質に対する品質管理機構として，分子シャペロンによるタンパク質フォールディングの修正，あるいは異常タンパク質を分解するユビキチン-プロテアソーム系やオートファジーが存在するが，これらの機能を担う分子が凝集体形成あるいは変異などによりその機能を失った場合，さまざまな異常タンパク質が細胞内に蓄積することとなり神経細胞死が導かれる（**図1**：タンパク質分解系の障害，小胞体内蓄積）．

2）毒性機能獲得型の神経毒性

一方，毒性機能獲得型の例としては，異常タンパク質がミトコンドリアに蓄積し，エネルギー産生の低下や活性酸素種（reactive oxygen species：ROS）の除去機能低下などを惹き起こし，ミトコンドリア本来の機能を不全にすることで神経細胞死を誘導する病態機序や（**図1**：ミトコンドリア障害），凝集体を処理するためにユビキチン-プロテアソーム系に過剰な負荷がかかった結果機能破綻をきたす機序などがあげられる．また，ほかの細胞種にはない神経細胞の特徴として長く伸長した軸索があり，神経突起先端への物質輸送は神経細胞生存にとって重要となる．異常凝集体が微小管タンパク質など軸索輸送にかかわる因子の機能を阻害し，神経細胞の代謝を阻害することにより神経変性が導かれる（**図1**：軸索輸送障害）．さらに，特にALSにおいては，RNA代謝に関与するタンパク質がその原因因子として多く同定されており，異常凝集体形成によるRNA代謝の撹乱も神経変性の原因の1つとして考えられている（**図1**：RNA代謝障害）[47]．

3）異常凝集体と創薬

疾患への治療としては，異常凝集体を標的とした治療法開発が進められており，なかでもタンパク質凝集を抑制する化学シャペロン作用をもつタウロウルソデオキシコール酸（TUDCA）とフェニル酪酸ナトリウム（4-PBA）の合剤（ALBRIOZ）がALS治療薬として2022年米国で認可されたことは特筆すべきであろう[48]．

4　液-液相分離と神経変性

前述の通り，神経変性疾患原因タンパク質の特徴としてアミロイド化しやすいことがあげられるが，本来は正常に折りたたまれているはずのこれらのタンパク質はどの

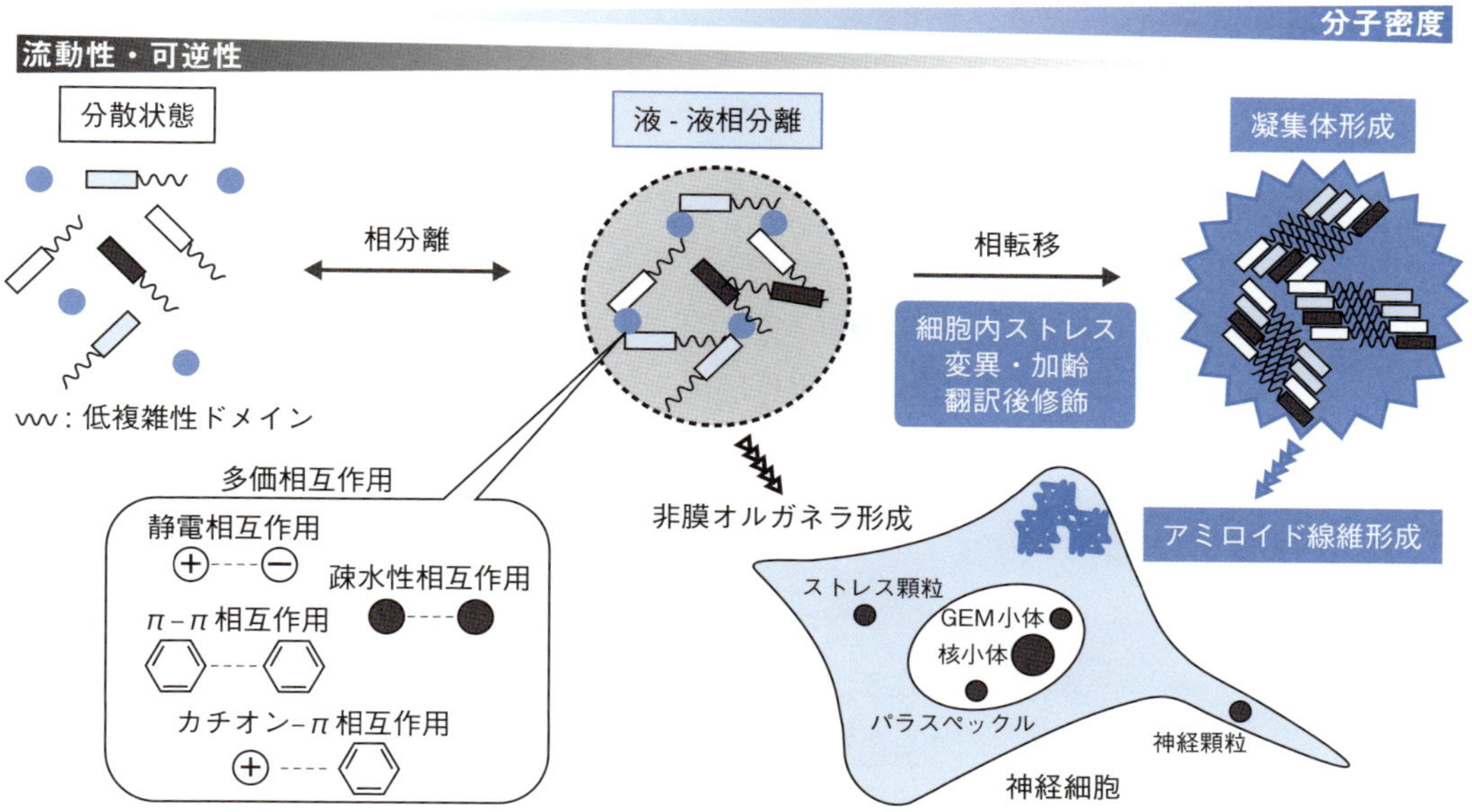

図2　液-液相分離と相転移による凝集体形成

液-液相分離の病態生理的役割を示す．液-液相分離は細胞内タンパク質および核酸などが多価相互作用を介して集合し，流動性を保ちながらも一定の濃縮体（コンデンセート）を形成することで，非膜オルガネラの構築など一連の生化学反応を駆動する足場となる．一方で，病因となる刺激に曝されることにより分子密度が高くなり，相転移を起こすことで不可逆的な凝集体を形成し，アミロイド線維の蓄積を招く原因にもなる．

ようにしてアミロイド化するのだろうか．近年神経変性疾患原因タンパク質のアミロイド化機構の1つとして**液-液相分離**（liquid-liquid phase separation：LLPS）と呼ばれる生物物理学的現象が注目されている．

溶液中におけるタンパク質は主に3つの相をとる．1つ目は，タンパク質が溶媒に溶けて均一に分散している状態であり気体に例えられる（**図2左**）．2つ目は，タンパク質が溶媒に溶けずに凝集体を形成している状態であり，固体に相当する（**図2右**）．そして3つ目が，タンパク質が溶媒分子やほかのタンパク質，核酸と多価的に相互作用することにより，流動性を保ちながらも周囲とは異なる液体区画に分離されている状態であり，水と油のように液体同士が分離されていることに例えられる（**図2中**）．この状態は，液-液相分離と呼ばれ，分子間の静電相互作用や疎水性相互作用，特定のアミノ酸側鎖によるカチオン-π相互作用などがその原動力となる．液-液相分離の生理的な役割としては，核小体やストレス顆粒など膜のないオルガネラの形成に関与していることや，一連の生化学反応を行うための場の提供にかかわっている（**図2**）[49]．

一方で，タンパク質は相分離を介して凝集体へ**相転移**※3することが知られており，神

※3　**相転移**：固相から液相，液相から気相など，物質の相状態が変化する現象を指す．細胞内においては，流動性が保たれている液相状態から，細胞内ストレスや変異，加齢，翻訳後修飾などさまざまな要因によって分子密度が上昇し，固相への相転移が起こる．これが凝集体形成の一因になると考えられている．

経変性疾患における凝集体形成メカニズムの1つとして相分離異常が関与することが示唆されている．相分離することでタンパク質の局所濃度が数百〜数千倍と高くなり，本来であればできない疎水結合が形成され，凝集体をつくりやすくなると考えられる．特にALS原因タンパク質の多くは相分離しやすいRNA結合タンパク質であり，家族性ALSの原因となる変異体ではその多くが液-液相分離の起因となる**低複雑性ドメイン（low complexity domain：LCD）**※4内に変異が集中していることから，ALSの発症機序において相分離異常による相転移を介した凝集体形成が注目を集めている[30, 50]．

5 おわりに

神経変性疾患は複雑な進行性疾患であり，加齢や遺伝的要因など複数の要因が関連している．病態解明の過程で，アミロイド線維や相分離異常などの新たなメカニズムが注目されており，これらの研究は新たな治療法や予防策の開発に向けた道筋を提供する可能性がある．神経変性疾患の治療や管理においては，これらの科学的知見をもとにより効果的なアプローチが求められ，今後も継続的な研究が重要である．

文献

1）Scheltens P, et al：Lancet, 388：505-517, 2016
2）Glenner GG & Wong CW：Biochem Biophys Res Commun, 122：1131-1135, 1984
3）Nukina N & Ihara Y：J Biochem, 99：1541-1544, 1986
4）Braak H & Braak E：Brain Pathol, 1：213-216, 1991
5）Hardy J & Selkoe DJ：Science, 297：353-356, 2002
6）Selkoe DJ & Hardy J：EMBO Mol Med, 8：595-608, 2016
7）Nicoll JA, et al：J Neuropathol Exp Neurol, 65：1040-1048, 2006
8）Holmes C, et al：Lancet, 372：216-223, 2008
9）Walsh DM, et al：Nature, 416：535-539, 2002
10）Roychaudhuri R, et al：J Biol Chem, 284：4749-4753, 2009
11）van Dyck CH, et al：N Engl J Med, 388：9-21, 2023 必読
https://doi.org/10.1056/NEJMoa2212948
12）Morris HR, et al：Lancet, 403：293-304, 2024
13）Spillantini MG, et al：Nature, 388：839-840, 1997
14）Baba M, et al：Am J Pathol, 152：879-884, 1998
15）Masliah E, et al：Science, 287：1265-1269, 2000
16）Kirik D, et al：J Neurosci, 22：2780-2791, 2002
17）Polymeropoulos MH, et al：Science, 276：2045-2047, 1997
18）Schweighauser M, et al：Nature, 585：464-469, 2020
19）Watanabe-Nakayama T, et al：ACS Nano, 14：9979-9989, 2020
20）Kitada T, et al：Nature, 392：605-608, 1998
21）Paisán-Ruíz C, et al：Neuron, 44：595-600, 2004

※4 **低複雑性ドメイン（low complexity domain：LCD）**：LCDは1つのあるいは数種類のアミノ酸のみからなる単調な配列から構成される．特定の高次構造をとらずにタンパク質間やタンパク質-RNA間など複数の分子と相互作用することができ，LCDを有するタンパク質は液-液相分離を駆動する構成成分になりやすい．

22） Valente EM, et al：Science, 304：1158-1160, 2004
23） Yang K, et al：Neural Regen Res, 19：998-1005, 2024
24） Gregory JM, et al：Current Genetic Medicine Reports, 8：121-131, 2020
25） Feldman EL, et al：Lancet, 400：1363-1380, 2022
26） Arai T, et al：Biochem Biophys Res Commun, 351：602-611, 2006
27） Neumann M, et al：Science, 314：130-133, 2006 必読
28） Sreedharan J, et al：Science, 319：1668-1672, 2008
29） Ling SC, et al：Neuron, 79：416-438, 2013
30） Prasad A, et al：Front Mol Neurosci, 12：25, 2019
31） Moujalled D, et al：Cell Death Differ, 28：2029-2044, 2021
32） Hoshino M, et al：J Cell Biol, 172：589-604, 2006
33） Ilieva H, et al：J Cell Biol, 187：761-772, 2009
34） Alzheimer A, et al：Clin Anat, 8：429-431, 1995
35） Fitzpatrick AWP, et al：Nature, 547：185-190, 2017
36） Yang Y, et al：Nature, 610：791-795, 2022
37） Arseni D, et al：Nature, 601：139-143, 2022
38） Scheres SHW, et al：Nature, 621：701-710, 2023
39） Braak H & Braak E：Acta Neuropathol, 82：239-259, 1991
40） Saito Y, et al：J Neuropathol Exp Neurol, 63：911-918, 2004
41） Hasegawa M, et al：Ann Neurol, 64：60-70, 2008
42） Kordower JH, et al：Nat Med, 14：504-506, 2008
43） Li JY, et al：Nat Med, 14：501-503, 2008
44） Nonaka T, et al：Cell Rep, 4：124-134, 2013
45） Shi Y, et al：Nature, 598：359-363, 2021
46） Tarutani A, et al：Brain, 144：2333-2348, 2021
47） Wilson DM 3rd, et al：Cell, 186：693-714, 2023
48） Paganoni S, et al：N Engl J Med, 383：919-930, 2020 必読
49） Alberti S, et al：Cell, 176：419-434, 2019 必読
50） Portz B, et al：Trends Biochem Sci, 46：550-563, 2021

第6章

細胞死についての実験手法

第6章 細胞死についての実験手法

1 細胞死検出法

関　崇生，山﨑　創，中野裕康

制御された細胞死が次々と同定され，さらに分子機構の解明が進んできたことで，それらの細胞死の指標となるマーカーも見出されてきた．またそれぞれの細胞死に特異的な誘導剤や阻害剤の開発も進んでいる．しかし実際に *in vitro* および *in vivo* で，自分の注目している細胞死が制御された細胞死であるのか，またそうであるならどの制御された細胞死であるかを確定することは時として容易ではない[1, 2]．本稿では細胞死全般を捉える一般的な検出法ならびに個々の細胞死に比較的特異的な検出法を紹介し，それぞれの検出法を用いるときの注意点についても言及した．また，広く用いられているプロトコールが多いため，原理からわかりやすく詳述されている試薬メーカーなどのWebsiteを示し稿末にまとめた．なお，原理に基づいて細胞死解析法を分類したガイドラインも報告されている[3]ため参照されたい．

KEYWORD
◆細胞膜破裂の検出 ◆活性化型caspase-3（CC3） ◆リン酸化RIPK3
◆過酸化脂質

1 一般的な細胞死の検出手法

1）細胞の生存率に基づく間接的な細胞死評価法

古くから用いられている細胞死の評価法にMTT〔3-（4,5-Dimethyl-2-thiazolyl）-2,5-diphenyltetrazolium Bromide〕，最近ではWST（water-soluble tetrazolium salt）といった還元発色試薬を用いたものがある［Website1］．これらの試薬は細胞内に取り込まれた後に細胞内の脱水素酵素によって還元され，ホルマザン色素を生成する．細胞内の脱水素酵素は生細胞で活性を有することから，生細胞数に比例してホルマザン色素の生成量が増える．細胞死が起きている状況においては，脱水素酵素活性を有する細胞が減少することから，色素生成量が減少する．

本手法は**測定の簡便さゆえに細胞死評価に広く用いられているが，その結果の解釈には一定の注意が必要**である．なぜなら本手法はあくまで細胞内脱水素酵素活性の検出であり，細胞死評価としては間接的なものであるからである．色素生成量の低下は，細胞増殖の抑制や脱水素酵素活性の低下などの細胞死誘導以外の要因によっても引き起こされ，本手法だけでその区別は困難である．

ほかに細胞内エステラーゼ活性によって蛍光を発するCalcein-AMを用いた手法［Website2］や，細胞内ATP量を発光システムを用いて定量する手法［Website3］もあるが，同様に**細胞死評価法という観点ではあくまで間接的なものである**ことを理解したうえで利用することが肝要である．

2）細胞膜傷害の検出による細胞死評価法

細胞膜は細胞と外界との境界を定め，細胞という1つの単位を定義づけている．この細胞膜の傷害を検出する手法は，より直接的な細胞死評価法と言える．

◆細胞膜非透過性蛍光色素を用いた細胞膜傷害の検出

propidium iodide（PI），7-amino-actinomycin D（7-AAD），SYTOXといった細胞膜非透過性のDNA結合蛍光色素は，生細胞の細胞膜は通過できないが，ひとたび細胞膜が傷害されると細胞内に流入してDNAに結合する［Website4］．DNAに結合したこれらの色素は，適切な波長の光で励起されると蛍光を発するようになるため，フローサイトメーターや蛍光顕微鏡により細胞膜の傷害を検出することができる．一方で，細胞染色などでよく用いられるHoechst 33342は細胞膜透過性の蛍光色素であり，細胞の生死の判定に用いることはできない．DNA結合色素以外では，タンパク質のアミンに結合する細胞膜非透過性の試薬（Zombie Dye，FVD506など）がある［Website5］．

細胞膜非透過性のDNA結合蛍光色素としてほかにYO-PRO-1やTO-PRO-1といった試薬があるが［Website6］，これらはPannexin 1チャネルを通して細胞膜を通過することが知られているため，細胞膜傷害の検出という観点では結果の解釈に注意を要する[4)]．また，細胞膜非透過性蛍光色素の間でも，それぞれの分子の大きさや化学構造の違いによって，どの程度の細胞膜傷害で細胞内に流入するようになるかという点に違いがあることから，異なる色素を用いた結果を比較する場合には注意が必要であろう．

◆細胞内分子の放出に基づく細胞膜破裂の検出

LDH（lactate dehydrogenase：乳酸脱水素酵素）はピルビン酸と乳酸の相互変換を行う細胞質代謝酵素であり，ほとんどすべての細胞で発現している．4量体で分子量140 kDaの酵素であるため軽度の細胞膜傷害では細胞外へ流出することはないが，細胞膜の破裂とも言えるほどの大きな傷害の場合には細胞外に放出される．LDHは細胞内含有量が多く，酵素活性が安定かつ高いため，細胞の培養上清での検出に適した分子である．LDHほどに大きな分子を放出する細胞は明らかな死細胞と言え，本手法は明確に死細胞を直接検出する手法である［Website7］（Column 21参照）．

しかし，細胞膜の破裂を特徴とする制御されたネクローシスと異なり，アポトーシスではその誘導の過程の早期においては細胞膜の恒常性が保たれるため，LDHの放出はほとんど検出されない．マクロファージによる貪食が起こらない場合には（例えば *in vitro* での細胞培養の実験系），アポトーシス細胞は二次的な細胞膜破裂〔正確には gasdermin（GSDM）E依存性のパイロトーシスと呼ぶべき細胞死を含む；第3章-3（p.73）参照〕を起こすため，その際にLDHの放出が検出されるようになる．

LDHのような細胞内タンパク質ではないが，細胞の内から外への物質の放出に基づいて細胞死を評価する手法の1つに，放射性同位元素である^{51}Crを用いたものがある［Website8］．本手法は特に，細胞傷害性リンパ球による標的細胞の殺傷といった2種類の異なる細胞が存在する場合に力を発揮する．LDHの検出ではどちらの細胞由来のものであるかを区別することができないが，あらかじめ標的細胞を^{51}Crで標識することで，標的細胞の細胞死を特異的かつ高感度に検出することができる．

3）アポトーシス特異的と考えられていた検出法

以下で紹介する細胞表面でのホスファチジルセリン（phosphatidylserine：PS）の検出とTUNEL染色は，これまでアポトーシス細胞を特異的に検出していると思われていたが，じつはアポトーシス細胞以外の死細胞も検出することがわかっている．これらの手法を利用するにあたっては，そのことを理解したうえで利用することが肝要である．

◆細胞表面に露出するPSの検出：Annexin V染色

細胞膜の脂質二重層を構成するリン脂質の分布には内層と外層とで非対称性があり，定常状態においてPSは内層に限局的に分布する．この非対称性はフリッパーゼとスクランブラーゼという分子群によって維持されている[5]〔第4章-1（p.136）参照〕．アポトーシス誘導時に活性化したcaspaseは，PSを外層から内層へと転移させるフリッパーゼを切断して不活性化させると同時に，非特異的かつ両方向性に脂質を転移させるスクランブラーゼを切断してその活性化へと導く．これにより細胞膜内層に限局していたPSは外層へと露出され，Eat-meシグナルとして働くことになる．

このPSの露出は，その分子機構の解明に至る以前からアポトーシス細胞の検出のために利用されてきた［Website9］．Annexin VはCa^{2+}存在下でPSに対して高い親和性をもつタンパク質である．蛍光標識したAnnexin Vを細胞と反応させることで細胞膜

Column

㉑ LDHリリースアッセイを行ううえでの注意点

LDHリリースアッセイを行う際，血清のロットによってはLDHを含むものがあるので，適切なネガティブコントロールを用いるほか，測定時に希釈する場合は希釈液の選び方に注意する．LDHリリースアッセイに限らないが，血清のロットによって細胞死のタイムコースが異なる場合があるので，一連の実験は同じロットの血清を用いて行うべきである．また，ネクロプトーシス，パイロトーシスは細胞が破裂するためにアポトーシスよりもLDHの放出が早く起こる傾向にある．

表面のPSを検出することができ，PIなどの細胞膜非透過性色素と共染色することで初期（Annexin V$^+$/PI$^-$）と後期（Annexin V$^+$/PI$^+$）のアポトーシス細胞を検出することができる（**図1**）[6]（Column㉒参照）．

この手法はアポトーシス細胞の検出法として有用なものではあるが，じつはアポトーシス特異的な検出法ではない．すなわち，PSの露出はアポトーシス細胞で特異的に起こる現象ではなく，ネクローシス細胞においても細胞膜の破裂に先立ってPSが細胞外へと露出されることがある．このネクローシス細胞におけるPSの露出の要因の1つとして，細胞内へのCa^{2+}の流入とそれによるCa^{2+}依存性スクランブラーゼの活性化があげられている[7]．

◆ゲノムDNA切断の検出：DNAラダー，TUNEL染色

アポトーシス細胞からゲノムDNAを抽出し，アガロース電気泳動で分離すると，低分子量から高分子量にかけてラダー状のDNAが観察される（**図2**）．これはアポトーシス誘導の過程でゲノムDNAがcaspase-activated DNase（CAD）によってヌクレオソーム単位（約180塩基の長さ）で切断されるためにみられる現象であり，本手法は

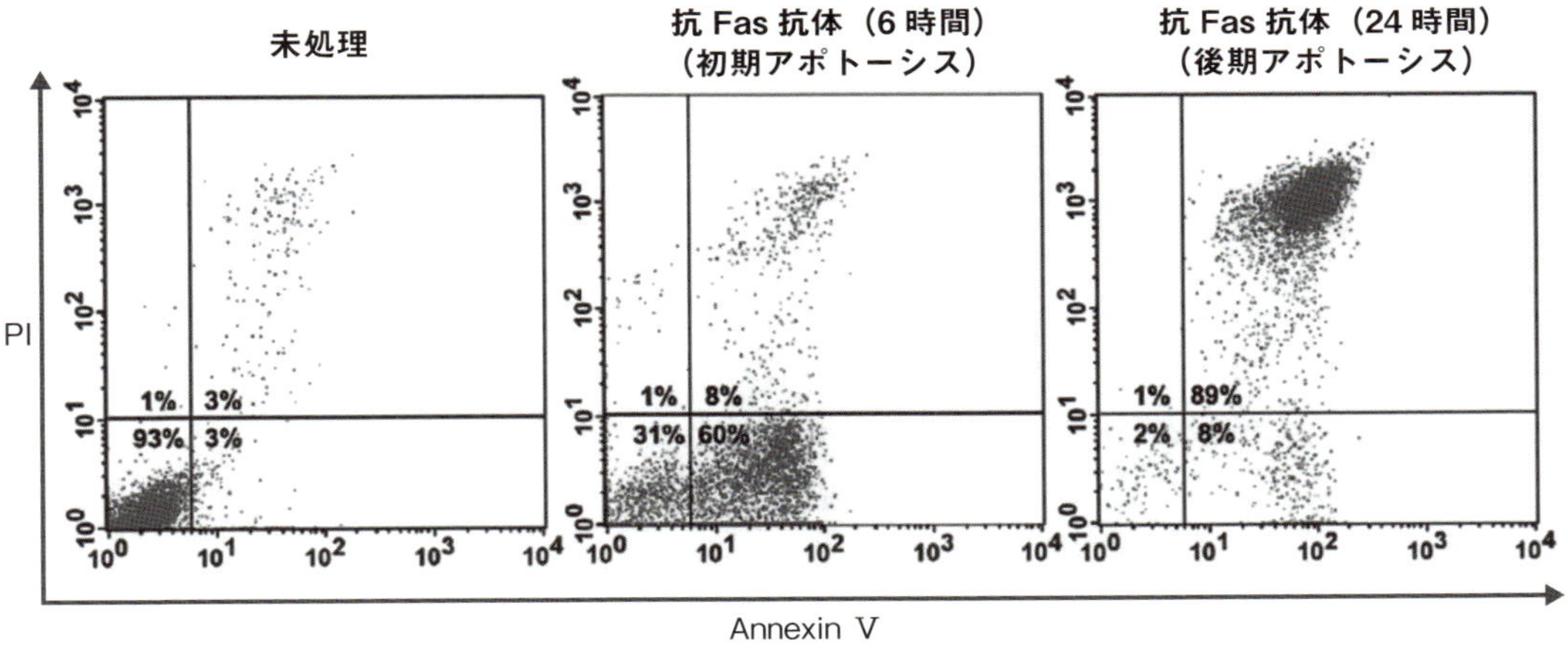

図1　Annexin VとPIを用いたアポトーシス細胞の検出

Jurkat細胞を抗Fas抗体（CH11，200 ng/mL）で処理した後，FITCラベルのAnnexin VとPIで染色しフローサイトメーターで解析した．
（文献6よりCC BY4.0に基づき転載）．

Column

㉒ Annexin V染色の注意点

図1で示すように，細胞死を誘導してからAnnexin V－PI染色を実施するまでのタイムポイントには注意を払う必要がある．複数のタイムポイントを検討すべきであるほか，サンプルを回収してから解析までの間の操作を低温下ですみやかに実施する必要がある．

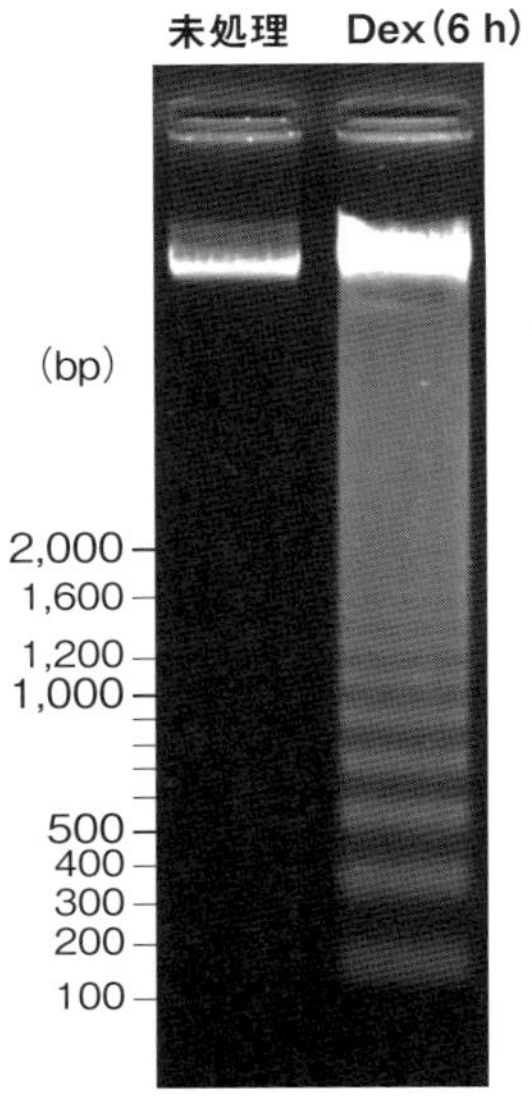

図2　アポトーシスに伴うゲノムDNA断片化の検出

マウスの胸腺細胞を未処理のまま，あるいはデキサメタゾン（Dex, 10 μM）で37℃ 6時間刺激した後，DNAをアガロースゲル電気泳動で分離した．デキサメタゾン刺激したサンプルでは，ヌクレオソーム単位の倍数のサイズのバンド（180 bp，360 bp，540 bpなど）が観察される．caspase-3の活性化によって生じることから，アポトーシスに特異的な検出方法として用いられてきた．

アポトーシスを検出する古典的な手法として用いられてきた．定常状態でCADはその阻害分子ICAD（inhibitor of CAD）と結合しているが，活性化caspase-3によってICADが切断されるとCADは核に移行してゲノムDNAを切断する[8]．ヌクレオソーム単位で起こるゲノムDNAの切断はアポトーシス特異的な現象であるが，操作の煩雑さ，感度の低さ，定量的でないこと，解析対象となる試料が限られることなどが欠点としてあげられる．

このアガロース電気泳動によるDNAラダーの検出に代わって，DNAの切断を検出する手法にTUNEL（TdT-mediated dUTP-X nick end labeling）法がある［Website10］．この手法は，切断されたDNAの末端に生じる遊離3'-OHへTdT（terminal deoxynucleotidyl transferase）によって修飾ヌクレオチド（フルオレセイン-dUTP）を転移することでDNAの切断を直接検出するものである．切断DNA末端の遊離3'-OHは固定した試料でも維持され，また蛍光での検出が可能であるため，細胞・組織の両方に適用でき，顕微鏡やフローサイトメーターで検出可能である．そのため，DNAラダー検出よりも汎用性が高く，アポトーシス細胞の検出法として広く利用されている．

しかし注意点として，TUNEL法はDNA中に存在する遊離3'-OHを検出するものであるが，この遊離3'-OHの出現はCADによる切断によってのみ起こる現象ではなく，ネクロプトーシスやフェロトーシスでも検出されることが報告されている[9, 10]．そのほかにDNAの断片化をみる方法として，培養細胞でしか適応できないが，フローサイトメーターを用いてsub-G1画分の出現を評価する方法もある[6]．

2 それぞれの細胞死特異的検出法

多様な細胞死が同定されてきた現状において，観察している細胞死がどれに分類されるかを明らかにしたい場合，前述したような非特異的な手法ではなく，それぞれの細胞死誘導時に特異的に起こる分子の変化を適切に検出する必要がある（Column ㉓参照）．

オートファジー細胞死，ネトーシス，パータナトスの検出方法については第3章の各細胞死の稿を参照〔第3章-5，6，7（p.101，115，124）〕を参照されたい

1）アポトーシス〔第3章-1（p.46）参照〕

アポトーシス細胞は，クロマチンの凝集，核とミトコンドリアの断片化，細胞の断片化とアポトーシス小体の生成といった特徴的な形態を呈する．電子顕微鏡などを用いてこのような形態変化を同定することがアポトーシス細胞を検出する1つの手法である．しかし汎用性や定量性の観点から，次に紹介する活性化caspaseの検出が，アポトーシス細胞検出のゴールデンスタンダードとなっている．

caspaseは活性のない前駆体として産生され，切断を受けることで活性型となる．内因性・外因性経路を問わずアポトーシス誘導時に活性化されるcaspase-3は，アポトーシス細胞の検出において最も適した対象である．前駆体を認識せず，**切断型caspase-3**（cleaved caspase-3：CC3）を特異的に認識する抗体が市販されており，Western blot法，細胞や組織を対象とした免疫染色といったさまざまな解析手法で利用可能である．さらに，主として外因性経路で活性化されるcaspase-8，また主として内因性経路で活性化されるcaspase-9の切断型を認識する抗体を用いることで，アポトーシス誘導経路を明らかにすることも可能である．ただし，例えばcaspase-8はcaspase-3によっても切断されて活性化されるため，すくなくとも培養細胞を用いた実験では可能である限り時系列を追った解析を行うことが推奨される．

切断型を認識する抗体を用いた手法以外に，**caspaseにより切断されて蛍光を発する蛍光基質**（Ac-DEVD-AMC，NucView488など）を用いる手法がある［Website11］．これらの基質は細胞膜透過性であり，また蛍光での観察が可能であるため，特にイメージングやフローサイトメーターでの解析に力を発揮することが多い．

Column

㉓ 細胞死実行因子の発現と活性化の違い

投稿されて査読に回ってくる論文の一部では，細胞死実行に関与する因子の発現が上昇すること，イコールそれらが活性化していると勘違いしているものがある．例えばアポトーシス実行に関与するcaspaseの発現や，ネクロプトーシス実行に関与するRIPK3やMLKLの発現がWestern blotで上昇していても，それらが活性化していると解釈することはできない．かならず切断された活性化型やリン酸化型を特異的に認識する抗体によりWestern blotや免疫染色をすることが必須である．

2）ネクロプトーシス〔第3章-2（p.63）参照〕

ネクロプトーシスは制御されたネクローシスの一種であることから，細胞の膨潤と細胞膜の破裂という形態的特徴を示す（movie❹参照）．パイロトーシスやフェロトーシスといったその他の制御されたネクローシスも同様の形態学的変化を示すため，細胞の形態だけで制御されたネクローシスを区別することは困難である．

movie❹
アポトーシス細胞とネクロプトーシス細胞の形態的特徴
（中野裕康先生，村井晋先生提供）

対象としている細胞がネクロプトーシスを起こしているかどうかを判別する手法の1つは，**RIPK3とMLKLのリン酸化**を検出することである（**図3**）[11]．リン酸化RIPK3およびリン酸化MLKLに対する特異的抗体が市販されており，Western blot法や免疫染色法などで使用可能である．RIPK3やMLKLの発現はさまざまな病態で増加するが，発現の増加だけでネクロプトーシスが起きているかを示すことはできず，やはりリン酸化フォームを検出する必要がある．なお，デスリガンドによって誘導されるネクロプトーシスではRIPK1のリン酸化も起こるが，RIPK1のリン酸化はRIPK1依存的アポトーシス誘導時にも起こるため，ネクロプトーシス特異的な指標ではない．

リン酸化の検出以外では，強度また濃度の異なる可溶化剤を用いてRIPK3の不溶性画分への移行を検出するものがある．ネクロプトーシス誘導時，RIPK3はネクロソームと呼ばれるアミロイド構造体を形成すると考えられており，それに伴って不溶性画分へと移行する．

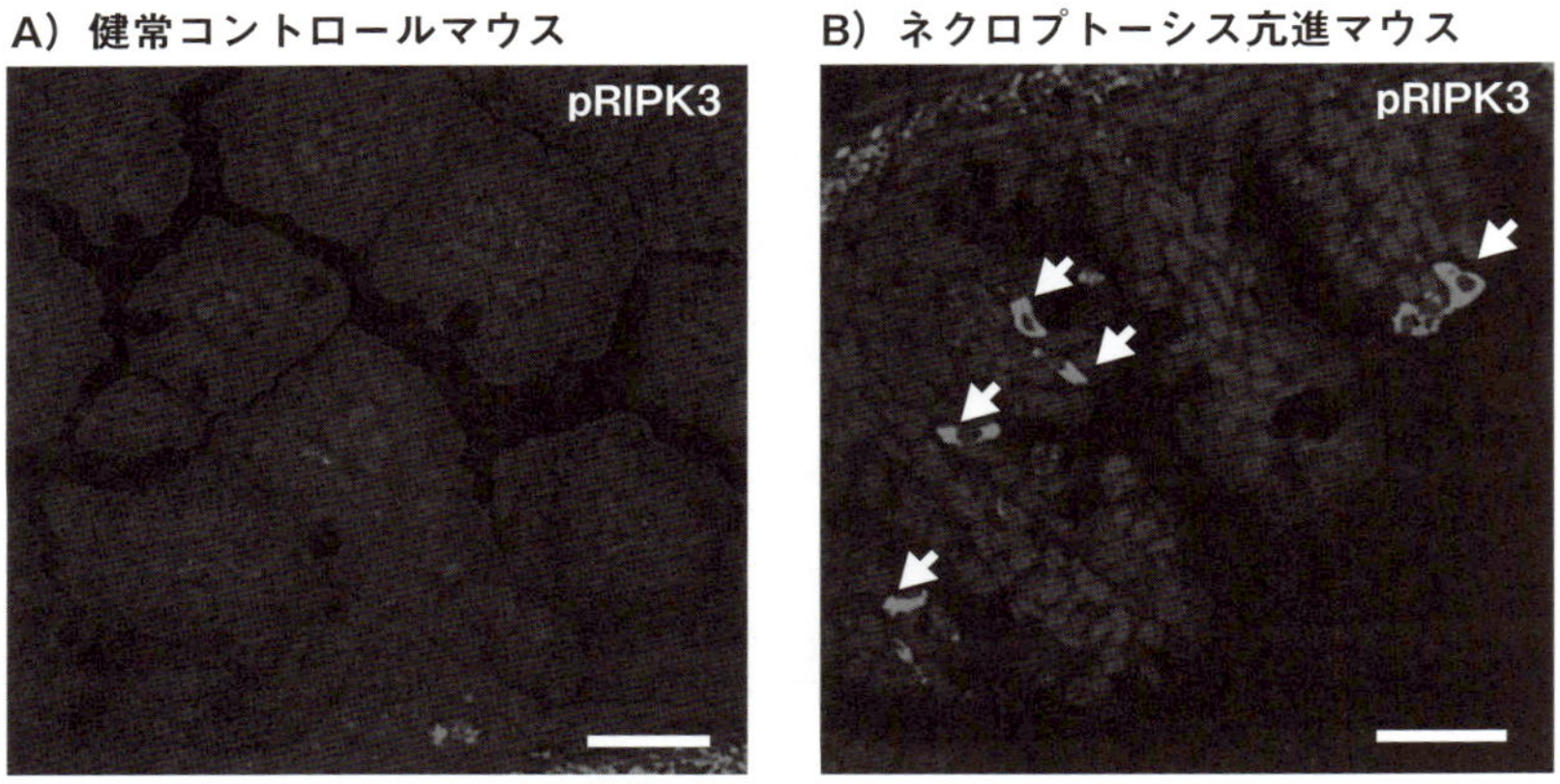

図3　抗リン酸化RIPK3抗体を用いたネクロプトーシス細胞の検出

胎生18.5日のネクロプトーシス亢進マウス（cFLIPsトランスジェニックマウス）の小腸を抗pRIPK3（リン酸化RIPK3）抗体で染色した．pRIPK3のシグナルは弱いために，この免疫染色ではtyramid signal amplification（TSA）という増感試薬を使用している[Website12]．
（Color graphics 図4参照）

また，MLKLが形成する多量体を検出することでその活性化を示すことができる．多量体化の検出には，簡易的には非還元SDS-PAGE[12]，やや煩雑にはなるがBlue Native PAGE[※1]を行い，Western blot法で多量体を検出する手法が行われている[13]．ネクロプトーシスのイメージングに有用なヒトおよびマウスのリン酸化RIPK1，RIPK3，MLKLに対する抗体をまとめた報告がある[14]．

3）パイロトーシス 〔第3章-3（p.73）参照〕

パイロトーシスはネクロプトーシスと同様に，細胞の膨潤と細胞膜の破裂という形態的特徴を示す．パイロトーシスの定義はGSDM依存性の細胞死であり，活性化されたcaspase-1（古典的インフラマソーム経路），あるいは活性化されたcaspase-4/5/11（ヒトはcaspase-4と5，マウスではcaspase-11）（非古典的インフラマソーム経路）によりGSDMDが切断されて活性化される．活性化したGSDMDは細胞膜小孔（約20 nm）を形成し，caspase-1により切断されて成熟型となったIL-1 β はこの小孔から放出される．さらに細胞外から水が流入して細胞が膨張してニンジュリン1（NINJ1）依存性に細胞膜が破裂するため，パイロトーシス細胞では切断されて活性化されたパイロトーシス実行因子が細胞外へと放出される．そのため培養細胞を用いた場合，細胞抽出液と培養上清の両画分を使いWestern blot法により切断されたcaspase-1/4/5/11やGSDMD，IL-1 β を検出することがパイロトーシスの指標となる．またBlue Native PAGEを用いたWestern blot法により多量体したNINJ1を検出する方法もある．しかし最近の研究ではNINJ1の活性化はパイロトーシスに特有の現象ではなく，フェロトーシスでも検出されることがわかっており注意を要する[15]．

一方でアポトーシスのCC3染色やネクロプトーシスのリン酸化RIPK3染色やリン酸化MLKL染色のように，活性化したパイロトーシス実行因子を組織での免疫染色などにより検出するのは容易ではない．これはそれらの分子の多くがパイロトーシス実行に伴い細胞外へと放出されてしまうからである．古典的インフラマソーム経路が活性化される多くの場合，ASC（apoptosis-associated speck-like protein containing a CARD）と呼ばれるアダプター分子の多量体化をWestern blot法や免疫染色で観察できることから，それがパイロトーシスの1つの指標となる[16]．

※1 **Blue Native PAGE**：SDS-PAGEでは，分析対象のタンパク質を強力な界面活性剤であるSDSに強く結合させて変性させ，一様に負の電荷をもたせながら泳動するため，タンパク質を分子量に応じて分離することができるが，タンパク質の高次構造や複合体構造は失われる．一方で，変性剤を天下しないNative PaGEの場合は，タンパク質の高次構造や複合体構造を維持したまま分離することができるが，タンパク質分子または複合体がもつ荷電に依存して電気泳動を行うため，その荷電状態によって泳動度が影響を受けて分子の大きさを反映しない場合がある．これらに対しBlue Native PAGEでは，Coomassie Brilliant Blue G-250（CBB G-250）をタンパク質に弱く結合させ，全体を負に荷電させて泳動するために，タンパク質自身の荷電状態の影響を抑えた状態で泳動することができる．そのために，タンパク質の高次構造や複合体構造を保持したまま分子の大きさに従って分離することができる［Website13］．

4）フェロトーシス 〔第3章-4（p.84）参照〕

フェロトーシスもパイロトーシスやネクロプトーシスと同様に，細胞の膨潤と細胞膜の破裂という形態的特徴を示す．フェロトーシスは，蓄積した活性酸素種（reactive oxygen species：ROS）により鉄イオン依存性に生じた細胞膜の過酸化脂質により誘導される細胞死であることから，過酸化脂質の増加を検出することがフェロトーシスの1つの指標となる[17]．培養細胞を用いた解析では，脂質ラジカルを認識する蛍光色素BODIPY581/591〔Lipid Peroxidation Probe BDP 581/591 C11-（Dojindo，#L267)〕や過酸化脂質そのものを認識するLiperfluo（Dojindo，#L248）を用いたフローサイトメーターや蛍光顕微鏡による観察がなされている[18] [Website14]（図4）．また細胞内で過酸化脂質の蓄積に伴い4-hydroxynonenal（4-HNE）が蓄積することから，4-HNEに対する抗体を用いて細胞抽出液のWestern blot法や組織切片を用いた免

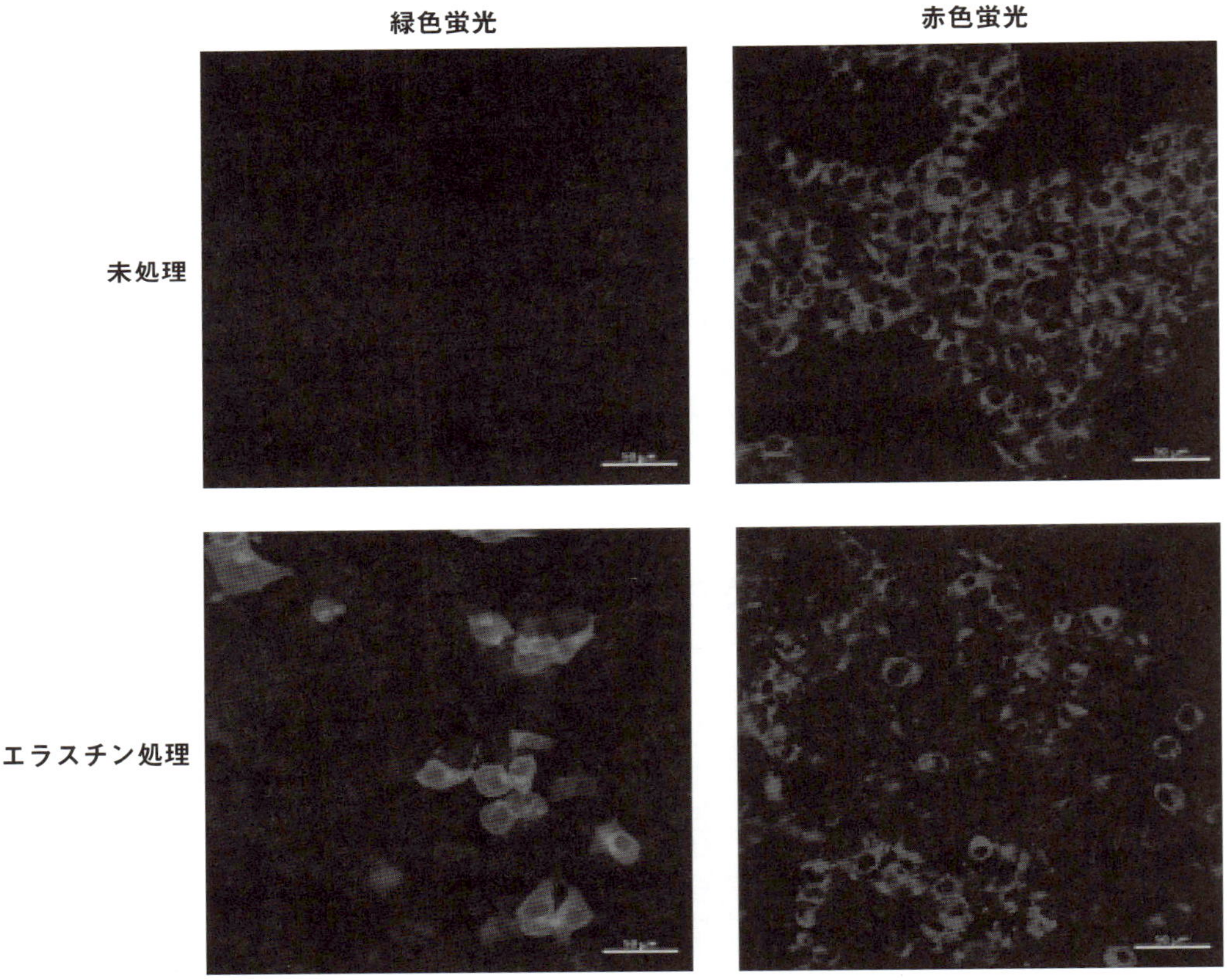

図4　過酸化脂質検出試薬を用いたフェロトーシスの検出

エラスチン（10 μM）でフェロトーシスを誘導したHepG2細胞を検出試薬で染色した（[Website14] より改変して転載）．この検出試薬（Lipid Peroxidation Probe BDP 581/591 C11-）は，脂質が過酸化される際に生じる脂質ラジカルと反応すると，蛍光特性が赤色から緑色へと変化する．

（Color graphics 図5参照）

疫染色法などが行われている．さらにリピドミクスを用いて細胞や組織での過酸化脂質を直接同定する方法もある．しかし過酸化脂質の蓄積自体は，フェロトーシスに特有の現象ではなく，好中球でみられるネトーシス〔第3章-6（p.115）参照〕でも検出されることから鑑別が必要である．

またフェロトーシスは脂溶性抗酸化剤であるビタミンEやその誘導体であるトコフェロール，ビタミンK，鉄のキレート剤であるdeferoxamineやdeferiproneなどにより効率よく抑制されることが報告されており，これらの薬剤で細胞死が抑制されるようであれば，その細胞死はフェロトーシスの可能性が高い．

3 おわりに

本稿では，細胞の生死を判定する一般的な方法に続き，細胞死のタイプを検討する方法について述べた．アポトーシス以外の多様な細胞死の様式が同定されてきているため，従来の単一の方法だけではなく，複数の方法を用いて細胞死のタイプを明らかにする必要がある．特定の細胞死に特異的な分子の変化を認識する抗体のほか，多くの阻害薬も開発されてきているので，これらの適切な活用が望まれる．

文献

1） Kabakov AE & Gabai VL：Methods Mol Biol, 1709：107-127, 2018 必読
2） Kari S, et al：Apoptosis, 27：482-508, 2022 必読
3） Galluzzi L, et al：Cell Death Differ, 16：1093-1107, 2009 必読
4） De Schutter E, et al：Cell Death Discov, 7：183, 2021 必読
5） Sakuragi T & Nagata S：Nat Rev Mol Cell Biol, 24：576-596, 2023 必読
6） Costigan A, et al：Curr Protoc, 3：e951, 2023 必読
7） Furuta Y, et al：PLoS Genet, 17：e1009066, 2021
8） Enari M, et al：Nature, 391：43-50, 1998
9） Grasl-Kraupp B, et al：Hepatology, 21：1465-1468, 1995
10） Mishima E, et al：Nature, 608：778-783, 2022
11） Shindo R, et al：iScience, 15：536-551, 2019
12） Cai Z & Liu ZG：Methods Mol Biol, 1857：85-92, 2018
13） Murai S, et al：Nat Commun, 9：4457, 2018
14） Samson AL, et al：Cell Death Differ, 28：2126-2144, 2021 必読
15） Ramos S, et al：EMBO J, 43：1164-1186, 2024
16） Li L, et al：Bio Protoc, 11：e4151, 2021
17） Jiang X, et al：Nat Rev Mol Cell Biol, 22：266-282, 2021
18） Dai Z, et al：Methods Mol Biol, 2712：61-72, 2023

プロトコール掲載Website

［1］WSTアッセイによる生細胞数の測定：
https://www.nacalai.co.jp/products/entry/d001042.html
［2］Calcein-AMを用いた死細胞の検出：
https://www.dojindo.co.jp/technical/protocol/p36.pdf

[3] 細胞内ATPの定量：
https://www.promega.jp/-/media/files/resources/protocols/technical-bulletins/0/celltiter-glo-luminescent-cell-viability-assay-protocol.pdf
[4] DNAに結合する細胞膜非透過性蛍光色素：
https://www.thermofisher.com/jp/ja/home/life-science/cell-analysis/fluorophores/propidium-iodide.html
[5] タンパク質のアミンに結合する細胞膜非透過性蛍光色素：
https://www.thermofisher.com/order/catalog/product/jp/ja/65-0866-14
[6] DNAに結合する細胞膜非透過性蛍光色素：
https://www.thermofisher.com/order/catalog/product/P3581
[7] LDHリリースアッセイ：
https://www.sigmaaldrich.com/deepweb/assets/sigmaaldrich/product/documents/167/504/11644793001.pdf
[8] ^{51}Crリリースアッセイ：https://j-ram.org/51cr/
[9] Annexin Vを用いたホスファチジルセリンの検出：
https://www.nacalai.co.jp/products/entry/d001029.html
[10] TUNEL法によるDNA切断の検出：
https://www.sigmaaldrich.com/JP/ja/product/roche/11684795910
[11] 蛍光基質を用いたcaspase-3活性化の検出：
https://www.nacalai.co.jp/products/entry/d001031.html
[12] 蛍光色素を用いた組織染色のシグナル増強試薬：
https://kiko-tech.co.jp/products/akoya-bio-tsa/
[13] Blue Native PAGE：
https://www.pssj.jp/archives/protocol/measurement/blue_01/blue_01.html
[14] 脂質が過酸化される際に生じる脂質ラジカルの検出：
https://www.dojindo.co.jp/products/L267/

2 細胞死の可視化と細胞死誘導技術

村井　晋，中野裕康

さまざまな制御された細胞死の実行因子がほぼ同定されつつある現在，それぞれの細胞死の実行過程をライブセルでイメージングすること，また細胞死後にどのような生体応答が誘導されるかを*in vitro*および*in vivo*で解析することが次の重要な課題である．そこで本稿では，制御された細胞死をライブセルでイメージングする技術，死細胞から放出されるDAMPsの1細胞レベルでの解析技術，さらに生理的なリガンドを用いずに人工的に特異的な細胞死を誘導できる技術を紹介したい．

KEYWORD ◆イメージング◆caspase◆DAMPs◆FRET◆LCI-S

1 FRETを利用した細胞死バイオセンサー

FRET※1（Förster resonance energy transfer）とは，励起波長と蛍光波長の異なる2種類の蛍光タンパク質が，数nmという非常に近接して存在する場合に起こる[1)]．すなわちレーザーにより励起された一方の蛍光タンパク質（ドナー）が蛍光を発する代わりに，そのエネルギーが近接して存在するもう1つの蛍光タンパク質（アクセプター）を励起し，ドナーとは異なる波長の蛍光を発する現象のことである．2種類の蛍光タンパク質の間で生じるFRETの効率が特定の酵素活性やシグナルにより変化するようなセンサーを設計することで，細胞内に存在するさまざまなタンパク質の相互作用を可視化することができるようになった[2)]（**図1**）．FRETのドナーとアクセプターのペアには，CFP（cyan fluorescent protein）とYFP（yellow fluorescent protein）が利用されることが多い．

ここではFRETの原理を利用して細胞死の実行をリアルタイムでモニターできるバイオセンサーを紹介する．

※1　FRET：2つの蛍光物質が5 nm以下に近接した状態で，励起された蛍光物質から放出されるエネルギーが電子共鳴により他方の蛍光物質へ電磁波として移動する現象．FRETが起こるためにはそれぞれの蛍光物質の波長域が重なっていることが必須であり，その波長域の重なりが大きいほどFRET効率が上昇する．fluorescence resonance energy transferの略であると記載している論文や教科書もあるが，正確には発見者の名前にちなんで，Förster resonance energy transferと記載するのが正しい．

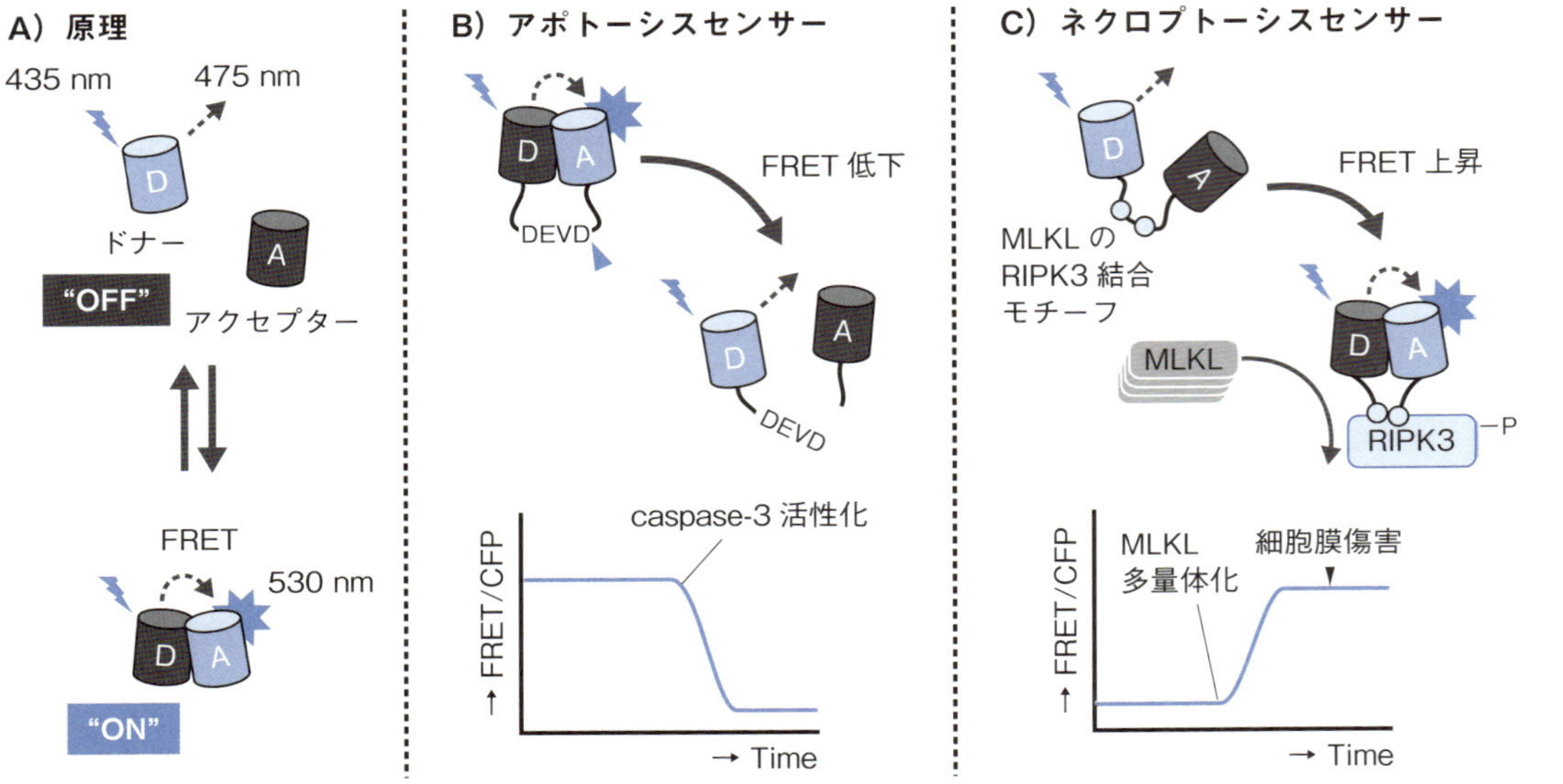

図1　FRETバイオセンサーによる細胞死誘導のモニター

アポトーシスのバイオセンサーはFRETが起こっているドナーとアクセプターの蛍光タンパク質を連結しているバイオセンサーのリンカー部分が，活性化されたcaspase-3によって切断されることでFRETが消失する．FRET ONのシグナルとFRET OFFのシグナルを解析することで，caspase-3の活性化の程度を評価することができる．一方ネクロプトーシスのバイオセンサーはMLKLの多量体化状態を認識して，細胞膜破裂に先駆けてFRET比の上昇がみられる．

1）アポトシーシスバイオセンサー（movie❺）

caspaseは多くの生物種で保存されているシステインプロテアーゼで，ヒトでは11種類，マウスでは12種類が存在している[3]．caspase-3はDEVDという特定のアミノ酸配列を認識し，アスパラギン酸（D）の直後で基質となるタンパク質を切断する[4]．この活性を利用してcaspase-3の活性をモニターする目的でFRETバイオセンサーが複数のグループにより開発され，**sensor C3**あるいは**SCAT（a sensor for activated caspases based on FRET）3**などと名づけられた[5〜7]．これらのFRETバイオセンサーはBFP（blue fluorescent protein）とGFP（green fluorescent protein），CFPとYFP，CFPとVenusなどの組み合わせになっており，2つの蛍光タンパク質を連結する短いリンカー部分にcaspase-3の認識配列（DEVD）が挿入されている（**Column㉔**，**図1B**）．細胞死の誘導されない状態では，2つの蛍光タンパク質が空間的に近接しているためFRETが恒常的に生じているが，caspase-3が活性化されてセンサーのリンカー配列が切断されるとFRETが消失することになる．このFRET効率の変化を利用して，caspase-3の活性化を検知することができる（**図1B**）．

movie❺
SCAT3によるアポトーシス細胞のイメージング
（三浦正幸先生，北海道大学山口良文先生提供）

その後SCAT3を発現させたショウジョウバエを用いてアポトーシス（厳密にはcaspase-3の活性化）の関与するさまざまな生体応答が解析された[8]．さらにSCAT3

を発現するトランスジェニックマウスが作成され，マウス胎生期における神経管閉鎖時のアポトーシスの誘導を共焦点顕微鏡を用いてリアルタイムイメージングがなされた[9]．その結果，アポトーシスは神経発生における神経管閉鎖時の形態形成運動を円滑に進める働きをしていることが明らかとなった〔第5章-1（p.156）参照〕．

2）ネクロプトーシスバイオセンサー（movie ❻）

ネクロプトーシス誘導時には活性型したRIPK3がMLKLと会合してリン酸化し，MLKLの高次構造の変化が誘導され多量体を形成する[11]．この現象に着目して，2つの蛍光タンパク質間のリンカー部位にMLKLのRIPK3会合領域をもつFRETバイオセンサー**SMART（sensor for MLKL activation by RIPK3 based on FRET）**が開発された[10]．SMARTはMLKLの多量体化を認識してFRET効率が高まる（**図1C**）．

movie ❻
SMARTによるネクロプトーシス細胞のイメージング
（文献10より転載）

SMARTを発現したマウス培養細胞では，ネクロプトーシス誘導に伴い，FRET効率の増加が誘導された．一方でアポトーシスやいわゆるネクローシスではFRET効率に変化は認められなかった．このことから，SMARTはネクロプトーシスを特異的に検出できることが示された．

その後SMARTを発現するトランスジェニックマウスが作成され，このマウス由来の胎児線維芽細胞（MEFs）や腹腔マクロファージでも，ネクロプトーシスに伴いFRET効率の増加が生じることが報告された[12]．さらに抗がん剤の一種であるシスプラチンを*in vivo*投与して誘導した急性腎障害モデルを用いて，2光子顕微鏡※2によるイメージングを行ったところ，近位尿細管上皮細胞のネクロプトーシスに伴いFRET

Column

㉔ 1分子FRETの開発

2つの蛍光タンパク質を別々の遺伝子産物として発現させると，細胞内で近接する頻度が低いため偶発的な接近（ノイズ）とFRETが区別しにくく，S（signal）/N（noise）比は概して低くなるので解析が困難である．そこで高いS/N比を得るため，蛍光タンパク質をリンカーペプチドでつなぎ1つのポリペプチドとして発現させた1分子FRETが用いられる．

1分子FRETのバイオセンサーを新たに開発する場合はリンカー部分が複雑な高次構造をとらないようにデザインすることが必要である．もしリンカーが複雑な高次構造をとる場合，蛍光タンパク質がうまく接近できない．また高次構造によって蛍光タンパク質の空間的配向が制限されると，仮に両者が十分近接していたとしてもFRETが起こらない場合もある．

リンカーのアミノ酸配列やペプチド鎖長とFRET効率との関係については完全に解明されていないため，バイオセンサーの開発は1アミノ酸単位でリンカーの配列や長さを改変してはFRET解析を行うという地道な作業のくり返しである．

※2　**2光子顕微鏡**：近赤外線（700〜1,000 nm）の2つの光子を同時に吸収することによって蛍光を励起するレーザー走査型蛍光顕微鏡．使用する長波長の光は細胞や組織へのダメージが少ないため，長時間のイメージングが可能である．また生体組織に対する散乱や吸収が少なく，組織深部（0.1〜1 mm）まで観察が可能である．

効率の増加が生じていた．このようにSMARTを用いることで，*in vivo*で生じるネクロプトーシスを捉えることが可能となった．

3）パイロトーシスバイオセンサー（movie ❼）

パイロトーシスの実行に関与するcaspaseはinflammatory caspase（炎症性カスパーゼ）と総称され，マウスではcaspase-1と11が，ヒトではcaspase-1，4，5がこのファミリーに属する[3]〔詳細は 第3章 -3（p.73）参照〕．細胞内寄生細菌やシリカや尿酸結晶などによりインフラマソームと呼ばれる複合体が細胞内に形成され（古典的インフラマソーム経路），caspase-1が活性化してパイロトーシスが実行される．パイロトーシスセンサーとして，caspase-1の活性化に注目し．**1-1）**のSCAT3のリンカー配列をcaspase-1の認識配列により置換した**SCAT1**が開発された[13]．

movie ❼
SCAT1によるパイロトーシス細胞のイメージング（三浦正幸先生，北海道大学山口良文先生提供）

SCAT1を発現するトランスジェニックマウスから調製した腹腔マクロファージを用いたイメージング解析から，個々の細胞のcaspase-1活性はLPS刺激の強弱にかかわらず一定であるが，LPS刺激の強度によってパイロトーシスが誘導される細胞数が変わることで，細胞集団（バルク）としてのパイロトーシス応答の程度が変化することが報告された[13]．また後述するLCI-Sと併用することで，インフラマソーム活性化により生じるIL-1 βの大量放出はパイロトーシスを起こして細胞膜が破裂した死細胞からのみ起こる現象であり，放出されるIL-1 βの総量は，一個の細胞から分泌されるIL-1 βの量の多寡ではなく，刺激に応答してパイロトーシスを起こす細胞の数に依存することが報告された[13]．

この死細胞からのIL-1 βの大量放出は，その後の研究で細胞死の直前に形成されるgasdermin D（GSDMD）と呼ばれるタンパク質が多量体化して形成される孔を介することが明らかとなっている[14]〔 第3章 -3（p.73）参照〕．しかし一部の細胞では，IL-1 βの微量な放出はGSDMD孔に非依存性であることも報告されており[15]，LCI-Sの時空間解像度や感度により，見える現象と見えない現象がある可能性も完全には否定できない．

2 ルシフェラーゼ/BRETを利用したアポトーシスバイオセンサー

1）BRETを用いたバイオセンサー

BRET（bioluminescence resonance energy transfer）はルシフェラーゼを使用することで，生物発光のエネルギーを利用して近接して存在する蛍光タンパク質を励起させる現象のことである．BRETの利点としては，FRETと異なり励起光を細胞に照射する必要がないことから光毒性を考慮しなくてよい点や，細胞培養用の培地に制限がない点などがあげられる．欠点としては発光基質を加えなくてはならない点である．

ルシフェラーゼNano-Luc（NLuc）とmNeonGreenをcaspase-3，8，9などの切断アミノ酸配列で連結したBRETセンサー（それぞれ**C3-BRET**，**C8-BRET**，**C9-BRET**）が開発された[16]．これらのセンサーを発現するHeLa細胞は，スタウロスポリンによるアポトーシス誘導に伴いBRETが生じることが報告された．

2）ルシフェラーゼを用いたアポトーシスバイオセンサー

*in vivo*でのアポトーシスのイメージングでは，深部にある臓器を露出させて2光子顕微鏡を用いるため，長時間にわたりFRET解析を行うのはハードルが高い（*in vivo*でアポトーシスの実行をリアルタイムで観察するためには，比較的長い時間が必要である）．一方で発光基質を加えて得られるルシフェラーゼのシグナルは，空間的な解像度は落ちるもののマウスの体表からでも強いシグナルを得ることができ，かつ蛍光タンパク質の観察と比べて非侵襲的にマウスの体表からの観察が可能という利点がある．

ルシフェラーゼ遺伝子を導入した腫瘍細胞をマウスに移植し，caspase-3により切断されてはじめてルシフェラーゼの基質となる**Z-DEVD-アミノルシフェリン**を*in vivo*投与することで，抗がん剤投与時の腫瘍細胞のアポトーシスのイメージングの報告がなされた[17]．また**環状ルシフェラーゼ**（DEVD配列を有し，caspase-3により切断されることで，環状構造が消失して本来の酵素活性を発揮する人工的に作成されたルシフェラーゼ）を発現した腫瘍細胞をマウスに移植し，ルシフェリンを投与することで，アポトーシスに伴い発光シグナルを*in vivo*で検出することが可能となっている[18]．一方でAnnexin Ⅴはアポトーシス細胞の表面に表出されるホスファチジルセリンに結合することが知られている．*in vivo*でこのAnnexin Ⅴによりアポトーシス細胞を検出するためにAnnexin Ⅴとルシフェラーゼとの融合遺伝子を発現するトランスジェニックマウスが作成された．このマウスを用いることで，脳虚血や急性腎障害モデルを用いて出現してくるアポトーシス細胞の*in vivo*でのイメージングが可能であることが報告された[19]．

3　LCI-Sを用いたDAMPs放出のイメージング

細胞死の実行によって細胞膜が傷害されると，細胞内に存在する核酸やタンパク質が**DAMPs**（**damage-associated molecular patterns**）として放出され，その結果周囲に炎症や組織修復などの誘導に関与すると考えられている[20]〔第4章-2（p.146）〕．**LCI-S**（**live cell imaging of secretion activity**）[※3]は*in vitro*においてサイトカイン産生を1細胞レベルで可視化できる最新の技術であり[21]，その技術を応用することでDAMPsの放出を1細胞レベルで可視化することができるようになった（**図2**）．

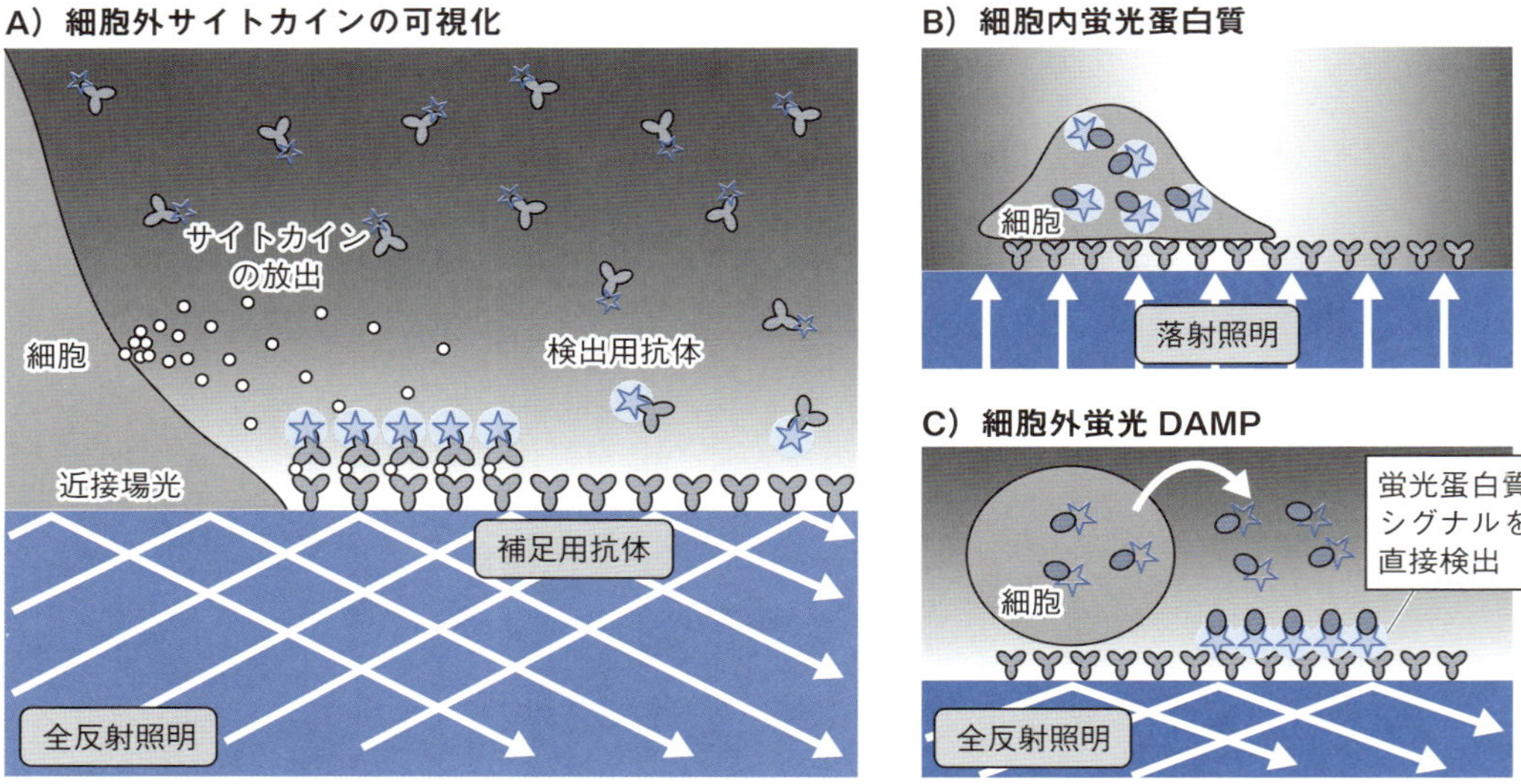

図2　LCI-Sによる細胞外サイトカインの検出とその応用

A）LCI-Sは細胞外の抗原を観察面で抗体によって捕捉し，ラベルした検出用抗体でサンドイッチすることで検出する（文献22より引用）．
B，C）細胞内で蛍光タンパク質を融合させたDAMPsを発現させた系では落射照明によって細胞内の分子を検出し，LCI-Sで細胞外に放出された分子を蛍光タンパク質に対する抗体で捕捉して観察できるため細胞内から細胞外への放出を連続的に観察することが可能である（文献23を参考に作成）

1）サイトカインの1細胞イメージング解析（movie❽）

ヒトの末梢血由来の単球を，IL-6抗体をコートしたガラス表面にセットしLPS刺激をするとIL-6の分泌をLCI-Sシステムによって1細胞レベルで可視化することができた[22]．その結果，IL-6の分泌は細胞膜の傷害とは無関係に起こっているのに対し，単球をLPS＋ATP処理してパイロトーシスを誘導した際のIL-1 βの放出は，必ずSYTOX陽性（つまり細胞膜が破裂している）細胞から生じることが明らかとなった．このことからIL-1 β放出と細胞膜傷害とはほぼ同時に起こっており，IL-6の分泌メカニズムとはまったく異なっていることが明らかになった．

movie❽
マクロファージのパイロトーシスとIL-1 β放出
（三浦正幸先生，東京大学白崎善隆先生提供）

2）DAMPs放出の1細胞イメージング解析への応用

LCI-Sは蛍光免疫スポット法と基本原理が同じであることから，DAMPs放出を

※3　**LCI-Sの原理：**LCI-Sは蛍光免疫スポット法と全反射顕微鏡法を組み合わせることで，抗体の洗浄除去などの過程なしに抗原抗体サンドイッチ複合体を検出する手法として白崎らにより開発された．ガラス表面に捕捉用抗体を固相化しておき，その上に細胞を播き，蛍光ラベルした検出抗体を添加した培地中で全反射照明でイメージングする．全反射照明観察では近接場光によってガラス底面から約100 nmのみが照明されるため，培養液中の検出抗体は蛍光励起されない．細胞外に抗原が放出されるとすみやかにガラス底面上の抗体に捕捉され，さらに培地中の蛍光抗体が結合する．この際，蛍光抗体は抗原を介してガラス底面近傍100 nm内に固定化されるため，輝点として観察されるようになる．測定は全反射照明が可能な倒立顕微鏡が必要であり多点長期間タイムラプスを実現するには自動フォーカス機能付きの全電動蛍光顕微鏡システムとステージトップインキュベータが必要である．

LCI-Sで観察するうえで最大のボトルネックとなるのは，対象とするDAMPsに対する高感度の捕捉抗体と検出抗体の2種類が必要な点である．これを解決するために，DAMPsの一種であるHMGB1と蛍光タンパク質mCherryとの融合遺伝子を恒常的に発現する細胞が作成された（Column㉕）．捕捉抗体としては抗mCherry抗体を固相化するが，mCherryが蛍光を発するため検出抗体は不要となる．これによりHMGB1-mCherryの放出を簡便に検出できるようになった[11]．またこの系を用いることで，内因性のIL-1 βの放出とHMGB1の放出を同時に1細胞レベルで解析することも可能となった（未発表）．さらに，例えばIL-33やIL-αなどのタンパク質性のDAMPsであれば，mCherryと融合させるDAMPsの種類を変えることでLCI-Sで解析することも可能であり，この実験系の応用性は高い．

ただし，DAMPsが放出されるときの細胞膜傷害の程度によっては，内因性DAMPsとmCherryと融合したDAMPsの放出の挙動が異なってくる可能性や，プロテアーゼなどにより切断されて放出されるDAMPsの場合にはmCherryの放出と切断されたDAMPsの放出のパターンが変化してくる可能性などには注意が必要になる．

4 人工リガンドを用いた細胞死誘導

目的とするタンパク質とFKBPタンパク質との融合遺伝子を細胞に発現し，FKBPに対するFK1012などの細胞外から投与した人工多量体リガンドにより，目的タンパク質を多量体化してシグナルを導入する手法は古くから用いられてきた[24]（**図3**）．細胞死研究においても，Fasのdeath domainとFKBPの融合遺伝子として発現させてアポトーシスを誘導する系が構築された[26]．

最近になりRIPK3-FKBP，FKBP-caspase-8，FKBP-caspase-9などの融合遺伝子を発現させた腫瘍細胞を*in vivo*に移植して，人工多量体化リガンドによりそれぞれ異なる種類の細胞死を腫瘍細胞に誘導する系を用いて腫瘍免疫の誘導能を比較する研究

Column

㉕ LCI-Sのための抗体選び

DAMPsの放出をLCI-Sで検出するためには捕捉抗体と蛍光ラベルした検出抗体の2種類が必要である．使用する2つの抗体の条件としては，高親和性であり，かつ抗体のDAMPs結合部位が互いに異なっていることが条件となる．市販のサンドイッチELISAに使用されている抗体があれば，それらが2種類の抗体の第1候補となるが，うまく検出できない場合は別の抗体を探すことになる．

しかし，それ以外の方法として蛍光タンパク質とDAMPの融合タンパク質の発現系を構築する方法がある．この発現系では捕捉抗体として蛍光タンパク質に対する高親和性の抗体を使用できるうえ，蛍光タンパク質のシグナルを全反射照明で観察できるため，検出抗体が不要である．筆者らはHMGB1の高感度ELISA系を組み立てられる抗体がなかったためにこの方法を採用した．光路を落射照明に切り替えることで細胞内の分子が観察でき，かつ内在性分子の発現レベルに依存しない安定した解析ができるなどのメリットがある．

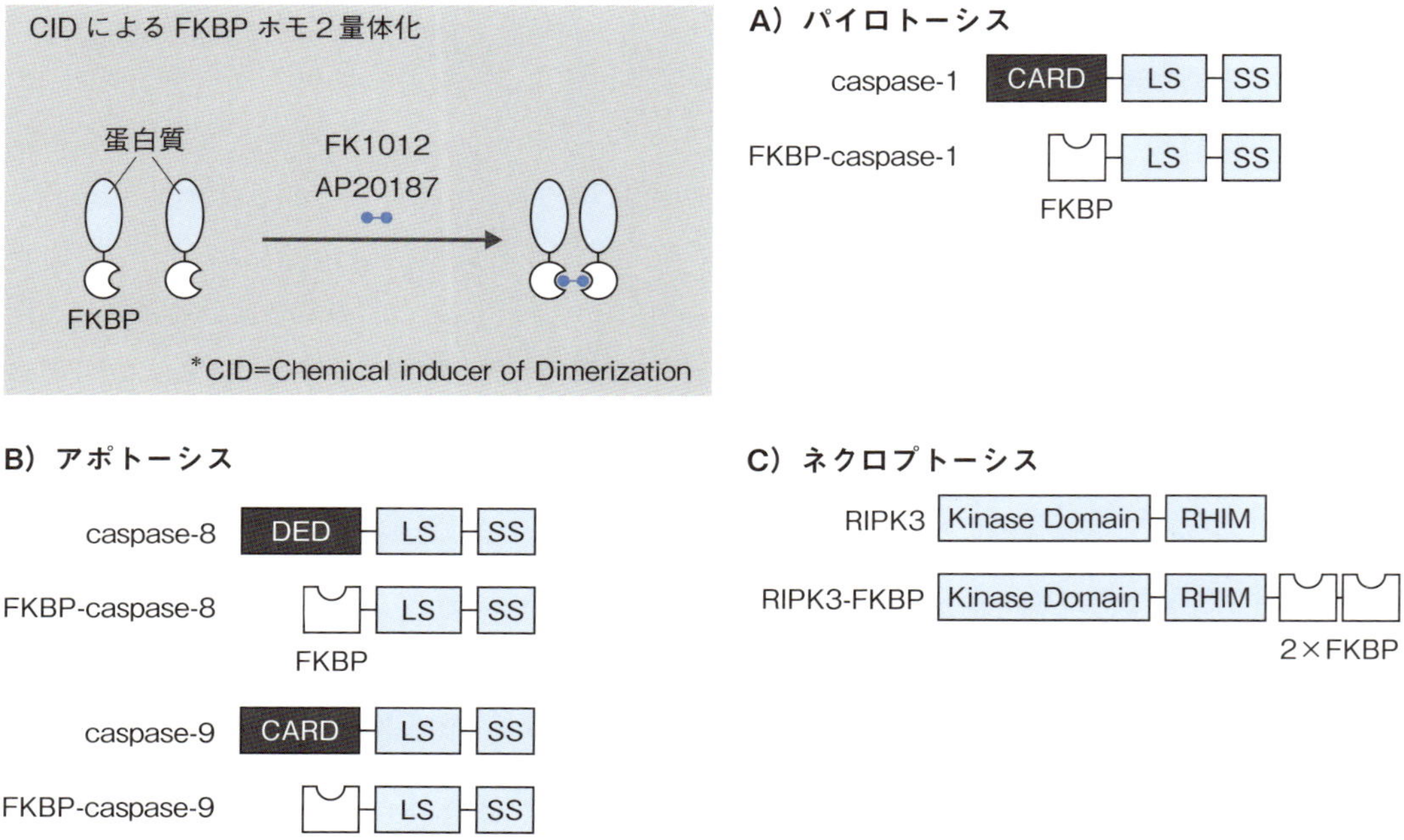

図3　CIDによる細胞死誘導

人工多量体リガンドであるchemical inducer of dimerization（CID）によって重合する分子とそれを利用した細胞死誘導系の例．細胞死研究ではFKBPをcaspaseのプロテアーゼドメインのN末に付加したタンパク質が作製されている．caspaseは重合することで自己切断され活性化する．ネクロプトーシス誘導にはFKBPをタンデムに付加したRIPK3が利用されている．RIPK3は重合することで自己リン酸化して活性化する．（文献25を参考に作成）

が行われた．その結果，アポトーシスと比較して，ネクロプトーシスを誘導した場合には，効率よく腫瘍免疫を誘導できることが明らかとなった[27)]．これらのことは腫瘍細胞の細胞死のモードの変換がその後に誘導される腫瘍免疫に重要な影響を与えていることを示している〔第5章-4（p.180）参照〕．

5 光遺伝学による細胞死誘導技術

光遺伝学[※4]**（オプトジェネティクス：optogenetics）**は光によってタンパク質の多量体化，会合，解離，構造変化，開裂などの挙動を操作する実験手法である[28)]．光遺伝学の優れている点は，単一細胞のしかも特定の部位に光を当てることで照射部分でのみタンパク質の挙動をコントロールできるという点である．したがってシグナル伝達経路を細胞内で局所的に活性化することができる．さらに薬剤で細胞を刺激する場合と異なり，光照射の間だけタンパク質の挙動を操作できるという可逆性も特徴の1

※4　**光遺伝学**：2006年にKarl Deisserothらによって提唱された新たな研究分野．もともとは神経細胞にある光活性化イオンチャネルの開閉を光照射で制御する手法を指す．現在では光照射により重合，解離，開裂などさまざまな状態変化を起こすタンパク質を融合した組換えタンパク質を発現させ，光照射によってその動態を制御する手法全般を指す用語である．

つである．

細胞死研究においては，前述したようにそれぞれのシグナル伝達経路に特異的なタンパク質の会合をコントロールすることで上流のシグナルに依存せず特定の細胞に細胞死を誘導する研究が行われている．*Arabidopsis thaliana* の cryptochrome 2（Cry2）は青色光を照射すると重合する性質がある．そこでCry2とBaxの融合タンパク質を光照射により重合させ内因性のアポトーシスを誘導する試みがなされた[29]．またcaspase-8にCry2のPHRドメインを融合させたタンパク質に光照射することでcaspase-8の多量体化を誘導し，アポトーシスを誘導する系が作製された[29]．光で開裂するタンパク質PhoClをタンパク質内部に挿入することにより光照射によってBidやGSDMDを切断し，それぞれのタンパク質を活性体に変換することで，アポトーシスおよびパイロトーシスをそれぞれ誘導することができる[30]．

6 おわりに

これまで述べてきたように，制御された細胞死をライブセルで可視化する技術が開発され，また細胞死に伴い放出されるDAMPsの一細胞レベルでの解析も可能になってきている．さらに細胞死実行因子を制御することで，細胞死誘導の上流からのシグナルを経ることなく，効率よく細胞死を誘導できる系も確立されつつある．今後はこれらの技術を活用することで，細胞死の関与する疾患でのさらなる病態の解明や治療への応用が期待される．

文献

1） Aoki K, et al：Dev Growth Differ, 55：515-522, 2013
2） Conway JRW, et al：Methods, 128：78-94, 2017
3） Van Opdenbosch N & Lamkanfi M：Immunity, 50：1352-1364, 2019
4） Timmer JC & Salvesen GS：Cell Death Differ, 14：66-72, 2007
5） Xu X, et al：Nucleic Acids Res, 26：2034-2035, 1998
6） Luo KQ, et al：Biochem Biophys Res Commun, 283：1054-1060, 2001
7） Takemoto K, et al：J Cell Biol, 160：235-243, 2003
8） Takemoto K, et al：Proc Natl Acad Sci U S A, 104：13367-13372, 2007
9） Yamaguchi Y, et al：J Cell Biol, 195：1047-1060, 2011 必読
10） Murai S, et al：Nat Commun, 9：4457, 2018
11） Pasparakis M & Vandenabeele P：Nature, 517：311-320, 2015
12） Murai S, et al：Commun Biol, 5：1331, 2022
13） Liu T, et al：Cell Rep, 8：974-982, 2014
14） Shi J, et al：Trends Biochem Sci, 42：245-254, 2017
15） Monteleone M, et al：Cell Rep, 24：1425-1433, 2018
16） den Hamer A, et al：ACS Sens, 2：729-734, 2017
17） Scabini M, et al：Apoptosis, 16：198-207, 2011
18） Kanno A, et al：Angew Chem Int Ed Engl, 46：7595-7599, 2007

19） Zhang Y, et al：Apoptosis, 26：628-638, 2021
20） Nakano H, et al：Biochem J, 479：677-685, 2022 必読
21） Yamagishi M, et al：Annu Rev Anal Chem (Palo Alto Calif), 13：67-84, 2020
22） Shirasaki Y, et al：Sci Rep, 4：4736, 2014 必読
23） Nakano H, et al：Biochem J, 479：677-685, 2022
24） Spencer DM, et al：Science, 262：1019-1024, 1993
25） Shkarina K & Broz P：Semin Cell Dev Biol, 156：74-92, 2024
26） Freiberg RA, et al：J Biol Chem, 271：31666-31669, 1996
27） Snyder AG, et al：Sci Immunol, 4：, 2019
28） Tischer D & Weiner OD：Nat Rev Mol Cell Biol, 15：551-558, 2014
29） Godwin WC, et al：J Biol Chem, 294：16918-16929, 2019
30） Röck BF, et al：Methods Mol Biol, 2696：135-147, 2023

参考図書

・「Apoptotic and Non-apoptotic Cell Death」（Nagata S & Nakano H, eds）, Springer, 2017
・「Cell Death 2nd edition」（Green DR）, Cold Spring Harbor Laboratory Press, 2018
・「Live Cell Imaging」（Kim SB, ed）, Humana, 2022
・「細胞死」（三浦正幸，清水重臣／編），化学同人，2019

巻末付録

仁科隆史，森脇健太，駒澤幸子，中野裕康

巻末付録 1：研究に役立つ誘導剤・阻害剤リスト①

種類	名称	メカニズム	メーカー	カタログ番号	参考論文	備考
外因性アポトーシス誘導剤	human TNF	TNF受容体シグナル活性化	eBioscience	BMS301	PMID：33469115	
	mouse TNF	TNF受容体シグナル活性化	Gibco	PMC3013	PMID：33469115	
	human TNF	TNF受容体シグナル活性化	富士フイルム和光純薬	201-18581	-	
	human TRAIL	TRAIL受容体シグナル活性化	Enzo life sciences	BML-SE721	PMID：35805980	
	シクロヘキシミド	タンパク質合成阻害	Sigma-Aldrich	C7698	PMID：33469115	
	BV6	IAP阻害	Selleck	S7595	PMID：33469115	
	birinapant	IAP阻害	Selleck	S7015	PMID：24684347	
	SM-164	IAP阻害	MedChemExpress	HY-15989	PMID：36119107	
	(5Z) -7-Oxoze-aenol	TAK1阻害	Merk Millipore	499610	PMID：26100626	
	(5Z) -7-Oxoze-aenol	TAK1阻害	Tocris Bioscience	3604	PMID：26100626	
	PF-3644022	MK2阻害	MedChemExpress	HY-107427	PMID：31417185	
	MRT67307	IKK ε /TBK1阻害	MedChemExpress	HY-13018	PMID：37723181	
	HOIPIN-8	LUBAC阻害	MedChemExpress	HY-122882	PMID：33815386	
内因性アポトーシス誘導剤	Venetoclax	Bcl-2阻害	Selleck	S8048	PMID：30537511	
	S63845	Mcl-2阻害	MedChemExpress	HY-100741	PMID：27760111	
	スタウロスポリン	セリンスレオニンキナーゼ阻害	富士フイルム和光純薬	197-10251	PMID：39248593	
	エトポシド	トポイソメラーゼⅡ活性の阻害	Sigma-Aldrich	E1383	PMID：39294273	
	C6-ceramide	caspase活性	Cayman Chemical	62525	PMID：33450826	
caspase阻害剤	zVAD-fmk	汎caspase阻害	Peptide研究所	3188-v	PMID：30367066	
	qVD-OPH	汎caspase阻害	Selleck	S7311	PMID：12815277	
	Emericasan	汎caspase阻害	Selleck	S7775	PMID：27194727	
RIPK1依存性細胞死阻害剤	Necrostatin-1s (7-Cl-O-Nec1)	RIPK1キナーゼ活性阻害	Abcam	ab221984	PMID：33469115	RIPK1依存性ネクロプトーシスも阻害.
パイロトーシス誘導剤	シリカ	NLRP3活性化	Sigma-Aldrich	S5631	PMID：28147282	
	nigericin	NLRP3活性化	Invivogen	tlrl-nig	PMID：33472215	

種類	名称	メカニズム	メーカー	カタログ番号	参考論文	備考
パイロトーシス誘導剤	nigericin	NLRP3活性化	Sigma-Aldrich	N7143	PMID：33472215	長時間刺激でGSDMD非依存性細胞死も誘導する．
	ATP	NLRP3活性化	Sigma-Aldrich	A6419	PMID：26375259	長時間刺激でGSDMD非依存性細胞死も誘導する．
	ultra-pure flagellin	NAIP-NLRC4インフラマソーム活性化（TLR5活性化）	InvivoGen	tlrl-pafla	PMID：33472215	
	dsDNA〔poly（dA：dT）〕	AIM2活性化	InvivoGen	tlr-patn	PMID：26375259	LPSで前刺激したマクロファージにFuGENE HDトランスフェクション試薬（E2311，Promega）等で細胞内に導入する．
	Poly（I：C）	DHX9-NLRP9インフラマソーム活性化（TLR3/RIG-I/MDA5活性化）	InvivoGen	tlrl-picw	PMID：26375259	
	Pam3CSK4	TLR2活性化	InvivoGen	Tlrl-pms	PMID：33472215	
	ultra-pure LPS	caspase-11/4/5/GSDMD活性化	InvivoGen	tlr-3pelp	PMID：26375259	LPSで前刺激したマクロファージにFuGENE HDトランスフェクション試薬（E2311，Promega）等で細胞内に導入する．
	Clostridioides difficile toxin B（TcdB）	Pyrin活性化	List Biological Labs	155L	PMID：33472215	LPS刺激によるTLR4活性化と同じようにマクロファージのプライミングに使われる．
	Cholera Toxin B Subunit	Pyrin活性化	List Biological Labs	104	PMID：26375259	LLPSで前刺激したマクロファージにFuGENE HDトランスフェクション試薬（E2311，Promega）等で細胞内に導入する．
	Val-boroPro	NLRP1活性化	InvivoGen	tlrl-vbp-10	PMID：37642996	
	MSU crystals	NLRP3活性化	InvivoGen	tlrl-msu	PMID：26375259	LPSで前刺激したマクロファージ細胞培養液中に添加して誘導する（ただしGSDMD非依存性細胞死をも同時に誘導する）．
	CPPD crystals	NLRP3活性化	InvivoGen	tlrl-cppd	PMID：26375259	LPSで前刺激したマクロファージ細胞培養液中に添加して誘導する（ただしGSDMD非依存性細胞死をも同時に誘導する）．

種類		名称	メカニズム	メーカー	カタログ番号	参考論文	備考
パイロトーシス阻害剤		Z-YVAD-fmk	caspase-1阻害	Sigma-Aldrich	218746	PMID：25127135	
		MCC950	NLRP3阻害	AdipoGen	AG-CR1-3615-M005	PMID：38030687	
		disulfiram	GSDMD阻害	Selleck	S1680	PMID：38030687	GSDMD阻害薬として使用されているが，特異性が低くNF-κBや上流のcaspaseも阻害するため，注意が必要である．現時点で特異性の高いSDMD阻害薬は販売されていない．
ネクロプトーシス誘導剤		アポトーシス誘導剤とともにzVAD-fmkを同時に加える					RIPK3が発現しているかを確認．
ネクロプトーシス阻害剤		Necrostatin-1s（7-Cl-O-Nec1）	RIPK1阻害	Abcam	221984	PMID：33469115	RIPK1依存性アポトーシスも阻害．
		GSK'843	RIPK3活性阻害	Sigma-Aldrich	SML2001	PMID：25459880	
		GSK'872	RIPK3活性阻害	Sigma-Aldrich	530389	PMID：25459880	
		Necrosulfonamide（NSA）	ヒトMLKL阻害	Cayman	20844	PMID：22265413	
フェロトーシス誘導剤	Type1; Xc-阻害	エラスチン	Xc-阻害	Sigma-aldrich	E7781	PMID：22632970	
	Type 2; GPX4直接阻害	（1S,3R）-RSL3	GPX4阻害	Cayman Chemical	19288	PMID：24439385	
		ML210	GPX4阻害	Cayman Chemical	23282	PMID：32231343	
		ML-162	GPX4阻害	Cayman Chemical	20455	PMID：32231343	
		JKE-1674	GPX4阻害	Cayman Chemical	30784	PMID：32231343	
	Type 3; GPX4間接阻害	FIN56	GPX4の分解誘導	Cayman Chemical	25180	PMID：27159577	
		$FINO_2$	鉄の酸化，GPX4活性の間接的阻害，ラジカル産生	Cayman Chemical	25096	PMID：29610484	
フェロトーシス阻害剤	脂溶性抗酸化剤	Ferrostatin-1	脂質ラジカル捕捉	Sigma-Aldrich	SML0583	PMID：22632970	
		Liproxstatin-1	脂質ラジカル捕捉	Selleck	S7699	PMID：25402683	
		α-トコフェロール	脂質ラジカル捕捉	Sigma-Aldrich	T3251	PMID：35922516	
		menaquinone-4（ビタミンK_2）	脂質ラジカル捕捉	Sigma-Aldrich	PHR2271	PMID：35922516	
		trolox	脂質ラジカル捕捉	Sigma-Aldrich	238813	PMID：35922516	ネトーシスも阻害．
	鉄キレート剤	deferoxamine	鉄キレート	Sigma-Aldrich	D9533	PMID：22632970	
		deferiprone	鉄キレート	Sigma-Aldrich	379409	PMID：31209199	

種類	名称	メカニズム	メーカー	カタログ番号	参考論文	備考
ネトーシス誘導剤	PMA	PKC活性化	Sigma-Aldrich	P8139	PMID：29167447	
	A23187	カルシウムイオノフォア	Sigma-Aldrich	C7522	PMID：28574339	
	ionomycin	カルシウムイオノフォア	Cayman Chemical	11932	PMID：24819773	
	diaminociphenyl sulfone	ネトーシス誘導およびNET形成促進	Sigma-Aldrich	A74807	PMID：29167447	
ネトーシス阻害剤	GSK'484	PAD4阻害	Cayman Chemical	17488	PMID：37534129	
	Cl-amidine	PAD4阻害	Cayman Chemical	10599	PMID：29167447	
	trolox	脂質酸化阻害	Sigma	238813	PMID：26371849	フェロトーシスも阻害．
	diphenylene-iodonium chloride（DPI）	NADPHオキシダーゼ阻害	Sigma	D2926	PMID：29167447	
	4-aminobenzoic hydrazide	MPO阻害	Sigma	A41909	PMID：29167447	
	GW311616（hydrochloride）	NE阻害	MedChemExpress	HY-15891A	PMID：34568331	
パータナトス誘導剤	cefotaxime sodium salt	-	富士フイルム和光純薬	034-16111	PMID：30546061	本来は抗生物質だが，新たな機能については論文参照．
	過酸化水素	酸化ストレス誘導，非特異的	富士フイルム和光純薬	081-04215	PMID：30546061	
	I3MT-3	活性硫黄生成抑制	MedChemExpress	HY-128206	PMID：37060999	
	PAG（DL-propargylglycine）	活性硫黄生成抑制	Sigma-Aldrich	P7888	PMID：37060999	
パータナトス阻害剤	Rucaparib	PARP-1阻害	Selleck	S4948	PMID：37060999	
	DPQ	PARP-1阻害	Santa Cruz Biotechnology	sc-202755	PMID：30546061	
	Pamiparib	PARP-1阻害剤	Selleck	S8592	PMID：38346947	
	Veliparib	PARP-1阻害	Selleck	S1004	PMID：38346947	
	NAC（N-acetyl-L-cysteine）	抗酸化，非特異的	富士フイルム和光純薬	017-05131	PMID：30546061	
	Na_2S_4	活性硫黄ドナー	Dojindo Molecular Technology（富士フイルム和光純薬）	SB04（348-91781）	PMID：37060999	
オートファジー阻害剤	3-MA	クラスⅢ PI3キナーゼの阻害	Sigma-Aldrich	M9281	PMID：38223422	
	bafilomycin A1	V-ATPase阻害	MedChemExpress	HY-100558	PMID：38223422	
	pepstatin A	Aspプロテアーゼ阻害	MedChemExpress	HY-P0018	PMID：23448468	
	E64d	Cysプロテアーゼ阻害	MedChemExpress	HY-100229	PMID：17993647	Pepstatin Aと併用．
	chloroquine	リソソーム阻害	Sigma-Aldrich	C6628	PMID：17993647	
小胞体ストレス	tunicamycin	N型糖鎖修飾阻害	富士フイルム和光純薬	202-08241	PMID：38796549	

種類	名称	メカニズム	メーカー	カタログ番号	参考論文	備考
検出試薬	SYTOX Green Nucleic Acid Stain	核酸染色試薬	Thermo Fisher SCIENTIFIC	S7020	PMID：36048803	ヒトおよびマウス好中球で使用可能.
	SYTOX Green Dead Cell Stain, for flow cytometry	フローサイトメトリーアッセイで生細胞と死細胞を区別	Thermo Fisher SCIENTIFIC	S34860	PMID：30367066	
	SYTOX Orange Dead Cell Stain, for flow cytometry	フローサイトメトリーアッセイで生細胞と死細胞を区別	Thermo Fisher SCIENTIFIC	S34861	PMID：30367066	
	Annexin V-Cy5 Apoptosis Staining/Detection kit	細胞膜露出ホスファチジルセリンの検出	Abcam	ab14150	PMID：15304657	
	pHrodo Red, succinimidyl ester (pHrodo Red, SE)	食細胞による死細胞エフィロサイトーシスの検出	Thermo Fisher SCIENTIFIC	P36600	PMID：39068649	
	NucView 488 caspase-3 Enzyme Substrate	細胞透過性のcaspase-3活性検出用蛍光試薬	Biotium	10402	PMID：35198102	
	BODIPY 581/591 C11	過酸化脂質検出	Thermo Fisher SCIENTIFIC	D3861	PMID：35922516	
	Liperfluo	過酸化脂質検出	Dojindo Molecular Technology（富士フイルム和光純薬）	L248 (345-91551)	PMID：35922516	
	LipiRADICAL Green	脂質ラジカル検出	フナコシ	FDV-0042	PMID：35922516	

付録

巻末付録2：研究に役立つ抗体リスト①

関与する現象	抗原	クローン名	メーカー	カタログ番号	反応種	用途	免疫動物	参考文献	備考
アポトーシス	Fas	Jo-2	BD Biosciences	554255	mouse	細胞死誘導，IP, FC	hamster	PMID：7689176	
		CH11	MBL	SY-001	human	細胞死誘導，WB, FC	mouse	PMID：16010441	
	DR5	D4E9	Cell Signaling Technology	8074	human	WB, IP, IF/ICC	rabbit	PMID：39138191	
	FADD	1F7	Sigma-Aldrich	05-486	huaman, mouse	WB	mouse	PMID：33469115	
		-	Proteintech	14906-1-AP	human, mouse	WB, IP, IHC, IF/ICC	rabbit	PMID：33469115	
	caspase-8	1C12	Cell Signaling Technology	9746	human	WB, IP	mouse	PMID：33469115	
		-	Proteintech	13423-1-AP	human, mouse	WB, IP, IHC	rabbit	PMID：33469115	
		1G12	Enzo life-sciences	ALX-804-447-C100	mouse	WB, FC, ICC	rat	PMID：38191748	
	cleaved caspase-8 (Asp387)	D5B2	Cell Signaling Technology	8592	mouse	WB, IP, IF, FC	rabbit	PMID：36823174	
	XIAP	2F1	MBL	M044-3	human, mouse	WB, IHC	mouse	PMID：36647737	
		-	Cell Signaling Technology	2042	human, mouse, rat, 他	WB	rabbit	PMID：36647737	
		-	BD Biosciences	610763	human, mouse, rat	WB, IHC, IP, IF	mouse	PMID：29674627	
	cIAP1	1E1-1-10	Enzo life-sciences	ALX-803-335-C100	human, mouse	WB	rat	PMID：33469115	
	cFLIP	7F10	Enzo life-sciences	ALX-804-961-0100	human	IP, WB, IHC, FC	mouse	PMID：33469115	
		Dave-2	AdipoGen	AG-20B-0005-C100	human, mouse	IP, WB	rat	PMID：33469115	
	PARP	-	Cell Signaling Technology	9542	human, mouse, rat	WB	rabbit	PMID：39155881	
	Mcl-1	D35A5	Cell Signaling Technology	5453	human, mouse, 他	WB	rabbit	PMID：36647737	
	Noxa	114C307.1	Novus Biologicals	NB600-1159	human, mouse, rat	WB, IHCv	mouse	PMID：36001971	
	Puma	-	Cell Signaling Technology	7467	mouse , rat	WB, IP	rabbit	PMID：36924496	
	Bax	-	Cell Signaling Technology	2772	human, mouse, 他	WB, IP	rabbit	PMID：21933185	
	Bim	C34C5	Cell Signaling Technology	2933	human, mouse, rat	WB, IP, IHC, IF/ICC, FC	Rabbit	PMID：21339291	
	シトクロムc	6H2.B4	BD Biosciences	556432	human, mouse, rat	IP	mouse	PMID：38337057	
	DIABLO		Proteintech	10434-1-AP	human, mouse, rat	WB, IP, IHC, IF/ICC	rabbit	PMID：36731272	

WB：western blot，IP：immunoprecipitation，IF：immunofluorescence，ICC：immunocytochemistry，IHC：immunohistochemistry，FC：flow cytometry

関与する現象	抗原	クローン名	メーカー	カタログ番号	反応種	用途	免疫動物	参考文献	備考
アポトーシス	caspase-9	C9	Cell Signaling Technology	9508	human, mouse, rat, 他	WB	mouse	PMID：37694143	
	caspase-3	-	Cell Signaling Technology	9662	human, mouse, rat, 他	WB, IP, IHC	rabbit	PMID：36647737	
	cleaved caspase-3 (Asp175)	269518	R&D Systems	MAB835	huaman, mouse	WB, IHC, ICC, FC	rabbit	PMID：35915092	
		5A1E	Cell Signaling Technology	9664	human, mouse, rat, 他	WB, IP, IHC, IF/ICC, FC	rabbit	PMID：39179564	
		-	Cell Signaling Technology	9661	human, mouse, rat, 他	WB, IP, IHC, IF, FC	rabbit	PMID：21339291	
	caspase-6	-	Cell Signaling Technology	9762	human, mouse, rat	WB	rabbit	PMID：36647737	
	caspase-7	-	Cell Signaling Technology	9492	human, mouse, rat, 他	WB	rabbit	PMID：36647737	
	phospho-SAPK/JNK (Thr183/Tyr185)	G9	Cell Signaling Technology	9255	human, mouse, rat, 他	WB, IP, IF/ICC	mouse	PMID：23001869	
ネクロプトーシス	RIPK3	D4G2A	Cell Signaling Technology	95702	mouse	WB, IP,IF/ICC, FC	rabbit	PMID：27819681	
		-	ProSci	63-216	human, mouse	WB, IHC	rabbit	PMID：33589776	
		-	Novus Biologicals	NBP1-77299	human, mouse, rat	WB, IP, IHC, IF/ICC	rabbit	PMID：30367066	
		E7A7F	Cell Signaling Technology	10188	human	WB, IP, IHC, IF/ICC, FC	rabbit	PMID：38750308	
	phospho-RIPK3 (Thr231/Ser232)	-	Cell Signaling Technology	57220	mouse	WB, IF/ICC	rabbit	PMID：30367066	
		E7S1R	Cell Signaling Technology	91702	mouse	WB, IF/ICC	rabbit	PMID：33311474	
		EPR19403-52	Abcam	ab222320	mouse	WB, dot blot	rabbit	PMID：32398349	
	phospho-RIPK3 (Ser277)	EPR9627	Abcam	ab209384	human	WB, dot blot	rabbit	PMID：32561730	
	MLKL	D6W1K	Cell Signaling Technology	37705	mouse	WB, IP	rabbit	PMID：33444549	
		3H1	Sigma-Aldrich	MABC604	mouse	WB, IF/ICC	rat	PMID：24012422	
		W17104A	BioLegend	666801	human	WB	rat	-	
		EPR17514	Abcam	ab184718	human	WB, IHC, IF/ICC	rabbit	PMID：30367066	
	phospho-MLKL (Ser345)	-	Cell Signaling Technology	62233	mouse	WB, IP	rabbit	PMID：30367066	
		EPR9515 (2)	Abcam	ab196436	mouse	WB, IP, dot blot	rabbit	PMID：28388412	
	phospho-MLKL (Ser358)	D6H3V	Cell Signaling Technology	91689	human	WB	rabbit	PMID：35614224	

関与する現象	抗原	クローン名	メーカー	カタログ番号	反応種	用途	免疫動物	参考文献	備考
ネクロプトーシス	RIPK1	38/R P	BD Biosciences	610459	human, mouse, rat	WB	mouse	PMID：30367066	
	phospho-RIPK1 (Ser166)	-	Cell Signaling Technology	31122	mouse	WB	rabbit	PMID：30367066	
		D1L3S	Cell Signaling Technology	65746	human	WB	rabbit	PMID：33979622	
パイロトーシス	ASC	B-3	Santa Cruz	sc-514414	human, mouse, rat	WB, IP, IHC, IF	mouse	PMID：36647737	
	NLRP3	Cryo-2	AdipoGen	AG-20B-0014	human, mouse	WB, IP, IHC, ICC	mouse	PMID：36647737	
		D4D8T	Cell Signaling Technology	15101	human, mouse	WB, IP	rabbit	PMID：29884801	
	caspase-1	D7F10	Cell Signaling Technology	3866	human	WB, IP	rabbit	PMID：23871209	
		Bally-1	AdipoGen	AG-20B-0048	human	WB	mouse	PMID：26375259	
		EPR16833	Abcam	ab179515	human, mouse, rat	WB, IP	rabbit	PMID：37651190	
	GSDMD	EPR19828	Abcam	ab209845	mouse	WB	rabbit	PMID：36647737	
		-	Sigma-Aldrich	G7422	human	WB	rabbit	PMID：26375259	
	cleaved GSDMD (Asp275)	E7H9G	Cell Signaling Technology	36425	human	WB, IP, IHC	rabbit	PMID：31804457	
	caspase-4	4B9	Enzo Life Sicences	ADI-AAM-114-E	human	WB	mouse	PMID：26375259	
	caspase-5	-	Cell Signaling Technology	4429	human	WB	rabbit	PMID：26375259	
	caspase-11	17D9	Sigma-Aldrich	C1354	mouse	WB	rat	PMID：26375259	
	NINJ1	記載なし	Ray Biotech	144-64351	human, mouse, rat	WB	rabbit	-	
		758926	R&D systems	MAB51051	human	FC, IHC	mouse	PMID：35395804	
	DFNA5/GSDME	EPR19859	Abcam	ab215191	human, mouse, rat	WB, IP, FC	rabbit	PMID：36647737	
	IL-1β	-	R&D systems	AF-401-NA	mouse	WB, ICC, IHC	goat	PMID：36647737	
		-	GeneTex	GTX74034	human, mouse, rat	WB, IHC, IF	rabbit	PMID：26375259	
	cleaved IL-1β (Asp116)	D3A3Z	Cell Signaling Technology	83186	human	WB, IF/ICC	rabbit	PMID：36647737	

関与する現象	抗原	クローン名	メーカー	カタログ番号	反応種	用途	免疫動物	参考文献	備考
フェロトーシス	GPX4	EPNCIR144	Abcam	ab125066	human, mouse, rat	WB, IHC, IF/ICC, FC	rabbit	PMID：35922516	WBサンプル調整の際はボイルせずに，サンプルバッファー内で50℃，3分間の加温．検出バンドサイズは推定分子量と異なり35～40 kDa．
		3F5G5	Proteintech	67763-1-Ig	human, mouse, rat, 他	WB, IP, IHC	mouse	PMID：37385075	WBサンプル調整の際はボイルせずに，サンプルバッファー内で50℃，3分間の加温．検出バンドサイズは推定分子量と異なり35～40 kDa．
	SLC7A11（xCT）	3A12	Abcam	ab300667	human	WB, IP, IF/ICC	rat	PMID：37637264	
		－	Cell Signaling	98051	mouse	WB	rabbit	PMID：37380771	
	FSP-1	B-6	Santa Cruz	sc-377120	human, mouse, rat	WB, IP, IF	mouse	PMID：35922516	
	4-hydroxy-2-nonenal（4-HNE）	HNEJ-2	JaICA	MHN-100P	human, rat, 他	WB, IHC	mouse	PMID：35922516	
		IG10	Cayman Chemical	38404	human, mouse	WB, IHC, IP, IF	mouse	－	
ネトーシス	histone H3（citrulline R2 + R8 + R17）	－	Abcam	ab5103	human, mouse, rat, 他	WB, IP, Prep Arr	rabbit	PMID：36468184	
パータナトス	AIF	D39D2	Cell Signaling Technology	5318	human, mouse, rat	WB, IP, IHC, IF/ICC	rabbit	PMID：30546061	
	AIF	E-1	Santa Cruz Biotech-nology	sc-13116	human, mouse, rat	WB, IP, IHC, IF, FC	mouse	PMID：36075291	
	PARP1	F-2	Santa Cruz Biotech-nology	sc-8007	human	WB, IP, IHC, FC	mouse	PMID：37060999	
	p62（SQSTM1）	－	MBL Life Sci-ence	PM045	human, mouse, rat, 他	WB, IP, IHC, ICC	rabbit	PMID：37060999	
	poly/mono-ADP ribose	E6F6A	Cell Signaling Technology	#83732	all	WB, IF/ICC	rabbit	PMID：38346947	
TNF signal	TNFR1	H-5	Santa Cruz	sc-8436	human, mouse, rat	WB, IHC, IP, IF	mouse	PMID：33469115	
			Proteintech	21574-1-AP	human, mouse, rat, 他	WB, IHC, IF	rabbit	PMID：34437534	
	TRAF2	C192	Cell Signaling Technology	4724	human, mouse, 他	WB, IP	rabbit	PMID：38363556	
	TAK1	D94D7	Cell Signaling Technology	5206	human, mouse, rat	WB, IP	rabbit	PMID：33469115	
			Proteintech	12330-2-AP	human, mouse, 他	WB, IF/ICC, IHC	rabbit	PMID：34472622	
	phospho-TAK1（Thr184/187）	90C7	Cell Signaling Technology	4508	human	WB	rabbit	PMID：37306632	

付録

関与する現象	抗原	クローン名	メーカー	カタログ番号	反応種	用途	免疫動物	参考文献	備考
TNF signal	phospho-TAK1 (Ser412)	-	Cell Signaling Technology	9339	human, mouse, rat	WB, IP	rabbit	PMID：37251330	
	TBK1	D1B4	Cell Signaling Technology	3504	human, mouse, rat, 他	WB, IP	rabbit	PMID：33469115	
	phospho-TBK1 (Ser172)	D52C2	Cell Signaling Technology	5483	human, mouse, rat	WB, IP, IF, FC	rabbit	PMID：35941131	
	MAPKAPK2		Cell Signaling Technology	3042	human, mouse, rat, 他	WB, IP	rabbit	PMID：33469115	
	IKKβ	D30C6	Cell Signaling Technology	8943	human, mouse, rat, 他	WB, IP	rabbit	PMID：39117638	
	phospho-IKKα/β (Ser176/180)	16A6	Cell Signaling Technology	2697	human, mouse, rat, 他	WB, IHC, FC	rabbit	PMID：27552911	
	NEMO/IKKγ	EPR16629	Abcam	ab178872	human, mouse, rat	WB, IHC, IF/ICC, IP	rabbit	PMID：35941131	
	HOIP/RNF31	EPR27947-265	Abcam	ab315162	human, mouse, rat	WB, IF/ICC, IP	rabbit	-	
	HOIL-1L/RBCK1	H-1	Santa Cruz	sc-393754	human, mouse, rat	WB, IP, IF	mouse	PMID：35941131	
	SHARPIN	-	Proteintech	14626-1-AP	human, mouse	WB, IHC, IF/ICC, IP	rabbit	PMID：35941131	
	IκBα	44D4	Cell Signaling Technology	4812	human, mouse, rat, 他	WB, IP	rabbit	PMID：35941131	
	phospho-IκBα	14D4	Cell Signaling Technology	2859	human, mouse, rat	WB, IP	rabbit	PMID：33469115	
	phospho-IκBα (Ser32/36)	5A5	Cell Signaling Technology	9246	human, mouse, rat, 他	WB	mouse	PMID：27552911	
	NF-κB1 p105/p50	D4P4D	Cell Signaling Technology	13586	human, mouse, rat	WB, IP, IF, FC, Chromatin IP, CUT & RUN	rabbit	PMID：27552911	
	phospho-NF-κB p105 (Ser932)	18E6	Cell Signaling Technology	4806	human, mouse, rat, 他	WB, IP	rabbit	PMID：27552911	
	NF-κB2 p100/p52		Cell Signaling Technology	4882	human, mouse, rat, 他	WB, IP	rabbit	PMID：35941131	
	NF-κB p65	D14E12	Cell Signaling Technology	8242	human, mouse, rat, 他	WB, IP, IHC, IF, FC, Chromatin IP, CUT & RUN	rabbit	PMID：27552911	
	phospho-NF-κB p65 (Ser536)	93H1	Cell Signaling Technology	3033	human, mouse, rat, 他	WB, IP, IF/ICC, FC	rabbit	PMID：27552911	
	RelB	C1E4	Cell Signaling Technology	4922	human, mouse, rat, 他	WB, IP, CUT & RUN	rabbit	PMID：35941131	

関与する現象	抗原	クローン名	メーカー	カタログ番号	反応種	用途	免疫動物	参考文献	備考
ユビキチン化	Ub	Ubi-1	Novus Bio-chemicals	NB300-130	human, mouse, rat, 他	IHC, IF/ICC, WB	mouse	PMID：35601919	IHCに適している.
		FK2	MBL	D058-3	human, mouse	WB	mouse	PMID：35954242	poly-Ubを認識.
		P4D1	Santa Cruz	sc-8017	human, mouse, rat, 他	WB, IP, IF, IHC, FC	mouse	PMID：38453906	WBに適している.
	M1-Ub	1F11/3F5/Y102L	Genentech	非売品	human, mouse	WB, IHC, IF	human	PMID：35954242	MTAにて入手.
		LUB9	Sigma-Aldrich	MABS451	human	WB	mouse	PMID：35941131	
	K48-Ub	Apu2	Sigma-Aldrich	ZRB2150	human, mouse	WB	rabbit	PMID：33469115	
		D9D5	Cell Signaling Technolog	8081	all	WB	rabbit	PMID：39179580	
	K63-Ub	EPR8590-448	Abcam	ab179434	human , mouse, rat	WB, IHC, FC	rabbit	PMID：33469115	
小胞体ストレス	CHOP	9C8	Invitrogen	MA1-250	human, mouse	WB, IHC, IFF/ICC	mouse	PMID：37286597	
	ATF4	-	Proteintech	10835-1-AP	human, rat	WB, IHC, IF/ICC, FC, IP	rabbit	PMID：32931733	
	BiP	-	Cell Signaling Technology	3183	human, mouse, rat, 他	WB	rabbit	PMID：33524049	
	eIF2α	L57A5	Cell Signaling Technology	2103	human, mouse, rat	WB, IHC	mouse	PMID：32139669	
	phopho-EIF2S1 (Ser52)	-	Invitrogen	44-728G	human, mouse, 他	WB, IHC, IFF/ICC	rabbit	PMID：32132707	
神経変性疾患	ADAR1	15.8.6	Santa Cruz	sc-73408	human, mouse , rat	WB, IP, IF, IHC	mouse	PMID：34081786	
	ADAR2	1.3.1	Santa Cruz	sc-73409	human, mouse, rat	WB, IP, IF, IHC	mouse	PMID：34081786	
	FUS/TLS	H-6	Santa Cruz	sc-373698	human, mouse, rat	WB, IP, IF, IHC	mouse	PMID：25497700	
	hnRNP A2/B1	B-7	Santa Cruz	sc-374053	human, mouse, rat	WB, IP, IF, IHC	mouse	PMID：34081786	
	MATR3	-	Proteintech	12202-2-AP	human, mouse, rat	WB, IF, IHC	rabbit	PMID：31582731	
	TDP-43	-	Proteintech	10782-2-AP	human, mouse, rat, 他	WB, IP, IF/ICC, IHC, FC	rabbit	PMID：21339291	
	TDP-43 (C-terminal)	-	Proteintech	12892-1-AP	human, mouse, rat	WB, IP, IF/ICC, IHC, FC	rabbit	PMID：21339291	

付録

関与する現象	抗原	クローン名	メーカー	カタログ番号	反応種	用途	免疫動物	参考文献	備考
DAMPs, そのほか	HMGB1	–	Abcam	ab18256	human, mouse, rat	WB, IF/ICC	rabbit	PMID：30367066	
	histone H3	–	Abcam	ab1791	human, mouse, rat	WB, IHC, IP, IF/ICC, Chromatin IP	rabbit	PMID：30367066	
	GFP	1E10H7	Proteintech	66002-1-Ig	–	WB, IF/ICC, IP	mouse	PMID：30367066	
	mCherry	–	Rockland	600-401-379	RFP, mScarlet, rRFP, tdTomato	WB, IHC, IF, EM, FC, IP, 他	rabbit	PMID：30367066	

本リストは，執筆者を中心に諸先生からいただいた，研究で使用したことのある薬剤・抗体の情報を元に選定・編集した．

情報提供や作成にあたっては本書執筆の先生に加え，以下の先生（敬称略）にもご協力いただいた．この場を借りて御礼申し上げる．

三島英換（ヘルムホルツセンターミュンヘン），徳永文稔（大阪公立大学），
須田貴司（金沢大学がん進展制御研究所）

なお，本リストにある抗体が正しくworkすることは本書を執筆した研究者がいくつかの方法（おそらくは主にWestern blotや免疫染色）で確認はしている．しかしリスト中の「用途」欄にはカタログに掲載されている用途を便宜的に記載しているため，Western blotや免疫染色以外の用途で使用する場合には，注意が必要である．

◆ 数字 ◆

◆ 欧文 ◆

A

B

C

MTT〔3-（4,5-Dimethyl-2-thiazolyl）-2,5-diphenyltetrazolium Bromide〕……218
MWS（Muckle-Wells 症候群）……191

N

N6F11……87
Navitoclax……174, 181
Necrostatin-1……66
NE（neutrophil elastase）……116
NETs（neutrophil extracellular traps）……115, 169
NET 形成……120
NGF（nerve growth factor）……160
NINJ1……40, 79, 176
Nix……104
NLRC4（NLR family CARD domain containing 4）インフラマソーム……190
NLRP3（NLR family pyrin domain containing 3）……77, 151, 190
NLRs……151
NOMID（neonatal onset multi-system inflammatory disease）……191
NOS（nitric oxide synthase）……166
Noxa……51
NOX（NADPH oxidase）……93
NucView488……223
N-メチル-N'-ニトロ-N-ニトロソグアニジン……128

O

Obatoclax……181
optogenetics……236
ORAS（OTULIN-related autoinflammatory syndrome）……192
OTULIN 関連自己炎症症候群……192
oxeiptosis……17

P

p19（ARF）……110
p21……172
P4-ATPase ファミリー……138
p53……172
p62……131
PAD4（peptidylarginine deiminase 4）……118
PAMPs（pathogen-associated molecular patterns）……73, 146
PAR……124
PARG〔poly（ADP-ribose）glycohydrolase〕……130
Parkin……110
PARP-1……124
PAR 化……132
PC（phosphatidylcholine）……90
PD（Parkinson's disease）……96, 208
PE（phosphatidylethanolamine）……90
perforin……61
Phe-BF3（phenylalanine trifluoroborate）……186
PHGPX……87
PI3 キナーゼ class Ⅲ 複合体……102
PINK1……110
PI（phosphatidylinositol）……90
PI（propidium iodide）……75, 219
PLA2（phospholipase A2）……166
PMA（phorbol 12-myristate 13-acetate）……119
POR（cytochrome P450 oxidoreductase）……93
PRAAS（proteasome-associated autoinflammatory syndrome）……192
PRRs（pattern-recognition receptors）……73, 146
PRXs（peroxiredoxins）……168
PS……56
PsKD（pseudokinase domain）……69
PS（phosphatidylserine）……90
PUMA……51
Pyrin インフラマソーム……190

R

RA……195
RAGE……152
RB タンパク質……172
RCD（regulated cell death）……36
receptor interacting protein kinase 3……19

S

T

U

V

W

X

き

く

け

こ

さ

し

す

せ

そ

た

ち

て

と

な・に

み

も

ゆ

ら・り

る・れ

ろ

わ

編者プロフィール

中野裕康（なかの ひろやす）

1984年千葉大学医学部卒業．呼吸器内科医としての臨床研修を経て，1995年千葉大学大学院医学研究科博士課程（内科系）修了（斎藤隆 教授）．1995年から順天堂大学医学部免疫学講座助教（奥村康 教授）．2000～2003年戦略的創造研究推進事業「さきがけ」PRESTO研究員（兼任）．その後免疫学講座の講師，准教授を経て2014年より東邦大学医学部医学科生化学講座教授．2019年～2023年日本Cell Death学会理事長．
大学院時代はT細胞受容体のシグナル伝達，順天堂大学時代はNF-κBによる細胞死抑制のメカニズムの研究に従事．現在の研究テーマはネクロプトーシス細胞やDAMPsのイメージングと，死細胞からはじまる生体応答機構の解析（https://tohobiochemi.jp/）．日本の細胞死研究の底上げと国際化に貢献したいと考えている．

実験《じっけん》医《い》学《がく》別《べっ》冊《さつ》

もっとよくわかる！細胞死《さいぼうし》

多様《たよう》な「制御《せいぎょ》された細胞死《さいぼうし》」のメカニズムを理解《りかい》し疾患《しっかん》への関与《かんよ》を紐《ひも》解《と》く

2024年12月15日　第1刷発行

編　集　　中《なか》野《の》裕《ひろ》康《やす》
発行人　　一戸敦子
発行所　　株式会社　羊　土　社
〒101-0052
東京都千代田区神田小川町2-5-1
TEL　03（5282）1211
FAX　03（5282）1212
E-mail　eigyo@yodosha.co.jp
URL　www.yodosha.co.jp/
装　幀　　関原直子
印刷所　　三美印刷株式会社

ISBN978-4-7581-2214-6

実験医学 別冊 もっとよくわかる！シリーズ

B5判

基礎固めに重要なトピックを厳選し，わかりやすく充実した内容をお届けします

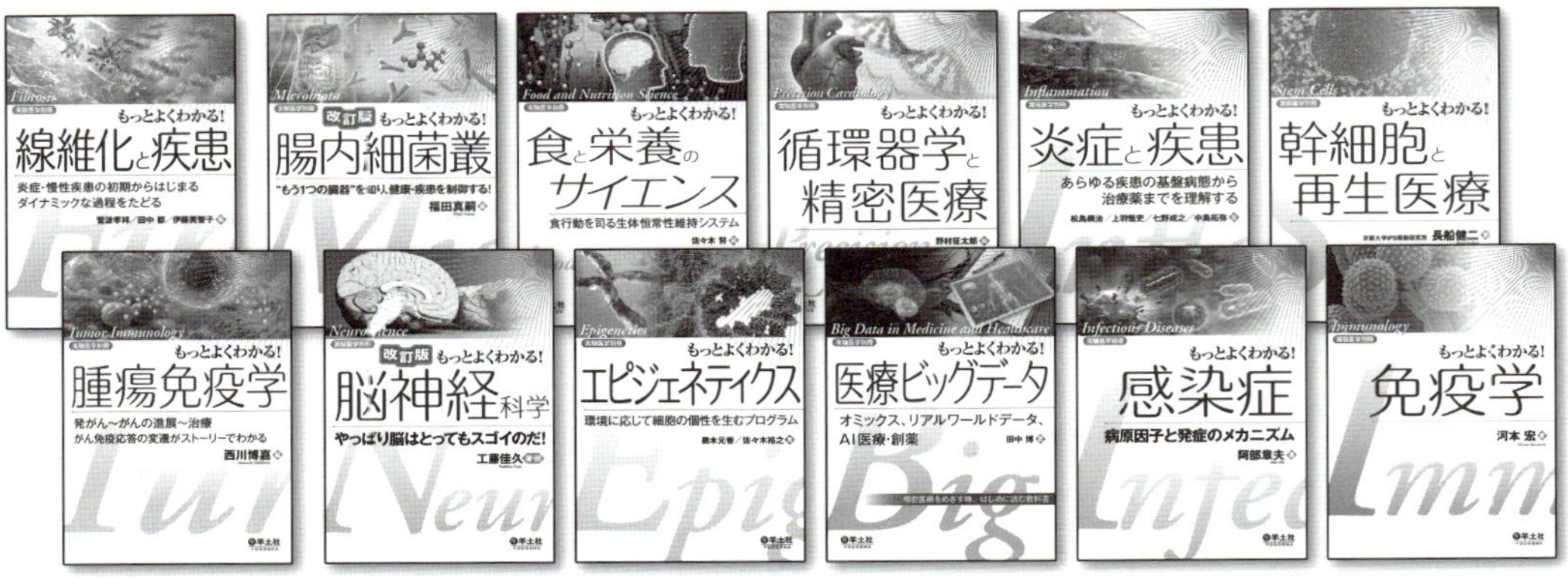

WEBで立ち読み！ ～ シリーズすべてで一部を無料でご覧いただけます ～

もっとよくわかる！線維化と疾患
炎症・慢性疾患の初期からはじまるダイナミックな過程をたどる

菅波孝祥，田中 都，伊藤美智子／編

■ 定価 5,500円（本体 5,000円＋税10%） ■ 172頁 ■ ISBN 978-4-7581-2213-9

複雑な線維化を体系的に学べる入門書がついに登場！

もっとよくわかる！腫瘍免疫学
発がん～がんの進展～治療
がん免疫応答の変遷がストーリーでわかる

西川博嘉／編

■ 定価 5,500円（本体 5,000円＋税10%） ■ 167頁 ■ ISBN 978-4-7581-2212-2

「発がん」から「治療」まで，がんと免疫との関わりを解説！がん免疫の学びはじめにも，免疫療法を改めて理解するにも最適な一冊．

改訂版 もっとよくわかる！腸内細菌叢
"もう1つの臓器"を知り、健康・疾患を制御する！

福田真嗣／編

■ 定価4,840円（本体4,400 円＋税10%） ■ 195頁 ■ ISBN 978-4-7581-2211-5

腸内細菌叢の全体像がわかる入門書が全面改訂！
気鋭の研究者が健康・疾患との関わりと創薬を紹介

改訂版 もっとよくわかる！脳神経科学
やっぱり脳はとってもスゴイのだ！

工藤佳久／著・画

■ 定価 4,620円（本体 4,200円＋税10%） ■ 296頁 ■ ISBN 978-4-7581-2210-8

全体像が楽しくつかめると評判の入門書が全面改訂．
研究の歴史や身近な例を交え，納得しながらすんなり理解！

もっとよくわかる！食と栄養のサイエンス
食行動を司る生体恒常性維持システム

佐々木 努／編

■ 定価 4,950円（本体 4,500円＋税10%） ■ 215頁 ■ ISBN 978-4-7581-2209-2

ヒトはなぜ食べるのか？鍵は食行動の分子・神経基盤にあり！
医学・健康科学・栄養学・食品科学の研究者，必読！

もっとよくわかる！エピジェネティクス
環境に応じて細胞の個性を生むプログラム

鵜木元香，佐々木裕之／著

■ 定価 4,950円（本体 4,500円＋税10%） ■ 190頁 ■ ISBN 978-4-7581-2207-8

専門／専門外問わず，エピジェネの概念から分子・生命現象へ，余さず学びを深められる入門書の決定版．

もっとよくわかる！循環器学と精密医療

野村征太郎／編，YIBC（Young investigator Initiative for Basic Cardiovascular science）／著

■ 定価 5,720円（本体 5,200円＋税10%） ■ 204頁 ■ ISBN 978-4-7581-2208-5

分子レベルで患者を理解し，個々にあった治療を提供していく精密医療の視点が身につきます．

もっとよくわかる！医療ビッグデータ
オミックス、リアルワールドデータ、AI医療・創薬

田中 博／著

■ 定価 5,500円（本体 5,000円＋税10%） ■ 254頁 ■ ISBN 978-4-7581-2204-7

医療におけるビッグデータとAIを活用して精密医療の実現を目指すすべての人が，はじめに読む教科書．

もっとよくわかる！炎症と疾患
あらゆる疾患の基盤病態から治療薬までを理解する

松島綱治，上羽悟史，七野成之，中島拓弥／著

■ 定価 5,390円（本体 4,900円＋税10%） ■ 151頁 ■ ISBN 978-4-7581-2205-4

炎症機序を整理しながら習得！疾患とのつながりも知識を深められる．

もっとよくわかる！感染症
病原因子と発症のメカニズム

阿部章夫／著

■ 定価 4,950円（本体 4,500円＋税10%） ■ 277頁 ■ ISBN 978-4-7581-2202-3

感染症ごとに，分子メカニズムを軸として流行や臨床情報まで含めて解説．病原体の巧妙さと狡猾さが豊富な図解でしっかりわかる！

もっとよくわかる！幹細胞と再生医療

長船健二／著

■ 定価 4,180円（本体 3,800円＋税10%） ■ 174頁 ■ ISBN 978-4-7581-2203-0

次々と新しい発見がなされるこの分野を冷静な視点で整理．
現場の感覚も入った貴重な1冊．

もっとよくわかる！免疫学

河本 宏／著

■ 定価 4,620円（本体 4,200円＋税10%） ■ 222頁 ■ ISBN 978-4-7581-2200-9

免疫学を難しくしている複雑な分子メカニズムに迷い込む前に，押さえておきたい基本を丁寧に解説．

発行 羊土社 YODOSHA

〒101-0052 東京都千代田区神田小川町2-5-1 TEL 03(5282)1211 FAX 03(5282)1212
E-mail：eigyo@yodosha.co.jp
URL：www.yodosha.co.jp/

ご注文は最寄りの書店，または小社営業部まで

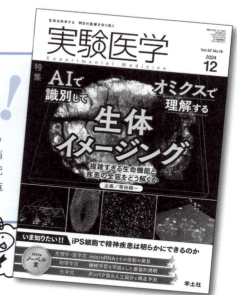

kokoro library
講談社

キレる子どもの気持ちと接し方がわかる本

原田 謙
長野県立こころの医療センター駒ヶ根
子どものこころ診療センター長

推薦の言葉

原田謙先生は経験豊富な児童精神科医です。子どものこころの問題を全般的に診ておられますが、なかでも「反抗挑発症」や「素行症」など、行動面に課題のある子どもたちに関するわが国随一の専門家です。

このたび、その原田先生がキレる子どもについての本をご執筆されました。大人は、子どもの反抗的な態度や暴言、暴力などを見ると、「困った子ども」だと思ってしまいがちです。しかし子どもの側から見ると、自分自身が困っているときに、やむを得ない手段として、そのような行動をとっていることが多いです。キレる子どもは、「困っている子ども」なのです。

原田先生はそのことを重視して、子どもの気持ちを尊重しながら、行動の問題をその子自身が「解決しよう」と思えるような、丁寧な診療を続けておられます。この本は、その原田先生の長年のご経験に裏打ちされた一冊です。

キレる子どもへの対応に悩んでいる親御さんや学校の先生方、支援者の方にはぜひこの本を読んでいただき、お子さんがおだやかに過ごせるような環境づくりを心がけていただければと思います。

信州大学医学部　子どものこころの発達医学教室教授
本田　秀夫

まえがき

子どもがキレやすい。

些細なことで怒る。すぐに反抗する。暴言を吐いたり、暴力をふるう……。

この本を手に取ったということは、あなたは、そんなキレる子どもに悩まされているのだと思います。キレる子どもに対応することはとても大変ですね。時間も手間もかかりますが、何よりもこちらが精神的にすり減ってしまいます。

私は長年、児童精神科医としてキレる子どもたちと向き合ってきました。その経験を通じて知ったこと、学んだことを、キレる子どもに悩んでいる全国の親御さんや学校の先生方に伝えたいと思い、この本を書きました。


子どもがキレたとき、まず、その行動は止めなければなりません。その子自身や他の子どもが怪我をしても、大人が怪我をしても困ります。怪我をしなくても、キレる子どもが大声を出したり、暴れることで、まわりの子どもや大人のこころも傷ついてしまいます。だからこの本では、暴力・暴言の止め方、そのあとの振り返りの仕方、叱り方など、暴力や暴言、反抗への対応法を具体的に説明しています。

けれども、ただ行動にだけ対応していても、問題を根本的に解決することはできません。子どもにとってキレることは、最大の感情表現です。もちろん怒りの表現であるわけですが、その裏には、もっと別のメッセージがあります。彼らはこころのSOSを出しているのです。助けてほしいのです。対応法も必要ですが、より大事なことは、その子どもの気持ちに寄り添うことだと思います。

ただ、キレる子どもは身勝手なことも言います。それに、そもそも反抗されて気持ちのよい人はいません。親御さんや先生方の感情も刺激されます。イライラしてケンカや言い合いになるのは、人として当然かもしれません。逆に、「大人が怒ってはいけない」と、ただただ我慢していると自分がつぶれてしまいます。だからこの本では、対応法や気持ちの寄り添い方の土台となる「心構え」も解説しています。方法と心構え、その両方を理解することによって、キレる子どもとの「接し方」がわかってきます。

キレる子どもとどう接すればよいのかわからない、困っているという方は、ぜひこの本を読んで、これまでと違うやり方を試してみてください。

この本がキレる子どもと接している親御さんや先生方の助けになり、ひいてはそのお子さんのこころにも安らぎが訪れることを願っています。

長野県立こころの医療センター駒ヶ根
子どものこころ診療センター長
原田 謙

キレる子どもの気持ちと接し方がわかる本　目次

第3章 子どもの暴力・暴言の止め方

第4章 「キレる気持ち」を理解する

第5章 「キレる行動」を減らしていく

第6章 キレにくい親子関係のつくり方

第7章 困ったら支援者に相談する

カバー・本文デザイン　桐畑恭子
カバー・本文イラスト　めやお
編集協力　石川智
使用素材　Adobe Stock
©hana (p.4-9)
©IWOZON (p.13, 37, 71, 89, 113, 121, 143, 155)
©Tartila (p.37, 71, 89, 121, 143)
©Ichizu (p.82, 109)

第1章

キレる子どもとの接し方

この本の使い方

キレる子どもとの接し方を理解する

子どもがキレたら怒る？　様子を見る？

みなさんは子どもがキレてしまったとき、どのように対応していますか？

例えば、勉強をしなければならない時間なのに、子どもが落書きをしたり、きょうだいにちょっかいを出したりしている。その態度を注意すると、怒って「うるさい！」「いまからやろうと思っていたのに！」などと反論してくる。そこで「勉強なんてしていなかったじゃない」と指摘すると、さらに怒り出す。パニックになって、鉛筆やノートなどを投げつけてくる。

そのように、ちょっとしたことを注意しただけで、子どもがキレて暴言を吐いたり暴れたりしたとき、みなさんはどう対処しているでしょうか。

暴力や暴言は許さず、その場で怒りますか？　それとも、子どもが興奮しているときには何を言っても無駄だと考え、しばらく放って様子を見ていますか？

こんな困りごとはありませんか？

本書では、以下のような「キレる行動」の事例と対応方法を解説していきます。

きょうだいや
友達に
暴力をふるう
（→P20）

注意されると
激しく反発する
（→P40）

親や先生に
暴言を吐く
（→P62）

無理な要求をして、
親を試すような
ことをする
（→P74）

ほしいものを
買ってもらえないと、
わめく
（→P92）

ゲームを
中断させられると
パニックになる
（→P108）

嘘をつき、
問いつめられると
キレる
（→P146）

弟や妹を
いじめる
（→P124）

怒る人も怒らない人も、困っている

親御さんや学校の先生方の相談を受けていると、子どもに怒って、暴力や暴言をやめさせようとするパターンが多い印象があります。「子どもがキレやすい」「注意しても言うことを聞かない」などと相談されることがよくあります。

それに加えて、最近では「子どもがキレたときには逆らわないようにしている」という話も聞くようになりました。ひとまず子どもの言う通りにして、それ以上怒らせないようにするというパターンです。「子どもがキレやすくて困っているが、どのように注意すればよいのかがわからない」などと相談されます。

キレる子どもへの対応というのは、難しいものです。強く怒ると、火に油を注いだような形になり、かえって激しい反発を招くこともあります。

しかし、子どもを怒らせないように気を遣って、その子の言うことを聞いていればよいのかというと、そうでもありません。大人が言いなりになっていたら、子どもは「騒げば思い通りになる」と感じるかもしれません。それではキレる回数は減らないでしょう。

怒ってもうまくいかない。怒らないようにしても、状況が改善しない。そのような袋小路にはまり込んでしまって、困っている方もいるのではないでしょうか。この本ではそのような悩みを抱えている方に向けて、キレる子どもとの接し方をお伝えしていきます。

この本の使い方

「7つの心構え」を持って、対応していく

方法を覚えるだけでは不十分

この本ではキレる子どもとの接し方として、「暴力・暴言の止め方」など、さまざまな対応方法を紹介していきます。それらの方法に取り組めば、子どものキレる行動は減っていくでしょう。

しかし、ただ方法を覚えるだけでは、十分とはいえません。たとえ合理的な方法でも、やり方をなぞるだけでは、いずれうまくいかなくなります。最初は効果が出るかもしれませんが、同じことを続けていたら、そのうち子どもは反応しなくなるでしょう。子どもはさまざまな課題に直面し、もがきながら行動しています。それに対して大人の側が方法論を表面的に実践するだけでは、いつかはメッキが剥がれるような形で、そのやり方が通用しなくなります。ノウハウを覚えるだけではなく、子どもと向き合いながら、対応を試行錯誤していく必要があるのです。

基本的な対応

キレる子どもへの対応では暴力・暴言を止めることと、気持ちを理解することが基本です。車の両輪といえます。そして予防策や親子関係の見直しにも取り組みます。

暴力・暴言の止め方

危機介入の方法。子どもが実際にキレている場面で、どう対応すればよいのか。クールダウンやタイムアウトなど、具体的な手法を紹介します。（→第３章）

「キレる気持ち」を理解する

なぜキレたのか、どう思っていたのかを子どもに聞く。そのときのポイントとして、本人の話をどう受け止めればよいのかを解説します。（→第4章）

「キレる行動」の減らし方

これからの生活で、キレる行動の予防策としてできること。ペアレント・トレーニングを参考にしながら、ほめ方やルール設定などを工夫します。（→第５章）

キレにくい親子関係のつくり方

親子関係を見直して、キレにくい関係性をつくっていくコツ。叱り方の注意点などは家庭だけでなく、学校や地域でも役立つ内容です。（→第６章）

大人の心構えが求められる

試行錯誤をするうえで重要になるのが、大人の側の心構えです。

キレる子どもに、どのような姿勢で向き合うのか。その指針となる心構えが確立していれば、一つの方法がうまくいかないときにも、焦らずに違うアプローチを検討することができます。

長期的な見通しを持ちながら、キレるという問題に、じっくりと取り組んでいけるわけです。

そこでこの本では、キレる子どもと接するときの具体的な「対応法」と「心構え」の両方を解説していきます。この二つを理解することによって、子どもとの接し方が変わっていくはずです。

7つの心構え

キレる子どもと向き合うときに意識したいことを、7つに分けてまとめています。
この7つの心構えを持つことで、対応に一貫性が生まれます。

① 接し方をゆっくり見直す（→P18）

② さまざまな要因を考える（→P36）

③ 対応を焦らない、あきらめない（→P70）

④ 「キレる」をSOSとして受け止める（→P88）

⑤ 怒らないで「キレる」を減らす（→P120）

⑥ 子どもをほめ、自分をほめる（→P142）

⑦ 一人で抱え込まない（→P156）

このあとの各章では、キレる子どもの事例をマンガで紹介しながら、どのような「対応法」を取ればよいのかを、文章や図でお伝えしていきます。そして各章の最後に、それらの対応の土台となる考え方、「心構え」をまとめています。

ブレない姿勢で接していく

心構えが意識できていれば、大人の対応に一貫性が生まれます。姿勢がブレなくなり、大人の考えが子どもに伝わりやすくなります。一つひとつの発言や行動に、大人としての心が通うようになるのです。

そのような接し方ができれば、子どもとの関係、子どもの言動は、少しずつ変わっていくはずです。そのために、この本を活用していただければと思います。

接し方をゆっくり見直す

同じことを続けていても変わらない

子どものキレる行動がなかなか減らない場合に、大人が同じ接し方を続けていても事態は変わらないでしょう。しかし一生懸命やってきたことを切り替えるのは、簡単ではありません。ゆっくり取り組んでいきましょう。

子どもを見直し、次に自分自身を見直す

私たち大人は、キレる子どもを「悪い子」ととらえてしまいがちです。しかし、その子も四六時中キレているわけではありません。勉強や運動などをがんばっているときもあります。子どものよい面に目を向ける。子どもを見直す。まずはそこから始めてみてください。

次に、大人が子どもとの接し方を見直しましょう。例えば「子どもに厳しすぎたかな」と感じたときに、「自分はそういう性格だから」と考えると、気持ちが後ろ向きになります。「性格」ではなく「接し方」を見直しましょう。これまでのやり方には、よいところもあったはずです。その点は継続しながら、うまくいっていないところを見直していきましょう。

この本を手に取ったということ自体が、子どもとの接し方を見直したいという気持ちの表れです。あなたは何かを変えたいと思い、前向きな行動を取り始めています。この本がそのサポートになることを心から願っています。

第2章

キレる子どもが増えている?

事例 学校でキレて、友達を蹴ってしまう子

同級生を蹴って大きな問題に

右ページのマンガは、小学４年生・Ａくんのエピソードです。彼はきょうだいや同級生としょっちゅうケンカをしています。

親や学校の先生によく叱られるのですが、注意されても話を聞こうとせず、反抗的な態度を取ることが多いため、大人から「問題のある子」とみなされてきました。学校で先生や同級生から言葉遣いを注意されたとき、イライラして教室の掲示物を破ってしまったこともあります。

ある日の休み時間に、Ａくんはボール遊びのルールをめぐって、同級生とケンカをしてしまいました。最初は軽い口論でしたが、相手を突き飛ばして一騒動に。その後、先生が双方の言い分を聞いたのですが、Ａくんは相手の話を聞いて怒り出し、その場で蹴ってしまいました。手加減をしなかったため、相手に怪我をさせ、大きな問題になりました。

小学４年生で手加減なしの暴力

学校から家庭に連絡がいき、Ａくんは親にも厳しく叱られました。親や先生はＡくんに反省を促しましたが、彼は納得せず、「自分は悪くない」と言い張りました。最初に悪いことをしたのは相手のほうだと言うのです。相手が悪いのに自分のせいにされたから蹴飛

キレる対象は広がっていくことがある

以下の図はあくまでも、一つの例を示したものです。先生には逆らわず、親に暴力をふるうようになるなど、違う経過をたどることもあります。

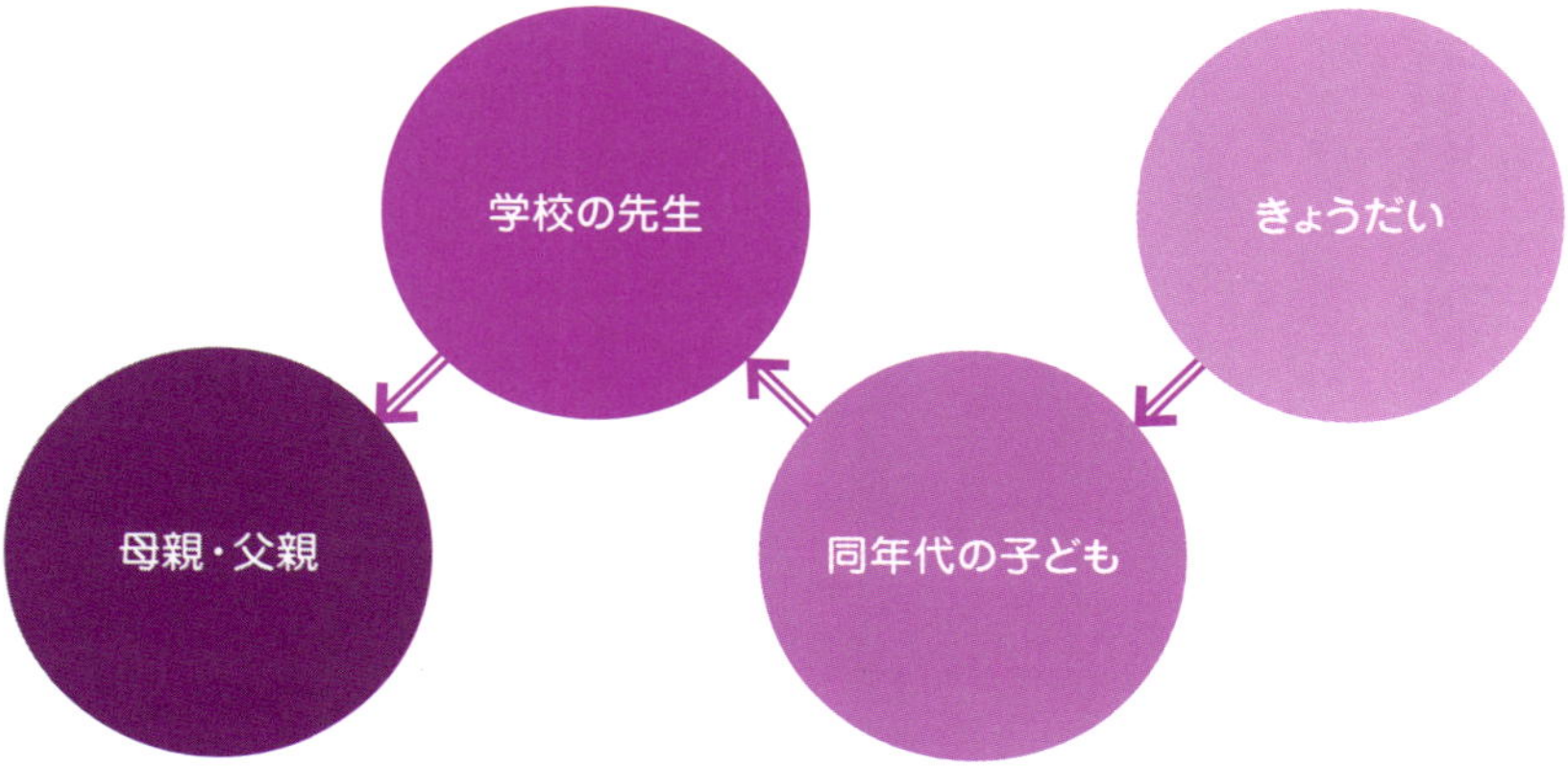

ばしたと主張します。しかしそれを聞いて親御さんは、「いずれ、ニュースで見るような犯罪を犯すのではないか」と心配して、私の病院へ相談に来られました。

Aくんは当時、家庭でも学校でもキレて暴力をふるうことがありました。思い通りにならないことがあると、我慢できずに人を叩いたり、物を壊したりしていたのです。

幼児や小学校低学年くらいの子どもであれば、他の子とケンカになって相手を叩いてしまうこともあります。しかし多くの場合、成長するにつれて暴力をふるうことは減っていきます。また、相手を叩くにしても手加減をするようになります。Aくんのように、小学4年生で手加減せずに相手を思い切り蹴るというのは、通常の行動とはいえません。なんらかの対応をする必要があります。

対象が拡大していく可能性がある

Ａくんのような例では、最初はきょうだい、一般には下の子への暴力が出てくることが多いです。それがだいたい幼児期から小学校低学年の頃です。その後、暴力が減っていけばよいのですが、キレる子どもの場合、対象が同年代の他の子に広がっていくことがあります。Ａくんの事例のように、同級生を蹴ったりするのです。それを放置していると、やがて教師にも手を上げるなど、暴力をふるう対象が拡大していきます。教師の次は母親、その次には父親にも暴力が出るというのが、悪化した場合の典型的なパターンです。大人に手を上げるようになったら、問題はかなり深刻だといえます。

　きょうだいや友達とのケンカは、どの子にも多少は見られます。しかしそれが小学校中学年以降にも頻繁に起こっていて、ときには激しい暴力も発生しているのであれば、なんらかの対応が必要です。キレる行動は、放っておけば悪化する可能性があります。

この章のポイント

キレる行動は悪化する可能性がある

子どもの暴力が目立つ場合には、なんらかの対応をする必要がありますデータで見る「キレる」

キレる子が増えている？

子どもの暴力行為が20年間で3倍に

文部科学省が小学校・中学校・高校での子どもの暴力行為の発生率を定期的に調査していますが、その合計の数値は以前より高くなっています。児童・生徒１０００人当たりの暴力行為発生件数は２００２年度に２・５件、２０１２年度に４・１件でしたが、２０２２年度は７・５件となりました。20年間で3倍になっているのです。また、かつては中学校での暴力行為の発生が多かったのですが、２０２１年度に初めて小学校での発生率が中学・高校よりも高くなりました。キレる子どもの問題の低年齢化がうかがえます。

家庭内暴力の統計もあります。法務省が公表している「犯罪白書」によると、少年による家庭内暴力の認知件数は２００２年に１２９１件でしたが、２０１２年には１６２５件、そして２０２２年には４５５１件に増加しています。こちらの調査でも数値が20年間で3倍以上になっているのです。こちらも小学生の増加が目立ちます。

子どもの暴力の発生件数・認知件数

上のグラフは学校での子どもの暴力行為の発生件数をまとめたもの、
下のグラフは子どもの家庭内暴力の認知件数をまとめたものです。

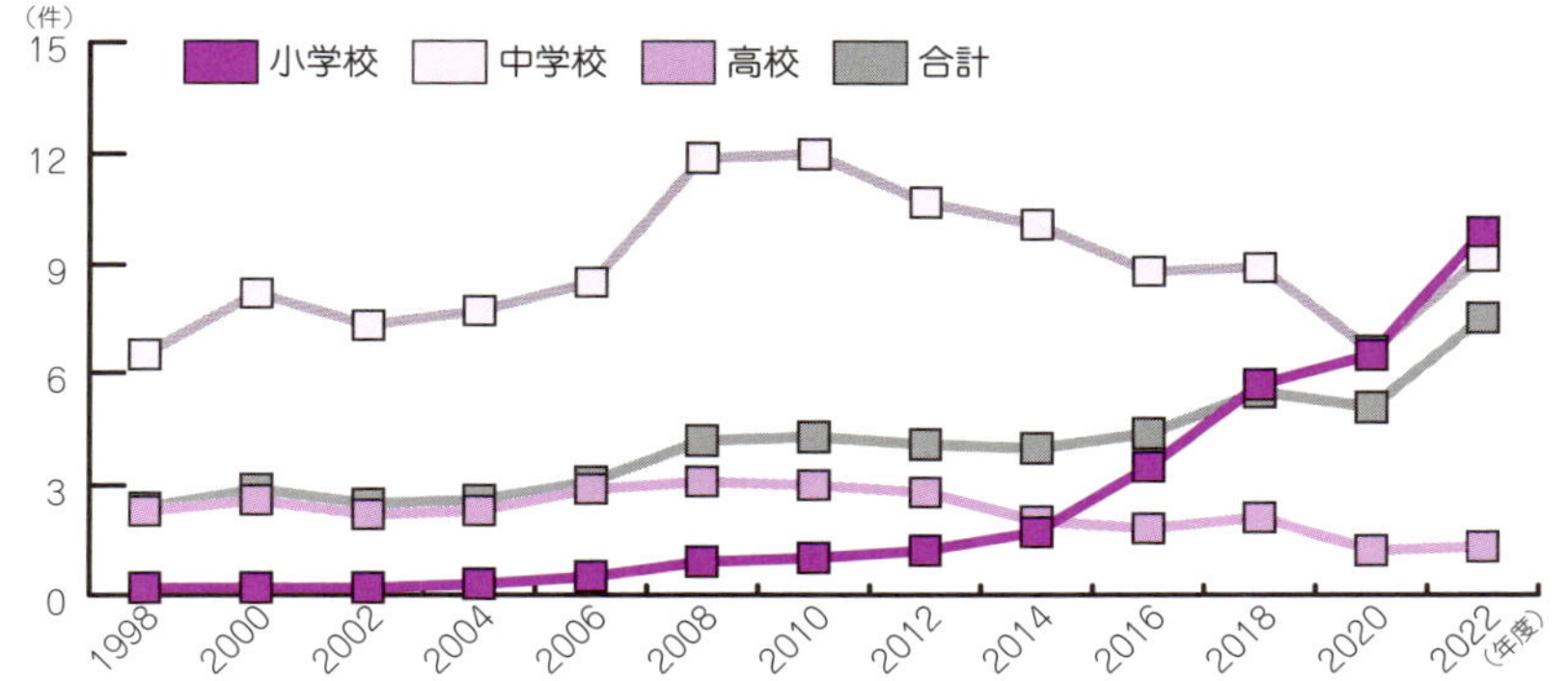

出典：「令和４年度 児童生徒の問題行動・不登校等生徒指導上の諸課題に関する調査結果について」（文部科学省）の数値をもとに作成

小・中・高校での児童・生徒1000人当たりの暴力行為発生件数の年次推移。全体の数値も上がっているが、特に小学校での発生件数が急増している

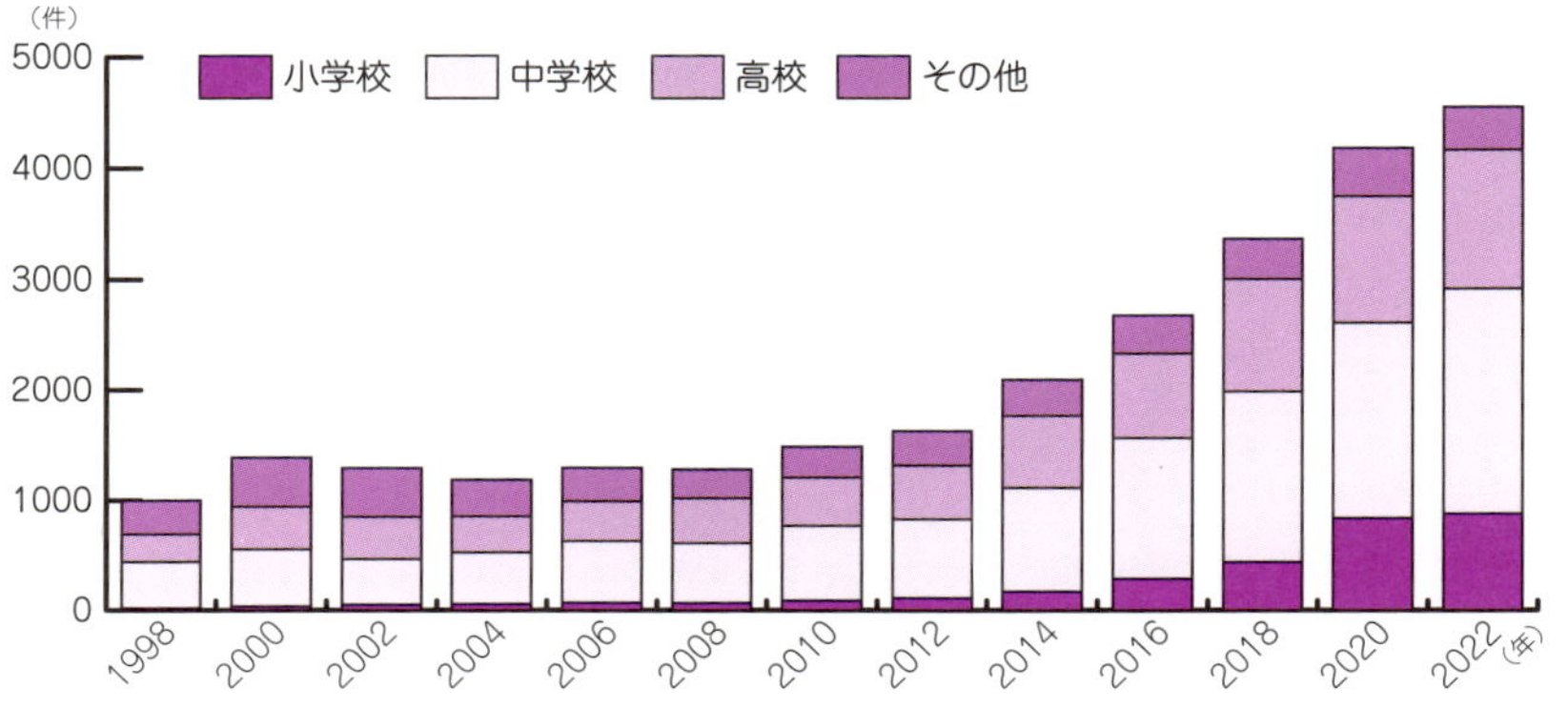

出典：「令和5年版犯罪白書 ―非行少年と生育環境―」（法務省）の数値をもとに作成

家庭内暴力の認知件数の年次推移。ここでは主に小・中・高校生の数値を記載している。その他の部分には、浪人生や無職少年などが含まれる

「怒る」のは悪いことではない

「怒る」は感情表現の一つ

怒りの感情は喜びや悲しみと同じように、基本的な感情の一つです。怒りを言葉や行動で表現するのは、悪いことではありません。「怒る」というのは必ずしも不適切な行為ではないのです。一方、怒りを抑えきれず、キレてしまうと、理性的な対応ができません。暴言や暴力が出ることもあります。それは不適切な行為です。怒りの感情にどう対処するのかが、問題なのです。

例えば、あなたが列に並んでいて誰かに割り込まれたら、怒りを感じるでしょう。しかしそこで相手に「嫌だ」「やめて」と言って話し合えば、問題は解決の方向に向かいます。状況が改善すれば、怒りは解消していきます。

列に割り込まれたとき、怒りを感じて相手を注意するのは適切な行為です。大人でも子どもでも、怒って当然です。しかし、列に割り込まれたからといって相手を叩いてしまったら、それは不適切な行為になります。

割り込まれたときに「やめて」「そういうのは嫌だよ」と伝えることができれば、怒りをため込まずに済む

「怒らないで叱る」のは難しい

よく「子どもを怒らないで、叱りましょう」と言う人がいますが、まったく怒らないというのは難しいのではないでしょうか。私には、そんな器用なことはできません。怒りを感じるときもあります。その感情を否定する必要はないはずです。

大人も「いい加減にしなさい！」などと怒ってしまうことがあるでしょう。ときには感情がたかぶって、口調が強くなることもあると思います。それは仕方がありません。ブレーキをかけずにいつまでも怒り続けてはいけませんが、適度なところで切り替えて、自分がなぜ嫌だったのかを説明したり、子どもの言い分を聞いたりして、次につなげていけばよいのです。

むしろ、そうやってお互いに気持ちをぶつけ合ったほうが、心が通じ合う場合もあります。子どもは怒られるべきときに怒られないと、「本当に問題なかったのだろうか」と不安を感じたり、「許されるんだ」と思って相手を軽んじたりもします。感情を伝え合うことには、意味があるのです。

怒るとキレるの違い

「キレる」は怒りが爆発した状態

我慢の限界を超えて爆発する

「キレる」というのは俗語です。『広辞苑』には、「切れる」というのは「我慢が限界に達し、理性的な対応ができなくなる」ことだと書かれています。怒りの感情が強くなって我慢の限界を超え、一気に爆発するような状態を、一般的に「キレる」といいます。

キレることを火山の噴火にたとえて考えると、メカニズムを理解しやすくなるかもしれません。「キレる」は噴火、「怒りの感情」はマグマです。地中にはマグマがたまっていますが、火山はいつも噴火しているわけではありません。マグマがあること自体は、問題ではないのです。ただ、マグマがたくさんたまりすぎて限界がくると噴火します。そうなると、周辺地域に被害が出ます。それと同じように、人間も怒りの感情を内にため込むと徐々に苦しくなり、やがて限界がきてキレてしまいます。そのときには、人に怪我をさせたり、物を壊したりすることもあるのです。

「キレる」は火山の噴火のイメージ

日頃から怒りを我慢していると、些細なことをきっかけに
怒りが爆発して、キレてしまうかもしれません。

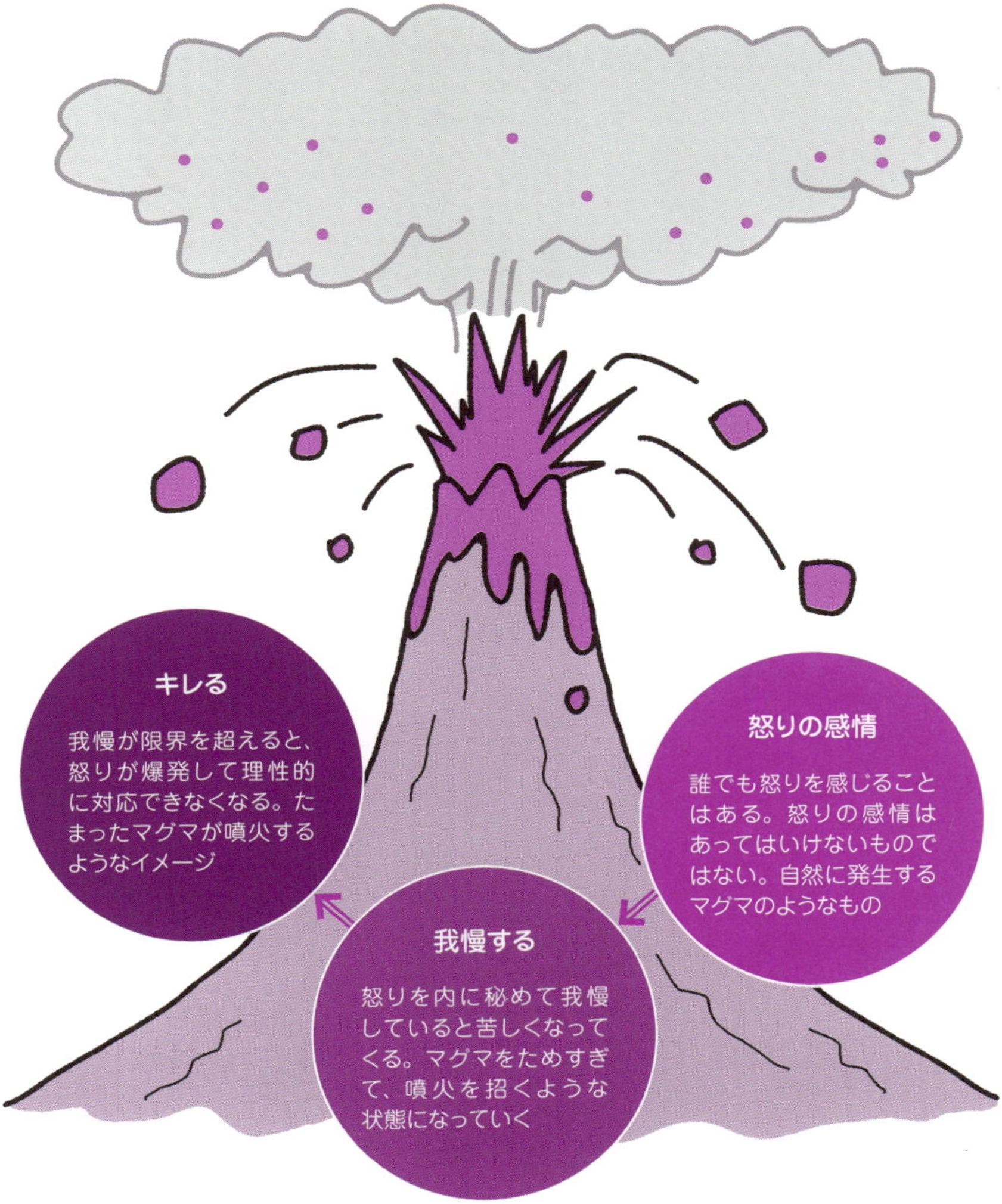

怒るとキレるの違い

キレるパターンは3種類ある

パターン① 怒りが大きくなってキレる

怒りが爆発してキレる過程には、大きく3つのパターンがあります。一つは怒りが大きくなってキレるパターンです。日頃から怒りを感じる場面が多く、しかもそれを我慢する状況が続いていて、怒りが自分の内側にたまっていく。そして爆発してしまうのです。

このパターンは例えば、不適切な養育を受けている子に見られます。大人から暴力をふるわれたり放置されたりして、怒りを感じる。しかし怒れば反抗的だとみなされ、さらに厳しい仕打ちを受ける。そのような状況では、子どもは刃向かえば状況が悪化することを察して、怒りの感情を抑え込もうとします。それがやがて爆発するのです。

また、最近の子どもは「いい子」でいるように求められることが多いと私は感じています。乱暴な言葉を口にしたり、きょうだいや友達に強く当たったりすると、すぐに注意されます。日常的に怒りをため込みやすくなっているように思います。そのような環境下では、おとなしい子が実は怒りをため込んでいて、ある日突然キレることがあります。

パターン② 小さな怒りを我慢できない

第二のパターンは、小さな怒りを抑えるのが難しくて、爆発してしまう形です。例えば衝動性が高くて、少し悪口を言われただけでもキレてしまう子がいます。また、些細なことにこだわって、他の人が気にしないようなことで激しく怒り出す子もいます。

あるいは、小さい頃からまわりの大人に先回りされて問題を取り除かれていたために、我慢する練習が不十分なまま成長したという場合にも、怒りを我慢しづらくなります。

このパターンの場合、他の子どもたちがおだやかに過ごしている場面で、我慢の苦手な子どもだけがキレてしまうということになりがちです。

パターン③ 2つのパターンが重なる

①と②が重なるパターンもあります。我慢をするのが苦手な子が、不適切な養育を受けたり、「いい子」でいることを強要されたりして、キレやすくなるパターンです。これがもっとも深刻です。発達障害の特性が関連している場合もあるのですが、そういった背景がまわりの大人になかなか理解されず、大人のほうも途方にくれてしまい、お互いの関係に悪循環が生じている場合に、この第三のパターンが見られます。

発達障害の子はキレやすい？

発達障害の特性は理解されにくい

発達障害の子には発達特性がある

キレる子どもの相談を受けていると、その子に発達障害が認められることがあります。発達障害は脳機能に関連する障害です。左の図のように、いくつかの種類があります。発達障害の子は脳機能の働き方が他の多くの子どもたちとは異なります。そのために心理や行動などに特定の性質が見られます。それらを発達特性といいます。医学的には、発達特性によって生活面でなんらかの支障が生じている場合に、発達障害と診断されます。

こだわりや衝動性が強い場合

子どもに自閉スペクトラム症の特性があり、こだわりが強い場合には、例えば同級生たちが遊びのルールを変更したときに強く拒絶して、トラブルになることがあります。他の子は気にしないような細かい点にこだわって、怒ってしまうことがあるのです。結果とし

発達障害の特性

発達障害にはいくつかの種類があり、それぞれに発達特性が異なります。
また、子どもによっては複数が併存することもあります。

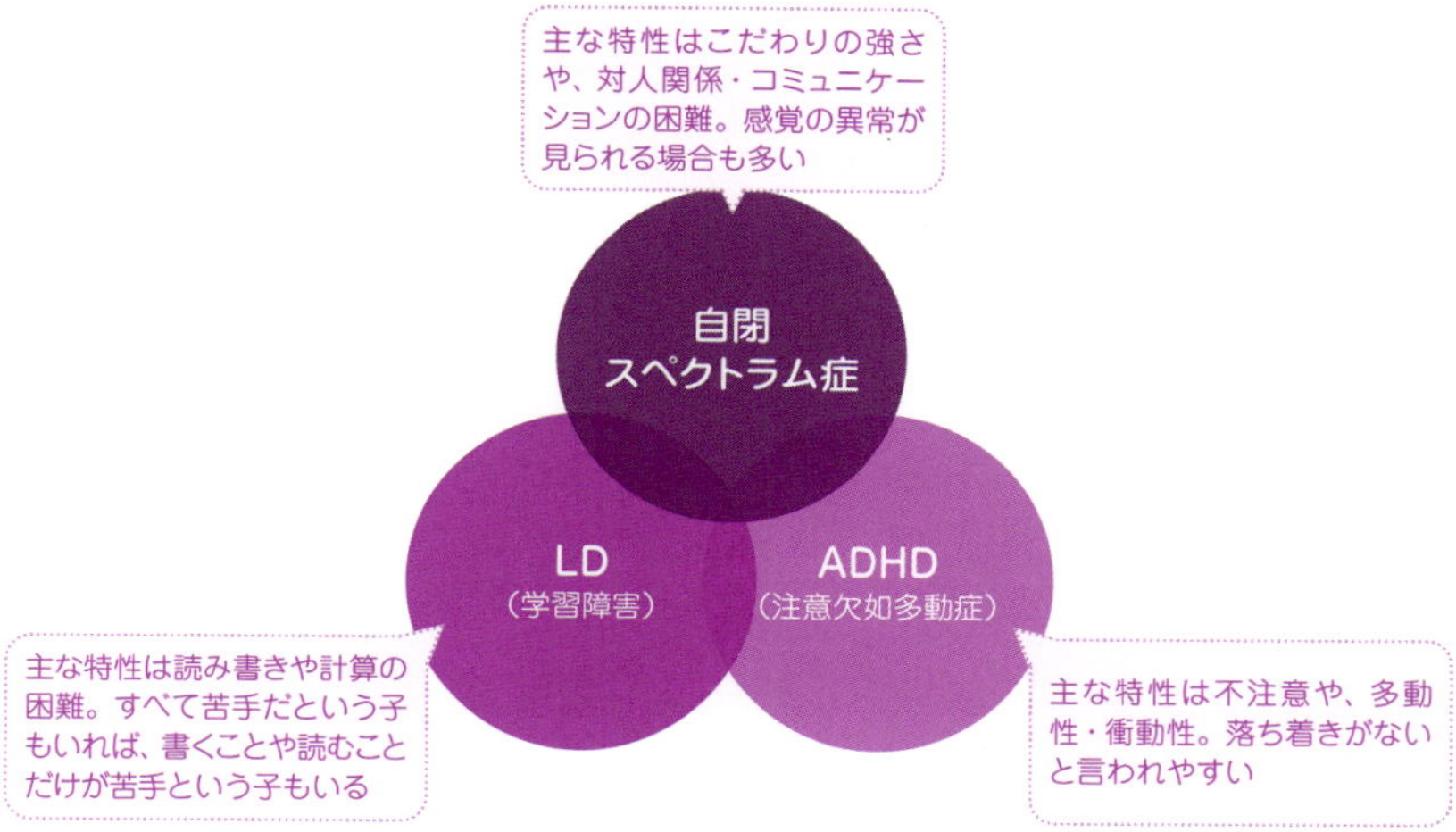
主な特性はこだわりの強さや、対人関係・コミュニケーションの困難。感覚の異常が見られる場合も多い
自閉スペクトラム症
LD（学習障害）
ADHD（注意欠如多動症）
主な特性は読み書きや計算の困難。すべて苦手だという子もいれば、書くことや読むことだけが苦手という子もいる
主な特性は不注意や、多動性・衝動性。落ち着きがないと言われやすい

て、親や先生、他の子に「言うことを聞かない子」などと思われてしまうことがあります。

また、ＡＤＨＤの特性があって衝動性が高い子の場合、感情が即座に言動に出てしまうことがあります。例えば同級生にからかわれたとき、それほど悪質なことを言われていなくても、感情的になって強く言い返したり、相手を叩いたりすることがあるのです。行動を制御するのが難しいときがあり、「キレやすい子」と言われる場合があります。

リスクを理解して対応しよう

発達の特性は、対応次第でなくなるものではありません。持って生まれた特性です。ですから子どもの行動を直そうとするのではなく、特性によって問題が起きるリスクがあることを理解して、対応する必要があります。

発達障害の子はキレやすい?

追いつめられて「不適切な怒り」が出る

大人が特性を理解できず、叱ってしまう

大人が子どもの発達特性を理解して対応できればよいのですが、うまくいかない場合もあるでしょう。

例えば、不注意の特性がある子は本人なりに気をつけていても、うっかり遅刻や忘れ物をすることがあります。そこで大人がその子の特性を理解して、不注意なところをカバーするような対応を取れればよいのですが、「ちゃんとやりなさい」と咎《とが》めてしまう場合もあります。

そのとき大人は子どもに「過去の経験をふまえて、次の行動を修正してほしい」と期待して、注意しています。子どもがその期待に応えて成長していくことももちろんありますが、発達特性があって特定のことが苦手な子は、何度注意されても、本人が「ちゃんとやりたい」と思っていても、うまくいかないことも少なくないのです。

本人なりにがんばっていても、その努力が認められず、叱られてばかりいたら、子どもは追いつめられていく

叱られることが続けば、キレやすくなる

不注意な子は、気をつけていないわけではありません。本人なりに遅刻や忘れ物を防ごうとしています。それでも改善できないのです。本人もそのことに悩んでいたりします。そのつらさを理解する必要があります。

本人としては一生懸命やっているつもりなのに、大人にその努力を認めてもらえず、繰り返し注意されていたら、不満を感じるでしょう。その結果として、キレてしまうこともあり得ます。追いつめられて、不適切な怒りが出てしまうのです。しかしそれは「発達障害の子はキレやすい」という話ではありません。発達障害の有無にかかわらず、自分のことが十分に理解されていない環境で、不当に叱られることが続けば、誰でもキレやすくなります。

不注意な子を見ると、大人は「気が抜けている」「よく言い聞かせなければ」と考えがちです。しかしその圧力で子どもを追いつめ、より一層キレやすくさせています。そうではなく、問題につながりやすい部分をサポートする必要があります。これは発達障害に関係なく、どの子の養育にもいえることです。

さまざまな要因を考える

キレる問題には早期に対応したい

先に述べた通り、近年、子どもの暴力行為が増えています。暴力行為が発生したときには早期に対処することが大切です。対応が遅れると暴力をふるう対象が拡大し、事態が悪化していくおそれがあります。子どもの暴力、子どもがキレるという問題への対応が、以前にも増して重要になってきています。

この章では、怒りの感情が爆発してキレるというメカニズムを解説しました。子どもが怒りをため込まなくても済むように、「いい子」を求めすぎないことが大切です。また、子どもがキレるパターンには大きく3つあるということを紹介しました。怒りが大きくなるパターンと、小さな怒りを我慢できないパターン、そして両方が重なるパターンです。

発達障害の子のなかには、特性を理解してもらえず、いつも叱られていて、大きな怒りをため込んでいく子もいます。こだわりが強く、ルールや予定の変更が生じると、小さなことでもイライラしやすい子もいます。そしてその両方が重なることがあります。

さまざまな要因がある

子どもに発達特性があることがわかった場合には、その特性をよく理解して対応する必要があります。しかし、子どものキレる行動を見ている

イライラしやすいのはなぜ？

イライラしやすいのは特定の要因のせいだと
決めつけずに、さまざまな要因を検討し、
じっくり対応していきましょう。

と、発達特性だけではなく、その子の性格やこれまでの育て方も影響しているように思えてくることもあります。「原因はどれなんだろう」と悩んでしまうこともあるでしょう。

そういうときには、一つの要因を重視しすぎないことが大切です。キレる行動にはさまざまな要因があります。特定の出来事や、その子の性格なども影響します。よく親の養育が問題視されますが、一つの要因だけではなく、さまざまなことが関連しているのだと考えましょう。そのほうが、子どもや自分を責める気持ちが少なくなります。さまざまな要因を考える。これが2つめの心構えです。

キレる問題の背景を考える

すでに述べましたが、「発達障害だからキレやすい」ということはありません。発達特性は数ある要因のなかの一つです。「特性があるからキレる」「特性がなければキレない」という話ではないのです。ですから発達特性があっても、キレる問題に対処していくことは十分に可能です。むしろ「発達特性がある」ということがわかれば、子どもがキレる理由を理解しやすくなることもあります。

発達障害がない場合でも、一つの要因のせいにしないことが大切です。それよりも、どのような背景があるのかを総合的に考えていきましょう。発達障害以外にも「勉強の難易度が高すぎて苦しんでいる」「いじめの被害にあっている」といった背景があって、キレやすくなっている場合もあります。

背景を理解しながら、できることを考えていく。そのような心構えを持って、対応していきましょう。

第3章

子どもの暴力・暴言の止め方

事例

親の前では「いい子」だけど、学校ではキレる子

注意されて、逆ギレする

Bくんは小学3年生です。家庭ではキレないのですが、学校ではキレてしまいます。家庭では、宿題をやるのが遅れて母親から「早くやりなさい」と注意されると、言うことを聞きます。一方、学校でトラブルを起こして、先生から「真面目にして」と叱られると、先生に対してはキレることがあるのです。

マンガでは、Bくんが掃除をサボって先生から注意され、キレてしまった場面を紹介しました。このときBくんは机に乗って、大声でしゃべっていました。他の子は掃除もしながら普通の声で話していました。先生はその様子を見て、特に目立っているBくんを叱ったわけです。しかしBくんは同級生に「お前のせい」だと言って、その子を蹴飛ばしてしまいました。言動や態度を注意されて、逆ギレしたのです。

本人は「理不尽だ」と感じている

後日、Bくんに話を聞いてみると、彼は「自分だけが叱られたことが嫌だった」と言っていました。Bくんとしては「みんなでしゃべっていた」「先に話しかけてきたのは他の子だった」「それなのに自分だけが注意された」と思って、怒ったそうです。理不尽だと感じたから、言動が荒れてしまったのです。

Bくんのように「一人だけ叱られる子」は、周囲の子が空気を察して騒ぐのをやめたときにその変化を察知できず、最後まで大声を出していることがあります。そして「どうして自分だけ」と感じてしまうことがあるのです。その戸惑いを理解してほしいと思います。

怒りを暴力で表現してしまう

ただ、理不尽だと感じたとしても、その気持ちを同級生への暴力という形で表現してはいけません。キレて暴力をふるうことを続けていたら、一緒に遊ぶ友達は減っていくでしょう。実際に、Bくんはキレることを繰り返すなかで、「誰も味方になってくれない」と言って泣き出したことがあります。

対応のヒント

子どもが誰かを叩いたり蹴ったりしたときには、まず暴力を止める必要があります。そしてタイムアウト（→P54）などの方法で落ち着かせてから、なぜ「友達のせい」だと思ったのか、本人の気持ちを聞きます。

早く問題に対処しなければ、味方がいなくなってしまう可能性があるのです。

また、Bくんは家庭ではキレていませんが、親の話を素直に聞いているのかというと、実はそうでもありません。親から「早く宿題をやりなさい」と言われたら従うのですが、本人の話を聞いてみると、内心では親に対してイライラしていることでした。面《めん》従腹背《じゅうふくはい》という形で、親の言うことを渋々聞いているのです。

Bくんは、親にも先生にもムカムカしているなかで、比較的優しい先生や、反抗しやすい同級生に対してキレていました。このタイプの子は、年齢が上がると親にもキレるようになることがあります。学校でも家庭でも、誰に対してもキレる、比較的重症なパターンになっていく場合があるのです。

子どもがキレることが続いている場合には、まず暴力や暴言を止めましょう。そのうえで、子どもの気持ちを聞いて、根本的な問題にも取り組んでいきます。この章では暴力・暴言を止める方法を、そして第4章以降で根本的な対応を解説していきます。

この章のポイント

暴力を見過ごさないで止める

暴力があるのは危機的な状況です。見過ごさないで、暴力を止めなければいけません

「枠付け」を考える

「次にキレたときの対応」を決める

次にキレたら落ち着いて対応したい

子どもがキレて、騒いだり暴れたりすれば、大人も興奮します。暴力を止めようとして怒鳴りつけたり、力で押さえ込んだりする場合もあります。しかし、子どもが興奮しているときに、大人も一緒になって興奮していたら、子どもの気持ちはますますたかぶってしまいます。大人は落ち着いて対応したいところです。

子どもがキレたとき、その場で冷静に判断するのは難しいので、あらかじめ対応方法を考えておきましょう。「次にキレたときの対応」を決めてしまうのです。そうすれば、子どもに急に暴力をふるわれても、一定の対応を取ることができます。

あらかじめ対応の枠組みをつくっておく

私はそのように「対応の枠組みをつくっておくこと」を「枠付け」と言っています。

家庭では家族で、学校では教師間で話し合い、「次に子どもが暴力をふるったらどう対応するか」を決めておくとよいでしょう。暴力を止める方法には「クールダウン」「タイムアウト」など、さまざまな手法があります。くわしくはこのあと解説していきますが、それらの手法のなかから、どのような対応を実行するのかを決めておくのです。

子どもの機嫌を見ながらあるときは怒鳴りつけ、あるときは言うことを聞くという一貫性のない対応では、子どもを混乱させます。枠付けをして「ダメなものはダメ」という姿勢を示しましょう。そうすれば、大人が真剣に考えていることが子どもに伝わります。

対応のコツ

「枠付け」のやり方

「次にキレたときの対応」の枠組みを話し合い、決めておきましょう。

1 話し合う

「次にキレたときの対応」を話し合う。家庭では家族で、学校の出来事については教師間で相談。年齢によっては子ども本人も参加する

↓

2 対応方法を決める

「クールダウン」などの手法のなかから対応方法を具体的に決める。決定事項を本人にも伝えておくと、実行しやすくなる
(→くわしくはP46へ)

↓

3 実行する

子どもがキレたら、事前に決めておいた方法を実行する。効果が出ない場合には、後日また話し合って別の対応方法を考える

「誰が」「どこで」「誰と」を考える

「枠」が曖昧では、対応しにくい

「枠付け」を確実に行うためには、キレたときの対応法をできるかぎり具体的に決めておくことが大切です。対応法を「誰が」「どこで」「誰と」の3点で、具体的に考えるようにしましょう。

学校の教室でキレてしまったときの対応を考える場合には、ただ「クールダウンする」と決めるのではなく、教師間で話し合って、具体的な手順を考えておきます。例えば、担任の先生が子どもに声をかけて保健室へ移動させ、保健の先生と協力しながら、本人に、水を飲んで一息入れ、落ち着くことを促す。このくらい具体的に決めておけば、「枠付け」を迷わずに実行できます。逆に具体的な手順を決めておかないと、子どもがキレたとき、誰がどの対応をするのかが判断できず、結局、場当たり的な対応になってしまう可能性があります。

対応のコツ

「枠」を具体的に決める

以下の３点を具体的に決めて、子どもにも伝えておくとよいでしょう。
本人もあらかじめ知っておいたほうが、行動を切り替えやすくなります。

誰が対応するか

家庭であれば、父親は何をして、母親は何をするか。家族構成にもよるが、両親が協力するのが望ましい。きょうだいは関わらせない。学校では、担任の先生や支援員などが対応する場合が多い

例：「母親」が子どもに移動とクールダウンを促す

どこで行うか

どの部屋で何をするのかを決める。家庭では、例えばクールダウンに子ども部屋を使うか、他の部屋を使うか。学校では、廊下などに「休憩スペース」があったり、保健室や校長室などを使える場合がある

例：子どもは「自分の部屋」で音楽を聴いてクールダウンする

誰と協力するか

親と教師が協力すると、家庭と学校で同様の対応が取れるようになる。また、子どもに主治医がいる場合には、主治医と話し合うことも連携になる

例：「主治医」に最近の出来事を伝えて、一緒に考える

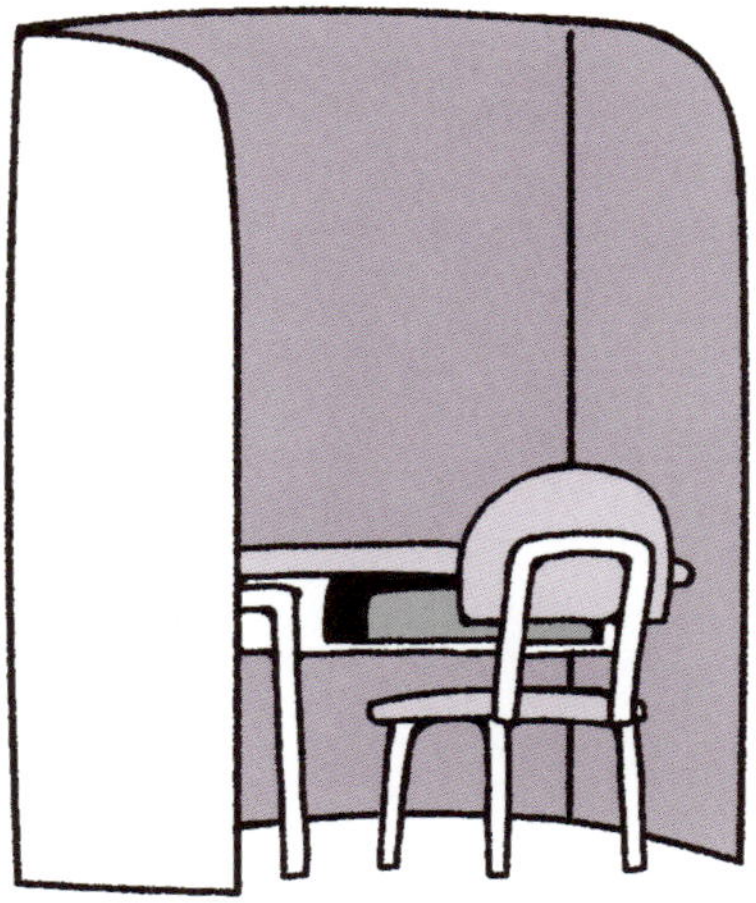

学校に「休憩スペース」があれば、そこをクールダウンに使うのもよい

暴力は止める、見過ごさない

暴力があるのは危機的な状況

大人は、子どもの暴力に屈してはいけません。暴力があるというのは危機的な状況です。子どもの力でも、誰かを叩けば相手に怪我をさせる可能性があります。本人が怪我をすることもあるでしょう。また、威嚇《いかく》するような暴言を繰り返していたら、周囲の人は恐怖や不安を感じます。同級生がおびえて学校に行けなくなるかもしれません。暴力や暴言を見過ごさないでください。特に暴力への対応は重要です。

毅然とした態度で対応する

子どもが暴力をふるっているときには、その子を刺激しないように、おだやかな声で話しかけてください。声をかけて落ち着かせましょう。そうすることが難しい場合には、大人が静かに体を寄せて、子どもの暴力を止めます。それも難しければ、キレている子ども以外の全員がその場所を離れて、暴力の被害を受けないようにします。

子どもは暴力や暴言によって相手を黙らせることを経験すると、次も同じ方法を取ろうとします。暴力や暴言がまだ軽い段階から、毅然とした態度で対応していきましょう。大人も気持ちが揺れることがありますから、「いつも毅然とした態度を取るのは難しい」と感じる人もいるかもしれません。しかしすでに述べた通り、「枠付け」をすれば、子どもの言動に対してブレない姿勢を示すことができます。「枠付け」は「毅然とした態度」を貫くうえでも重要なのです。

対応のコツ

暴力・暴言への対応の流れ

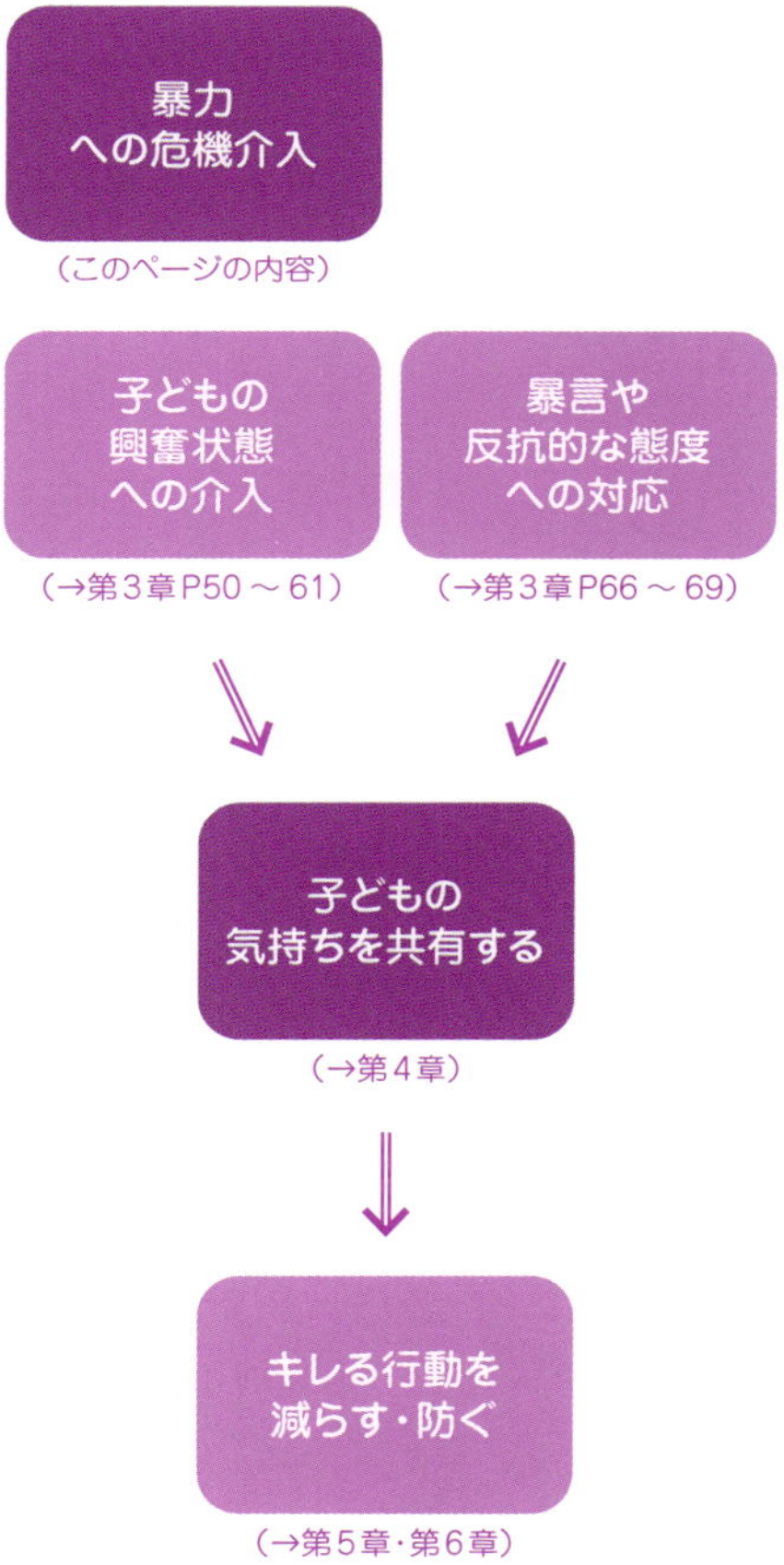

子どもが自分でできるなら「クールダウン」

暴力がおさまっても、まだ興奮している

暴力がおさまっても、子どもはまだ興奮状態にあります。そこで大人が「どうしてあんなことをしたの？」などと問いただすと、子どもは責められたと感じて、また怒り出してしまうこともあります。そのとき、子どもの興奮をしずめるために役立つ手法が「クールダウン」です。クールダウンというのはその言葉の通り、怒りで熱くなっている頭を冷やして、興奮をしずめることをいいます。

声をかけて、クールダウンを促す

子どもが興奮しているときには、大人が声のトーンを落として話しかけ、クールダウンを促しましょう。興奮している子は、自分がカーッとなっていることを自覚していない場合があります。大人が「頭にきているみたいだね」と声をかけて、子どもに自分はいま興

対応のコツ

クールダウンのやり方

大人が声をかける

きょうだいゲンカなどをして、子どもが興奮しているときに、自分からクールダウンを始めるのは難しい。大人が「頭にきているみたいだね」「音楽を聴いてこようか」などと声をかけ、クールダウンのきっかけをつくったほうがよい

子どもが自分でクールダウン

声かけを聞いて、子どもが自分の興奮状態に気づき、クールダウンを実行する。「自分の部屋に行って、一人で好きな音楽を聴く」など、本人がリラックスしやすい方法を行う

対応のコツ

クールダウンのさまざまな方法

「音楽を聴く」以外にも、さまざまな方法でクールダウンができます。
家庭ではお菓子や動画、ゲームなどを取り入れるのもよいでしょう。

実行しやすい方法

- 水やお茶を飲む
- 誰かに話を聞いてもらう
- 体を動かす（ジョギング、ストレッチなど）
- 絵を描く
- 本やマンガを読む
- 音楽を聴く

状況次第で実行できる方法

- お菓子を食べる
- メッセージアプリなどで誰かに連絡を取る
- 大声で叫ぶ
- テレビや動画を見る
- ゲームをする

奮していることを意識させましょう。子どもが自分の興奮状態に気づき、音楽を聴くことなどができれば、熱くなっていた気持ちはクールダウンしていきます。

ただ、興奮している子どもに突然「頭にきているね」と声をかけても、話を聞いてもらえないこともあります。「今度キレたら、気持ちを落ち着かせるためにクールダウンを試してみよう」と、事前に話しておくとよいでしょう。その際、本人に「どんなことをしたら落ち着けそうか」を聞いて、やりやすい方法を選んでもらいます。

そうして準備を整えたうえで、子どもがキレたときに、「ちょっと落ち着いたほうがいいね」「〜をしてこようか」と声をかけます。声かけによって子どもがクールダウンできたら、そのことをほめましょう。

場所や活動を切り替えると、やりやすい

子どもは、怒りを感じた相手がいる部屋では、クールダウンできないものです。クールダウンをするときには「場所」や「活動」を切り替えましょう。例えば、リビングルームで家族と話しているときにキレてしまったら、子どもは自分の部屋に移動して、別の活動でクールダウンをします。「どこに移動して何をするのか」も、事前に話し合って決めておくとよいでしょう。

しばらくたったら、また声をかける

ある程度時間が過ぎたら、子どものところに行ってまた声をかけます。今度は「気持ちは落ち着いたかな?」「少しお話しできる?」と聞いてみましょう。

子どもが落ち着いていて、話ができるようであれば、キレたときのことを一緒に振り返ります。「振り返り」のくわしい方法は60ページで解説しています。

しばらくたったら「落ち着いた?」と聞いてみる。興奮がおさまれば、キレたときのことを振り返ることができる

クールダウンできなければ「タイムアウト」

タイムアウトして、やりとりを中断する

「ちょっと部屋で落ち着いておいで」と声をかけても、子どもがひどく興奮していて反発することもあります。子どもがクールダウンできそうにないときは、大人のほうが切り替えて「タイムアウト」を行いましょう。

「タイムアウト」というのは、一時中断を意味する言葉です。スポーツで、試合を止めるために「タイム」と言うことがあります。スポーツでは試合を中断して、戦術を確認したり水分補給を行ったりするわけですが、それと同じように、子どもが興奮していて暴れ出しそうなときには、タイムアウトを取って状況を変えるのです。

大人が子どもを別の場所へ連れていく

クールダウンは大人が子どもに声をかけ、本人に自分で切り替えることを促すのに対し

対応のコツ

タイムアウトのやり方

大人が声をかける

子どもが興奮しているときにはまずクールダウンを促す。しかし興奮状態が強くて、子どもが大人の声かけを受け入れない場合もある。怒って「自分は悪くない」「お母さんが悪い」などと言い続けているときは、クールダウンは実行できない

大人が子どもを連れ出す

クールダウンが難しそうなときには、大人が子どもを別の部屋へ連れていく。小学校中学年くらいまでは本人が多少抵抗しても、手を引いて連れ出したほうがよい。トラブルになった場所・相手から離れれば、落ち着きやすくなる

て、タイムアウトでは大人が子どもを別の場所へ連れていきます。キレてしまった子どもの興奮をしずめて暴力を止めるために、より強い形で対応するわけです。

子どもが母親と言い争いをしたときには、父親が別の場所へ連れていきます。第三者が対応したほうが、子どもも気持ちを切り替えやすくなります。学校で子どもが担任の先生にキレた場合には、他の先生が対応したほうがよいでしょう。

小学校中学年くらいまでは子どもを大人一人で他の場所へ連れていけますが、それ以上の年代では、抵抗された場合に一人では対応できないかもしれません。家庭では両親、学校では複数の先生が協力しながら対応するのが現実的です。事前に大人どうしで、そのような話し合いをしておくとよいでしょう。

父親が多忙な家庭やひとり親の家庭など、大人一人で対応することが多い家庭では、可能であれば、緊急時に協力を頼める人を探しておきたいところです。担任の先生や、友人、祖父母などに相談し

暴力や暴言が激しくて、本人を連れ出せない場合には、安全確保のために家族全員がその場を離れる

てみましょう。

子どもが威圧的な場合には

　一方の親が暴力的・威圧的で、もう一方の親がそれに従うような関係性になっている家庭もあります。

　よく見られるのは、父親が威圧的で、母親が受動的という関係性です。そのような家庭では、子どもが父親と同じように、母親に対して威圧的になる場合があります。母親が強く出られないことをわかっているから、反抗するのです。

　その場合には、母親一人で子どもを連れ出すのは難しいでしょう。下のコラムでも紹介しているように、子どもの抵抗が強い場合は、無理に連れ出そうとするよりも、母親がその場を離れることをおすすめします。

思春期の場合

大人がその場を離れたほうがよい

　10歳頃から第二次性徴が始まり、思春期に入っていきます。

　思春期以降は子どもの抵抗も腕力も強くなり、連れ出すのが難しくなってきます。ある程度の年齢になってきたら、無理に連れ出そうとしないで、大人がその場を離れたほうがよいでしょう。子どもに「逃げるのか」などと言われても取り合わず、立ち去ります。

　子どもを一人にして、時間をおいてから戻ってみてください。ある程度時間がたつと子どもも落ち着いて、話ができるようになっている場合もあります。

一緒に休憩の時間を取る「タイムイン」

大人と子どもで一緒に気分転換する

子どもが一人で気分を切り替えられればよいのですが、誰かが近くにいたほうが落ち着きやすい場合もあります。本人に一人でいたいか、それとも一緒にいたほうがよいかを聞いてみてください。子どもが誰かと一緒に過ごしながら落ち着く方法を「タイムイン」といいます。他の人から強制的に離すタイムアウトに対して、人と一緒にいることがポイントです。

例えば子どもが父親とケンカをしたのなら、母親が子どもを連れ出して一緒に他の部屋に行き、気分転換をします。お茶を飲んだり、おやつを食べるのもよいでしょう。おしゃべりをしてもよいのですが、キレたことを話題にするのは避けてください。「さっきはどうしたの?」などと質問すると、子どもを興奮させてしまう可能性があります。問題を振り返るのは後回しにして、まずは緊張をやわらげることを心がけましょう。

対応のコツ

タイムインのやり方

子どもの希望を聞く

トラブルが生じたときに、気分が落ち着くまで一人でいたいか、それとも一緒にいてほしいかを本人に聞く。このときも、トラブルの相手ではなく、第三者が聞いたほうがよい

しばらく一緒にいる

本人が希望したら、大人がしばらく一緒にいる。このとき、反省や切り替えを促すと、子どもを焦らせてしまう。タイムインをするときは、特に何もしなくてもよい。リラックスすることを心がける

子どもが落ち着いたら「振り返る」

子どもの言い分に耳を傾ける

子どもが落ち着いたら、あまり時間をあけずに「振り返り」の対話をしましょう。この対話の目的は、子どもに反省させることではありません。子どもがどんな気持ちだったのか、大人が理解することです。「悪いことだと思わなかったの？」などと詰問しないでください。子どもは基本的に、悪意を持って暴れているわけではありません。何か耐えられないことがあって、その気持ちが反抗的な言動として出ています。子どもの思いを汲み取ることを意識しながら、その子の言い分に耳を傾けてください。

子どもは身勝手なことも言いますが、「だからあなたはキレやすいんだ」などと責めないようにしましょう。話を聞いたら「○○（子どもの名前）はそう考えていたんだね」と受け止めてから、「ただ、～したこと（暴力や器物破損など）は適切ではなかったね」と行動を振り返ります。そして、振り返りができたら子どもをほめてください。

物を壊したら「責任を取らせる」

ただし、謝ることを重視しすぎない

キレた子どもに「責任を取らせる」ことも大切です。物を壊したとき、他の人が後始末をする場合もありますが、それは適切ではありません。振り返りが終わったあとで、本人に片付けさせましょう。また、誰かに暴力をふるった場合には、基本的には謝罪が必要です。「ごめんなさい」と謝る機会をつくってください。

子どもが「わざとじゃない」などと言うこともありますが、故意でなくても器物破損や相手への危害が発生していれば、責任を取らせることを検討しましょう。ただし、謝ることを重視しすぎると、本人が「とにかく謝ればいいんでしょう」とやけになったり、責められているという気持ちをより強く持ったりする場合もあります。それでは本末転倒です。キレたときには「クールダウンなどをして落ち着くこと」と「振り返り」をセットで行う。そして必要に応じて責任を取らせる。そのような優先順位を意識してください。

事例 学校ではキレないけど、親には暴言を吐く子

母親に無理な要求を押し付ける

小学5年生のCさんは、学校では同級生と仲良く遊んだりしゃべったりしています。教師に注意されても反抗しません。学校ではキレないのですが、家庭では母親にキレています。40ページのBくんとは正反対の形です。

Cさんは、学校では周囲の人と協調的に過ごしているのですが、家庭では母親に対して無理な要求を押し付けます。毎日のように「これがほしい」「ここに行きたい」といった要求をするのです。そして母親が自分の思いに応えてくれないと、罵声を浴びせます。

母親にはキレるのですが、父親にはキレません。父親のことは怖がっていて、あまり関わらないようにしています。Cさんには妹が一人いて、妹に対しては要求が強くなりがちです。怖くない相手には、強く当たるところがあるのです。母親が「学校ではキレないけど、家庭ではキレる」ということに悩んで、相談に来られました。

家庭と学校での姿にギャップがある

一般的に小学生くらいの子どもでは、「家族とはケンカをするけれど、学校で友達や先生とはケンカをしない」というパターンが多いです。身近な相手に対しては、強い言動が出やすいのです。Cさんもそのパターンに近いのですが、Cさんの場合、学校での姿と

対応のヒント

Cさんは、父親や教師の言うことは聞くのに、母親には強く反発します。大人しい場面もあるので、深刻な状態には見えないかもしれませんが、母親に対して暴言が出ているのなら、対応を始めたほうがよいでしょう。

家庭での姿に大きなギャップがあります。ここに問題があるといえるでしょう。学校で気持ちを抑え込んでいる分、家庭で怒りが噴出するという側面があります。ある場所ではおだやかに過ごせていても、他の場所でキレる言動が出ているのなら、やはり対応が必要です。

ただ、Cさんのようなケースでは、母親が対応に悩んで父親に相談しても、父親はわが子のキレる姿をあまり見ていなくて、話が通じにくい場合があります。また、学校の先生に相談しても「学校ではいい子ですよ」「信じられません」「その日は機嫌が悪かったのでは?」などと言われてしまうこともあります。結果として、母親が一人で悩みを抱え込んでいくことがあるのです。

暴言を減らす対策を取りたい

しかし、暴言を放置していたら言葉も態度も激しくなっていき、家族がまいってしまう可能性があります。暴言だけでも周囲の人は傷つくため、早期に対応する必要があります。父親も含めて家族で話し合い、暴言を減らしていくことを目指しましょう。具体的な対策を66ページで紹介しています。

子どもと特定の大人が衝突しやすい場合には、タイムアウトを行って少し距離を取るという対応も有効です。物理的な距離を取る方法は、暴力への対策として効果的なやり方ですが、暴言を避けるためにも活用できます。

Cさんのように「家ではキレるけど、学校ではキレない」というパターンは、重症度としては比較的軽い部類だといえます。第2章のAくんのように、家庭でも学校でもキレる子に比べれば、反抗の度合いは強くはありません。このパターンの子は、対外的には自分の言動をある程度コントロールできています。状況や相手を見て、どうするべきかを判断する力があります。

家族でよく話し合って、本人の不満も理解しながら対策を進めていけば、状況は少しずつ改善していくでしょう。

この章のポイント

暴言だけでも対応していく

暴力がなくても、暴言が激しければ、なんらかの対応をする必要があります

ターゲットを絞って、少しずつ減らす

ルールをつくって毅然と対応する

子どもは暴言を吐いて、大人の反応を確認していることがあります。大人に「黙れ」などと言ってみたときに、叱られるのか見過ごされるのか試している場合があるのです。大人が何もしなければ、暴言を許容したことになります。見過ごさないで、止めなければいけません。ただ、すべての反抗や暴言に対応していては身がもたないため、「止める」というよりは、ターゲットを絞って少しずつ「減らす」ことを目指しましょう。

例えば「殺すぞ」「死ね」という言葉だけは禁止することを、家庭や学校のルールとして設定します。これも一種の「枠付け」です。次に暴言が出たとき、この言葉には対応するという「枠」を決めておくわけです。子どもがルールを破って「殺すぞ」と言ってきたら、大人は毅然とした態度で「私はその言葉が嫌なので、もう話はしません」と伝えて、会話を中断します。そのような対応を続けて、暴言を減らしていくのです。

対応のコツ

暴言対策のやり方

ルールを決める

子どもが落ち着いているときに家族で話し合って、暴言対策のルールを決める。「この暴言を減らしたい」というターゲットを絞り込み、その言葉の使用を禁止する。話し合いの場面では、子どもが反省を口にすることも多い

ルールを徹底する

子どもは、話し合いのときは落ち着いていても、興奮するとまた「うるさい」「殺すぞ」などと言ってしまうことがある。子どもがルールを破って暴言を吐いたら、大人は会話を打ち切る。暴言をやめるまで応答しない

暴言が続いたら「言い直し」をさせる

冷静に「言い直し」をさせる

暴言対策のルールをつくっても、子どもの暴言が減らない場合もあります。しかしそこで大人が「いい加減にしなさい！」などと感情的に反応すると、子どもも反発し、結局暴言が増えていくこともあります。

子どもがルール違反の暴言を吐いたら、冷静に「言い直し」をさせましょう。その言葉は禁止であり、言い直すまで話をしないと伝えてください。子どもが言動を改めたら、会話を再開します。ただ、言い直しを強く求めすぎると、むしろ反抗的になることもあります。その場合は大人が対応を切り替えて、クールダウンやタイムアウトを行いましょう。

親もルールを守らなければいけない

子どもの暴力を許容している家庭は、ほとんどありません。きょうだい間で揉めごとが起きたときに、親が「殴り合って決着をつけなさい」と言うことはまずないでしょう。

しかし暴言は違います。暴言はしばしば見過ごされています。親御さんの話を聞いていると、家族がテレビを見ながら出演者に対して「こいつはクズだ」「死ねばいい」などと暴言を吐くことがある、というエピソードが出てくるときがあります。子どもがそのような暴言を聞いて育っている場合もあるのです。

子どもに言ってほしくない言葉があるなら、親もその言葉を使ってはいけません。家庭で暴言禁止のルールをつくったときには、家族全員がそのルールを守りましょう。

対応のコツ

暴言が減らない場合は？

暴言が減らない

子どもがルールを破って暴言を吐く。注意しても「うるさい」などと反発する

「言い直し」をさせる

ルールを再度伝えて「言い直し」を求める。言い直せたら応答する

「クールダウン」を促す

言い直せない場合は子どもに「落ち着こうか」と声をかけ、クールダウンを促す。タイムインを実行してもよい

「タイムアウト」を行う

声かけにも反発する場合には、タイムアウトを行う。子どもが母親に暴言を吐いているなら、父親が連れ出す

対応を焦らない、あきらめない

うまく対応できないときもある

この章では暴力・暴言の止め方を紹介してきました。どの方法も、私の病院で長年実践してきた確かなやり方です。しかし家庭や学校では、子どもの暴力や暴言がすぐには止まらないこともあるでしょう。子どもにクールダウンを促すことが効果的なときもあれば、かえって子どもを刺激してしまうときもあります。

適切な方法を知っていても、うまく対応できない場合もあるということです。それは私たちのような専門家にもあることです。しかし、効果がすぐに出なくても、暴力や暴言を見過ごさないで、それを止めるための工夫を続けていけば、状況は少しずつ変わっていきます。子どもがキレる回数は減っていくはずです。

子どものキレる行動への対応には、時間がかかります。対応を焦らず、あきらめずに、根気よく続けていく。それが3つめの心構えです。子どもに感情をかき乱されることがあっても、その子を見捨てないという覚悟を持って、対応を続けていきましょう。

焦らずに取り組んでいこう

振り返りの対話がうまくいかないこともあります。落ち着いてきたように見えても、問題を蒸し返すと、子どもが怒ってしまうこともあるのです。

落ち着くまでじっくり待つ

キレてしまった子どもを、その場で急いで反省させる必要はありません。
その子が自分の気持ちを話せるようになるまで、
じっくり待ちましょう。

その場合には「また何分後に戻ってくるね」と言って時間をおくか、または「今日はここまでにしようか」と伝えて、日を変えて話すのもよいかもしれません。翌日にするかどうかを本人に聞いてみるのもよいでしょう。先延ばしにしすぎると話がうやむやになってしまいますが、一日くらいであれば、繰り越すのもよいと思います。

子どもが言いわけのようなことを口にしていて、「もっと反省させなければ」と感じることもあるかもしれません。大人は子どもが問題を起こすと、問題解決と反省を一挙に進めようとしがちです。しかし振り返りで大切なのは子どもの気持ちを理解すること。まずは受け止めることが重要なのです。

この点でも、焦らずに取り組んでいくことが求められます。

改善の道のりは、長いもの

暴力や暴言を止めれば危険な状況をひとまず回避できますが、それだけでは問題の根本的な解決にはなりません。

危機介入を行って状況を落ち着かせたあとには、その子が抱えている怒りを理解する必要があります。そして、その怒りをどうコントロールするのか、どう表現するのかを子どもに伝えていくことも、必要になります。

子どもが怒りを適切に扱えるようになっていけば、キレることは減り、その子は周囲の人たちとよい関係を築けるようになります。キレる行動の改善の道のりは長いものです。だからこそ焦らないことが大切になります。大人があきらめずに努力すれば、子どもは少しずつ落ち着いていきます。

第4章

「キレる気持ち」を理解する

事例

「学校に行きたくない」と言って、親に反発する子

小学校高学年から学校を休むように

中学生Dくんは小学校高学年の頃から、ときおり体調不良を訴えて学校を休むようになりました。親は当初、心配してDくんを病院に連れていきましたが、特に病気は見つかりませんでした。医師からは「疲れがたまっているのではないか」と言われました。

親は医師の話を受け止め、また「学校生活のストレスもあるのだろう」と考えて、本人が不調を訴えたときには休ませるようにしました。しかし、中学に入ってからも同じことが続き、対応に悩み始めました。調子の悪い日が増えてきて欠席日数が多くなり、高校受験に影響する可能性が出てきたのです。

親は励ましていたが、徐々に険悪に

親は先々のことも考えて、Dくんを励ますようにしました。Dくんが「学校に行きたくない」と言ってきたときに、そのまま休ませるのではなく、「今日はがんばろう」と声をかけて登校を促すようにしたのです。それでも結局休む日もありましたが、本人が考えを切り替えて登校する日もありました。親は「あそこの高校に行きたいって言っていたじゃない」「年間○日以上欠席したら難しくなるかもしれないよ」などと説明して、現実的な見通しも示しました。

対応のヒント

この事例では「転校したい」という発言の裏に、自分の気持ちを親が「わかってくれない」という不満がありました。その気持ちを受け止めることができれば、キレる回数は減っていくはずです。

ところが、そのようなやりとりを続けているうちに、Dくんが徐々に苛立ちを見せるようになりました。親が登校を促すと、「転校したい」「引っ越ししたい」などと極端なことを言い出すのです。マンガのように、最後には親に向かって物を投げつけることもありました。

この事例では、結果としてDくんが怒り、親も否定的に反応してしまったわけですが、このような場面で、親はどうすればよかったのでしょうか。

親はどうすればよかったのか？

子どもが聞き分けのない態度を取っているときには、多くのことを経験してきた大人として、何か助言をしたくなる場合もあるでしょう。しかし事例のように、説得しようとすると、子どもが強く反発することも少なくありません。

そのような場面では、子どもの気持ちを受け止めることが大事です。キレる行動の多い子に話を聞いてみると「親は（先生は）わかってくれない」と語ることが多いです。彼らは受け入れてくれないと感じるからこそ、反抗的になるのです。

子どもの「学校に行きたくない」という発言の裏には、さまざまな思いがあります。校内の人間関係や勉強、部活動などに悩んで、学校に通うのがつらくなっているのかもしれません。学校生活以外に何か悩みがあって、登校する気分になれないのかもしれません。

その思いを表現することができれば、そして誰かに受け止めてもらえれば、子どもの怒りはやわらぐでしょう。結果として、キレることは減るはずです。

日頃、家庭や学校でDくんの例のような言い争いが発生している場合には、子どもに何かを言い聞かせようとするよりも、その子がどんな気持ちを抱えているのか、どうしてキレるのかを考えていくことが大切です。

遠回りに思えるかもしれませんが、それがキレる子どもと接していくときの、根本的な対応となります。

この章のポイント

「なぜキレるのか」を考えよう

子どものキレる行動の背景に、どんな思いがあるのかを考えていきましょう

「不当性」「故意性」に、子どもは怒る

子どもは何に怒っているのか?

「この子は何に怒っているのだろうか」と考えていくときに、ヒントになるキーワードがあります。「不当性」と「故意性」です。

感情心理学者で、怒りの制御やマインドフルネスなどを研究している湯川進太郎氏は、怒りというのは、自分や社会に対して不当な、もしくは故意による物理的・心理的な侵害があったときに、自己防衛や社会維持のために生じるものだと定義しています。この定義にそって考えると、なんらかの出来事によって被害を受けたとき、それを「正当ではない」または「わざと行われた」と感じた場合に、怒りが生じることになります。

例えば、子どもが家庭内のルールを守ってゲームをしているときに、親の急用で中断することになったら、その子はおそらく怒るでしょう。「自分は約束を守っているのに、どうしてこんな扱いを受けるのか」と「不当性」を感じて、キレるのです。

「不当性」「故意性」とは

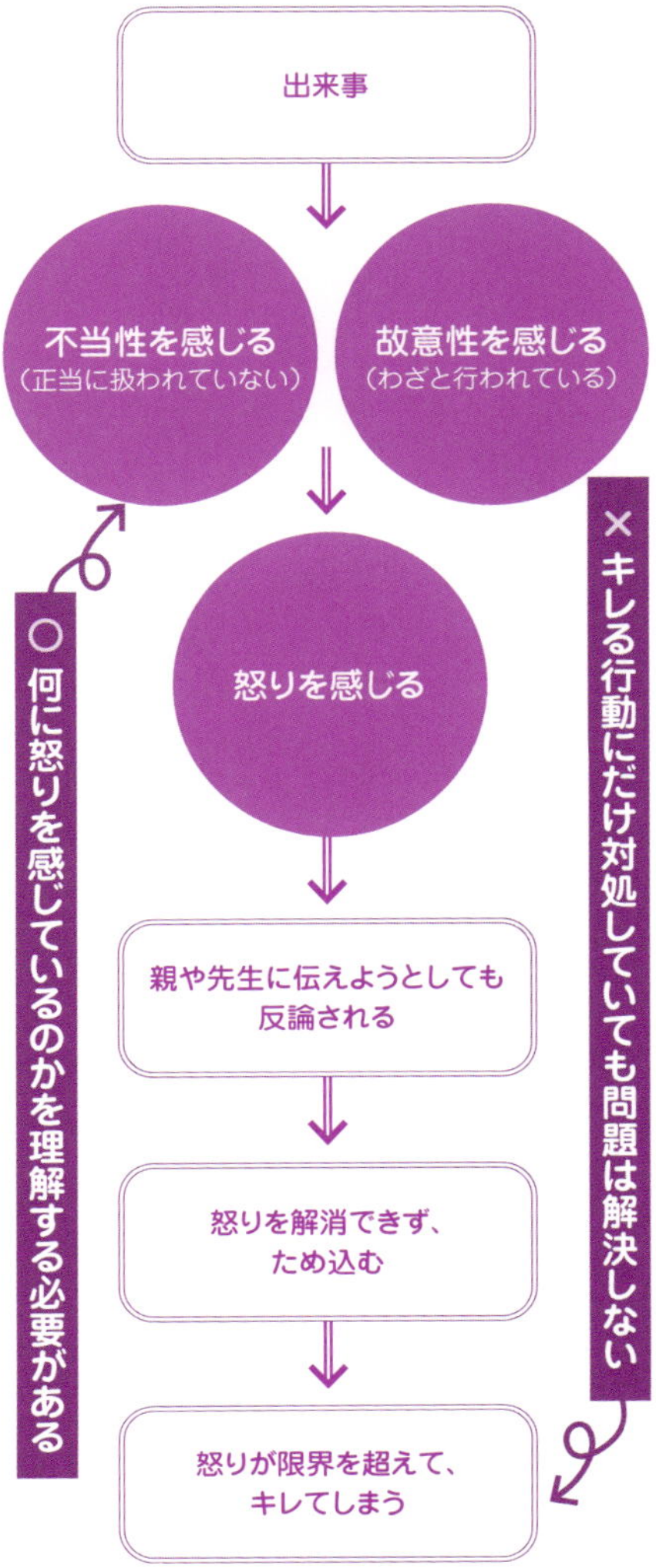

また、子どもが友達に悪口を言われたり、からかわれたりして怒ることもあります。相手の言動に悪意を感じて、「この人はわざとひどいことをしている」と思ったときにも、怒りがわいてくるわけです。このときに感じるのが「故意性」です。

子どもは「自分が悪いことをした」という自覚があるときには、叱られても激しく怒ったりはしないものです。子どもが怒ってキレるときには、多くの場合、不当性や故意性を感じています。その思いを誰かが受け止めて、理解してくれれば、子どもの怒りや悲しみはやわらいでいくのです。

どうしてキレるのか

「何を不当だと感じているのか？」を考える

大人は子どもの発言を打ち消しがち

子どもが何を不当だと感じて怒ったのかは、本人に聞いてみなければわかりません。

74ページの事例では子どもが「学校に行きたくない」と言ったとき、親は「そんなこと言わないで」と応じていました。子どもの発言が期待に反した内容だった場合に、大人は即座に否定的な反応を返してしまうことがあります。この場面で親は「がんばって登校したほうがいいよ」と伝えたかったのかもしれません。しかし結果としては子どもの訴えを打ち消すような返答になり、子どもは反発してキレてしまいました。

まずは子どもの言い分を受け止めよう

会話は言葉のキャッチボールです。相手の言葉を打ち返していては、会話は成り立ちません。子どもが何か言おうとしているときには、その言葉をバットで打ち返すのではな

言葉のキャッチボールをしよう

打ち返す

子どもの発言に対して「そんなこと言わないで!」と否定的な言葉を返すのは、キャッチボールの球をバットで打ち返すようなもの。それではコミュニケーションは続かない

受け止める

子どもが無茶なことを言い出しても、まずはその子の話を最後まで聞く。そして「行きたくないんだね」と答えて、子どもの気持ちを受け止める。それから「どういうところが嫌なのかな?」などと尋ねて、会話を続けていく

対応のコツ

気持ちを言い換えない

キレたときの気持ちを尋ねると、子どもが「ムカついた」などと乱暴な言い方をすることもありますが、それを大人が自分の言葉で言い換えるのはやめましょう。

○ 親が「ムカついたんだね」と子どもの言葉をそのまま受け止めながら、「どういうところがムカついたの?」と聞くようにすれば、会話が進みやすくなる

× 親が「腹が立ったんだね」と言葉を言い換えると、子どもは違和感を持ち、話をしなくなるかもしれない

く、グローブで受け止める必要があります。

子どもは急に無茶な話を始めることがあります。学校に行きたくないから「引っ越したい」などと、非現実的な要求をしてくることもあるかもしれません。それは受け入れられないでしょう。しかし、即座に否定するのではなく、まずは「そのくらいつらいんだね」と子どもの言い分を聞いてください。受け止めることを優先し、ものごとを教えるのは後回しでかまいません。

子どもの話を聞くときのポイントは「子どもの話を否定しないこと」です。「そんなこと言わないで」と頭ごなしに否定するのではなく、まずは話を聞きます。話を聞いて、お互いに少し落ち着いてきたら、「どういうところが嫌なのかな?」と質問するのもよいかもしれません。

明確な答えが出なくてもよい

子どもに質問をしても、明確な答えが返ってこない場合もあります。そのときは、無理に聞き出そうとするのはやめましょう。「本人もまだよくわかっていないけど、とにかく抵抗を感じているんだな」と理解しておけばよいのです。「なんとなくモヤモヤするんだね」と答えておくのもよいでしょう。

受け止めるというよりも、包み込むようなイメージを持つとよいかもしれません。子どもが幼いときには抱っこして安心させることがありますが、それと同じように、子どもの不安な心情をそっと抱え込むようなイメージで「そうなんだね」と話を聞くのです。そうすることで、問題が解決しなくても、子どもは安心することができます。

思春期の場合

質問しないで、言葉が出てくるのを待つ

思春期になると、子どもはそもそも親と話をしなくなります。親が「今日は学校どうだった？」などと聞いても、答えが返ってこないことが多くなります。子どもの話を聞くことが、それまで以上に難しくなるかもしれません。

思春期には、親から質問をするというよりは、子どものほうから何か話しかけてくるのを待つようにしてください。話を聞き出そうとするのではなく、子どもの言葉が出てきたときに、それを聞き逃さないようにする。これが思春期の対話の基本です。

子どもは何を感じているのか

欲しているのは「わかってくれること」

子どもにもいろいろな思いがある

中学生Dくんの事例の解説（76ページ）で、キレる子どもは「親は（先生は）わかってくれない」と感じていることが多いと述べました。その思い、つまり周囲の人に受け入れてもらっていないという不満が、キレる行動につながっていることがあります。キレる子どもが、いえ、すべての子どもがもっとも欲していることは、周囲の人が「自分をわかってくれること」です。

40ページのBくんは、「みんなでしゃべっていたのに、自分だけが叱られて嫌だった」という気持ちを打ち明けてくれました。子どもはただ怒っているわけではなく、いろいろあって我慢できなくなって、キレているのです。その気持ちを親や先生、友達が理解してくれれば、そして不当な扱いだと感じることが減れば、子どもは落ち着いていきます。

だからこそ子どもの話を聞くこと、その子の気持ちを理解することが重要なのです。

家でなんでも要求が叶っている子は、学校で思い通りにならないときにキレてしまう。暴力が出ることもある

主張をうのみにするのも問題

その一方で、子どもがキレて無茶なことを言い出したときに、それを大人が受け入れて、子どもに従ってしまうことがあります。しかし、子どもの主張をうのみにするというのも問題です。

例えば、家庭で子どもがイライラして「お菓子が食べたい」「ゲームがやりたい」と言い出したときに、それを拒むと暴言や暴力が出るため、子どもの言う通りにしているという場合があります。ひとまず希望を叶えてやれば怒りがおさまり、その後は勉強に取り組んだりするので、親が子どもの言うことを聞いているのです。

この場合、子どもは家庭では思い通りになることが多いため、キレる場面が減るのですが、家の外では相手や環境になじめず、キレてしまうことがあります。例えば学校で、「○○で遊びたい」と要求しても思い通りにならないときに、暴力が出たりします。

そのような場合に、子どもの気持ちをどう受け止めればよいのでしょうか。具体的な対応法について、次のページでくわしく解説します。

子どもは何を感じているのか

子どもの思いをどこまで受け止めるか？

子どもの「気持ち」は受け止める

これまでに解説してきた通り、子どもの話を聞いて、その子の気持ちを受け止めることは大切です。しかし、無条件になんでも受け止めすぎてはいけません。受け止め方のポイントがあります。それは子どもの「気持ち」と「要求」を区別することです。

子どもの「気持ち」は受け止めましょう。大人にとっては「そんなこと？」と思うような話でも、子どもが真剣に悩んでいる場合もあります。子どもの気持ちを否定せず、そのまま受け止めてください。

「要求」は受け入れなくてもよい

一方、子どもの「要求」については、気持ちとは分けて考えましょう。

例えば、家庭で「ゲームは一日1時間」というルールを設定している場合に、子どもが

対応のコツ

「気持ち」と「要求」を分けて考える

子どもの話を聞くときには、「〜と思っている」という気持ちと、「〜をしてほしい」という要求を分けて考えるようにしましょう。

子どもの気持ち

「もっとゲームをやりたい」
「遊ぶ時間が少ない」

⇩

「もっと遊びたい」という気持ちは受け止める。自分勝手なことを言っているように感じても、まずは話を聞く。子どもと相談しながら、何ができるのかを考えていく。

子どもの要求

「プレイ時間を増やしてほしい」
「ゲームを買ってほしい」

⇩

「時間やお金がもっとほしい」という要求は、無条件に受け止めなくてもよい。現実的に対応できないことは、無理だとはっきりと伝えてもよい。

「友達は5時間遊んでいる」「自分も5時間にしてほしい」などと言ってくることがあります。このとき、ゲームを「やりたい」という気持ちを理解することは大切です。子どもの気持ちを無視して、「ゲームばかりやっていないで、少しは勉強もしなさい」と叱っていたら、子どもは「親はわかってくれない」と感じるでしょう。

しかし「5時間にしてほしい」という要求を無条件に受け入れる必要はありません。子どもの言う通りにしていたら、生活のバランスが崩れてしまいます。プレイ時間は話し合って決めましょう。

子どもの気持ちは受け止めながら、要求は無条件に受け入れず、相談する。そうすれば親が過度に負担を受けることなく、現実的に対応していけるようになります。

「キレる」をSOSとして受け止める

子どもがどんな気持ちなのかを聞く

子どもが何度もキレてしまって、家庭生活や学校生活がうまくいかなくなっているときには、まず暴力や暴言を止めなければいけません。その方法は第3章で紹介しました。暴力や暴言を止めれば、状況はいったん落ち着きます。しかし、それだけではキレる行動の根本的な解決にはなりません。

キレる行動の背景にはさまざまな思いがあります。その子の話を聞いて、どんな思いを抱えているのかを知ることが大切です。

この章で、子どもの話を聞くときのポイントとして「子どもの言葉を否定しない」「子どもの気持ちと要求を分けて考える」ということを紹介しました。この2つのポイントは、どのような状況でも大切になります。

例えば74ページの事例では、子どもが「学校が嫌だ」という気持ちを言葉にしながら、「転校したい」という要求を親にぶつけていました。この場合、親は子どもの言葉を否定しないで受け止めながら、「学校が嫌だ」という気持ちと「転校させてほしい」という要求を分けて考える必要があります。

学校に行くのがどうして嫌なのか、どんな気持ちなのかを聞いたうえで、転校の要求については、家庭として現実的にできることを伝えましょう。

「キレる」は「SOS」

キレる子どもは「怒っている」「イライラしている」ように見えます。
しかしそれは外面的な姿です。
内面では「もう限界」「助けて」とSOSを出しているのです。

親が子どもの気持ちを受け止めたうえで、できるかぎりの対応をしていけば、子どもも落ち着いてくるものです。子どもも転校するのが難しいことはわかっていたりします。しかし、わかっていても転校したいと思うくらいに嫌だ、つらいという思いを抱えているのです。

キレる行動は「SOS」

子どもがキレて暴力をふるうこと、無茶な要求をすることを、大人は「問題行動」としてとらえます。

しかし子どもにとって、キレることは最大の感情表現でもあります。子どもは不当な扱いを受けて怒りを抱き、我慢できなくなるとキレます。子どもはキレる行動を通じて、「もう限界だ」というメッセージを発しているのです。

キレる行動は、大人にとっては問題でも、子どもにとってはＳＯＳです。

子どものキレる行動に根本的に対応していくためには、ただ暴力や暴言を止めるだけではなく、子どもからのＳＯＳを受け止める必要があります。これが４つめの心構えです。

「この子はどうしてキレているんだろう」「何を限界だと感じているんだろう」と考えながら子どもの話を聞きましょう。子どもの「キレる気持ち」を理解することが、子育ての見直しや長期的な支援のスタートになります。

キレる子どもは意にそわないことがあると「うるせえ」などと暴言を吐いたり、暴れたりします。物に八つ当たりをして、破壊してしまうこともあります。しかしそれは、虚勢を張りながら「もう無理」「助けて」と訴える行動でもあります。子どもの「問題行動」には、声なき声が込められているのです。

第5章

「キレる行動」を減らしていく

事例 ほしいものを買ってもらえなくて、わめき散らす子

スマホがほしくて、泣きわめく

Eさんは小学４年生です。スマートフォンを買ってもらえなくて、荒れています。Eさんの同級生にはスマホを持っている子が複数いるのですが、友達がスマホのアプリの話で盛り上がっているときには、Eさんは話についていけません。それがおもしろくなくて、Eさんは親にスマホを買ってほしいと何度も頼んでいます。しかし、Eさんの家では「スマホは中学生から」という方針を取っています。そのためEさんがいくらお願いしても親は折れず、スマホの使用が許可されません。交渉はいつも堂々めぐりになるのです。

最近ではEさんが泣きわめいて怒り、「ママなんか死んじゃえ」「クソババア」などと暴言を吐くこともあります。また、ティッシュの箱やテレビのリモコンなどを手当たり次第に投げつけたりもします。そのような言動が続くので、親のほうも感情的に言い返してしまうことが増えてきました。マンガのように怒鳴り合いになって、収拾がつかなくなることもあります。スマホの購入をめぐって、子どもも親もキレるようになり、親子関係が険悪になってしまっているのです。

子どものスマホの使い方については、家庭によって方針があるでしょう。それは各家庭で決めればよいと思います。ここではスマホの使い方ではなく、子どもがキレて、わめいたりぐずったりすることが続いているときの対応を解説していきます。

「やってはいけないこと」の例

子どもは注目を引くため、自分の思いを通すために、以下のような行動を取ることがあります。それに大人が反応すると、行動がエスカレートしがちです。

Check!

- ぐずる、指示に反発する
- わめく、騒ぐ、叫ぶ
- 行列や人の話に割り込む
- へりくつを言う
- きょうだいをいじめる

子どもが泣きわめいているときには、言い返すのではなく「注目しない」ほうがよい

「やってはいけないこと」をしている

親が子どもを叱りつける、それに子どもが反発するという行動を、2つのパターンに分けることができます。

子どもが「やってはいけないこと」をやるパターンと、「やらなければいけないこと」をやらないパターンです。Eさんの行動は前者に該当します。もう一つのパターンは110ページで紹介します。

やってはいけないことをやるパターンというのは、上の図で挙げたような行動、例えばわめく、ぐずる、大声で叫ぶといった行動をすることです。こういった行動がエスカレートしていけば、親子で衝突することも多くなります。できれば、このタイプの行動は減らしていきたいところです。

いちいち叱るのではなく「注目しない」

大人は、子どもが落ち着いているときには声をかけないのに、わめいたり騒いだりすると、すぐに反応して叱りつけます。しかしそのようなやりとりを繰り返すと、子どもは大人に注目してほしいときに騒ぐようになります。やってはいけないことを減らすためには、いちいち叱るよりも、その行動に「注目しない」という対応をすることが有効です。また、子どもが落ち着いているときに、そのことをほめるのも大切です。子どもがイライラした気持ちを抑えて、普通の声で話そうとしているときにほめるのです。そうすることで、子どもは自分の努力を大人も認めてくれていると感じます。

この章の前半では、子どもの行動を見ながら「注目しない」「ほめる」という対応を使い分けることを解説していきます。これはペアレント・トレーニング（ペアトレ）（106ページ）の考え方を参考にした対応方法です。

この章のポイント

「注目しない」「ほめる」を実行していく

子どもの様子を見ながら、2つの対応を使い分けていきましょう

「好ましくない行動」をやめたらほめる

やめるまで何分でも待つ覚悟で

子どもがわめき散らして何かを要求してきたときに、大人が「仕方がない、言うことを聞こう」と考えて対応したら、その子はまた要求したいことができたときに、泣きわめいてお願いしてくるでしょう。子どもが「好ましくない行動」をしているときは、あえて「注目しない」ようにして、子どもが落ち着いてから話したほうがよいのです。

子どもがわめいたりぐずったりしたら、大人は「普通の声で話そう」と注意します。それ以上、注目しません。子どもが普通の声で話し始めたら、そのことをほめてください。「わめくのをやめてくれて、ありがとう」と言って、何がよかったのかを伝えます。そして「話をしようか」と言って、会話を再開します。

注目しない対応を取ると、子どもが大人の反応を確かめようとして、一時的にその行動が強くなることもあります。わめく声が大きくなったりするのです。その場合は「わめくのをやめるまで話しません」と伝えてください。そこで根負けして反応すると、好ましくない行動はおさまりません。5分待ってもやめないからといって「いい加減にしなさい」と叱ったら、子どもは「5分騒げばいいんだ」と学習します。「注目しない」と決めたら、子どもが折れてその行動をやめるまで待ちましょう。

注目しない対応には、やり通す覚悟が必要です。なかには、1時間くらいわめき続ける子もいます。それでも反応しないというのは、相当な根気のいることです。子どもと同じ部屋にいるのが難しければ、その場を離れるのもよいでしょう。

対応のコツ

注目しない→待つ→ほめる

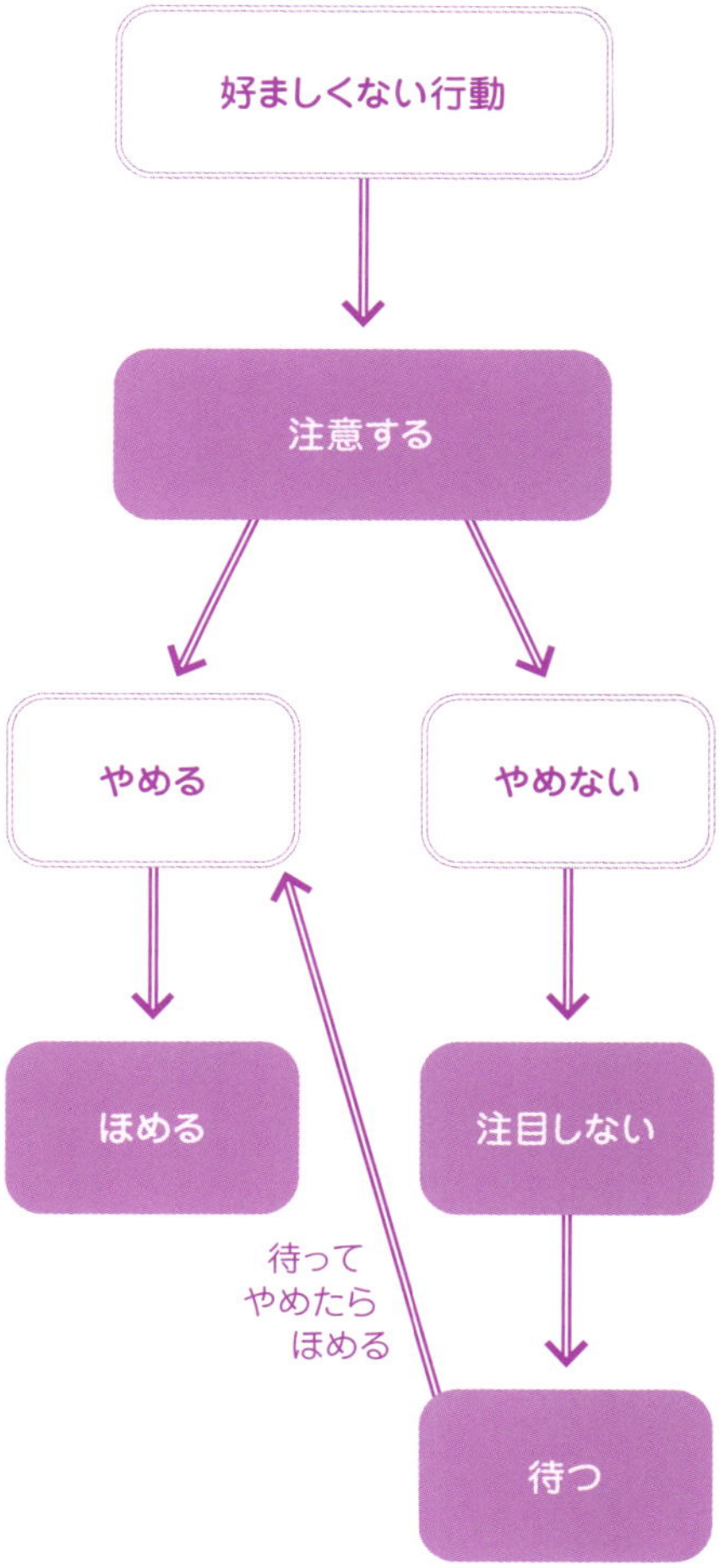

「好ましい行動」はすかさずほめる

ほめられない子は自尊心が育っていない

子どもがやってはいけないことをしたら注目しないで待ち、それをやめたらほめる。子どものキレる行動を防ぐためには、ほめることが大切です。キレる子どもはよく怒られています。ほめられていません。だから自尊心が育っていないのです。

自尊心というのは、自分の長所も短所も受け入れながら、自分自身に確かな価値を感じている気持ちのことです。自尊心が高い人は、うまくいかないことがあってもキレたりしないで、自分を信じながら、ものごとに取り組んでいけます。

自尊心を高めることが大切

キレる子どもは、ときに自分の考えを強く主張して、他の人からの指摘を受け入れないことがあります。そのため、一見、自己肯定感が高いようにも見えるのですが、実際には

ブツブツ文句を言いながらも宿題を始めたら、「宿題をやっているんだね」「いいね」と声をかける

自分を肯定していない場合が多いです。自尊心が高いから主張できるというよりは、自分が尊重されていると感じたいがために、意見を強引に押し通そうとしているところがあるのです。だから意見を否定されると、怒ってキレてしまいます。

子どもの自尊心を高めることが、キレる子どもの養育ではもっとも大切であり、キレる行動を減らすことにもつながっていきます。子どもはいつもキレているわけではなく、がんばっている場面もあります。大人がその努力をほめることで、子どもは認められたと感じます。自分を肯定される経験を積み重ねていくことで、子どもの自尊心が育っていくのです。

子どもの「好ましい行動」をほめる

子どもが落ち着いて話す、部屋を片付けるといった「好ましい行動」を取ったら、それをほめるようにしましょう。

例えば、子どもが自分から宿題をやり始めたら、そこですぐにほめます。宿題を終わらせるまで待ってからほめるのではなく、やり始めたタイミングで、すぐにほめるのです。この場合、自主的に勉強することが「好ましい行動」です。この考え方を取り入れると、ほめるタイミングをつかみやすくなります。

対応のコツ

ほめるときのポイント

片付けなどの「好ましい行動」を始めたら、すぐにほめましょう。
様子を見ていたら途中で投げ出してしまい、ほめるタイミングを逃すかもしれません。

好ましい行動に
気づいたら、
すぐにほめる
笑顔で、できれば
視線を合わせて
声をかける
おだやかな声で、
身振りや手振りも
使って伝える
行動を具体的に
言葉にする

片付けを始めたら近くに行ってしゃがみ、笑顔で「片付けているんだね」「ありがとう」と声をかける

少しでもできているところに目を向ける

自分から宿題をやろうとしない子もいるかもしれません。その場合には、取り組みやすい環境をつくりましょう。

例えば、宿題をする時間を決めると、よいきっかけになることがあります。その時間に子どもが自分から机に向かったら、必ずほめましょう。できていないところを叱るのではなく、少しでもできているところに目を向けて、そこをほめてください。そうすれば、子どもは自分の努力を家族が認めてくれていると感じます。その気持ちが「次からもがんばろう」という意欲につながっていきます。

結果よりも努力や意欲を重視する

「好ましい行動」をほめるときには、結果を重視しないでください。「テストで高得点を取った」「スポーツの試合で勝った」といった形で、成果を出すことを「好ましい」と考えると、子どもが成果を出したときにしかほめる機会がなくなってしまいます。そうではなく、子どもの努力や意欲をほめるようにしてみましょう。

例えば、子どもが「次の試合で勝ちたい」という目標を立てた場合に、目標を達成したときにだけほめるのではなく、試合に向けて努力している過程をほめましょう。練習をしたり、試合のプランを練ったりしているときにもほめてください。また、試合に負けた場合にも、「よくがんばったよ」と肯定的な言葉をかけるようにしましょう。よい結果が出なくても、子どもが自分自身を認められるようにサポートをしていくのです。

発達障害の場合

ほめることがより重要になる

発達障害の子は集団活動が苦手な場合が多く、他の子に比べてほめられる機会が少なくなりがちです。「どうせ自分はダメなんだ」と感じてしまって、自尊心が低下しやすい場合があり、ほめることがより重要になります。

「勉強中に無駄なおしゃべりをしなかった」といった当たり前のことでも、それが好ましい行動であれば、しっかりとほめるようにしてください。子どもの努力に目を向けるためのアンテナを高く立てて、がんばりに気づいたら積極的にほめましょう。

ほめるときは「25%」を意識する

子どものタイプも見ながらほめる

「好ましい行動」をほめる。少しでもできているところに目を向ける。これはほめ方の基本です。ただしそれはあくまでも基本形であり、子どもによってちょうどよいほめ方は異なります。はっきりとほめたほうがよい子もいれば、耳打ちするような形で、さりげなくほめたほうがよい子もいます。

子どものタイプも見ながら、その子が受け入れやすいほめ方、その子の自信につながるほめ方を考えていきましょう。

ほめるところがない場合は？

「子どものタイプに合ったほめ方を」という話をすると、親御さんから「うちの子は問題ばかりで、ほめるところがありません」と言われることがあります。歯みがきもしない、宿題もやらない、学校でもトラブルを起こしてばかりいる、という話になるのです。

確かに、歯をみがかないのは「好ましい行動」ではありません。しかし基本的な生活習慣をサボりがちな子も、親が声をかければ、渋々ながら取り組むこともあります。それは「好ましい行動」です。その瞬間に少しほめればよいのです。

私は、キレる子どもをほめるときは「25％」を意識することをおすすめしています。例えば宿題を毎日こなすのが当たり前だと考えるのではなく、25％、4日に1回できていればほめるのです。そのくらい基準を下げると、子どもをほめやすくなります。

25％という目標設定に、親の気持ちが追いつかない場合もあります。「甘やかしたら、子どもが怠けるのでは」と感じるかもしれません。心配になる気持ちもわかりますが、目標はまたあとで上げることもできます。できることが増えてきたら目標を調整してもよいのです。まずは「25％」を試してみてください。子どもをほめやすくなりますよ。

歯みがきを何度もサボっている子も、ときには自分で歯をみがくこともある。そのときにほめる

キレる子どものほめ方

「いい子だね」ではなく「~していたね」

子どもの行動を具体的にほめる

子どもをほめるときに「いい子だね」と、その子を大まかにほめるような言い方をするのはやめましょう。何が「いい」のか、子どもに伝わりません。そうではなく、子どもの好ましい行動を具体的にほめてください。例えば、子どもが自主的に宿題を終わらせたときには、「宿題を終えたんだ、えらいね」と言います。どの行動がよかったのかを明確に伝えるのです。

キレる子どもは、勉強や家事などを大人の期待以上にがんばることは少ないかもしれません。子どもへの期待値を上げすぎないで、当たり前のことでもほめましょう。ただ掃除をしただけでも、それが好ましい行動であればほめてほしいのです。「この年齢なら掃除ができて当然」と考えるのではなく、「よくやっていたね」と一声かけてください。その一言が子どもの心に響きます。それが自尊心を育てる一歩になるのです。

対応のコツ

具体的に行動をほめる

行動をほめる

- ☑ （行動の直後に）
  「よくできたね」
  「がんばったね」
- ☑ 「食器の片付け、
  ありがとう」
- ☑ 「予習をしているんだね」
- ☑ 「弟と仲良く遊んでいて、
  お母さん助かるよ」

曖昧にほめる

- ☑ 「いい子だね」
- ☑ 「すごいな」
- ☑ 「えらいね」

思春期の場合

ただ行動をなぞるだけでよい

思春期になると、大人からほめられるのを嫌がるようになる子もいます。「えらいね、宿題をやっているんだ」などと言うと、「バカにするな」と怒ったりするのです。

その場合には、ほめるというよりは、行動をなぞるような言い方を心がけましょう。ただ「宿題をやっているね」とだけ言うようにします。子どもの行動を言語化することで、そこに承認の意味が生まれます。大げさにほめなくても、その行動を認めていることが子どもに伝わります。

ペアレント・トレーニングを参考にする

対応を見直しやすくなる

この章では、子どものほめ方として「好ましくない行動には注目しない」「好ましい行動をほめる」という方法を紹介してきました。すでに述べた通り、この対応方法はペアレント・トレーニング（ペアトレ）の考え方に基づくものです。

ペアトレは、親（ペアレント）が子どもとの接し方などを学ぶ（トレーニング）ための取り組みです。子どもの不適切な行動の改善や、親のストレス軽減などの効果があるといわれています。ペアトレはアメリカで提唱され、各国に広がって発展してきました。日本でも、厚生労働省の家族支援事業などに取り入れられています。

ペアトレを参考にすると、子どもへの対応を見直しやすくなります。怒らないようにしながら、子どものキレる行動を減らしていけます。よりくわしく知りたい人は、病院や市町村などで行われているペアトレの講座に参加するのもよいでしょう。

対応のコツ

行動を３つに分けて考える

ペアトレでは子どもの行動を大きく３つに分けて対応します。
この考え方を参考にすると、キレる子どもの言動にも対応しやすくなります。

ペアレント・トレーニング

親が子育てを見直すための取り組み。専門家が実施している講座に参加すると、着実に学べる。本を読んで基本的な考え方を理解し、生活に取り入れていくこともできる

講座では「ほめ方」の演習などに取り組むことができる

好ましい行動は「ほめる」

部屋を片付けるなど、子どもが「好ましい行動」をしたときにはほめる。意欲を引き出し、その行動を増やしていく
（→P98）

好ましくない行動は「注目しない」

子どもがぐずると、大人は「好ましくない行動」だと感じて叱りがち。ペアトレでは「注目しない」ことで、その行動を減らしていく
（→P96）

許しがたい行動は「止める」

暴力・暴言などの「許しがたい行動」は止める。ペアトレでは警告や罰を与える場合もあるが、専門家の指導を受けずに実践するのは難しい
（暴力・暴言には第３章の方法で対応していく）

事例 ゲームをやめさせようとすると、激しく抵抗する子

叱られても、ゲームをやめない

小学3年生・Fくんはゲームが大好きで、勉強をするのは嫌いです。「宿題を終わらせてからゲームをやりなさい」と言われているのですが、親が出かけていたりすると、Fくんはつい宿題をサボって、ゲームをやってしまうことがあります。

本人の話を聞いてみると、「親が帰宅する前にゲームをやめて、宿題をやるつもりだった」と言うのですが、実際にはゲームに夢中になってしまい、親に叱られています。注意されたら、その日はゲームを中断して宿題に取り組みます。Fくんも、宿題を先にやるべきだとわかってはいるのです。しかし何日かたつと油断するのか、また同じトラブルを起こしてしまいます。

何度も同じ問題が繰り返されるなかで、ある日ついに親の堪忍袋の緒が切れました。その日もFくんは宿題を後回しにして、ゲームで遊んでいました。そして親に見つかり、注意されました。しかし、友達とオンラインで対戦プレイをしていたので、注意されてもゲームをすぐには中断できませんでした。一区切りついたらやめるつもりでしたが、親はその様子を見てFくんが反省していないと思い、ゲーム機を取り上げました。するとFくんもキレて血相を変え、抵抗したのです。ゲーム機を取り返そうとして親に飛びかかり、「返せ」と叫びました。親はその姿を見て、びっくりしてしまいました。

「やらなければいけないこと」の例

子どもが以下のような行動を取らない場合に、ただ叱りつけるだけでは状況はなかなか改善しません。本人の考えも聞きながら、対応しましょう。

Check!

- ☑ 勉強・宿題
- ☑ 歯みがき・着替えなどの生活習慣
- ☑ 「ありがとう」「ごめんなさい」などの受け答え
- ☑ 翌日の持ち物の準備
- ☑ 掃除や片付け

ゲーム機を取り上げても問題は解決しない。ルールの見直しを行ったほうがよい

「やらなければいけないこと」をやらない

宿題をサボるのは、「やらなければいけないこと」をやらないパターンの行動です。そのような行動に対して、親は問題の原因になっていること（Fくんの例でいえばゲーム）を取り除いて、宿題をやらせようとしがちです。「そんなことをしていないで、勉強しなさい」と小言を言う人もいます。ゲーム機を取り上げたり、インターネット接続を遮断したりする人もいます。

しかし、子どもから強制的に楽しみを奪うのは適切な対応とはいえません。ゲーム機を取り上げると子どもが反抗的になり、暴れることさえあります。ゲームがその子にとって大切なことならば、その気持ちを受け止めながら対応することをおすすめします。

本人の考えも聞きながら、ルールを決める

子どもが宿題をサボってゲームをやることが何度も続いてしまっている場合には、本人と話し合って、ルールを決めるとよいでしょう。例えば「帰宅したら自分の部屋で宿題をやる」「宿題が終わったらリビングでゲームをする」といった形で、具体的なルールを設定します。話し合うなかで、本人が「友達と時間を合わせて遊ぶために、宿題の前にゲームをやりたい日もある」といった主張をすることもあります。基本的には宿題を済ませてから遊ぶほうがよいのですが、子どもの事情に合わせてルールを調整するというのも一つの方法です。本人の考えも聞きながら、ルールを整えましょう。

この章の後半では、子どもが勉強や生活習慣などに取り組むとき、キレずにがんばっていけるようにサポートする方法を解説します。ルールやさまざまなスキルを活用して、子どもが落ち着いて活動できる環境をつくっていきましょう。

この章のポイント

ルール&各種スキルを活用する

子どもが落ち着いてすごせるようにサポートしましょう

ルールを決める・予告する・選択させる

好ましい行動をしないときには

子どもが宿題をやらないことを「好ましくない行動」だと考えて、ただ待っていても、おそらくその子は宿題を始めないでしょう。宿題をやらないのは「好ましくない行動」というよりは、「好ましい行動をやらない」状態です。子どもが「やらなければならないことをやらない」ときには、ルールやスキルを活用しましょう。

子どもと話し合ってルールを決める

例えば、子どもが宿題をよくサボっている場合には、前のページで解説したように、本人と話し合ってルールを決めるとよいでしょう。まずは子どもにルールを提案させてみて、それが不適切な場合や、本人が決めかねている場合には、大人から提案するようにします。その際、ルールは肯定的な表現でつくってください。「宿題をサボらない」といっ

対応のコツ

好ましい行動をしないときには

「宿題をやらない」というのは、好ましい行動をやらないパターンです。
ルールとスキルを活用しながら対応していきましょう。

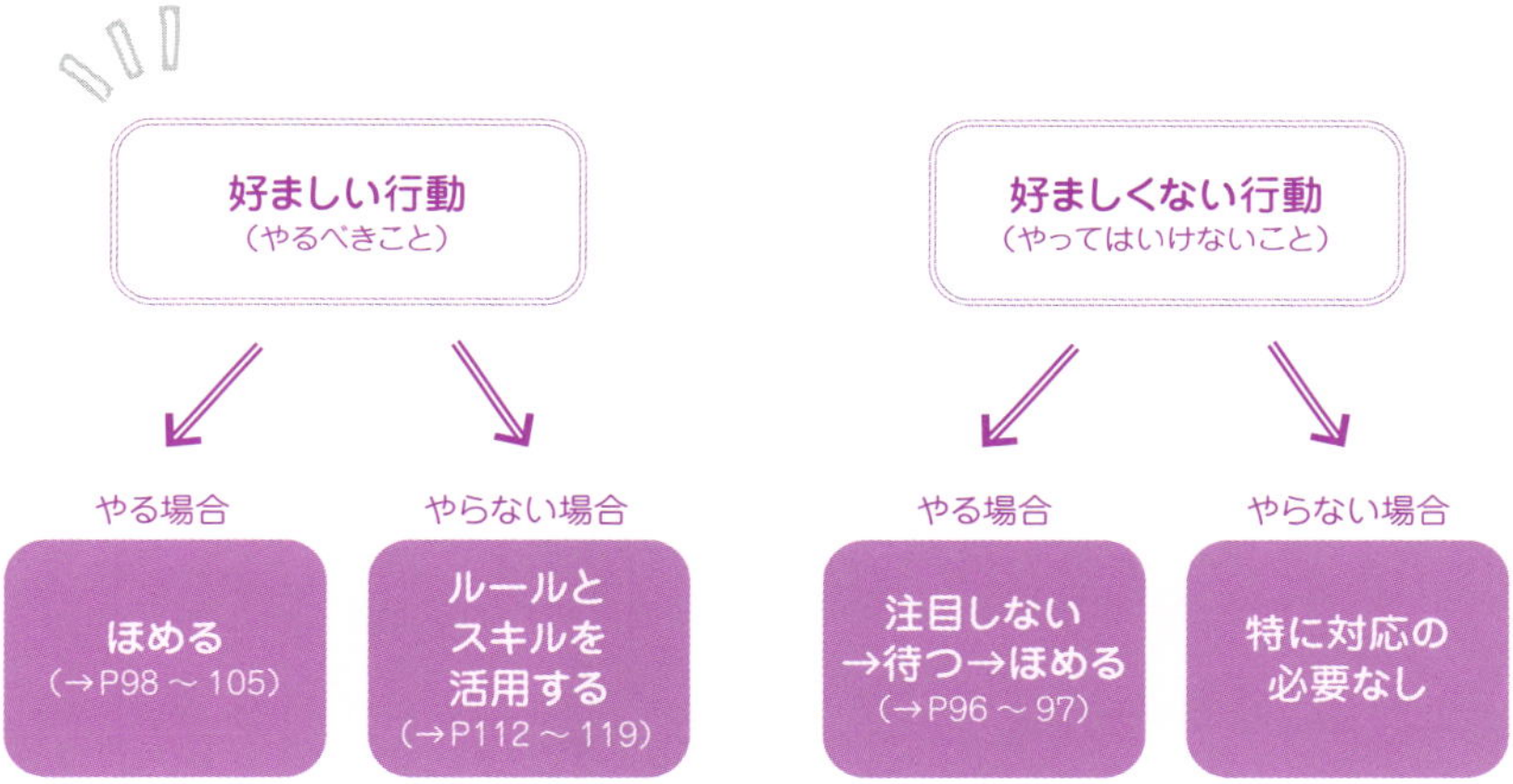

た否定的な言い方では、具体的な行動につながりにくくなります。決定したことは、紙に書いて目立つところに貼り出しておきましょう。ルールが明確になり、子どもがいつでもルールを確認できるようになります。また、子どもがルールを守って宿題に取り組んでいるときには、少しでもできていたらほめてください。そうすることで意欲が高まり、結果として宿題などの「好ましい行動」をする場面が増えていきます。

　ところで、ゲームのプレイ時間を約束させるのは非常に難しいものです。子どもが我慢できずにルール違反を繰り返して、約束がなし崩しになっている例がよくあります。最近のゲームには途中でやめるのが難しいものも多いので、時間で区切るよりは、プレイ回数で区切るほうがルールを守りやすくなりま

どんなゲームなのか、1回のプレイが何分なのかを子どもに聞いて、ルールを決める

す。ルールを1時間としたいなら、1時間で何回プレイできるのかを子どもに聞いて、本人の意見も受け止めながらルールを決めたほうがよいでしょう。プレイ回数で区切る場合、多少の時間延長は「あり」とします。

決定したルールは守り通してください。ある日はルールを守らせて、ある日は違反をおおめに見るという対応をしていると、なし崩しになります。なお、ルール違反に対する罰則は設定しないほうがよいでしょう。親御さんがよく「プレイ時間を守れなかったら1週間ゲーム禁止」といったルールを設定していますが、罰を与えても適切な行動はなかなか増えません。好ましい行動を取ったときにほめるほうが効果的です。

予告すると切り替えやすくなる

ルールの設定以外に、「予告すること」や「選択させること」といったスキルを活用するのも効果的です。

例えば、ルールで決めた時間が迫っているときに「あと5分だよ」「終わる準備をしようか」と予告すると、子どもが行動を切り替えやすくなります。予告するときには、子どもに「これから起こること」「望ましい対応」を明確に示しましょう。

選択させると少し前向きになる

「選択させる」というのは、子どもに好ましい行動を提案して、選ばせる方法です。例えば、宿題ができていないときに代替案として「夕飯の前にやる？」「夕飯を食べたあとゲームの前にやる？」などの選択肢を示します。一方的な指示を嫌がる子も、選択肢を示すと受け入れることがあります。本人が「30分休憩したらやる」などと提案してくる場合もありますが、それが受け入れられる案であれば、採用するのもよいでしょう。

　本人が迷ってしまって、選択できない場合もあります。そのときは親が選びましょう。本人が迷う可能性を見越して、最初に「決められない場合はお母さんが選ぶね」などと伝えておくと、そのあとがスムーズです。

発達障害の場合

ルールがより重要になる

　発達障害の子、特に自閉スペクトラム症の特性がある子は、ゲームなどに強いこだわりを持つ場合があります。ルールを決めずにその都度交渉していると、本人が「先週は何時間OKだった」「そのつもりで予定していたのに」などと言い出して、話がこじれたりするのです。ルールの設定が、より重要になります。

　子どもの意見も聞きながら、親も納得できる形でルールを設定しましょう。ルールを後日見直す場合があることや、急な用事で変更する場合があることも、伝えておいたほうがよいでしょう。

ルールとスキルを活用する

「がんばり表」で、適切な行動を増やす

目標を表の形で書き出す

子どもの好ましい行動が増えてこないときには、目標を表の形でわかりやすく示し、子どもの興味や意欲を引き出すのもよいでしょう。そのような表を、「がんばり表」といいます。これも役立つスキルの一つです。「がんばり表」には、今後身につけたい行動を具体的に書き出します。朝の身支度のように、忙しい時間帯の行動を書くのがよいでしょう。行動の内容や順番を整理すると、子どもが混乱しにくくなります。

達成できたらごほうびを

がんばり表には、子どもがすでにある程度できている行動を入れましょう。8割ほど成功するバランスに整えるのが理想的です。そうすると本人が取り組みやすくなります。最初からうまく整えるのは難しいので、まずは試験的な表を書きましょう。その表は

対応のコツ

がんばり表のつくり方

できている行動を２つ、ときどきできる行動を２つ、
たまにしかしない行動を１つ入れると、６～８割成功しやすいバランスになります。

	月	火	水	木	金
自分で起きる	◎	◎	◎		
朝食の前に着替える	○	◎	○		
朝食をとる	◎	◎	◎		
歯をみがく			○		
ランドセルや持ち物を用意する	○		○		

全部できるようになったり、
意欲が低下した場合には、
難易度を調節する

自分でできたら◎、
声をかけられてできたら○を
つける。できていなくても
×はつけない

できたときにはほめる。
一日の終わりに
「今日は～ができていたね」
と伝えるのもよい

子どもに見せません。表をつくって子どもの行動を観察し、どのくらい成功できるのかを確認してください。そして難易度を調節し、8割成功できる内容になったら、本番の表として使用します。

表が完成したら、子どもに見せて使い方を説明します。6割程度達成できたら、ごほうびをあげましょう。例えば「朝の身支度をこの順番でやろう」「できたことには○をつけます」「1週間で○が15個以上ついたらごほうびがあります」などと伝えます。

ごほうびと言っても、特別なおもちゃなどを与える必要はありません。「シールがもらえる」「お菓子が食べられる」など、無理のない対応をしてください。学校では「昼休みに体育館でバスケットボールができる」などの楽しい活動を設定するのもよいでしょう。

ルールとスキルを活用する

「アンガー・マネジメント」を教える

キレそうになったら「セルフトーク」

子どもが自分で自分の怒りをコントロールする方法もあります。「アンガー・マネジメント」です。アメリカで心理学などの領域で提唱され、日本でもさまざまな形で広がっています。これもスキルとして活用できます。

アンガー・マネジメントでは、怒らないようにするのではなく、怒りの感情を適切に扱うことを目指します。第3章で紹介したさまざまなクールダウンの方法も、アンガー・マネジメントの一環だといえます。

ほかにも「セルフトーク」というやり方があります。怒ってしまいそうなときに、自分で自分に言葉をかける方法です。

大人と子どもで話し合って「冷静になれるキーワード」を決めておきます。例えば「キレないほうがかっこいい」という言葉を選んでおいて、後日キレそうになったとき、

セルフトークでは「キレない私って最高!」などの言葉を口に出したり、心の中で思い浮かべたりする

子どもが自分でその言葉を思い浮かべて、気持ちを落ち着かせるのです。マンガやアニメ、映画などから、本人が気に入っているキーワードを選ぶのもよいでしょう。

本人が興奮しすぎてセルフトークをできていない場合には、「イライラしたときに、自分で言い聞かせる言葉があったよね」などと声をかけて、セルフトークを促します。

それでもセルフトークをするのが難しければクールダウンを促したり、タイムアウトやタイムインを実行することを考えましょう。

怒りの感情に名前をつける

怒りの感情を客観視して、名前をつけるというやり方もあります。例えば、キレそうになったら「怒《おこ》りんぼ虫が出てきた」と考えるようにします。そして「怒りんぼ虫」を退治するためにセルフトークや深呼吸を行うのです。

年齢が上がると、かわいらしいネーミングでは子どもが嫌がるかもしれません。その場合には、子どもが自分の名前に「ブラック」をつける方法があります。キレそうなときには、まわりの大人が「ブラック○○（名前）が出てきたね」と声をかけて、クールダウンを促します。

怒らないで「キレる」を減らす

大人もキレないようにする

第2章の怒ることの解説（26ページ）で、怒りは基本的な感情の一つであり、親も子どもも怒ってもよいのだとお伝えしました。

ただ、怒りの感情に振り回されるのはよくありません。子どもが怒って騒いでいるときに、大人も感情的になって反応していたら、問題はこじれていきます。

子どものキレる行動を減らすためには、大人もキレないようにする必要があります。子どもが身勝手なことを言ったり暴れたりしているなかで、感情を抑えて対応するのは簡単なことではありませんが、なるべく怒らないようにしながら、子どものキレる行動を減らしていきましょう。これが5つめの心構えです。

大人が対応を変えれば、子どもの言動も少しずつ変わっていきます。根気よく取り組んでもらえればと思います。

怒らないほうが、困った行動は減る

子どもがキレることを繰り返していたら、大人として叱らなければ、と感じるかもしれません。しかし子どもの好ましくない行動を減らすためには、その行動に「注目しない」対応が有効です。いちいち怒らないでスルーしていたほうが、困った行動は減っていくのです。

それと同時に、好ましい行動を増やすために

怒らないのは難しい

暴力・暴言に怒らないで対応していくのは、骨の折れる仕事です。
リラックスできる時間をつくって、
自分をいたわりながら取り組んでいきましょう。

は積極的にほめることも大切です。キレる子どもにはよい行動を見出しにくいかもしれませんが、「25％」を意識してほめてみてください。好ましい行動を引き出すためのルールやスキルの活用も試してみましょう。

大人もアンガー・マネジメントを

ただ、ほめ方の工夫や「注目しない」対応を徹底するためには、大人の側の気力が必要になります。子どもが騒いでも怒らないで、やめるまで待つことには、忍耐が必要です。大人にも気分のムラがあるので、イライラして口論をしそうなときもあるでしょう。そんなときは、その場を離れてクールダウンしてください。落ち着いてから、また対応すればよいのです。

大人も自分自身のアンガー・マネジメントに取り組んで、怒りを発散することを心がけてください。大人も深呼吸をしたり音楽を聴いたりしてクールダウンをすれば、興奮がおさまっていきます。気持ちを切り替えるために好きなことをしたり、好きな飲み物・食べ物をとったりして、自分を甘やかす時間もつくりましょう。

うまくいかない場合は相談する

「怒らないように」と心がけていてもキレてしまう場合や、いろいろと工夫をしても効果が感じられない場合には、第三者に相談するのもよいでしょう。医療機関や自治体の子育て相談窓口などが、地域の親向けにペアトレの講座を実施している場合もあります。講座に参加することで、ほめ方などをより具体的に学べるでしょう。相談先の選び方や相談の仕方は、第7章でくわしく解説しています。そちらも参考にして、相談を検討してみてください。

第6章

キレにくい親子関係のつくり方

事例

きょうだいゲンカで下の子に怒りをぶつける子

兄が弟に怒りをぶつけてしまう

子どもの怒りは多くの場合、弱いものに向かいます。第3章のBくんのエピソード（40ページ）のように「親は怖いけれど、学校の先生は優しい」という場合には、先生にキレることがあります。右ページのマンガでは、小学5年生のGくんが幼い弟に強く当たっています。怒りの矛先が、年下のきょうだいに向いてしまっているのです。

Gくんは、弟と仲が悪いわけではありません。基本的には弟に優しく接していて、仲良くゲームで遊ぶこともあります。ただ、対戦ゲームで弟に負けたときなどに、突然怒りを爆発させ、弟に対して攻撃的な言動を取ることがあります。

マンガの場面では、Gくんがゲームに負けただけで怒って、突然、弟を突き飛ばしてしまいました。弟は「いじめられた」と感じて母親に泣きつき、結果としてGくんは母親から叱られました。

上の子は我慢している場合が多い

きょうだいゲンカが起きると、マンガのように親が「お兄ちゃん（お姉ちゃん）なんだから」と言って、年上の子を諭そうとすることがあります。しかし、それでは上の子を我慢させることになります。下の子の言い分ばかり聞いていて、上の子の気持ちにフタを

対応のヒント

いつも下の子の言い分ばかり聞いて、上の子を叱っていたら、きょうだい仲は悪化しやすくなります。親子の信頼関係も崩れていきます。両者の話を聞き、それぞれの気持ちを受け止める必要があります。

したような状態になることがあるのです。マンガでも、Gくんは「やだよ」「なんでオレばっかり」と言って、不満を示していました。

親がいつも上の子を叱っていると、上の子が大人のいないところで、こっそり下の子をいじめるようになりがちです。親には逆らえないけれど、怒りの行き場もないということで、隠れて下の子に強く当たるようになってしまうのです。

上の子がきょうだい間のいさかいでキレる場合には、ケンカが激しくならないように、早めに対処する必要があります。「きょうだいは多少ケンカをするもの」と考えて様子を見ている家庭もありますが、暴力が出てしまっている場合や、暴言が度を過ぎると感じる場合には、なんらかの対応を始めましょう。

「不満があるのでは」と考えてみる

キレる行動の背後には、さまざまな思いがあります。

「これだけケンカが続くということは、上の子にも何か不満があるのでは？」と考えてみることが大切です。暴力や暴言は、気持ちをわかってほしいゆえの行動です。下の子の気持ちだけではなく、キレてしまう上の子の思いも汲み取りましょう。きょうだいゲンカが続いているときには、必ず両者の言い分を聞いてください。話を聞くのは、どちらが正しいのかを判定するためではありません。どちらの気持ちも受け止めるためです。

　気持ちを受け止めたうえで、必要に応じて、上の子にも下の子にも「相手がどう思っていたのか」を伝えましょう。ケンカをするとお互いに嫌な思いをすることも伝えます。ケンカ両成敗ということで、どちらに対しても、叱るべきところは叱りましょう。そして仲直りができたら、子どもたちをほめてください。

　この章では、日々の会話などを通じて子どもの思いを受け止めながら、キレにくい親子関係を築いていくための方法を解説します。その方法は親だけでなく、学校の先生にも参考になるものです。

この章のポイント

信頼関係をつくっていく

キレる行動には対応する。でも子どもの思いも受け止める。それが信頼関係を築くコツです

週に1回「シェアタイム」を実施する

子どもと何気ない時間を分かち合う

暴力や暴言への対応も重要ですが、子どもがキレていないときの支援も同じように重要です。落ち着いているときの日常的な取り組みは、いわば「土台づくり」のようなものです。日常生活のなかで子どもの話を聞いたり、子どもをほめたりすることによって、信頼関係の土台を築いていく、あるいは築き直していくのです。

土台づくりのために、週に1回「シェアタイム」を実施しましょう。子どもと何気ない時間を分かち合うという方法です。親が子どもと一対一で、20~30分程度の時間を過ごします。この時間の目的は一緒に楽しむことです。子どもに主導権を与え、子どもの望むことをします。指示や命令は出さないでください。本人の希望にそって、絵を描いたりボードゲームで遊んだりします。料理やドライブもよいでしょう。基本的には何をしてもよいのですが、テレビゲームや動画視聴のように並んで画面を見続けることは適度な交流にならないので、できれば避けたいものです。
シェアタイム中に好ましい行動があったらほめてください。一方、暴力や暴言が出た場合には、シェアタイムを中止してクールダウンなどを実行します。中止になる可能性を、事前に説明しておくとよいでしょう。

一緒にお菓子をつくりながら、何気ないおしゃべりをするのもよい。そのとき、キレる行動の話題は出さない

思春期の場合

一緒に遊ばなくてもよい

小学生くらいまでは、親子で一緒に遊ぶことが「シェアタイム」になるのですが、中学生以降は本人が親と遊ぶことを好まなくなったり、塾や部活動で忙しくなったりして、シェアタイムを設定しにくくなる場合もあります。

その場合には「塾への送迎のときに話を聞く」「メッセージアプリで何気ないやりとりをする」といった交流をするのもよいでしょう。何気ないやりとりが、親子関係をほぐすことにつながり、シェアタイムの代わりになります。

信頼関係をつくる

「共感」できなければ「共有」を意識する

「殺したい」気持ちに共感するのは難しい

子どもとの間に信頼関係を築くためには、大人がその子の気持ちに共感を寄せることが大事だとよくいわれます。しかし、キレる子どもの気持ちには共感しにくいこともあります。例えば、子どもが友達のことを「死んだほうがいい」「殺したい」と言っているときに「殺したい気持ち、わかるよ」とは言いがたいのではないでしょうか。

話を受け止め、共有することはできる

子どもの発言に「共感」しにくいとき、私はその子の気持ちを「共有」することを意識しています。子どもの話をそのまま受け止めて「殺したいと思っているんだね」などと返答するのです。共感できなくても、話題を共有することはできます。「そうなんだ」と受け止めたあと、「どうしてそう思うの?」と聞いてみると、子どもがもう少しくわしく語

子どもが興奮して過激なことを言っていても、頭ごなしに否定しないで、「そう思うんだね」と受け止める

り出すこともあります。

話を受け止めることを続けていく

子どもが「あの子に死んでほしいだけ」「お母さんには関係ない」などと答えて、話をはぐらかすこともあります。そのときはしつこく質問しないで、次にまたその話をする機会を待ちましょう。

少なくとも話を受け止めることを続けていけば、子どもの気持ちを共有することができます。その子がふとした瞬間にもらす本音を、聞き取れるようになっていきます。

子どもが少しでも話をしたら、「話してくれてありがとう」と言葉をかけ、積極的にほめてください。「おだやかに話ができて嬉しいよ」といった形で、大人が気持ちを伝えるのもよいでしょう。

また、質問をしすぎて対話を嫌がられたときなどには、素直に非を認めることも大切です。子どもは、間違ったときには間違ったと認める大人を信頼します。大人を信頼して、気持ちを打ち明けられるようになると、緊張がほぐれて不安が軽減します。大人はそのためのサポートを心がけましょう。

キレる子どもの叱り方

叱るときは「次につなげること」を意識する

危険な行動があれば叱る

キレる子どもへの対応では、叱りすぎないことが大切です。しかしそれは「叱ってはいけない」ということではありません。きょうだいゲンカの事例の解説（127ページ）でも、「叱るべきところは叱りましょう」と述べました。事例のように、子どもをたしなめなければいけない場面もあります。

子どもがキレて暴れてしまったときには、まず暴力を止めます。そしてクールダウンやタイムアウトなどの方法で、気持ちの切り替えを促します。その際、親として子どもを思う気持ちから、叱ることもあるでしょう。人の子ではなく自分の子どもだからこそ、叱るのです。その気持ちまで押し殺す必要はありません。

叱るときのポイントは、ほめるときと同じです。子どもを曖昧に叱るのではなく、具体的な行動を叱ります。「あなたが悪い、ダメだ」「どうして優しくできないんだ」などと言って、その子の存在を否定してはいけません。「相手の子を叩いてはいけない」「死ねというのは暴言です」といった形で、行動の問題を指摘します。

プラスの一言を付け加える

子どもが落ち着いてきて、キレたときの行動を振り返るときには、どうしても不適切な行動を話題として取り上げる必要があります。そのときは、否定的な面だけを伝えるのではなく、子どもがよくがんばっていたところを言葉にするのも大切です。例えば、「騒いじゃったけど、そのあとは落ち着いていたね」と言って、行動を修正できたことをほめます。叱るというマイナスな対応に、プラスの要素を付け加えるのです。その一言が、子どもの次の行動の改善につながります。叱るときには、「次につなげること」を意識しましょう。

プラスの要素が見つからない場合には、振り返りのあとにも、子どもの行動をよく観察してください。「よいところを探そう」と思いながら、様子を見守ります。そうすると「物を倒したけど、あとで自分で片付けた」「友達を叩いてしまったけど、あとで謝罪できた」といった形で、肯定的な面が見えてくるものです。

子どもが暴れて植木鉢を倒してしまっても、自分で片付けをしていたなら、そのことをほめる

「あなたは悪くない」という意識で叱る

子どもには叱られる経験も必要

子どもはよいところをほめられる経験を通じて、自分の長所を理解していきます。しかし、それだけでは自尊心は十分に育ちません。できていないところ、足りないところを指摘される経験も必要です。叱られる経験によって自分の悪いところを意識し、受け入れる感覚が身についていきます。大人からまったく叱られていない子どもは、「自分は大切にされていない」と感じてしまうものです。それは自尊心の低下につながります。

ほめることと叱ることは、どちらも大切です。子どもの自尊心を育てていくためにも、子どもとの信頼関係を築くためにも、叱ることも必要なのです。

やったことは悪い、でもあなたは悪くない

例えば、子どもが何か問題を起こしたら厳しく叱り、ほめるのは人よりもテストの点数

がよかったときだけ、という接し方をしていて、子どもが自分を肯定できるようになるでしょうか？　それでは「条件付きの肯定」になってしまいます。競争に勝ったときにしかほめてもらえない子どもには、自尊心は育ちません。

子どもが求めているのは「条件なしの肯定」です。よいところも悪いところもひっくるめて、受け入れてもらうことを願っています。

子どもは勉強をがんばったり家事を手伝ったりすることもあれば、キレて暴れてしまうこともあります。どちらもその子の一面として受け止めましょう。がんばっていることに目を向けて、よくほめながら、一方で、叱るべきときには叱る。そのようなバランスを心がけてください。

また、子どもを叱るときに大人が「やったことは悪い、でもあなたは悪くない」と意識することも大切です。子どもを一人の人間として無条件に肯定しているけれど、行動のこの部分だけは指摘する、という意識で叱るのです。

「スポーツが得意」という長所も「怒りっぽい」という短所も、どちらもその子の一面として受け入れる

キレる子どもの叱り方

子どもと「キレル」を分けて考える

「あなたは悪くない」と思えない場合に

子どものことをよいところも悪いところも含めて、すべて受け入れていく。これは理想的な考え方で、できればそうしたいのですが、誰もがその通りに気持ちを切り替えていけるかというと、そう簡単ではないでしょう。例えば、子どもが憎たらしいことばかり言ってきたら、「あなたは悪くない」と思えないときもあると思います。「顔も見たくない」と思う日もあるかもしれません。その場合には「子ども」と「キレる」を分けて考えるようにしてみてください。第5章のアンガー・マネジメントの項目（118ページ）で「怒りの感情に名前をつける」という方法を紹介しましたが、それと同じようなことをします。

「キレル」をキャラクター化する

子どもがキレるときには、妖怪やお化けのようなものが取りついているというイメージ

対応のコツ

モンスター「キレル」をイメージする

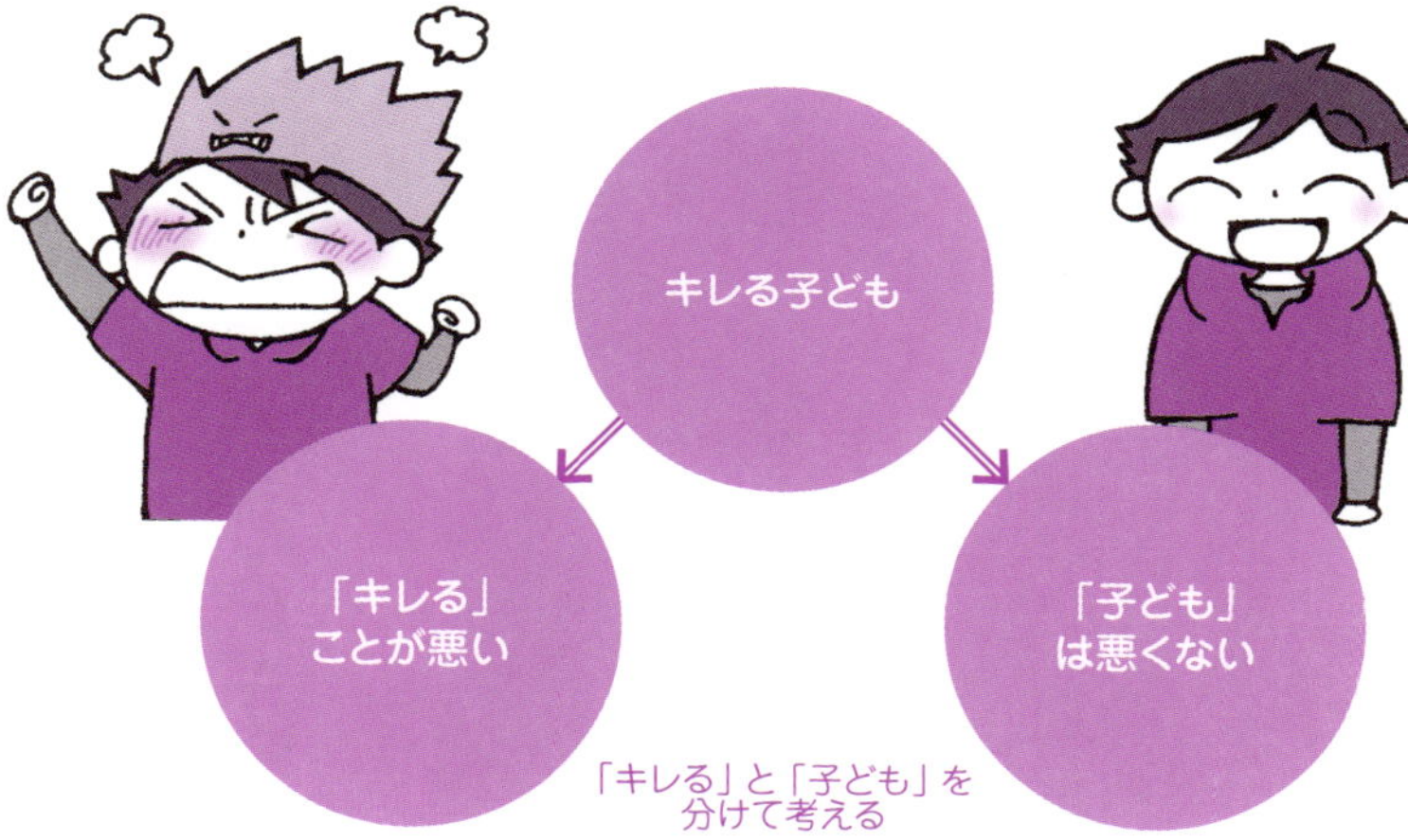

を思い描いてみましょう。

例えば、怒りが強くなると「キレル」というモンスターがやってきて、子どもの体を乗っ取ってしまうのだと考えてみます。怒りの感情にとらわれると、「キレル」に支配されてしまう。でもクールダウンなどを実行して気分を切り替えれば「キレル」は去っていく。子どもを「悪い子」ととらえるのではなく、「キレル」を避けられないのが問題なのだと考えて、対応していくのです。

そう考えると、「キレル」を退治することに集中しやすくなります。子どもの発言や態度、性格などをいちいち気にして、責めてしまうことは減り、子どもの怒りや興奮をしずめること、暴力・暴言を防ぐことに意識を向けられます。「キレることへの対応」に集中できるのです。

親も自分を大事にする

親にも家族や友人からのサポートが必要

親は大変な苦労をしている

きょうだいゲンカで、どう見ても下の子がいじめられているのに、上の子が「あいつが邪魔をした」「自分は悪くない」と言い張ることもあります。「条件なしの肯定」が大事だと頭ではわかっていても、身勝手な話を聞いて、釈然としないこともあるでしょう。しかし、まずはその子の話を受け止めてください。例えば「あなたは邪魔されたと思ったんだね」と応じます。暴力や暴言のことは、落ち着いてから振り返るようにしましょう。そうすることで、子どもは「自分の話を聞いてくれる」と感じます。そして「じゃあお母さん（お父さん）の話も聞こう」と考えるようになっていきます。

ただ、子どもの話を受け止めるというのは、簡単なことではありません。子どもが言いわけのようなことを言っていても、それも受け止めなければいけない。キレる子どもに対応する親御さんは、大変な苦労をされています。

家族や友人に愚痴をこぼそう

いつも子どもの話を受け止めてばかりで、自分のことをないがしろにしていたら、親がつぶれてしまいます。親も自分の気持ちを大事にしましょう。納得できない思いを、家族や友人に愚痴としてこぼすようにしてください。

キレる子どもを支える親には家族や友人など、周囲の人からのサポートが欠かせません。親にも受け止めてくれる相手が必要です。愚痴をこぼしてイライラを発散し、また子どもと向き合うためのエネルギーを充電しましょう。

「納得できない」と感じるのは、子どもの気持ちをしっかり聞いたという証拠でもあります。しっかり聞いたから、モヤモヤするのです。キレることへの対応は着実に進んでいます。あとはその思いに折り合いをつけられるように、愚痴も言いながらやっていきましょう。

親も怒りをため込まないで愚痴を言う。大人も誰かに支えてもらうことで、子どもを支えられるようになる

親も「25%ルール」で自分をほめる

失敗しても、次に進めばよい

周囲の人に愚痴をこぼしながら、サポートを得ながら対応していても、うまくいかないこともあると思います。親も一人の人間です。完璧ではありません。子どもの発言や態度を許せなくて、怒ってしまうこともあるでしょう。そういうときには自責の念にかられるかもしれません。「私は親失格だ」「俺が未熟なんだ」と落ち込んでしまう人もいると思います。しかし自分を責めないでください。

親もときには怒ってもかまいません。感情的になりすぎたときには、あとでそのことを振り返って、「あの言い方はよくなかった」「次はこうしよう」と考えればよいのです。そして、子どものよい面をほめるときと同じように、親も自分の失敗のなかに「がんばったところ」を見出すようにしましょう。

ほめ方の解説（102ページ）で「子どもが25%、4回に1回できていればほめる」という

子どもに怒ってしまって後悔したとき、周囲の人が励ましてくれれば、気持ちが少し楽になる

考え方を紹介しました。この考え方は親にも当てはまります。親も「25％ルール」で、キレる行動に4回に1回でもうまく対応できたら、自分のことをほめましょう。そしてまた次の対応へ進んでいきましょう。

親も自分のことを大事にする

親子には似ているところもありますから、暴力や暴言に対応していくなかで、子どもの短所が自分の短所と重なって見えてしまうこともあるかもしれません。子どもに「キレないように」と言いながら、自分が何度もキレてしまって、親のほうが精神的に落ち込むこともあります。キレる子どもへの対応というのは、難しいものなのです。

だからこそ、親も自分のことを大事にしてほしいと思います。できていないことがあっても、否定的にとらえないようにしましょう。この本を手に取ったということが、あなたが子どものために心を砕いている証拠です。できているところに目を向けて、自分をほめながら、いろいろな方法を試してください。うまくいかないときには家族や周囲の人とお互いの努力をねぎらい、励まし合うことも大切です。支え合いながら取り組んでいきましょう。

子どもをほめ、自分をほめる

大人をすぐには信用しない

第6章では、子どもがキレていないときの対応を解説してきました。何気ない時間を分かち合うこと、気持ちの共有を意識することによって、子どもとの間に信頼関係を築いていけます。子どもは自分の声に耳を傾けようとする人を信頼します。「この人は話を聞いてくれる」「自分を受け入れてくれる」と感じます。

しかし過去につらい経験をしてきた子は、大人をすぐには信用しません。本当に信じられる相手なのかどうか、試そうとします。反抗的な態度を取って、反応を確かめていることがあります。言動だけを見るのではなく、背後に隠れているＳＯＳにも目を向けて、子どもの思いを受け止めましょう。それができて、はじめて子どもとの間に信頼関係ができていきます。

ほめるときも叱るときも真剣に

ただし、子どもの欲求をすべて満たそうとすると、子どもが甘え出して際限がなくなっていく場合もあります。どのような言動も許すのではなく、不適切な行動は叱りましょう。

子どもは、大人からはっきり叱られることによって「これはいけないことなんだ」と自覚します。大人が子どもを基本的にはよくほめながら、叱るべきときは叱るという接し方をしていると、子どもも「自分のことを真剣に考えてく

キレずにSOSを言えるように

子どもは「大切にされている」と感じると、本音を言いやすくなります。

「本当は家族と一緒にいても寂しかった」

などと話し出すこともあります。

れているんだ」と感じるでしょう。

大人を頼れるようになっていく

信頼関係ができてくると、子どもから「こういうことがあったんだけど、どうしたらいいと思う？」などと質問されることがあります。そのときにはアドバイスをしてください。

そのような会話を通じて、子どもは「大人に相談すると、一緒に考えてくれる」と感じるようになります。「困ったら大人に頼ろう」と考えるようになるのです。そのくらいの距離感で付き合っていけると理想的です。子どもが大人に甘えすぎることもなく、大人が子どもに指示をしすぎることもなくなっていきます。

「キレにくい関係性」ができていく

キレる子どもに向き合うことには、大変な労力がかかります。「もう嫌だ」と感じる日もあるかもしれません。しかしそう感じるのは、あなたががんばってきたからです。よくやってきたから、負担を感じるのです。その苦労を家族や友人との付き合いのなかで癒やしながら、自分を大事にしながら、やっていきましょう。

子どものことを叱るけれども、よいところはしっかりほめる。そして自分自身のこともほめる。大事にする。これが6つめの心構えです。

キレる子どもは自分を受け入れてもらうことを、心の底で強く願っています。大人が「条件なしの肯定」を意識し、その子を受け入れることができれば、子どもは「大切にされている」と感じます。自尊心を十分に持てるようになり、人を試そうとして乱暴な言動を取ることは減ります。子どもと周囲の人たちとの間に「キレにくい関係性」ができていくのです。

第7章

困ったら支援者に相談する

事例 嘘をつき、追及されると逆ギレする子

お金を盗み、問いつめられると嘘をつく

Ｈくんは小学6年生です。思春期になって、友達と遊び歩くことが楽しくなってきています。みんなで連れ立ってアミューズメント施設やテーマパークに行くのですが、小遣いだけではお金が足りず、友達の誘いに乗れないことがあります。そのことに耐えられなくなり、ある日、祖母のお金から数千円を抜き取ってしまいました。

お金を盗んでも誰にも気づかれなかったので、Ｈくんは遊ぶお金に困ると、同じことを繰り返しました。悪いことをしているという自覚はあったのですが、遊びたい気持ちを抑えられず、盗むことをやめられなかったのです。しかし、数回やったところで家族に気づかれました。

証拠はありませんでしたが、Ｈくんのお金の使い方、祖母のお金の置き場所、盗まれた時間帯などから考えると、彼が取ったとしか思えない状況でした。しかし、父親から「お金がなくなった」という話をされても、Ｈくんは「知らない」と嘘をつきました。親にさらに厳しく追及されてもＨくんは動じず、しらを切り続けました。それどころか、最後には逆ギレして「信じてくれないなんて」と言い放ち、親を責めたのです。

お金を盗む。問いつめられると嘘をつく。そして追及されると逆ギレする。このような行動に、どう対応すればよいでしょう。

対応のヒント

盗みや嘘などの問題への対処は難しいものです。話し合おうとしても子どもがキレて会話を拒否するようであれば、第三者への相談を検討してください。第三者がいたほうが、話しやすくなる場合もあります。

家族だけでは解決できないこともある

Hくんの家族は、この問題をすぐには解決できませんでした。証拠がないので、Hくんに盗みを認めさせることができなかったのです。しかし、Hくんはその後も同じことを行い、やがてお金を抜き取っている場面を家族に目撃されました。いよいよ盗みが発覚したわけです。

この問題は家族だけでは解決できないということで、親御さんが病院に来られました。Hくんも一緒に来ました。盗みをしたり嘘をついたりする子は、基本的にはそれが悪いことだと認識しています。発覚したら、責任を取らなければいけないことはわかっているのです。

病院ではどのように対処しているか

子どもが物を盗む、嘘をつく、そのことを問いつめるとキレるという場合に、家庭でうまく対処するのはなかなか難しいと思います。学校や市町村、児童相談所、病院などに相談することをおすすめします。

私は、子どもの嘘というのは、その子が何度も怒られた結果として出てくるものだと考えています。子どもは怒られるのが嫌なので、嘘をついて叱責や処罰を逃れようとします。それがうまくいくと、次もまたごまかすようになります。そうして嘘をつくことがクセになっていくのです。大人に怒るクセがあるから、子どもにも嘘をつくクセができてしまうのだということもできます。

ですから私は親御さんや学校の先生方に「子どもが嘘をつくことを、怒らないようにしましょう」「怒ることを減らして、子どもが本当のことを言っても嫌な思いをしない環境をつくりましょう」と言っています。嘘に対して怒るのではなく、子どもが本当のことを正直に打ち明けたときに、ほめてもらいます。ただ、盗みや嘘などの問題はこうした対応では解決できない場合もあります。親子関係がこじれると、話し合うのも難しくなることもあります。そうなる前に、早めに第三者に相談しましょう。

この章のポイント

困ったら相談する

接し方の工夫だけでは対処しきれないこともあります。困ったら第三者に相談しましょう

学校・市町村・児童相談所・病院に相談する

子育ての問題として相談する

子どものキレる行動に困ったときには、第三者に相談しましょう。主な相談先は子どもの通っている学校や、市町村の子育て・教育関係の窓口、児童相談所です。「子どもがキレやすくて、接し方に困っている」「暴力や暴言を防ぎたい」といった悩みを子育ての問題として相談し、助言を受けることができます。学校や地域での対応例を聞いて、参考にすることもできます。困ったときにはぜひ相談してみてください。学校や市町村、児童相談所に相談するなかで、病院につながる場合もあります。

病院にはさまざまな診療科がありますが、子どものキレる行動を相談しやすいのは児童精神科です。一般の小児科や、発達障害の診療を行っている「発達外来」なども、相談を受け付けている場合があります。生活面の悩みを相談したり、発達障害の可能性を聞いたりすることができます。

キレる問題の相談の流れ

困ったら第三者に相談しましょう。
以下の図のように、相談を通じて支援のネットワークが広がっていくこともあります。

学校の管理職の先生や担任の先生に、対応を相談してみるのもよい

家庭から学校に相談するパターンと、学校の先生が対応に困って家庭に相談するパターンがある

家庭で対応

この本の内容も参考にしながら対応する。暴力・暴言が減ってくる場合もあるが、難しい場合には支援者に相談する

学校に相談

先生に相談して、学校での様子を聞く。家庭での対応のヒントになることもある

家族が最初から病院に相談するパターンもある

市町村・児童相談所に相談

助言や情報提供を受けられる。地域の病院などを教えてもらえる場合もある

病院に相談

病院にも子育ての悩みを相談できる。「キレる」というだけでは相談しにくいかもしれないが、受診することで発達障害の特性がわかり、対応しやすくなる場合もある

学校や市町村、児童相談所に相談するなかで、病院につながるパターンもある

いつ誰に相談すればよいのか

キレる子どものことを相談に来られた人に話を聞いていると、「困っていたけど、いつ誰に相談すればよいのかがわからなかった」と言われることがあります。そこでこのページでは、相談のタイミングや具体的な相談先の探し方などをQ＆A形式でお伝えします。

Q どれぐらい困ったら相談する？

A 少しでも悩んだら

「友達に怪我をさせた」「学校で器物破損をした」といった問題が起きてから相談に来られる人もいますが、もっと早く、子どもがキレやすいと感じた段階で相談したほうがよいでしょう。軽い段階のほうが対応しやすいです。

この本を手に取られたということは、あなたはキレる子どもの対応に悩んでいるわけですから、いまが相談に適したタイミングです。決定的な問題が起きてから動き始めるのではなく、悩みを感じた段階で相談しましょう。

Q 相談すれば状況は改善する？

A ある程度の時間がかかる

キレる子どもへの対応には、時間がかかります。私の病院では、相談に来られた人の状況がその日から劇的に改善するということはまずありません。通院を始めてから数ヵ月くらいたつと、親子ともに落ち着いてくるというパターンが多いです。

定期的に相談するなかで、親御さんもお子さんも少しずつ落ち着いてきて、病院に来られる回数が減っていくというのが理想的な経過です。

Q 相談先はどうやって探す？

A 全国団体などを検索して

支援者に相談したいとき、学校や市町村、児童相談所の連絡先は比較的調べやすいと思いますが、病院やクリニックを調べるのは難しいかもしれません。キレる問題を相談しやすいのは児童精神科ですが、地域によっては通いやすい児童精神科がなかなか見つからないこともあるでしょう。その場合、どの診療科にかかればよいか、悩むこともあるかもしれません。

そのときは、医療機関を取りまとめる団体も調べてみてください。例えば、「全国児童青年精神科医療施設協議会（全児協）」や「日本児童青年精神科・診療所連絡協議会」などの団体が、公式ホームページで会員施設の情報を公開しています。

また、地域の「発達障害者支援センター」を調べて、相談してみるという方法もあります。センターに近隣の医療機関の情報が集まっていれば、情報提供してもらえる可能性があります。

Q 夫婦間で意見が合わない場合は？

A どちらか一人でも病院などへ

夫婦間で子育てに対する意見が合わず、相談を先送りにしていたという話を聞くこともあります。母親は毎日子どもと接していて、対応に限界を感じている。一方、父親はそこまで問題視していない。「自分も子どもの頃はこんなものだった」「学校や病院に相談するようなことではない」と言っている。その場合、意見が一致してから相談するのではタイミングが遅れます。どちらか一人でも、第三者に相談したほうがよいでしょう。

相談して助言を受け、子どもとの接し方を見直して、生活が改善していくと、最初は反対していた父親も相談に同行するようになることがあります。

私の病院では「お父さんもぜひ一度来てください」と呼びかけるようにしていますが、そうすると、父親も最終的には7割くらいが来院します。家族を巻き込むことはあとからでもできますから、困ったらまずは気軽に相談してください。

相談して支援を受ける

対応法を、支援者と一緒に考える

支援者は客観的な視点で考えてくれる

学校や病院などに相談すると、支援者からさまざまなサポートを受けられます。例えば病院では、医師が子どもの状態を確認したうえで、対応法を検討してくれます。親は子どもと一対一で接しているので、目の前の子どもの言動に一喜一憂してしまいがちです。それに対して医師や医療スタッフは、客観的な視点から子どものことを考えます。

病院では、まず面接などを通じて子どもの生育歴や病歴、人間関係、精神状態などが確認され、必要に応じて検査も行われます。その結果として、自閉スペクトラム症やＡＤＨＤなどの発達障害の診断が出る場合もあります。場合によってはＡＤＨＤの治療薬や、興奮を抑えるための向精神薬が処方されることもあるでしょう。診断がついてもつかなくても、医師は子どものキレる行動がどのような経緯で生じてきたのかを考え、治療や支援を検討します。親や子どもの話も聞きながら、一緒に考えていきます。

病院などで助言を受けると「キレる行動」の背景が見えてきて、子どもの気持ちがわかってくることもある

なお、問題が悪化してから相談すると、対応が難しいと言われることもあります。例えば子どもの暴力が激しい場合、警察への相談をすすめられることもあります。動き出しが遅れると対応の選択肢が減る可能性もあるので、早めの相談を検討してください。

発達障害の場合

入院治療も検討される

発達障害の特性がある子は、理解や支援の得られない環境では苦労することが多いです。そして、うまくできないことを何度も叱責されるような、不適切な養育を受けていると、大人への反発が強くなっていきます。

結果として、周囲に対する反抗的な言動が定着してしまい、「反抗挑発症」や「素行症」などの診断が出る場合もあります。そのような重症例では、入院治療が検討されることもあります。状態が悪化する前に、早めに相談することが重要です。

一人で抱え込まない

一人では振り回される

私の病院では医師や看護師、心理師、精神科ソーシャルワーカーなどがチームで子どもを支えています。キレる子どもは大人を試すような行動をします。一対一でサポートしていると、その子のペースに巻き込まれてしまうこともあります。子どもの言動に振り回されないように、複数の目で見守っているのです。

親御さんや学校の先生方も、キレる行動の問題を一人で抱え込まないで、家族や友人、支援者の手も借りながら対応してほしいと思います。子どもが何か問題を起こしたとき、親や担任の先生は「自分がなんとかしなければ」と思いがちです。しかし、子どもとの関係がこじれていて、状況を変えるのが難しい場合もあります。この本で紹介してきた方法によって改善していく部分もあると思いますが、協力者がいれば、より対応しやすくなります。

みんなでがんばっていこう

悩みを一人で抱え込まない。これが7つめの心構えです。キレる子どもに対応しているみなさんは本当によくがんばっています。うまくいかないことがあっても、次にまた工夫してみればよいのです。工夫の仕方が思いつかないときは支援者に相談してください。みんなで話し合いながら、がんばっていきましょう。

あとがき

私が現在のこころの医療センター駒ヶ根（通称ここ駒）に赴任して、ちょうど10年が経ちました。ここ駒には児童精神科の病棟があり、15歳までの子どもが入院しています。15床ありますが、いつもほぼ満床です。キレる子どもは、だいたい２～５人くらい入院しています。

ここ駒に来るまでも、外来診療や児童自立支援施設などでキレる子どもとは関わっていましたが、入院治療では、24時間、３６５日、関わるようになりました。当然、月に1回会っていた頃とは密度が違います。密度が違うと何が違うかというと、自分にも怒りの矛先が向くわけです。いや、「向く」程度ではなく、入院させた張本人だと思われている医者には容赦ない攻撃が向いてきます。「ハゲ」「死ね」「お前が主治医じゃなかったらよかった」。お茶をかけられたこともあります。蹴られたこともあります。いくら「キレるはこころのＳＯＳ」とこころで唱えていても、朝起きて『ああ、○○くんが入院しているんだった』と気づくと、気持ちが重くなります。キレる子どもは、世の中で一番関わりの難しい子どもなのです。

一日のうち接しているのは数時間だけ（だから余計に難しい面もあるのですが）の自分がこうなのですから、親御さんや学校の先生方は、疲れて当然、嫌になったとしても無理はありません。でも、まわりからは「親の愛情不足」「先生の指導力が足りない」と責められてしまうのではないでしょうか？

難しい子に接しているのに責められているあなた。あなたはあなたのことを認めてくれるサポーターを見つけましょう。接し方を相談するのはもちろんですが、なにより愚痴を聞いてもらってください。子どもに向き合うエネルギーを増やしてください。

そして、自分をほめてあげてください！

あなたはがんばっています。あなたは努力しています。この本を読んだということがそれを証明しています。もしかすると読み終えて、『やっぱり自分には足りないところがあった』と思われたかもしれない。でも、真剣に子どもに関われば関わるほど、自分の短所も見えてくるものです。人間だから短所があるのは当たり前。短所がありながらもがんばっている、そんな自分を認めてあげてください。

明日からまたキレる子どもに向き合うために、今日は自分にとびきりのご褒美をあげてみてはいかがでしょうか？

令和7年2月　厳寒の松本にて

原田　謙

著者プロフィール

原田 謙
（はらだ・ゆずる）

長野県立こころの医療センター駒ヶ根子どものこころ診療センター長、副院長。信州大学医学部臨床教授。全国児童青年精神科医療施設協議会代表。1962年東京都生まれ。1987年信州大学医学部卒業。神奈川県立こども医療センター、国立精神・神経センター国府台病院、信州大学医学部附属病院などを経て、2014年から現職。専門は児童精神医学。研究テーマは発達障害の二次障害（特に反抗挑発症、素行症）。主な著書に『「キレる」はこころのSOS』（星和書店）などがある。成人した2女の父であり4人の孫がいる。趣味はサッカー日本代表の応援、テニス、カラオケ。

参考文献・参考資料

法務省 法務総合研究所編
「令和5年版 犯罪白書 ─非行少年と生育環境─」

文部科学省 初等中等教育局児童生徒課
「令和4年度 児童生徒の問題行動・不登校等生徒指導上の諸課題に関する調査結果について」

一般社団法人日本発達障害ネットワーク
JDDnet事業委員会作成
「ペアレント・トレーニング実践ガイドブック」

原田謙著
『「キレる」はこころのSOS
発達障害の二次障害の理解から』
（星和書店）2019年

湯川進太郎編
『怒りの心理学
──怒りとうまくつきあうための理論と方法』
（有斐閣）2008年

『精神療法』増刊第11号
「児童期・青年期のメンタルヘルスと心理社会的治療・支援」
（金剛出版）2024年

キレる子《こ》どもの気持《きも》ちと接《せっ》し方《かた》がわかる本《ほん》　こころライブラリー

2025年２月25日　第１刷発行

著　者　原田《はらだ》　謙《ゆずる》

発行者　篠木和久
発行所　株式会社講談社
郵便番号112-8001
東京都文京区音羽2-12-21
電話　編集　03-5395-3560
販売　03-5395-5817
業務　03-5395-3615
印刷所　株式会社新藤慶昌堂
製本所　株式会社国宝社

KODANSHA

N.D.C.143　159p　21cm
定価はカバーに表示してあります。
落丁本･乱丁本は購入書店名を明記のうえ、小社業務あてにお送りください。送料小社負担にてお取り替えいたします。なお、この本についてのお問い合わせは、第一事業本部企画部からだとこころ編集あてにお願いいたします。

ISBN978-4-06-538446-6